普通高等教育“十二五”规划教材

Creo Parametric 2.0 工程图与数据交换案例教程

孙江宏　康志强　等编著

中国水利水电出版社
www.waterpub.com.cn

内 容 提 要

本书是有关 Creo Parametric 2.0 的工程图与数据交换教材，是作者在多年从事 Creo Parametric 的教学与科研工作中对培训教案的总结。

全书深刻结合计算机辅助绘图的最新发展和工程实践例子，充分围绕参数化设计和数据交换这一中心点，系统讲解 Creo Parametric 2.0 的工程图具体功能与实践操作。主要内容包括：Creo Parametric 与工程制图，Creo Parametric 工程图基础，Creo Parametric 工程图及创建，工程图草绘，工程图中的尺寸标注、注解与球标，工程图中的公差，表面粗糙度与焊接符号，表格处理，数据交换与出图。

全书内容理论与实践结合紧密，理论讲解中给出具体操作的前后比较结果，每节都结合一个工程实例。对案例首先进行难点解析，随后采用图形指引方式引导读者逐步练习，使读者对自己的每一步都有所理解，非常方便自学。

本书适合课堂教学、资料参考和自学指导，既可作为高等工科院校的相关设计专业学生的教材，也可作为工程技术人员的参考书。

本书配有源文件，读者可以从中国水利水电出版社网站以及万水书苑免费下载，网址为：http://www.waterpub.com.cn/softdown/或 http://www.wsbookshow.com。

图书在版编目（CIP）数据

Creo Parametric 2.0工程图与数据交换案例教程 / 孙江宏等编著. -- 北京 : 中国水利水电出版社, 2013.11
普通高等教育“十二五”规划教材
ISBN 978-7-5170-1340-2

Ⅰ. ①C… Ⅱ. ①孙… Ⅲ. ①工程制图－计算机辅助设计－应用软件－高等学校－教材 Ⅳ. ①TB237

中国版本图书馆CIP数据核字(2013)第257413号

策划编辑：雷顺加/周春元　　责任编辑：杨元泓　　加工编辑：刘晶平　　封面设计：李　佳

书　　名	普通高等教育“十二五”规划教材 Creo Parametric 2.0 工程图与数据交换案例教程
作　　者	孙江宏　康志强　等编著
出版发行	中国水利水电出版社 （北京市海淀区玉渊潭南路 1 号 D 座　100038） 网址：www.waterpub.com.cn E-mail：mchannel@263.net（万水） sales@waterpub.com.cn 电话：(010）68367658（发行部）、82562819（万水）
经　　售	北京科水图书销售中心（零售） 电话：(010）88383994、63202643、68545874 全国各地新华书店和相关出版物销售网点
排　　版	北京万水电子信息有限公司
印　　刷	北京蓝空印刷厂
规　　格	184mm×240mm　16 开本　22.25 印张　517 千字
版　　次	2013 年 11 月第 1 版　2013 年 11 月第 1 次印刷
印　　数	0001—3000 册
定　　价	42.00 元

I

出版前言

1. 本系列图书所要解决的问题

经常有人问我：到底怎么样才能学习好 Creo Parametric 这个软件？如何才能让其最快地为我所用？这恰恰是本系列图书所要解决的问题。

笔者正式从事 Creo Parametric 以及 Pro/ENGINEER 教学培训工作将近 12 年，培养了很多大专院校师生和企业、研究院所的工程技术人员，积累了一定的教学经验和教训。直到最近两年才感觉到能够很好地适应该软件的教学科研工作，自己的教学培训工作正在走向一个比较良好的形式和轨道。也真正能够比较全面的解答这个问题了。

应该说，这是一个不断强化和调整的过程。一开始，我只是强调 Creo Parametric 软件的模块化使用，能实现一定的造型就可以了。可是，学员总是不知道在自己设计的时候要怎么样选择工具才能最有效，所以，即使是很简单的问题也要从头再来，等于前面的培训工作的作用大大降低了；后来我采用了台湾版图书的方式，即采用案例教学的方式来讲解，学员普遍反映比较快就作出例子了，这相比以前有了一个较大的变化，可是到学员自己的工作实践时，对形状变化比较多的对象还是无法完成，还需要再帮助他们分析功能。另外，通过这种方式的学习，很多知识点没有涉及，还需要回头再次强调。

比较两种问题可以发现，这些实际上都是专业背景在作怪。应该说，要很好而高效地使用 Creo Parametric 这个软件，就必须在具备一定的专业背景、尤其是制图知识方可完成。很多学员总想跳过这个阶段来学习软件，殊不知“磨刀不误砍柴工”，了解和学习专业知识后，才能达到事半功倍的效果。

笔者认为，读者学习 Creo Parametric 的最佳途径是：

（1）首先大略了解 Creo Parametric 能够完成哪些工作，这个阶段是粗略浏览，不必紧抠细节，做到心中有数。

（2）从自己的专业角度出发，能够多寻找一些模型进行分析，划分成一些最基本的特征形式，这是一个要有机械制图背景的阶段，这个阶段与软件无关，是影响读者的最大问题，很多读者总是希望软件能够代替一切，实际上软件只是一个工具，只能按照人的意志来完成部分工作，不能代替人。

（3）案例学习阶段。这是一个快速入门的阶段，通过这种方式，可以迅速了解软件功能的常用方式和过程，这个阶段最容易让人产生成功的成就感和假象。实际上，这只是一个简单的入门过程。台湾版的书籍中，对于模型的分析讲解很少，即没有讲清楚为什么这么做。造成读者跟着作可以，离开提示就不行，主要是第 2 阶段内容涉及少。当然，这种情况在最近出版的书籍中有所改变。

（4）试验尝试阶段。可以自己先从一些简单的模型入手，通过练习来找到这些工具的具体应用方式，积累经验。这个阶段比较麻烦，也是最耗时的阶段。读者需要不断同教师或者同行交流，这样可以少走很多弯路。读者千万要记住，不可能一口吃个胖子。Creo Parametric 软件这么大，要想不费气力就掌握是不可能的。

（5）实践阶段。通过上面的 4 个阶段，就可以完成自己的模型了。实践工作中的模型五花八门，需要读者根据具体情况具体分析。这时很多实用性强的工具，如图层、关系等就显得尤为重要。这个阶段与 Creo Parametric 的理论联系比较紧密，需要读者反复研究该软件的高级功能，这就凸显出理论讲解的重要性了。

最后，读者在学习中要经常登录一些专业网站，了解其动向并与同行交流。这一点非常重要，即使笔者使用该软件多年，也经常会感叹网站上提供的那些模型的造型奇特、构思精巧。

2. 本系列图书的特点

写到这里，该谈一谈本系列图书的写作思路了。本系列图书的目的就是要让读者既学习理论，又尽可能多地进行实践练习。所以，在构思上首先对理论进行主次分明的讲解，对每种情况进行了详细的分类，并建立起多个学习目标；然后每小节后面都按照这些目标提供练习和指导，用于强化理论部分的学习内容。书中全部的实例都来自工程实践，而不是一些简单的说明性模型，从而更加贴近读者的设计环境。

在写作本系列图书过程中，始终坚持以下几点：

（1）以理论讲解为主线，但始终围绕实践操作为主。实际上，这就是目前有效的教学方法。

（2）对照性强。对于每个所有的理论讲解，尤其是有关设置关系，都详细提供操作前后结果比较，从而可以加强学习目的性。

（3）注重殊途同归。对于同一个例子，采用多种方法来完成，读者可以从中体会 Creo Parametric 的强大与灵活。

（4）章节可调性。一般来说，总是按照前两章介绍基础知识，随后各章节独立的原则。教师或者学员在使用本书的过程中，可以自行选择章节顺序，以便符合自己的教学特点，而不必拘泥于逐章逐节的讲座方式。甚至在每一节中，都可以采用先讲解实例后讲解理论，最后再回到实例的方式。

可以看出，本系列图书的目的如下：

（1）作为计算机辅助设计及机械制图的教材。

（2）适用于教师的课堂教学与培训工作。对于自学该软件的人员来说，更是实用价值较高的选择之一。

（3）致力于机械设计等专业与 Creo Parametric 的融合，从而使二者共同达到一个理想的搭配形式。

（4）探索计算机辅助设计课程的新的教学方法与思路。本书不但是作者长期教学经验的总结，也是与国内外一些教师、技术人员的交流合作中获得的方法总结，其中包括美国、韩国和中国台湾地区的一些学者的先进经验。

3．本书介绍

本书是有关 Creo Parametric 2.0 工程图与数据交换的专业教程类书，主要适合于工程制图。全书深刻结合计算机辅助绘图的最新发展和工程实践例子，充分围绕参数化设计这一中心点，系统讲解了 Creo Parametric 2.0 的工程图实践操作，并能进一步解决实践问题。

全书共分 9 章，具体内容如下：

第 1 章：讲解了画法几何与工程制图的基本概念与关系，工程制图的有关规定，工程视图的基本类型，最后结合一个实例介绍了 Creo Parametric 2.0 如何进行视图投影操作与尺寸标注，使读者有一个全面的了解。

第 2 章：讲解了如何进入工程图环境，如何进行系统配置与视角调整，并结合创建一般视图来分析视图的编辑与修改，最后分析了页面与图层的使用。

第 3 章：首先讲解了两种创建三视图的方法，然后讲解了常见工程图的创建，包括非剖视图、剖视图、截面图、破断视图和装配工程图。

第 4 章：讲解了草绘工程图及其编辑，并结合与 AutoCAD 绘图关系的比较来实现手工绘制工程视图。

第 5 章：首先介绍了工程图尺寸标注种类与基本规定，然后介绍了尺寸的显示与拭除，如何在工程图中手动与自动插入尺寸标注、球标与注释，最后讲解了如何修改与编辑文本样式与尺寸样式，如何使用自定义符号等。

第 6 章：讲解了工程图中的尺寸公差与形位公差标注基本原则，如何在 Creo Parametric 2.0 中标注二者等。

第 7 章：讲解了工程图中的表面粗糙度与焊接符号的创建与标注，主要涉及如何创建自己需要的符号组并插入到工程图中。

第 8 章：讲解了工程图中复杂表格的处理，包括标题栏、明细表与孔表、族表等。

第 9 章：讲解了数据交换与打印，包括 OLE 对象的插入及与 AutoCAD 图形的处理关系，如何进行页面设置与打印机管理等。

主要由孙江宏、康志强统稿，集体合作完成。按照章节顺序，参加编写的主要人员包括李忠刚、段大高、马向辰、李翔龙、王巍、于美云、叶楠、宁宇、彭戎、马驰、李富强等。

本书为多家大专院校的教师联合编写，是建立在已有教案的基础上。根据教学经验，本书教学需要 35 学时左右。为给教师授课提供方便，提供了源文件。其中除了本书相应章节文件外，还包括作者在长期工程实践设计中的一些设计成果。

作者在编写过程中，参考了大量 Creo Parametric 的资料与图书。由于种类繁多，无法一一列出，在此一并对参考书的作者表示感谢。

读者如果有问题，可以通过 E-mail 信箱 278796059@qq.com 联系。

孙江宏

2012 年 9 月

II

目　录

第 4 章 工程图草绘

第 5 章 工程图中的尺寸标注、注解与球标

1

Creo Parametric 与工程制图

学习 Creo Parametric 的一个重要目的，就是让所建立的模型能够制造出来，而只靠三维模型是无法准确表达粗糙度、几何公差等具体信息的。为了解决这个问题，还是必须将三维模型以工程图的形式表达出来，让工人可以准确理解零件并加工。这个环节是通过工程图解决的，工程制图的基础是画法几何。本章具体讲解计算机辅助设计与工程图的关系，以及 Creo Parametric 工程图与常用软件 AutoCAD 的关系等。

1.1 画法几何与工程制图

在这一节中，我们将首先介绍有关工程图与画法几何的概念，然后了解学习工程图的目的、任务和方法，这样可以对后面学习 Creo Parametric 打下专业基础。

1.1.1 有关图的基本概念

对于对象的表达，人们习惯使用两种方式，如图 1-1 所示。其中，三维立体图直观，但是难画；平面图不直观，但是能准确描述形体尺寸。实际上，无论是三维立体图还是平面图，它们的本质都是图。作为一个工程技术人员，理解宇宙直到生活环境的物体，他的认知过程是逐渐过渡的，即图→工程图→工程制图。也就是说，是一个从整体到细节的过程。

图是把物体的形象反映到平面上的形式，只要把想表达的对象反映到纸面等介质上，就完成了一张图。文字也是特殊的图。

在生产建设和科学研究工程中，对于已有或想象中的空间体（如地面、建筑物、机器等）的形状、大小、位置等资料，很难用语言和文字表达清楚，因而需要在平面上（如图纸上）用图形表达出来。这种在平面上表达工程物体的图，称为工程图。工程图常用的表达方式有透视图、轴测图、正投影图和标高投影图。

如果将工程图比喻为工程界的一种语言，则画法几何便是这种语言的语法。

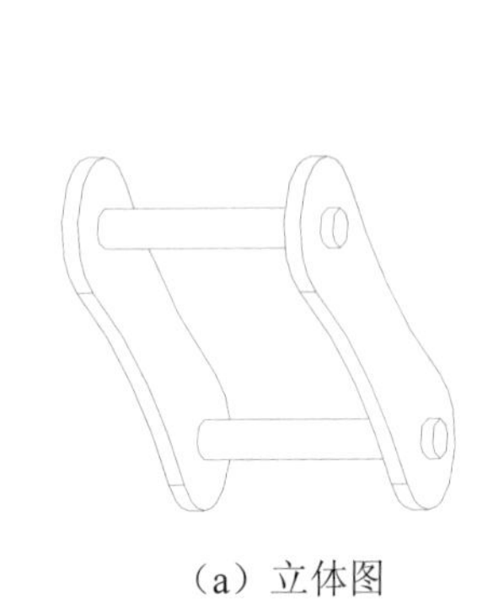

（a）立体图

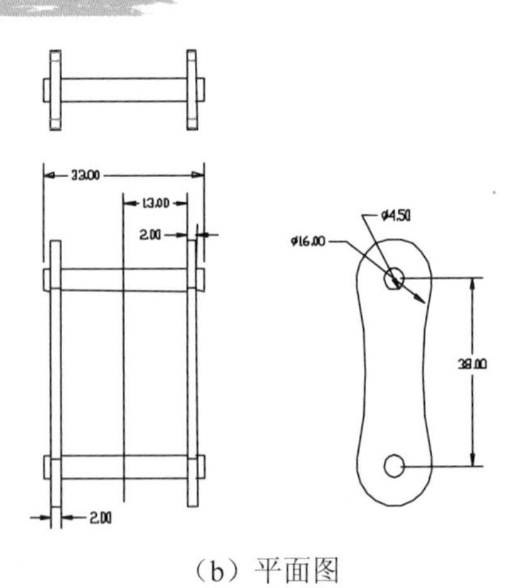

（b）平面图

图 1-1　图的两种表达方式

当研究在平面上用图形来表达空间物体时，因为空间物体的形状、大小和相互位置等不同，不便以个别物体逐一研究，并且为了研究时描述正确和完整，以及所得结论能广泛地应用于所有物体，采用几何学，将空间物体概括成抽象的点、线、面等几何形体，研究几何形体在平面上如何用图形来表达，以及如何通过作图来解决它们的几何关系问题。这种研究在平面上用图形来表示空间几何形体和运用几何图来解决它们的几何关系问题的学科，称为画法几何。例如，正方体可以描述为 6 个面组成，每个面由无数条线组成，而每条线又由无数个点组成。

在工程图中，除了有表达物体形状的线条以外，还要应用国家制图标准规定的一些表达方法和符号，根据画法几何的理论，注以必要的尺寸和文字说明，使得工程图能完整、明确和清晰地表达出物体的形状、大小和位置，以及其他必要的信息（例如物体的名称、材料的种类和规格，生产方法等）。研究绘制工程图的学科，称为工程制图。同工程图相比，工程制图是从工程图的正投影图扩展而来，而且添加了文字等注释信息。

工程制图用于不同目的，就成为不同的工程图。例如，如果用在建筑行业，则形成建筑平面图、建筑立面图和建筑剖面图；如果用在机械行业，则形成平面结构图、模具图、加工图纸等。

如图 1-2 所示，就可以看出其渐进过程。

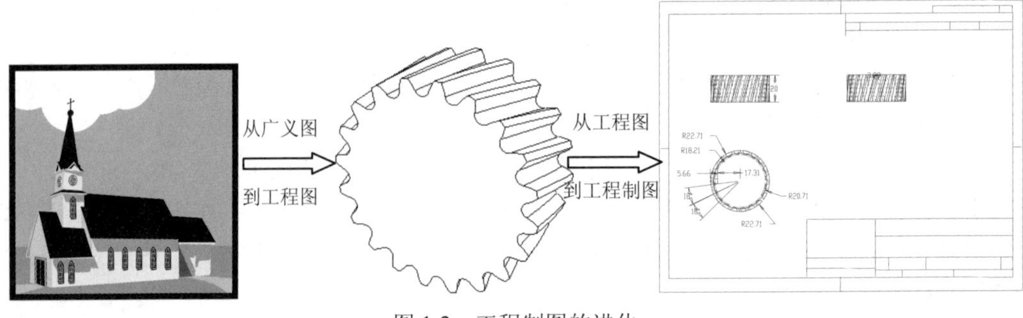

图 1-2　工程制图的进化

1.1.2 工程制图的基本要求

1. 工程制图的任务与要求

学习工程图的目的就是培养学生绘图、读图和图解的能力以及空间想象能力。概括而言，主要分为以下几项任务：

（1）研究正投影的基本理论和作图方法；

（2）培养绘制和阅读工程图的能力，即培养图解能力；

（3）通过绘图、读图和图解的实践，培养空间想象能力；

（4）培养用 Creo Parametric 工程图模块绘制图样的初步能力；

（5）正确使用绘图工具，包括实际手工工具和软件工具，掌握绘图的技巧和方法，又快又好地作出符合国家标准的工程图，并能正确地阅读一般的工程图纸。

在学习过程中，只有培养认真、细致、一丝不苟的工作作风，才能作出符合要求的正确图纸。良好的工作作风是完成任务的润滑剂。

2. 工程制图的主要内容和学习方法

在 Creo Parametric 工程图模块中，既要学习一些专业知识，也要学习软件的基本知识。具体内容如下：

（1）学习工程制图的基本知识，包括软件绘图工具、手工绘图仪器的使用、几何作图的知识和有关制图标准。

（2）学习投影作图，包括工程图样的图示原理和方法，这样在表达对象时才能游刃有余，在适当的位置放置适当的视图。

（3）掌握工程图的看图、画图规则和方法，也包括实体的测量技术。实体的测量实际上就是一个对实体认知、分解和重新组合的过程。用户要想准确表达一个实体，必须能够知道从哪里开始，如何依次将各个基本特征放上去，这样才能在生成工程图时确切地把握哪些特征需要特殊表达，哪些特征需要简化表示。

（4）学习相关的机械制图知识，包括工艺流程图、结构图、设备布置图等的看图、绘制等。

（5）了解相关的其他图样，包括建筑制图、服装视图等的看图、画图规则和方法，从而实现适用范围的扩展。

3. 学习方法

画法几何是制图的理论基础，比较抽象，系统性较强。机械制图是投影理论的实际运用，实践性较强，学习时要完成一系列的绘图、识图作业，但要有正确的学习方法，才能提高学习效果。

具体方法如下：

（1）下工夫培养空间与二维视图转换的想象能力。学习 Creo Parametric 工程图的过程和国内传统的学习机械制图的过程完全相反。本书中的方法是从三维空间实体转换为二维工程图，首先完成三维实体，然后借助工程图模块来建立各种视图。而传统的工程制图学习方法则是从二维平面想象出三维形体的形状。这是初学者制图的一道难关。开始时可以借助一些模型（没有），加强图物对照的感性认识，但要逐步减少使用模型，直至可以完全依靠自己的空间想象能力看懂图纸。

Creo Parametric 的三维实体与工程图采用的是单一数据库，这样可以保证投影数据的正确性，显然可以避免在绘制平面图形时由于疏忽等原因造成线条缺失或线型错误等。

（2）要培养实体分解能力。要解决这个问题，一要掌握分解的思路，即空间问题，一定要拿到空间去分析研究，决定分解方案；二要掌握几何元素之间的各种基本关系（如平行、垂直、相交、交叉等）的表示方法，才能将分解体逐步用作图表达出来，并求得解答。

（3）要提高自学能力与严谨的态度。工程图纸（机械图纸、化工图纸、建筑图纸等）是施工的根据，必须与工程实践结合起来，而专业知识的学习主要靠用户自学，所以读者要想准确把握工程制图，就必须提高自学能力。另外，在绘制工程图后，往往由于一条线的疏忽或数字的差错，造成严重的返工浪费。所以应从初学制图开始，就严格要求自己，养成认真负责、一丝不苟和力求符合国家标准的工作态度。同时又要逐步提高绘图速度，达到又快又好的要求。

1.1.3 计算机辅助绘图

计算机科学是最近几十年来发展最为迅猛的科学分支。计算机硬件和软件的交替进步，已经使如今的微型计算机成为非常好的绘图工具。计算机绘图速度快，质量好，而且便于修改，易于管理。计算机绘图技术已成为工程技术人员必须掌握的基本技术。

实现计算机绘图，必须依靠计算机绘图系统的正常运行。计算机绘图系统由硬件和软件两大部分组成。

硬件部分主要包括微型计算机、图形输入设备和图形输出设备。微型计算机是绘图系统的核心设备，它主要负责接受输入信息，进行数据处理，控制图形输出；图形输入设备有键盘、鼠标、数字化仪、扫描仪、数码相机等，它们的主要职责是将图形数据传输给计算机，实现人机交互；图形输出设备除显示器外，还有打印机和绘图仪。显示器显示图形，方便了人机交互。打印机和绘图仪则把图形输出到纸介质上，成为正式图样。

软件部分包括操作系统和绘图软件。操作系统是管理计算机硬件和其他软件资源的一种系统软件，目前使用最多的是 Windows 系统。绘图软件为用户提供图形处理与编辑的功能，并包含有驱动图形输入与输出设备的程序。

绘图软件有很多，较为流行的有 Solidworks、Creo Parametric、AutoCAD 等。我国科研人员近年来在绘图软件的研究开发中也有不俗的表现，开目 CAD、CAXA 电子图版等优秀软件均占有了不少的市场份额，这些软件的使用性能也越来越接近国际流行软件。

各种绘图软件可能在使用方法和技巧上稍有差异，但它们的绘图原理归根到底都是相同的，都要遵循画法几何原理。

Creo Parametric 的工程图模块用来完成工程图绘制，只不过其中文名称译为“绘图”，这是由于汉化时翻译人员的不专业造成的，Creo Parametric 中这种问题比较多。本书将采用工程图名称，只不过在对话框等窗口元素中将与软件保持一致。

1.2 工程制图的标准与内容

每个制图都要遵循一定的规则，工程制图也不例外。本节将讲解工程制图的有关标准和简单内容。至于详细知识，将结合后面相关章节进行讲解。

1.2.1 工程制图的国际标准与国家标准

为了便于生产和技术交流，每个国家都对工程图样画法、尺寸标注方法等作了统一规定。主要有 ISO 标准和各国自己的标准，例如美国的 ANSI 标准、日本的 JIS 标准、德国的 DIN 标准等。ISO 标准为国际标准组织制定，我国的标准也是参照该标准制定的。

1959 年，由中华人民共和国科学技术委员会批准发布了我国第一个《机械制图》国家标准（GB 122—1995～GB 141—1995），该标准对图纸幅面、比例、图线、剖面线、图样画法、尺寸注法、标准件和通用件等画法和代号方面都作了统一的规定。自该标准实施以来，起到了统一工程语言的作用，并在 1974 年和 1984 年进行过两次修订。1989 年，根据有关规定，把某些与机械、建筑、电气、土木、水利等行业有关的共性内容制订成《技术制图》国家标准，即 GB/T 14689—1993。其中“GB”为“国标”（国家标准的简称）二字的汉语拼音字头，“T”为推荐的“推”字的汉语拼音字头，“14689”为标准编号，“1993”为标准颁布的年号。工程技术人员应严格遵守，认真贯彻国家标准。

1.2.2 工程制图的内容

1. 采用的投影方法

在灯光或太阳光照射物体时，在地面或墙上会产生与原物体相同或相似的影子。人们根据这个自然现象，总结出将空间物体表达为平面图形的方法，即投影法。在投影法中，向物体投射的光线，称为投影线；出现影像的平面，称为投影面；所得影像的几何轮廓，称为投影或投影图。

投影法依投影线性质的不同可分为两类：

（1）中心投影法。投影线由投影中心的一点射出，通过物体与投影面相交所得的图形，称为中心投影。投影线的出发点称为投影中心。这种投影方法称为中心投影法；所得的单面投影图称为中心投影图，如图 1-3 所示。由于投影线互不平行，所得图形不能反映物体的真实大小，因此，中心投影法不能作为绘制工程图样的基本方法。

（2）平行投影法。如果将投影中心移至无穷远处，则投影可看成互相平行地通过物体与投影面相交，所得的图形称为平行投影；用平行投影线进行投影的方法称为平行投影法。在平行投影法中，根据投射方向是否垂直投影面，平行投影法又可分为两种：

1）斜投影法。投影方向（投影线）倾斜于投影面，称为斜投影法，如图 1-4 所示。

2）直角投影法。投影方向（投影线）垂直于投影面，称为直角投影法，简称正投影法，如图 1-5 所示。正投影法是工程制图中广泛应用的方法。

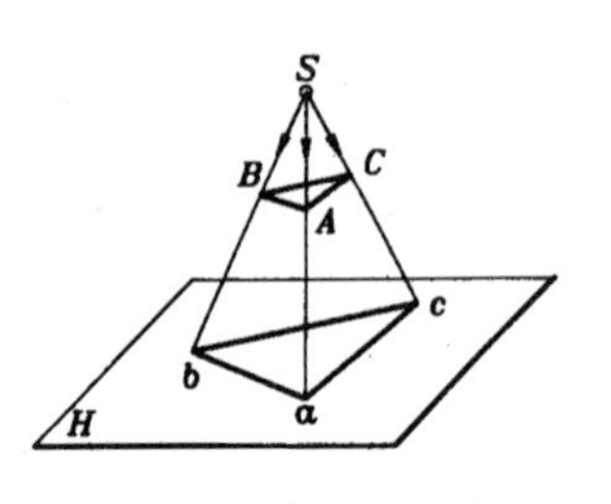

图 1-3 中心投影法

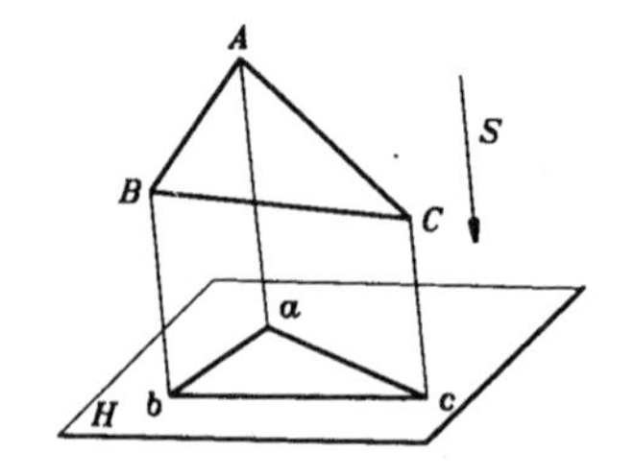

图 1-4 斜投影法

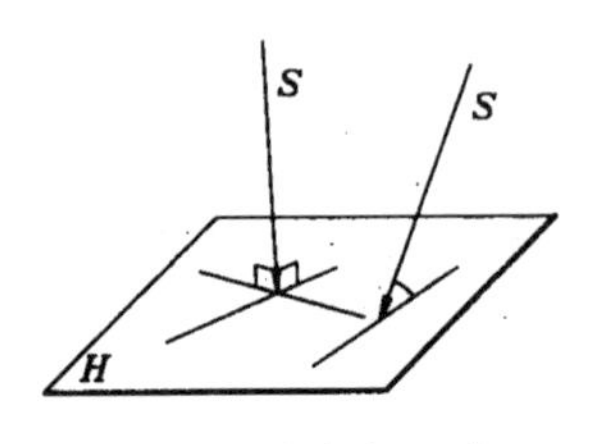

图 1-5 直角投影法

（3）轴测投影。轴测投影是用平行投影法在单一投影面上取得物体立体投影的一种方法。用这种方法获得的轴测图直观性强，可在图形上度量物体的尺寸，虽然度量性较差，绘图也较困难，但仍是工程中一种较好的辅助手段。

2. 工程图的分类

工程图主要分为 4 类，分别应用于不同的场合，如图 1-6 所示。

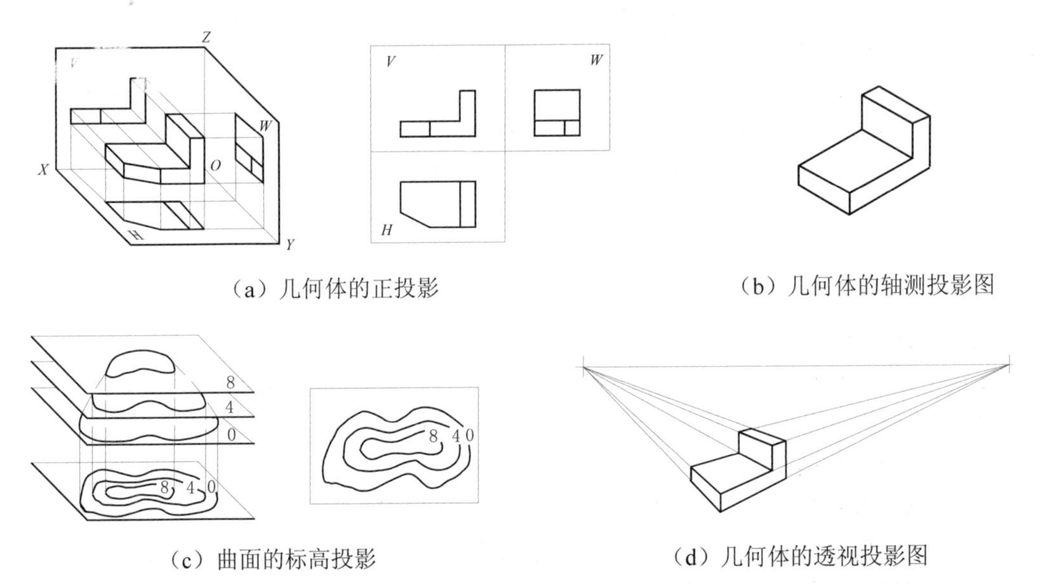

（a）几何体的正投影

（b）几何体的轴测投影图

（c）曲面的标高投影

（d）几何体的透视投影图

图 1-6 4 种工程图

（1）正投影图。正投影图是一种多面投影图，它采用相互垂直的两个或两个以上投影面，在每个投影面上分别采用正投影法获得几何原形的投影。由这些投影便能确定该几何原形的空间位置和形状。如图 1-6（a）所示是某一几何体的正投影。

采用正投影图时，常将几何体的主要平面放成与相应的投影面相互平行。这样画出的投影图能反映出这些平面的实形。因此正投影图有很好的度量性，而且正投影图作图也较简便。在机械制造行业和其他工程部门中被广泛采用。

（2）轴测投影图。轴测投影图是单面投影图。先设定空间几何原型所在的直角坐标系，采用平行投影法，将三根坐标轴连同空间几何原型一起投射到投影面上。如图 1-6（b）是某一几何体的轴测投影图。由于采用平行投影法，所以空间平行的直线投影后仍平行。

采用轴测投影图时，将坐标轴对投影面放成一定的角度，使得投影图上同时反映出几何体长、宽、高 3 个方向上的形状，增强了立体感。

（3）标高投影图。标高投影图是采用正投影法获得空间几何元素的投影之后，再用数字标出空间几何元素对投影面的距离，以在投影图上确定空间几何元素的几何关系。如图 1-6（c）是曲面的标高投影，其中一系列标有数字的曲线称为等高线。

标高投影图常用来表示不规则曲面，如船舶、飞行器、汽车曲面及地形等。

（4）透视投影图。透视投影图用的是中心投影法。它与照相成影的原理相似，图像接近于视觉映像。所以透视投影图富有逼真感，直观性强。按照特定规则画出的透视投影图，完全可以确定空间几何元素的几何关系。如图 1-6（d）所示是某一几何体的一种透视投影图。由于采用中心投影法，所以有些空间平行的直线在投影后就不平行了。

透视投影图广泛用于工艺美术及宣传广告图样。

有关投影方法与工程图之间的关系如图 1-7 所示。

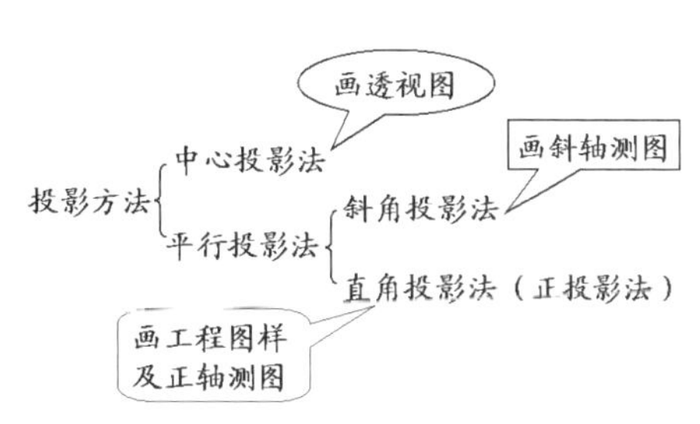

图 1-7　投影方法与工程图的关系

在本书讲解中，主要采用正投影法。它的基本特性如图 1-8 所示。

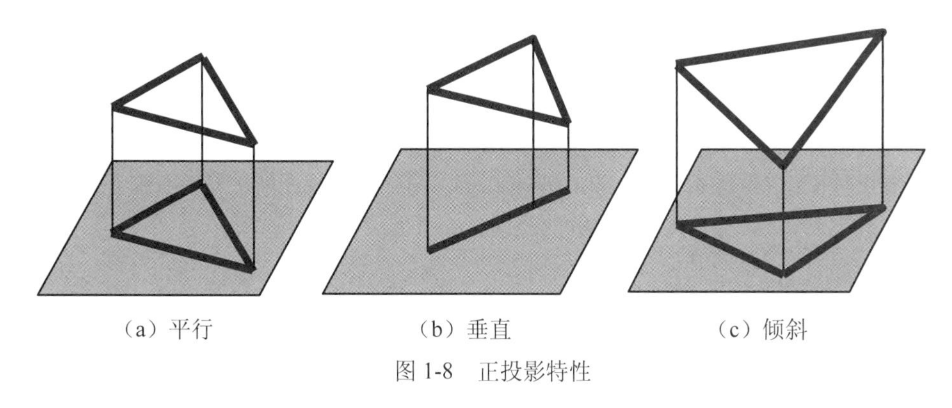

（a）平行　（b）垂直　（c）倾斜

图 1-8　正投影特性

可以归纳为以下几点：

（1）真实性。当直线或平面图形平行于投影面时，投影反映线段的实长和平面图形的真实形状。

（2）积聚性。当直线或平面图形垂直于投影面时，直线段的投影积聚成一点，平面图形的投影积聚成一条线。

（3）类似性。当直线或平面图形倾斜于投影面时，直线段的投影仍然是直线段，比实长短；平面图形的投影仍然是平面图形，但不反映平面实形，而是原平面图形的类似形。

由以上性质可知，在采用正投影画图时，为了反映物体的真实形状和大小及作图方便，应尽量使物体上的平面或直线对投影面处于平行或垂直的位置。

3. 三面投影体系的建立

如图 1-9 所示，两个形状不同的物体在同一个投影面上的投影是相同的。若不附加其他说明，仅凭这一个投影面上的投影，是不能表示物体的形状和大小的。所以，一般需将物体放置在如图 1-6（a）所示的三面投影体系中，分别向三个投影面进行投影，然后将所得到的三个投影联系起来，互相补充即可反映出物体的真实形状和大小。

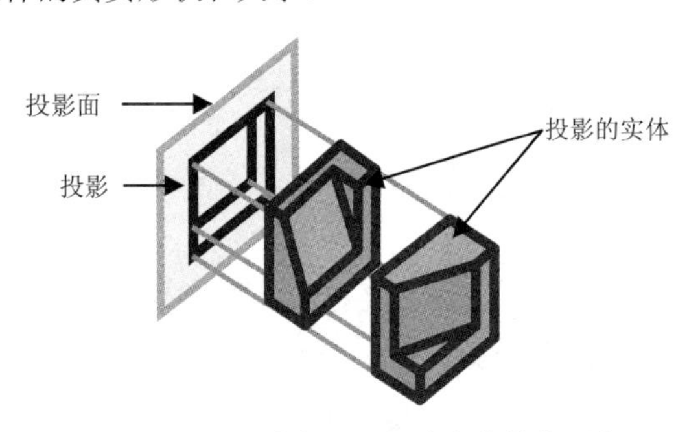

图 1-9　一个投影不能确定物体的形状

按照正投影法绘制出物体的投影图，又称为视图。为了得到能反映物体真实形状和大小的视图，将物体适当地放置在三面投影体系中，分别向 *V* 面、*H* 面、*W* 面进行投影，则在 *V* 面上得到的投影称为主视图；在 *H* 面上得到的投影称为俯视图；在 *W* 面上得到的投影称为左视图。

任何物体都有长、宽、高 3 个尺度，若将物体左右方向（*X* 方向）的尺度称为长，上下方向（*Z* 方向）的尺度称为高，前后方向（*Y* 方向）的尺度称为宽，则在三视图上，主、俯视图反映了物体的长度，主、左视图反映了物体的高度，俯、左视图反映了物体的宽度。归纳上述三视图的三等关系是：主、俯长对正，主、左高平齐，俯、左宽相等。简称为三视图的关系是长对正、高平齐、宽相等关系，如图 1-10 所示。本书中所讲解的视图操作都要遵循这个原则。

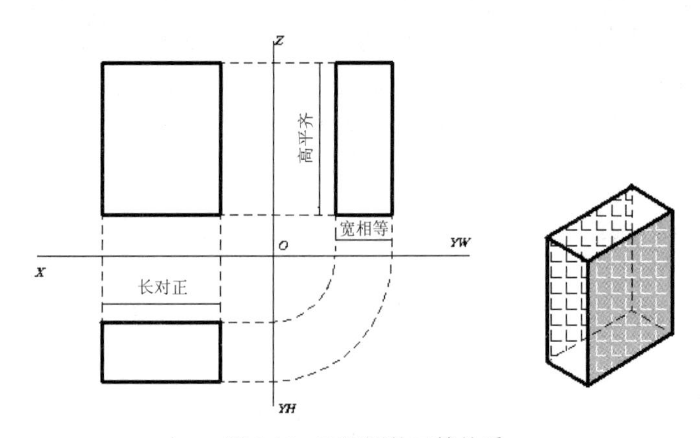

图 1-10　三视图的三等关系

1.2.3 最新国标的有关规定

了解了上述工程图基本概念后，接下来需要掌握在工程制图中的具体设置内容。如图 1-11 所示是一张典型的工程制图。一般而言，工程制图的基本元素包括单位、图幅、比例、图线与字体。另外，还包括尺寸标注。

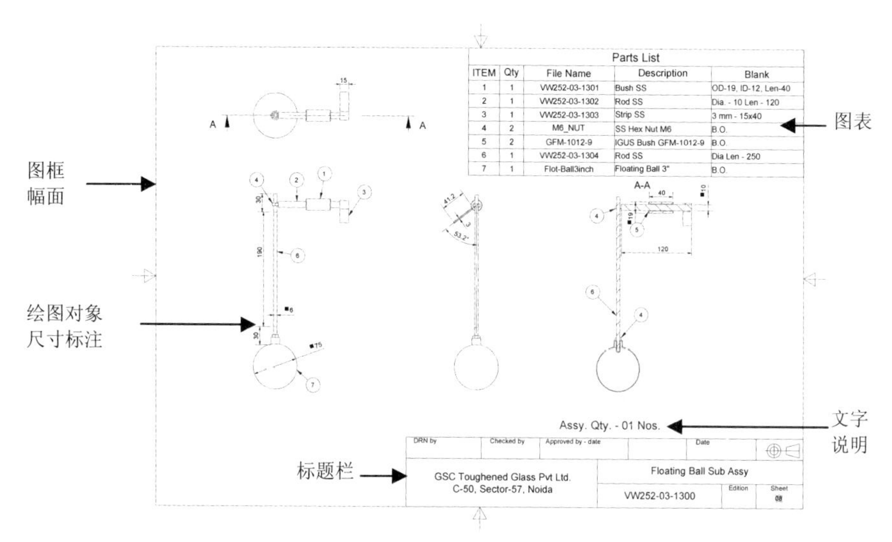

图 1-11　典型工程制图

对于前两项而言，Creo Parametric 的工程制图设置与常见的 AutoCAD 软件设置有所不同。在 AutoCAD 中，由于在建立图档时选择的模板中单位已经设置好了，所以一般可以不必设置。而在 Creo Parametric 中，首先需要设置单位，然后选择图幅。

1. 单位

单位设置内容参见本书 2.2.2 小节内容。

在使用 Creo Parametric 建立工程图时，也需要建立一个绘图环境，包括度量单位、图纸尺寸以及想用的比例等的确定。

由于设计单位、项目的不同，有不同的度量系统，如英制、公制等，因此在工作制图的建立中，首先是选择用户需要的单位制。如图 1-12 所示，在 Creo Parametric 中定义了长度、质量/力、时间和温度单位的多个系统。由于该软件来自美国，所以默认单位系统为英寸磅秒。用户可以更改指定的单位系统，也可以定义自己的单位和单位系统（称为定制单位和定制单位系统），但是不能更改预定义单位系统。

2. 图幅（GB/T 14689—1993）

有关图幅设置参见本书 2.2.2 小节内容。

（1）图纸的基本幅面。图纸宽度（*B*）和长度（*L*）组成的图面称为图纸幅面，如图 1-13 所示。

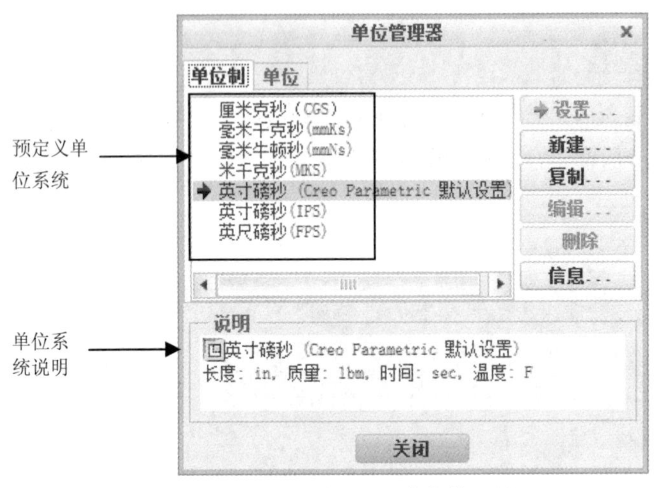

图 1-12　单位管理器

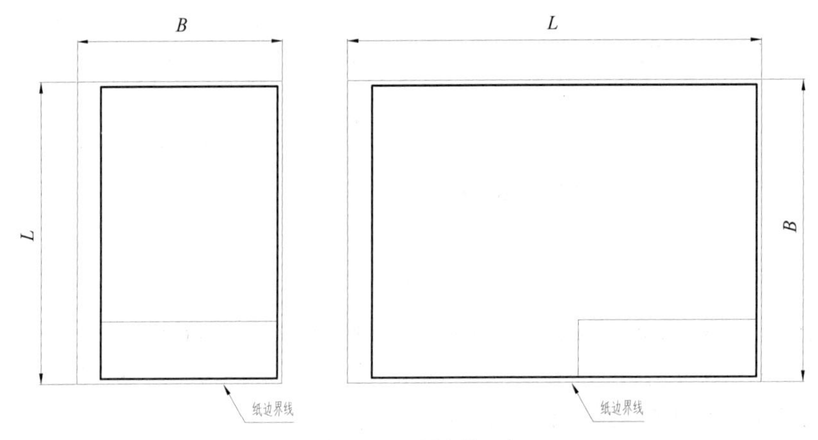

图 1-13　图纸幅面

图纸幅面分为基本幅面和加长幅面。不管哪种幅面的图纸，其单位都是毫米。绘制技术图样时，一般优先采用基本幅面。

5 种基本幅面代号为 A0、A1、A2、A3、A4，如表 1-1 所示，这与 ISO 标准规定的幅面代号和尺寸完全一致。

表 1-1　基本幅面的代号、尺寸及周边的尺寸（第一选择）　（mm）

幅面代号	A0	A1	A2	A3	A4
尺寸 $B\times L$	841×1189	594×841	420×594	297×420	210×297
e	20		10		
c	10			5	
a	25				

当采用基本幅面绘制图样有困难时，也允许选用加长幅面，加长幅面尺寸是由基本幅面的短边成整数倍增加后得出。一般有 A3×3、A3×4、A4×3、A4×4、A4×5 等。

加长幅面（第二选择）如表 1-2 所示。

表 1-2　加长幅面尺寸（第二选择）　（mm）

幅面代号	A3×3	A3×4	A4×3	A4×4	A4×5
尺寸 $B\times L$	420×891	420×1189	297×630	297×841	297×1051

加长幅面（第三选择）如表 1-3 所示。

表 1-3　加长幅面尺寸（第三选择）　（mm）

幅面代号	尺寸 $B\times L$	幅面代号	尺寸 $B\times L$
A0×2	1189×1682	A3×5	420×1486
A0×3	1189×2523	A3×6	420×1783
A1×3	841×1783	A3×7	420×2080
A1×4	841×2378	A4×6	297×1261
A2×3	594×1261	A4×7	297×1471
A2×4	594×1682	A4×8	297×1682
A2×5	594×2102	A4×9	297×1892

如图 1-14 所示，粗实线表示表 1-1 所列的基本幅面（第一选择）；细实线表示表 1-2 所列的加长幅面（第二选择）；虚线表示表 1-3 所列的加长幅面（第三选择）。

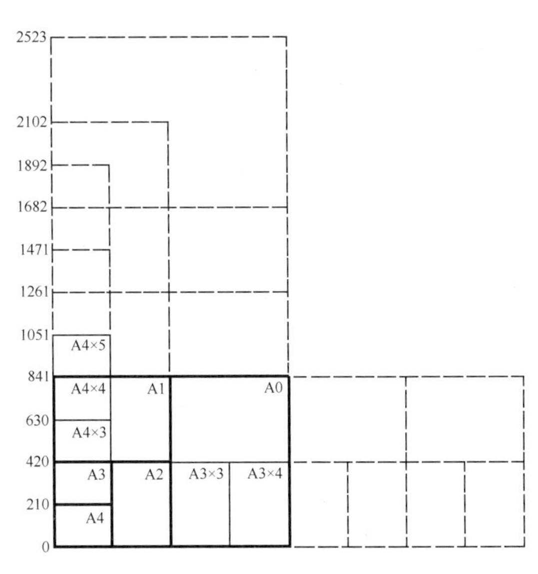

图 1-14　基本图幅及加长幅面

（2）图框格式。图纸上必须用粗实线画出图框，其格式如图 1-15 所示，图框格式有两种：一种是保留装订边的图框，用于需要装订的图样，但同一产品的图纸只能采用一种格式。

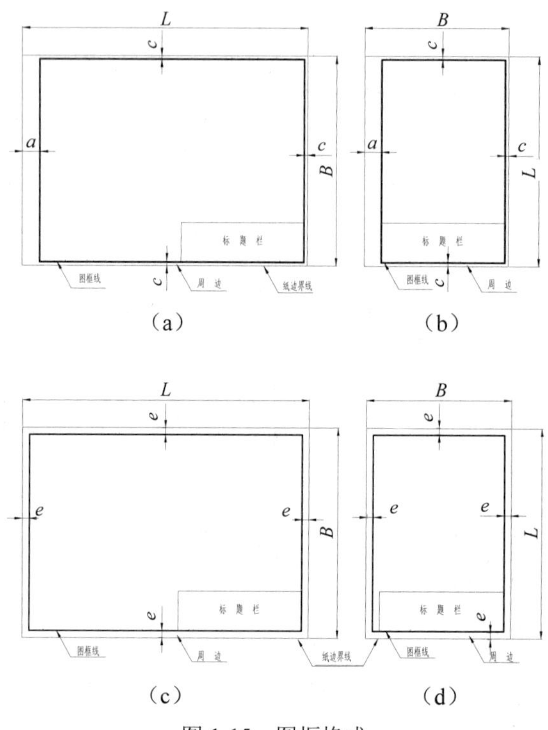

图 1-15　图框格式

图纸空间是由纸边界线（幅面线）和图框线所组成，无论图纸是否装订，图框线都必须用粗实线绘制，表示图幅大小的纸边界线用细实线绘制。图框线与纸边界线之间的区域称为周边。对于保留装订边的图框格式，装订侧的周边尺寸 a 要比其他 3 个周边的尺寸 c 大一些。不留装订边的图框的 4 个周边尺寸相同，均为 e。各周边的具体尺寸与图纸幅面大小有关。

当图样需要装订时，一般采用 A3 幅面横装，A4 幅面竖装，见图 1-15。

（3）标题栏及其方位。有关标题栏设置参见本书 8.1.4 小节内容。

在每张图纸上均需要画出标题栏。标题栏位于图纸的右下角，见图 1-15 中的位置，看图的方向与看标题栏的方向一致。

在工程制图中，图纸必须有图框和标题栏，有的图纸（如装配图中）还需要有明细栏，一般位于标题栏上面。国家标准对图框和标题栏的绘制有明确的规定，所以在绘制图纸时一定要参照相关标准执行。

标题栏一般由名称及代号区、签字区、更改区及其他区组成。

1）标题栏的格式和尺寸按 GB/T 10609.1—1989 的规定，如图 1-16 所示。

2）标题栏的长边置于水平方向并与图纸的长边平行时，构成 X 型图纸，如图 1-15（a）、（c）所示。若标题栏的长边与图纸的长边垂直时，则构成 Y 型图纸，如图 1-15（b）、（d）所示，在此情况下看图的方向与标题栏的方向一致。

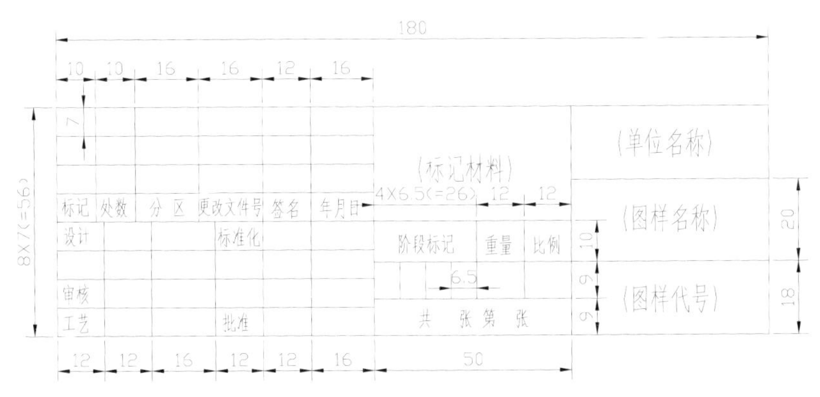

图 1-16　标题栏的格式及尺寸

3）当使用预先印制好图框及标题栏格式的图纸时，为合理安排图形，允许将 X 型图纸的短边置于水平位置使用，如图 1-17（a）所示；或将 Y 型图纸的长边置于水平位置使用，如图 1-17（b）所示。这时看图方向与标题栏的方向不同，就需要在图纸的下边对中符号处画出一个方向符号，以明确表示看图的方向。方向符号是用细实线绘制的等边三角形，其大小和所处的位置如图 1-17（c）所示。

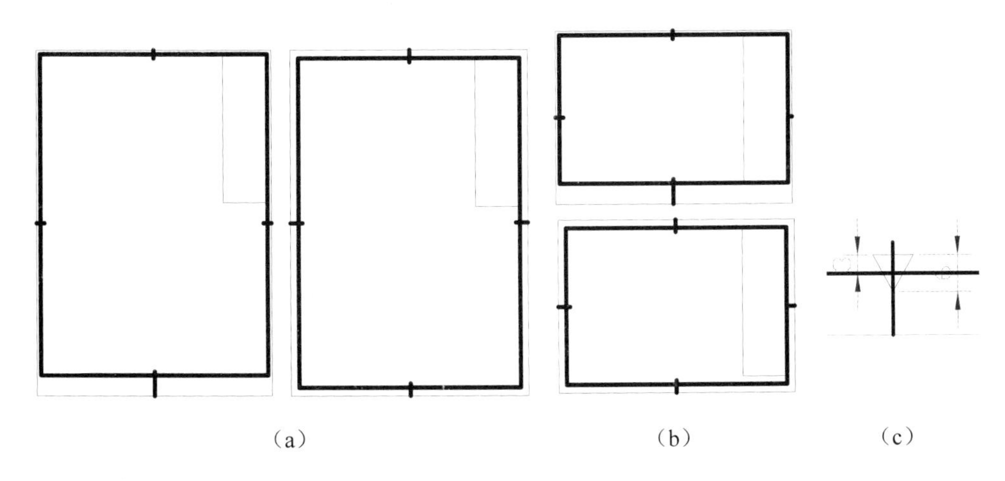

图 1-17　图纸的另一种配置方式及方向符号

4）平时在不重要的场合或者是学生作业时，可以采用图 1-18 所示的简化格式。

（4）附加符号。

1）对中符号。为了使图样复制和缩微摄影时定位方便，各号图纸均在图纸各边长的中点处分别画出对中符号。对中符号用粗实线绘制，线宽不小于 0.5mm，长度从纸边界开始画入图框内约 5mm，如图 1-17（a）、（b）所示。当对中符号处在标题栏范围时，伸入标题栏部分省略不画，如

图 1-17（b）所示。

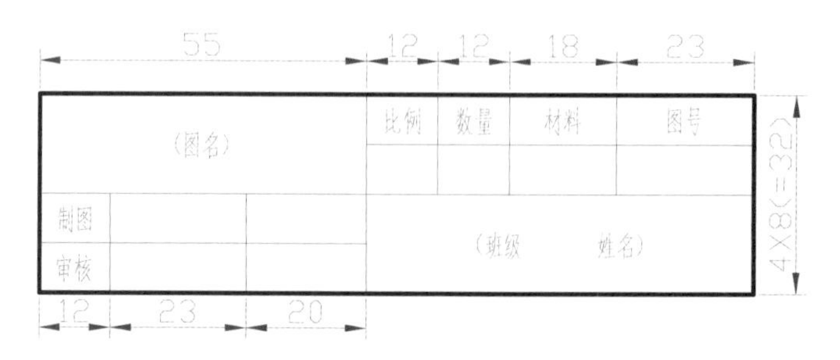

图 1-18　简化标题栏格式

2）方向符号。对于按图 1-17 所配置的图纸，为了明确绘图与看图时图纸的方向，应在图纸下边的对中符号处画一个方向符号，如图 1-17（a）、（b）所示。

（5）图幅分区。

1）为了便于查看或更改复杂图样中某些局部的结构形状或尺寸，并在标题栏的更改区加以注明时，可以在图幅中进行分区编号后，在标题栏更改区内写出该修改处所在分区的代码，如 C3，看图时可以立即找到该区域的位置，如图 1-19 所示。

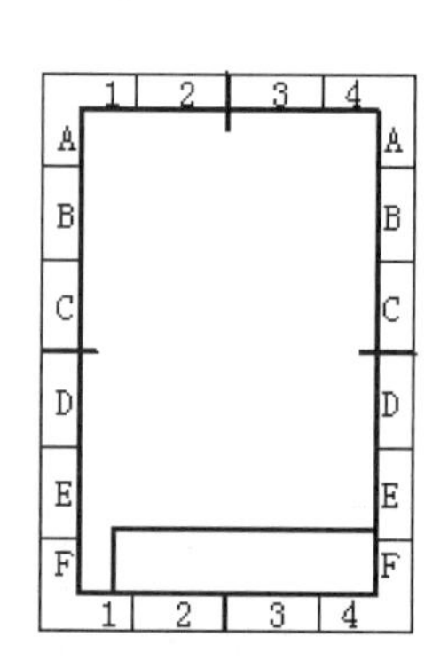

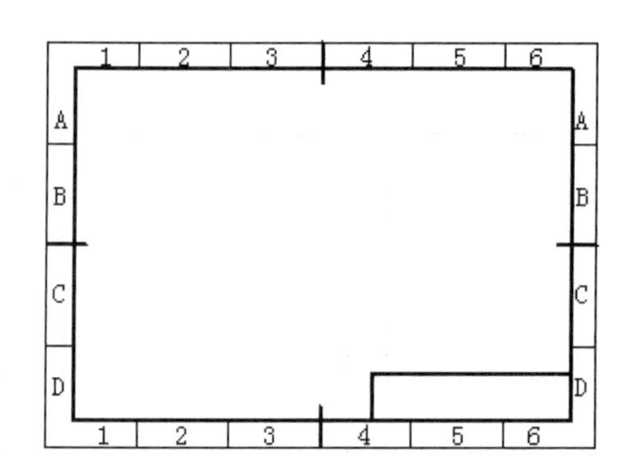

图 1-19　图幅分区

2）图幅分区数目按图样的复杂程度确定，但分区数应该是偶数。每一分区的长度应在 25～75mm 之间。分区线为细实线，在图框的每一侧都有一条分区线与对中符号重合。

3）分区的编号沿上下方向（按看图方向确定图纸的上下和左右）用直体大写拉丁字母从上到下顺序编写；沿水平方向用直体阿拉伯数字从左到右顺序编写。当分区数超过拉丁字母的总数时，超过的各区可用双重字母编写，如 AA、BB、CC 等。拉丁字母和阿拉伯数字的位置应尽量靠近图框线。

4）图样中标注分区代号时，分区代号由拉丁字母和阿拉伯数字组成，字母在前数字在后并排书写，如 B3、C5 等。当分区代号与图形名称同时标注时，则分区代号写在图形名称的后面，中间空出一个字母的宽度，如 E-E A7。

3. 比例（GB/T 14690—1993）

有关比例设置参见本书2.3.1小节内容。

图中图形与实物相应要素的线性尺寸之比称为比例。比值为1的比例称为原值比例，即1:1。比值大于1的比例称为放大比例，如2:1等。比值小于1的比例称为缩小比例，如1:2等。

绘制技术图样时，应在表1-4所规定的系列中选取适当的比例，最好选用原值比例，但也可根据机件大小和复杂程度选用放大或缩小比例。

表1-4 标准比例

种类	种类	比例				
	原值比例	1:1				
第一选择	放大比例	5:1 $5\times10^n:1$	2:1 $2\times10^n:1$	 $1\times10^n:1$		
	缩小比例	1:2 $1:2\times10^n$	1:5 $1:5\times10^n$	1:10 $1:1\times10^n:1$		
第二选择	放大比例	4:1 $4\times10^n:1$	2.5:1 $2.5\times10^n:1$			
	缩小比例	1:1.5 $1:1.5\times10^n$	1:2.5 $1:2.5\times10^n$	1:3 $1:3\times10^n:1$	1:4 $1:4\times10^n$	1:6 $1:6\times10^n$

注：n为正整数。

同一机件的各个视图应采用相同比例，并在标题栏“比例”一项中填写所用的比例。当机件上有较小或较复杂的结构需用不同比例时，可在视图名称的下方标注比例，如图1-20所示。

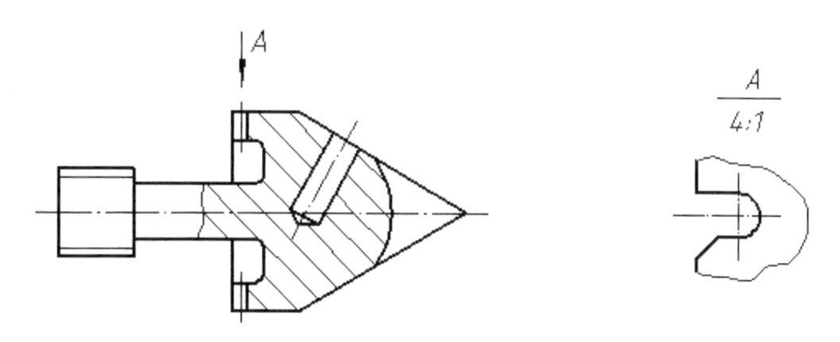

图1-20 不同比例的标注

4. 图线格式（GB/T 17450—1998、GB/T 4475.4—2002）

有关线型设置的内容参见本书5.7节内容。

图线是起点和终点间以任意方式连接的一种几何图形，形状可以是直线或曲线、连续线或不连续线。

国家标准《技术制图 图线》（GB/T 17450—1998）和《机械制图 图线》（GB/T 4475.4—1984）

中规定了 15 种基本线型及图线应用。绘制机械图样只用到其中的一小部分。常见的图线名称、形式、宽度及在图样中的一般应用应符合表 1-5 的规定。

表 1-5　基本线型及应用（GB/T 17450—1998）

图线名称	图线形式	线宽	一般应用
粗实线		*d*	可见轮廓线 可见过渡线 图框线
细实线		*d*/4	尺寸线及尺寸界线 剖面线 重合断面的轮廓线 螺纹的牙底线及齿轮的齿根线 引出线 分界线及范围线 弯折线 辅助线 不连续的同一表面的连线 呈规律分布的相同要素的连线
波浪线		*d*/4	断裂处的边界线 视图与剖视图的分界线
双折线		*d*/4	断裂处的边界线
虚线	2~6　1	*d*/4	不可见轮廓线 不可见过渡线
细点划线	15~30　3	*d*/4	轴线 对称中心线 轨迹线 节圆及节线（分度圆及分度线）
粗点划线	（线长及间距同细点划线）	*d*	有特殊要求的线或表面的表示线
双点划线（细）	15~30　5	*d*/4	相邻辅助零件的轮廓线 极限位置的轮廓线 坯料的轮廓线或毛坯图中制成品的轮廓线 假想投影轮廓线 实验或工艺用结构的轮廓线 中断线

注：所有线型的图线宽度（*d*）的系列为 0.13、0.18、0.25、0.35、0.50、0.7、1、1.4、2（单位均为 mm）。

图线的画法如下：

（1）机械图样中粗线、中粗线和细线的宽度比率为 4:2:1。在表 1-5 中，粗实线的宽度通常选用 0.5mm 或 0.7mm，其他图线均为细线。在同一图样中，同类图线的宽度应一致。

（2）除非另有规定，两条平行线之间的最小间隙不得小于 0.7mm。

（3）细点划线和细双点划线的首末端一般应是长画而不是点，细点划线应超出图形轮廓 2～5mm。当图形较小难以绘制细点划线时，可用细实线代替细点划线，如图 1-21 所示。

（4）当不同图线互相重叠时，应按粗实线、细虚线、细点划线的先后顺序只画前面一种图线。手工绘图时，细点划线或细虚线与粗实线、细虚线、细点划线相交时，一般应以线段相交，不留空隙；当细虚线是粗实线的延长线时，粗实线与细虚线的分界处应留出空隙，如图 1-22 所示。

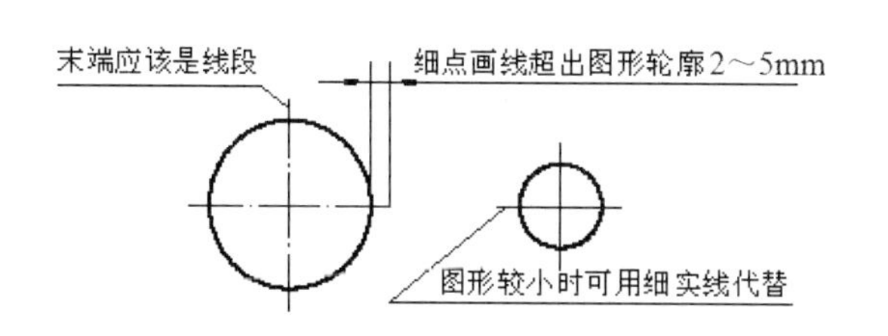

图 1-21 细点划线的画法

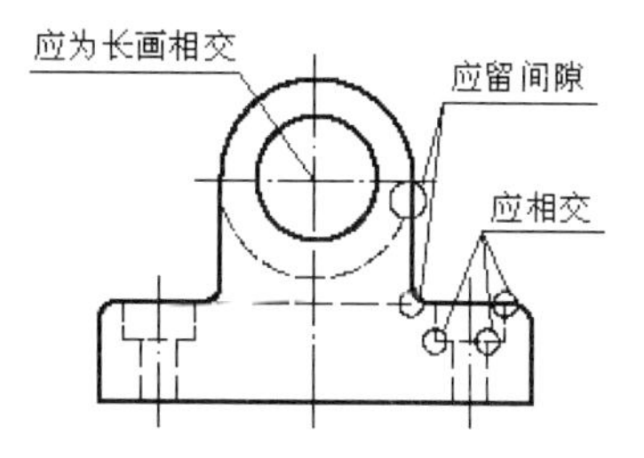

图 1-22 细点划线或细虚线与其他图线的关系

一般而言，可以将不同的线型放置在不同的图层中，这样便于管理。有关图层设置的内容，请参见本书 2.5 节内容。

5. 字体格式（GB/T 14691－1993）

有关字体格式设置的内容，请参见本书 5.6 内容。

技术制图《字体》的国家标准代号为 GB/T 14691—1993。该标准等效采用国际标准 ISO 3098/1—1974 中的第一部分和 ISO/3098/2—1984 中的第二部分。

国标规定图样中书写的字体必须做到字体工整、笔画清楚、间隔均匀、排列整齐。

字体高度（用 h 表示）代表字体的号数，如 7 号字的高度为 7mm。字体高度的公称尺寸系列为 1.8mm、2.5mm、3.5mm、5mm、7mm、10mm、14mm、20mm。如果要书写更大的字，其字体高度应按 $\sqrt{2}$ 的比率递增。

图样中字体可分为汉字、字母和数字。

（1）汉字。汉字应写成长仿宋体（直体），并应采用国家正式公布的简化字。由于有些汉字的笔画较多，国标规定汉字的高度 h 应不小于 3.5mm，其字宽约为字高度的 0.7 倍。

书写长仿宋体的要点为横平竖直、注意起落、结构匀称、填满方格。长仿宋体字的示例如图 1-23 所示。

（2）字母及数字。字母和数字分为 A 型和 B 型。A 型字体的笔画宽度为字高的 1/14；B 型字体的笔画宽度为字高的 1/10。在同一图样上，只允许选用一种字型。一般采用 A 型斜体字，斜体字字头与水平线向右倾斜 75°。

10号字

字体工整　笔画清晰　间隔均匀　排列整齐

7号字

横平竖直　注意起落　结构均匀　填满方格

5号字

技术制图机械电子汽车航空船舶土木建筑矿山港口纺织

图 1-23　长仿宋体字文字示例

（3）文字示例如图 1-24 所示。

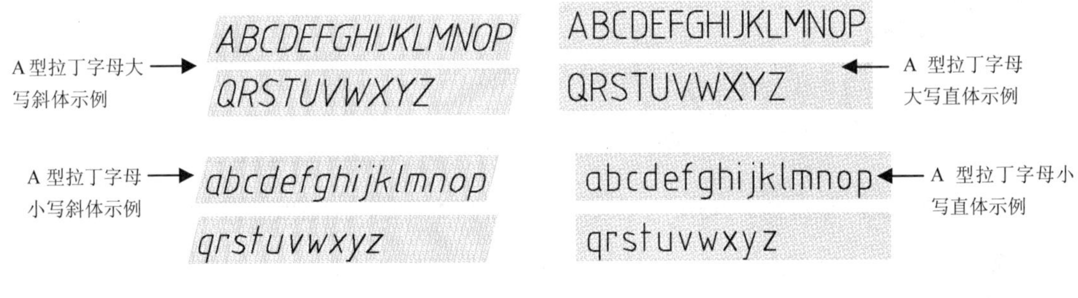

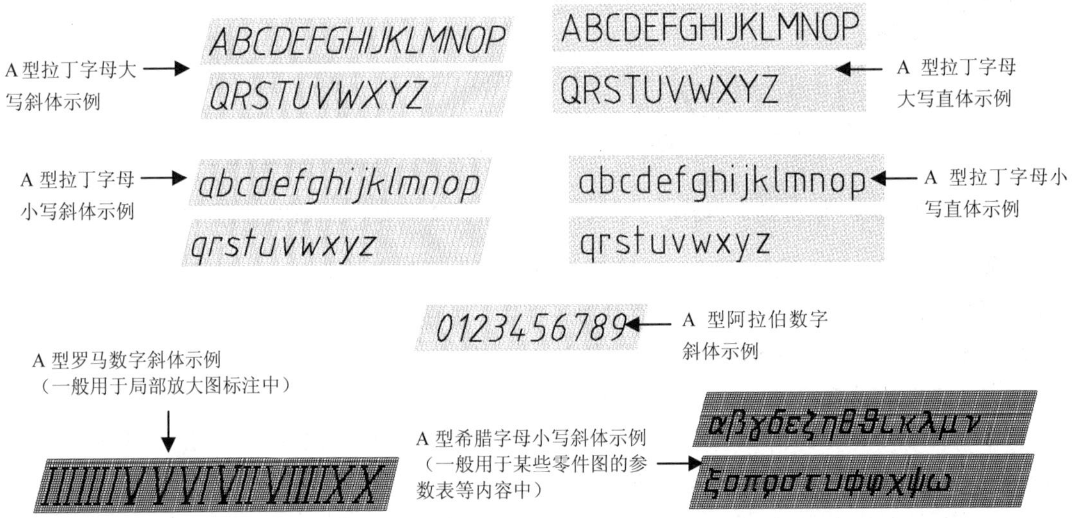

A 型拉丁字母大写斜体示例
ABCDEFGHIJKLMNOP
QRSTUVWXYZ
A 型拉丁字母大写直体示例
ABCDEFGHIJKLMNOP
QRSTUVWXYZ
A 型拉丁字母小写斜体示例
abcdefghijklmnop
qrstuvwxyz
A 型拉丁字母小写直体示例
abcdefghijklmnop
qrstuvwxyz
0123456789
A 型阿拉伯数字斜体示例
A 型罗马数字斜体示例
（一般用于局部放大图标注中）
I II III IV V VI VII VIII IX X
A 型希腊字母小写斜体示例
（一般用于某些零件图的参数表等内容中）
αβγδεζηθϑικλμν
ξοπρστυφφχψω

图 1-24　文字示例

（4）CAD 中的字体标准。在 CAD 制图中，数字与字母一般以斜体输出，汉字以正体输出。国家标准《CAD 工程制图规则》中所规定的字体与图纸幅面的关系如表 1-6 所示。

表 1-6　字体与图纸幅面关系

图幅 / 字体 *h*	A0	A1	A2	A3	A4
汉字 *h*	7	7	5	5	5
字母与数字 *h*	5	5	3.5	3.5	3.5

在机械工程的 CAD 制图中，汉字的高度降至与数字高度相同；在建筑工程的 CAD 制图中，汉字高度允许降至 2.5mm，字母和数字对应地降至 1.8mm。

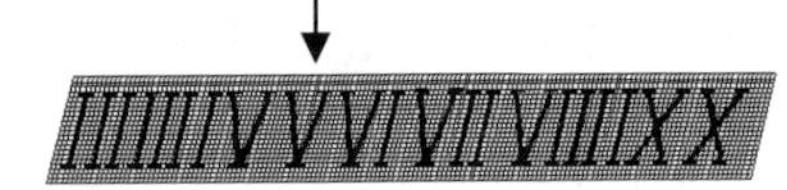

（5）字母组合应用示例。

1）用作指数、分数、极限偏差、注脚等的字母及数字，一般采用小一号字体，其应用示例如下：

10^3 S^{-1} D_1 T_d $\phi 20^{+0.010}_{-0.023}$ $7^{\circ}{}^{+1^{\circ}}_{-2^{\circ}}$ $\frac{3}{5}$

2）图样中的数学符号、计量单位符号以及其他符号、代号应分别符合国家标准有关法令和标准的规定。量的符号是斜体，单位符号是直体，如 *m*/kg，其中 *m* 为表示质量的符号，应用斜体，而 kg 表示质量的单位符号，应是直体。例如：

l/mm m/kg 460r/min 380kPa

3）字母、数字及其他符号等混合书写时的应用示例如下：

10Js5(±0.003) M24-6h

$\phi 25\frac{H6}{m5}$ $\frac{II}{2:1}$ $\frac{A}{5:1}$ 6.3

6. 尺寸标注

有关尺寸标注的内容，请参见本书第 5 章内容。

图形只能表达机件的结构形状，其真实大小由尺寸确定。一张完整的图样，其尺寸注写应做到正确、完整、清晰、合理。

尺寸标注的基本规定如下：

（1）机件的真实大小应以图样上所注的尺寸数值为依据，与绘图的比例及绘图的准确度无关。

（2）图样中的尺寸一般以 mm 为单位。当以 mm 为单位时，不需要标注计量单位的代号或名称。如采用其他单位时，则必须注明相应计量单位的代号或名称。

（3）图样中标注的尺寸应为该图样所示机件的最后完工尺寸；否则应另加说明。

比较常见的尺寸类型如图 1-25 所示。我们将在后面详细讲解，在此不再赘述。

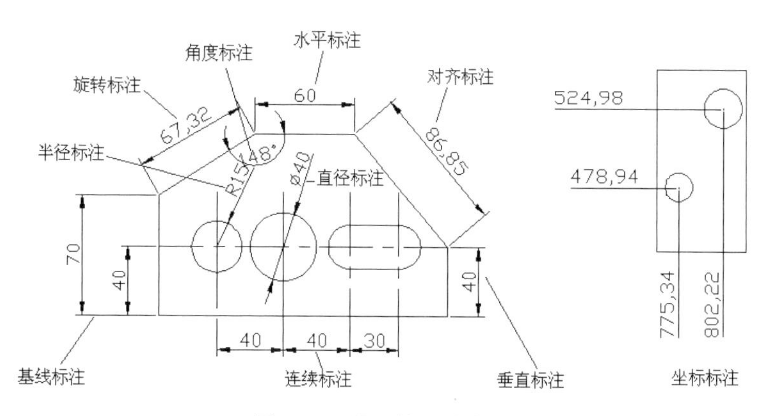

图 1-25 常见的尺寸类型

1 Chapter

1.3 工程视图的类型及其绘制

工程制图的绘制过程实际上是由平面图形的绘制演化而来的。另外，在 Creo Parametric 的工程图模块中，对象的表达都是以工程视图的形式来表达的，所以，本节将讲解平面图形的绘制及如何演化到工程图绘制，最后讲解常用的工程图类型。

1.3.1 平面图形的绘制步骤

本小节结合一个实例来讲解平面图形的绘制过程，如图 1-26 所示。

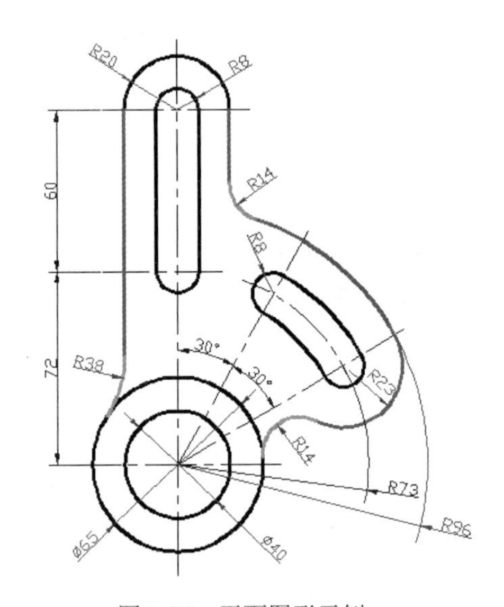

图 1-26 平面图形示例

一般而言，绘制平面图形主要分为以下 3 个大的步骤。

1. 平面图形尺寸分析

要绘制平面图形，必须从尺寸分析开始，研究其尺寸关系，即几何图形的本身特性和图形之间的相互关系。包括以下 3 方面内容：

（1）确定尺寸基准，即标注尺寸的起始点。

（2）确定定形尺寸，即确定各部分形状大小的尺寸。

（3）确定定位尺寸，即确定各部分相对位置的尺寸。

2. 平面图形线段分析

分析图形中每个线段（包括曲线）的意义，即决定先画哪些线段再画哪些线段、线段之间如何连接等。

可以确定的线段包括以下 3 种：

（1）已知线段，即具有定形尺寸和两个方向的定位尺寸的线段。

（2）中间线段，即具有定形尺寸和一个方向的定位尺寸的线段。

（3）连接线段，即具有定形尺寸无定位尺寸的线段。

3. 平面图形画图

要绘制出图 1-26，在完成了上述分析之后，就可以按照以下步骤进行，具体过程如图 1-27 所示。

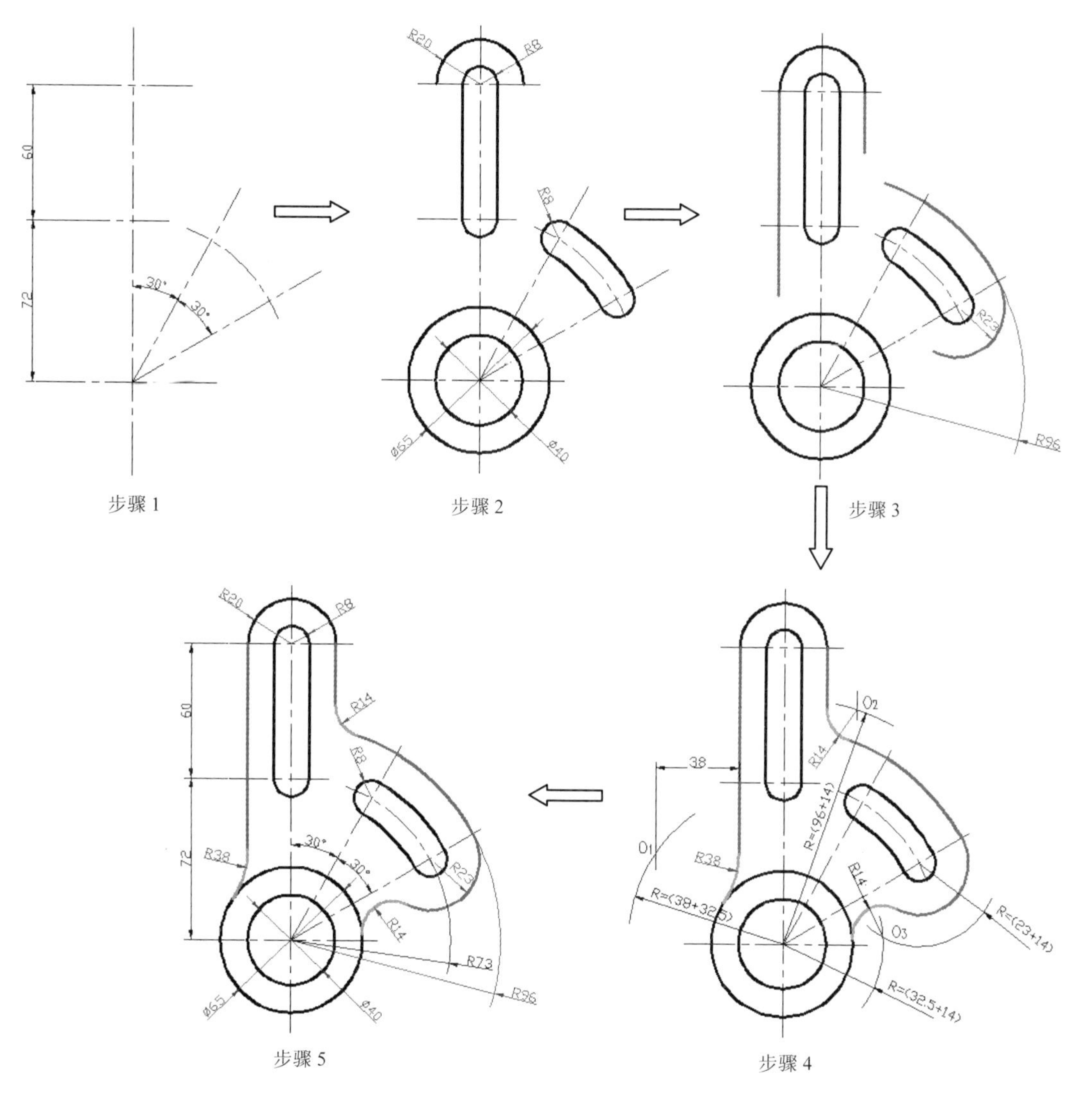

图 1-27　平面图形绘制过程

（1）画出基准线。

（2）画出已知线段。

（3）画出中间线段。

（4）画出连接线段。

（5）标注尺寸。

1.3.2 工程制图的绘制步骤

工程制图主要分为两种：零件图与装配图。其绘制本质是一样的，都要遵循上面的绘图步骤。只不过由于二者的组成结构有所不同，所以其侧重点不同。

1. 零件图绘制

在实际工作中绘制零件图，可分为测绘和拆图两种途径。

（1）测绘。根据已有的零件实物画出零件图，多在无图样又需要仿制已有机器或修配损坏的零件时进行。

（2）拆图。在设计新机器时，先要画出机器的装配图，定出机器的主要结构和尺寸，再根据装配图画出各零件图。

不管以何种途径来绘制零件工程图，其绘图过程大致按以下步骤进行：

（1）根据零件的用途、形状特点、加工方法等选取主视图和其他视图。

（2）根据视图数量和实物大小确定适当的比例，并选择合适的标准图幅。

（3）画出图框和标题栏。

（4）画出各视图的中心线、轴线、基准线，把各视图的位置定下来，各视图之间要注意留有充分的标注尺寸的余地。

（5）由主视图开始，画各视图的主要轮廓线，画图时要注意各视图间的投影关系。

（6）画出各视图上的细节，如螺钉孔、销孔、倒角、圆角等，并画剖面线。

（7）画出全部尺寸线，注写尺寸数字。

（8）标出公差及表面粗糙度符号等。

（9）填写技术要求和标题栏。

（10）最后进行检查，没有错误以后，在标题栏内签字。

使用 Creo Parametric 绘制零件图，基本上也是按照上面的原理进行。但是，在操作上更加灵活、高效。主要的如视图投影等都由三维模型直接投影获取，我们只需要确定要使用的工程图类型即可。另外，对于图框和标题栏等可以进行现场绘制，也可以使用以前定义好的图块，还可以使用系统提供的模板。整个图形可以先按照 1:1 的比例进行绘制，最后输出时再进行比例调整。文件的传递交流非常方便。

具体的绘图过程如图 1-28 所示。

2. 装配工程图绘制

与零件图相比，绘制装配图要复杂得多。零件图主要用于零件制造，而装配图则主要用于将零件组装成机器部件。所以装配体的表达方法除了沿用零件的各种表达所选用原则之外，国家标准《机械制图》中还规定了装配图的有关规定画法和特殊表达方法。

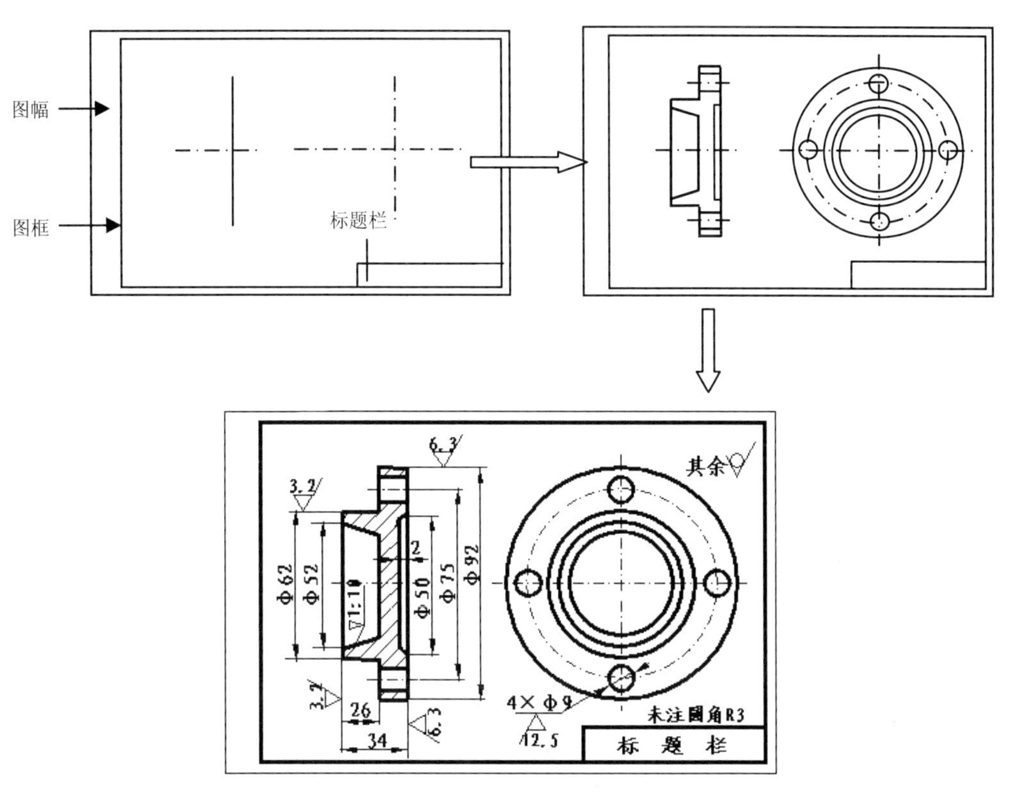

图 1-28 零件图绘制过程

其中，规定画法包括接触面和装配面的画法、剖面线的画法、标准中实心件的画法；特殊表达包括拆卸画法、拆卸剖视、省略画法、假想画法和夸大画法。由于篇幅所限，本书就不再展开介绍，请读者参见有关书籍。

下面结合柱塞泵，介绍具体的绘制步骤。

（1）确定图幅。根据部件的大小、视图数量，确定画图的比例、图幅的大小，画出图框，留出标题栏和明细栏的位置。

（2）布置视图。绘制各视图的主要基线，并注意在各视图之间留有适当间隔，以便标注尺寸和进行零件编号。

（3）绘制主要装配线。先画主体零件（泵体）。然后从主视图开始，绘制各视图的主要轮廓。

（4）按装配顺序，绘制主装配线上其他零件。

（5）绘制其他装配线，包括进、出口单向阀，小轮、轴等。

（6）绘制详细结构，包括弹簧、销钉等。

（7）完成装配图。检查无误后绘制剖面线，标注尺寸，对零件进行编号，填写明细栏、标题栏，书写技术要求等，完成装配图。

具体绘制过程如图 1-29 所示。

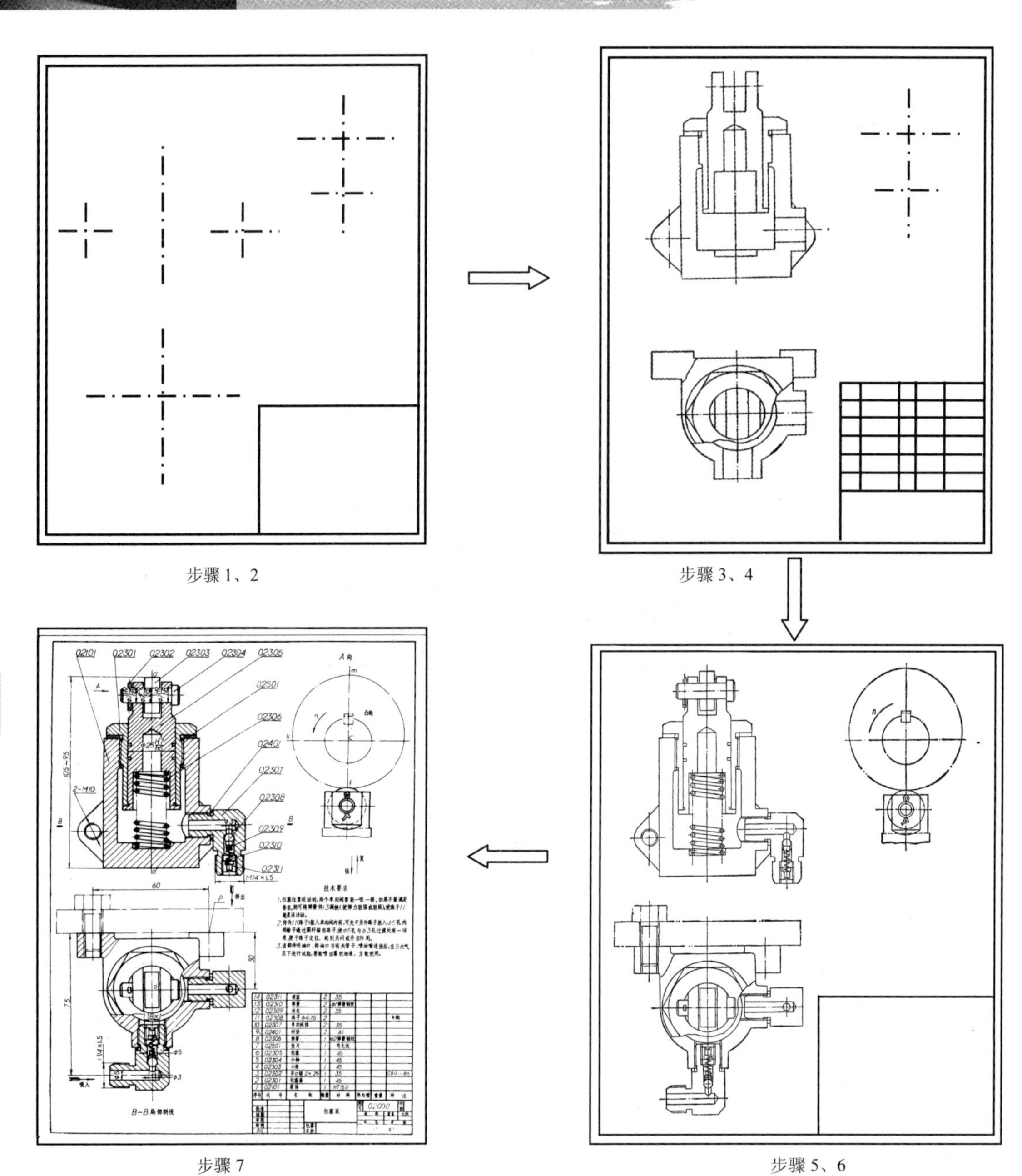

图 1-29　绘制装配图

1.3.3　工程视图类型及其选择

在机械制图中，工程视图的类型很多，包括按照投影方向分类、按照剖视情况分类等。Creo

Parametric 中的视图类型也是遵循这些规律的，只是组合在一起来分类而已。本节将介绍机械制图中的类型，有关 Creo Parametric 中的知识及操作，请参见后面的相关章节。

在讲解之前要声明一点，即在机械制图中，“视图”是作为工程视图的一类来出现的。本节中也将这样处理。在后面的章节中，则按照一种通称来处理。

1. 工程视图类型

（1）视图。根据国家标准规定，用正投影法将机件向投影面投射所得的图形称为视图，它主要用以表达机件的外部形状和结构。视图分为基本视图、斜视图、局部视图和旋转视图。画视图时应用粗实线画出机件的可见轮廓，必要时还可用虚线画出机件的不可见轮廓。在 Creo Parametric 中，系统直接求得的各种视图都是这种轮廓视图。

1）基本视图。根据国家标准的规定，用正六面体的六个面作为基本投影面，如图 1-30 所示。将机件置于正六面体中，按正投影法分别向六个基本投影面投影所得到的六个视图称为基本视图。随后正立面保持不动，其他投影面按图 1-30 中箭头所示方向展开到与正立面成同一平面。展开后各基本视图的配置关系如图 1-30 所示。

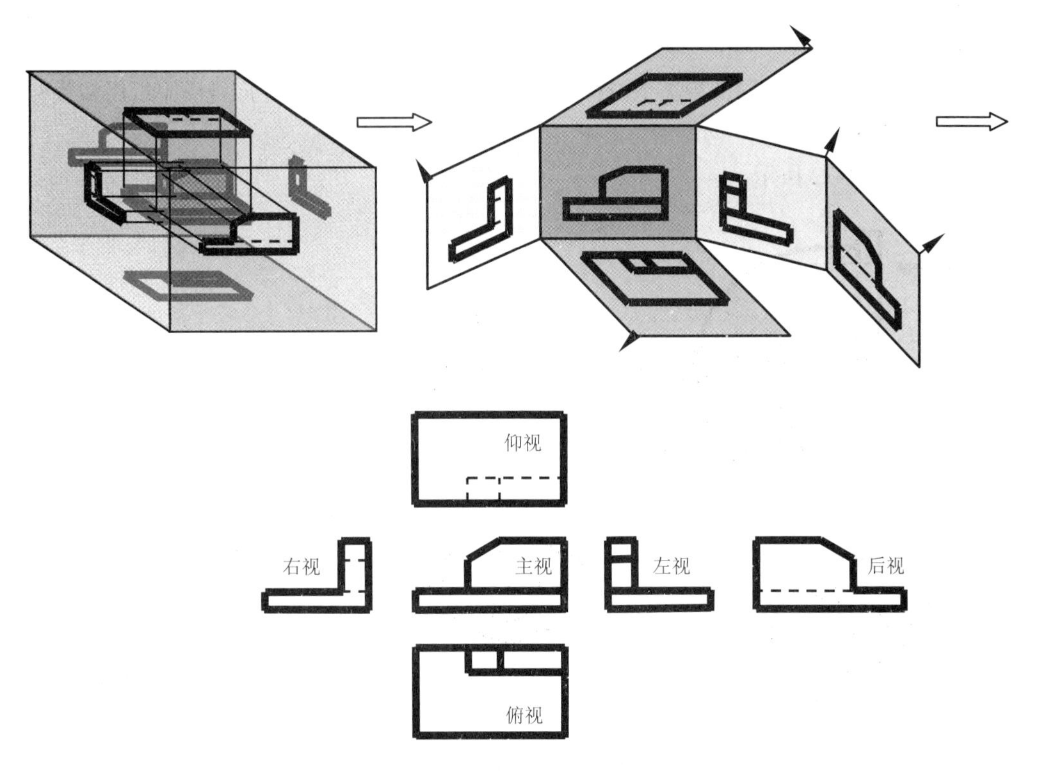

图 1-30　基本视图投影

2）向视图。向视图是可以自由配置的视图。当基本视图不能按规定的位置配置时，可采用向视图的表达方式。向视图必须进行标注，如图 1-31 所示。

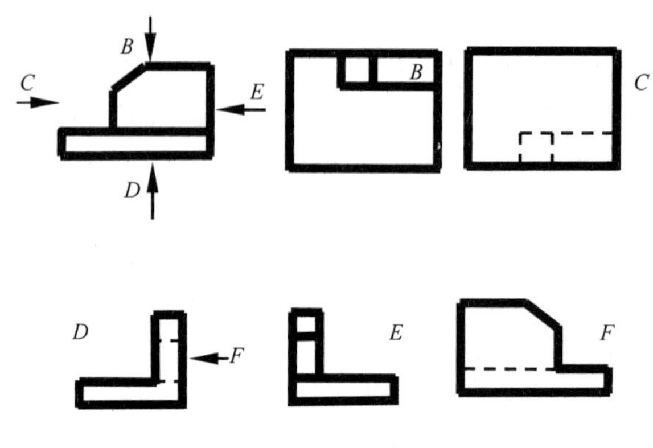

图 1-31　向视图

3）局部视图。将机件的某一部分向基本投影面投射所得的视图称为局部视图。局部视图常用于表达机件上局部结构的形状，使表达的局部重点突出、明确、清晰。

局部视图的断裂边界用波浪线画出。当所表达的局部结构完整，且外形轮廓线又成封闭时，波浪线可省略不画。

画局部视图时，一般在局部视图上方标出视图的名称"×向"，在相应视图附近用箭头标明投射方向，并注上同样字母。

局部视图如图 1-32 所示。

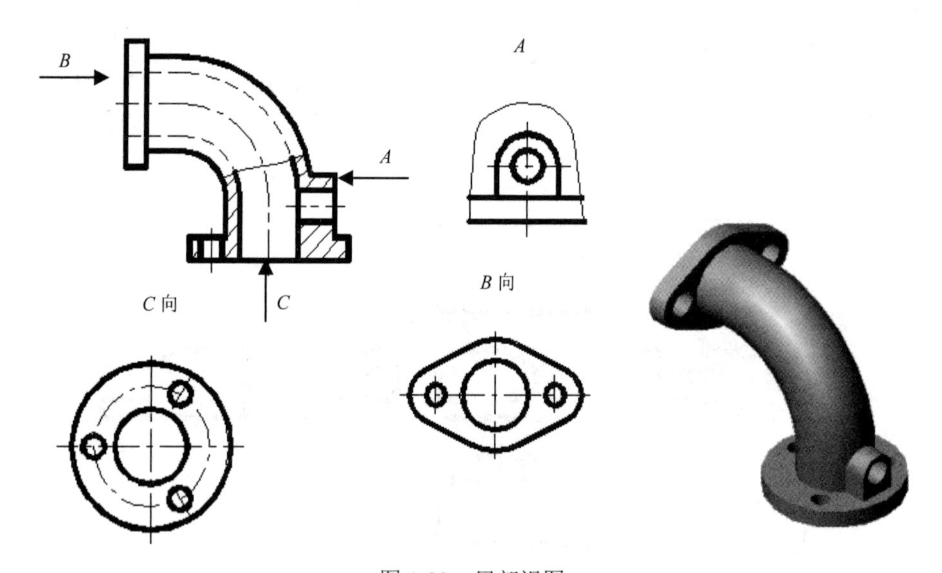

图 1-32　局部视图

4）斜视图。将机件向不平行于任何基本投影面的平面投射所得的视图，称为斜视图，如图 1-33 所示。

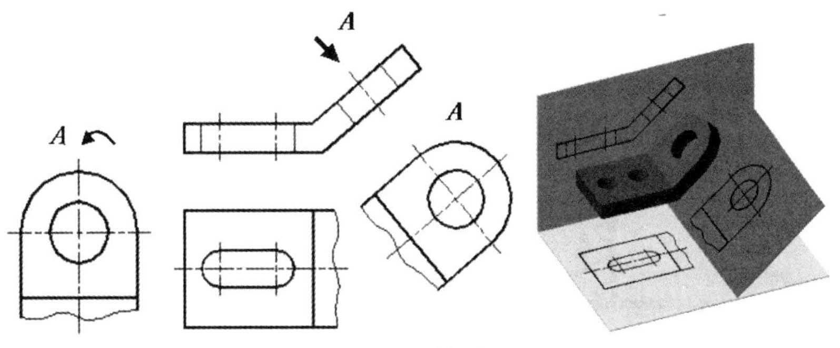

图 1-33 斜视图

由于斜视图常用于表达机件上倾斜部分的实形，因此，机件的其余部分不必全部画出，而可用双折线（或波浪线）断开。斜视图通常按向视图的配置形式配置并标注。必要时，允许将斜视图旋转配置，此时应标注旋转符号︵。

（2）剖视图。当机件内部的结构形状较复杂时，在画视图时就会出现较多的虚线，这不仅影响视图清晰，给看图带来困难，也不便于画图和标注尺寸。为了清楚地表达机件内部的结构形状，在技术图样中常采用剖视图这一表达方法。

如图 1-34 所示，假想用剖切面（多为平面）剖开机件，将处在观察者和剖切面之间的部分移去，而将其余部分向投影面投射所得的图形称剖视图。剖视图主要用来表达机件内部的结构形状。

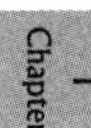

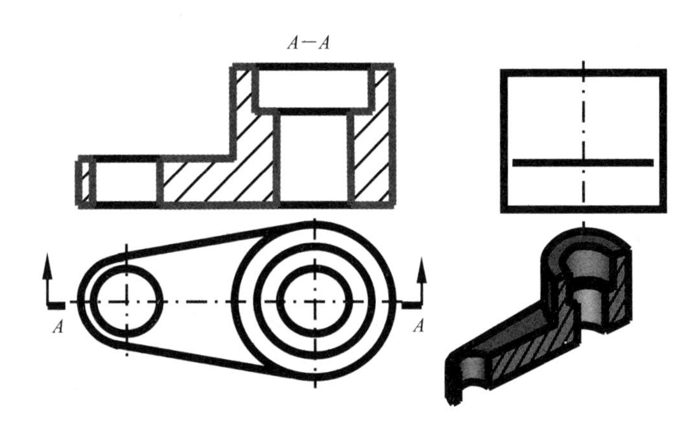

图 1-34 剖视图画法

按被剖切的范围划分，剖视图又可分为全剖视图、半剖视图、局部剖视图 3 种。

1）全剖视图。用剖切平面完全地剖开机件所得的剖视图称为全剖视图，如图 1-34 所示。

当机件的外部形状简单，内部结构较复杂，或其外部形状已在其他视图中表达清楚时，均可采用全剖视图来表达其内部结构。

2）半剖视图。当机件具有对称平面时，在垂直于对称平面的投影面上的投影可以对称中心线为界，一半画成剖视图，另一半画成视图，这种剖视图称为半剖视图，如图 1-35 所示。

图 1-35　半剖视图

半剖视图能同时反映出机件的内外结构形状，因此，对于内、外形状都需要表达的对称机件，一般常采用半剖视图表达。

3）局部剖视图。用剖切平面局部地剖开机件所得的剖视图，称为局部剖视图，如图 1-36 所示。

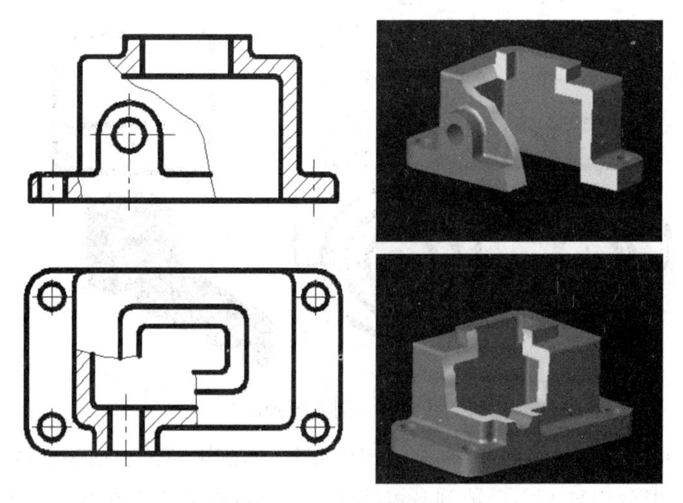

图 1-36　局部剖视图

当机件只需要表达其局部的内部结构时，或不宜采用全剖视图、半剖视图时，可采用局部剖视图。

画局部剖视图的注意事项如下：

- 剖切平面的位置与剖切范围应根据机件表达的需要而定。可大于图形的一半，也可小于图形的一半，它是较为灵活的表达方式。但是，在同一图形中不宜过多使用局部剖视图，以免使图形显得支离破碎，给看图带来困难。
- 剖视部分与视图部分的分界线用波浪线表示。波浪线应画在机件的实体部分，不能超出轮廓线或与图样上其他图线重合。
- 当被剖切结构是回转体时，可以将该结构的回转轴线作为局部剖视图中剖视与视图的分界线。
- 当单一剖切平面的剖切位置明显时，局部剖视图的标注可以省略。

国家标准规定了多种剖切面和剖切方法，画剖视图时，应根据机件内部结构形状的特点和表达的需要，选用不同的剖切面和剖切方法。

1）单一剖切平面。用一个与某一基本投影面相平行的平面剖开机件的方法，称为单一剖。全剖视图、半剖视图及局部剖视图都是用单一剖方法获得的。

2）两相交的剖切平面。用两相交的剖切平面（交线垂直于某一基本投影面）剖开机件的方法，称为旋转剖。

如果机件内部的结构形状仅用一个剖切面不能完全表达，且这个机件又具有较明显的主体回转轴时，可采用旋转剖，如图 1-37 所示。图 1-38 所示为阶梯剖视图。

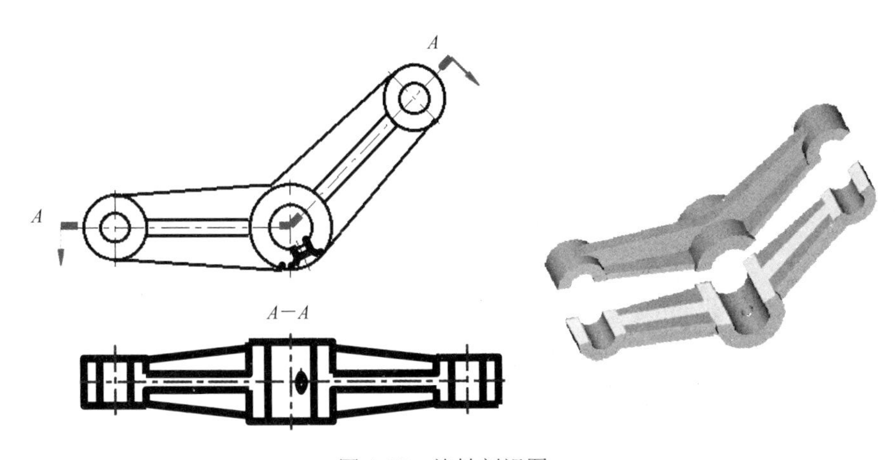

图 1-37　旋转剖视图

（3）断面图。假想用剖切平面将机件的某处切断，仅画出断面的图形称为断面图，如图 1-39 所示。

用断面图来表达机件上的某些结构（如键槽、小孔、轮幅及型材、杆件的断面）要比视图清晰、比剖视图简便。

断面图与剖视图的区别：断面图只画出断面的投影，而剖视图除画出断面投影外，还要画出断面后面机件留下部分的投影。

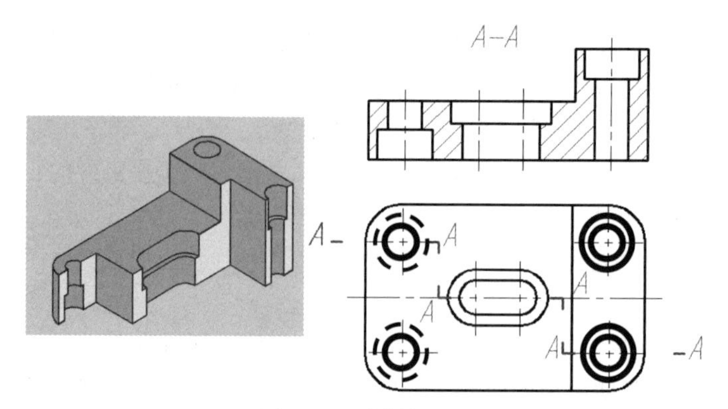

图 1-38　阶梯剖视图

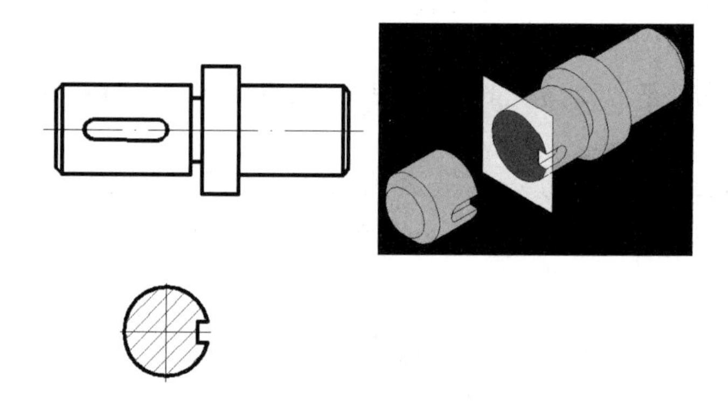

图 1-39　断面图

除了图 1-39 所示的移出断面图外，还有一种重合断面图，它画在视图内，如图 1-40 所示。

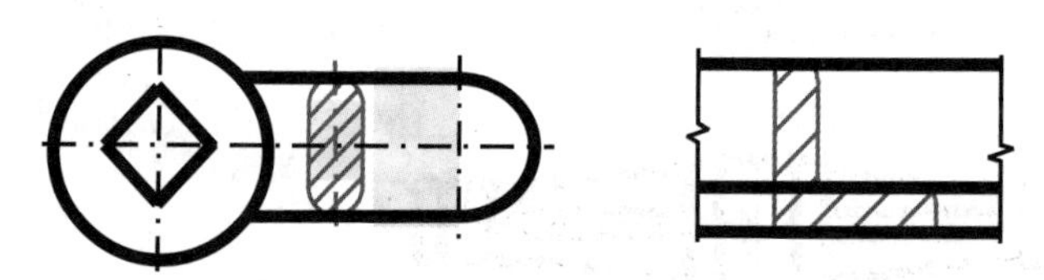

图 1-40　重合断面图

（4）局部放大图。将机件的部分结构用大于原图形的比例所画出的图形，称为局部放大图，如图 1-41 所示。

当机件上某些细小结构在视图中表达不清或不便于标注尺寸和技术要求时，常采用局部放大图。

局部放大图可以画成视图、剖视图、断面图的形式，与被放大部位的表达形式无关，且与原图采用的比例无关。为看图方便，局部放大图应尽量配置在被放大部位的附近，必要时可用几个图形来表达同一个被放大部分的结构。

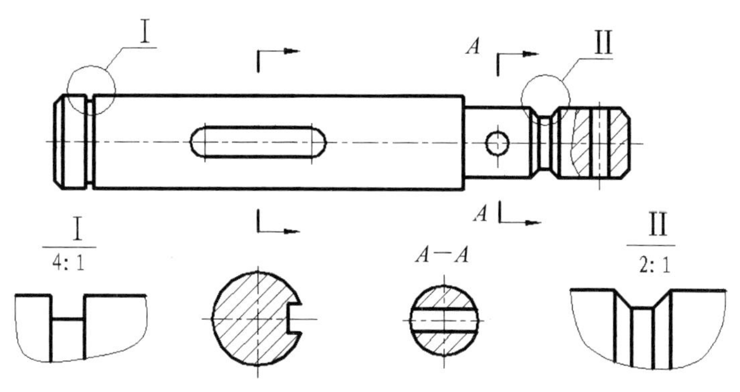

图 1-41　局部放大图

2. 视图选择的步骤和方法

在绘制工程图的时候，必须对视图做出正确的选择。尤其在 Creo Parametric 中，由于都是借助系统进行各种投影表达，所以，相对重要的工作就是由用户自己来决定到底绘制哪些工程图。

视图选择的原则如下：

（1）应让主视图表示零件的基本特征和最多的零件信息。

（2）在满足要求的前提下，使视图的数量尽量少。

（3）尽量避免使用虚线表达零件的结构。

（4）要将零件各部分的结构形状和相互位置表达清楚。

（5）要便于看图，力求制图简便。

具体绘制视图的步骤如下：

（1）分析零件。了解该零件在机器上的作用、安放位置和加工方法。

对零件进行形体分析和结构分析，分析零件的功能、工作状态，分析零件的结构并分析零件的加工过程及方法。

（2）选择主视图。主视图是最重要的视图，因此在表达零件时，应该先确定主视图，然后确定其他视图。主视图的状态要符合零件的加工状态或工作状态，在投射方向上应能清楚地显示出零件的形状特征。

选择主视图时，首先考虑按零件的工作位置或加工位置摆放，其次是选择最能反映零件的形状特征和零件各部分相互位置的方向作为主视图的投射方向。

（3）选择其他视图。为了表达清楚零件的主体结构，可能还要选择其他基本视图；对于一些细节的表达，还需添加辅助视图，以把零件完全、清楚地表达出来。所选视图应有其重点表达内容，并尽量避免重复。

（4）最后对表达方案进行检查、比较、调整和修改，使方案更完美。

总之，在选择视图时，要目的明确、重点突出，使所选择视图完整、清晰、数目恰当，做到既看图方便又作图简便。

1.4 Creo Parametric 工程图实例

Creo Parametric 的工程图是与其建立的三维模型紧密结合的，所以，学习本书的前提条件就是会使用“零件”模块。本节将通过一个例子来说明如何绘制工程图。练习的目的是要了解 Creo Parametric 的工程图绘制过程，读者无须确切知道每个步骤的含义。

具体操作步骤如下：

（1）打开已有零件文件 bocha1.prt，如图 1-42 所示。这是建立好的文件。

图 1-42 移动副滑块

（2）依次选择主菜单“文件”→“新建”命令，如图 1-43 所示，系统将弹出“新建”对话框。

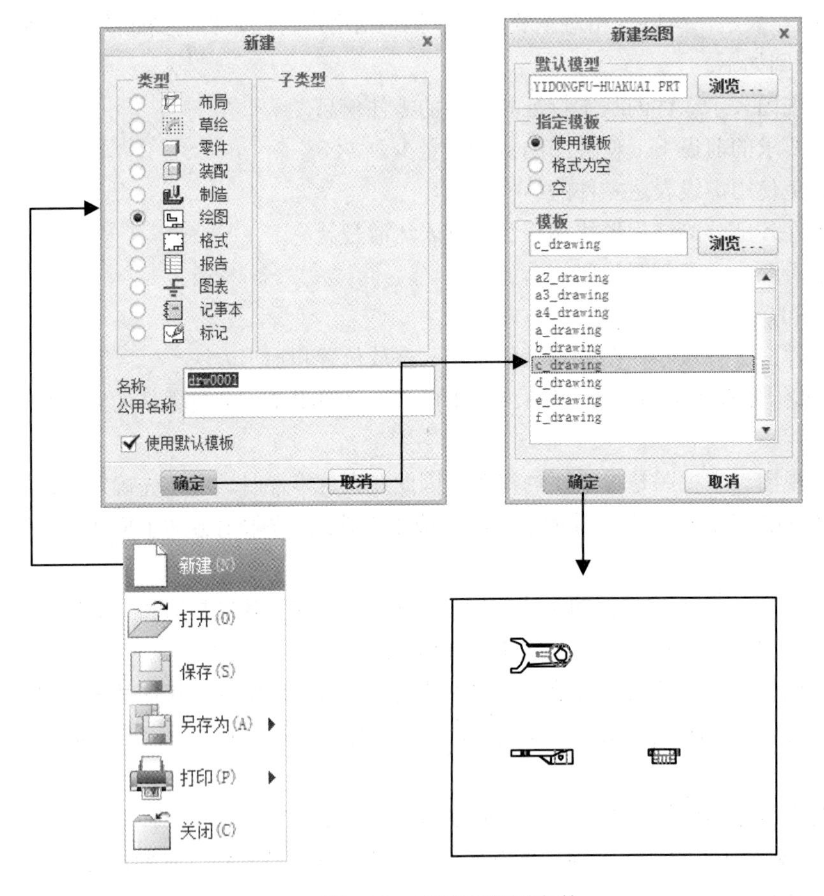

图 1-43 新建工程图文件

（3）选中“绘图”单选按钮，然后单击“确定”按钮，系统将弹出“新建绘图”对话框，如图 1-43 所示。

（4）在“模板”列表框中选择一个图幅，如 C，单击“确定”按钮，进入工程图环境，如图 1-43 所示。由于接受的都是系统默认值，所以现在是第三视角投影。

（5）单击“模型视图”操控板上“常规”按钮，如图 1-44 所示，在图形窗口中单击任意点，作为插入视图的中心点。系统将弹出“绘图视图”对话框。

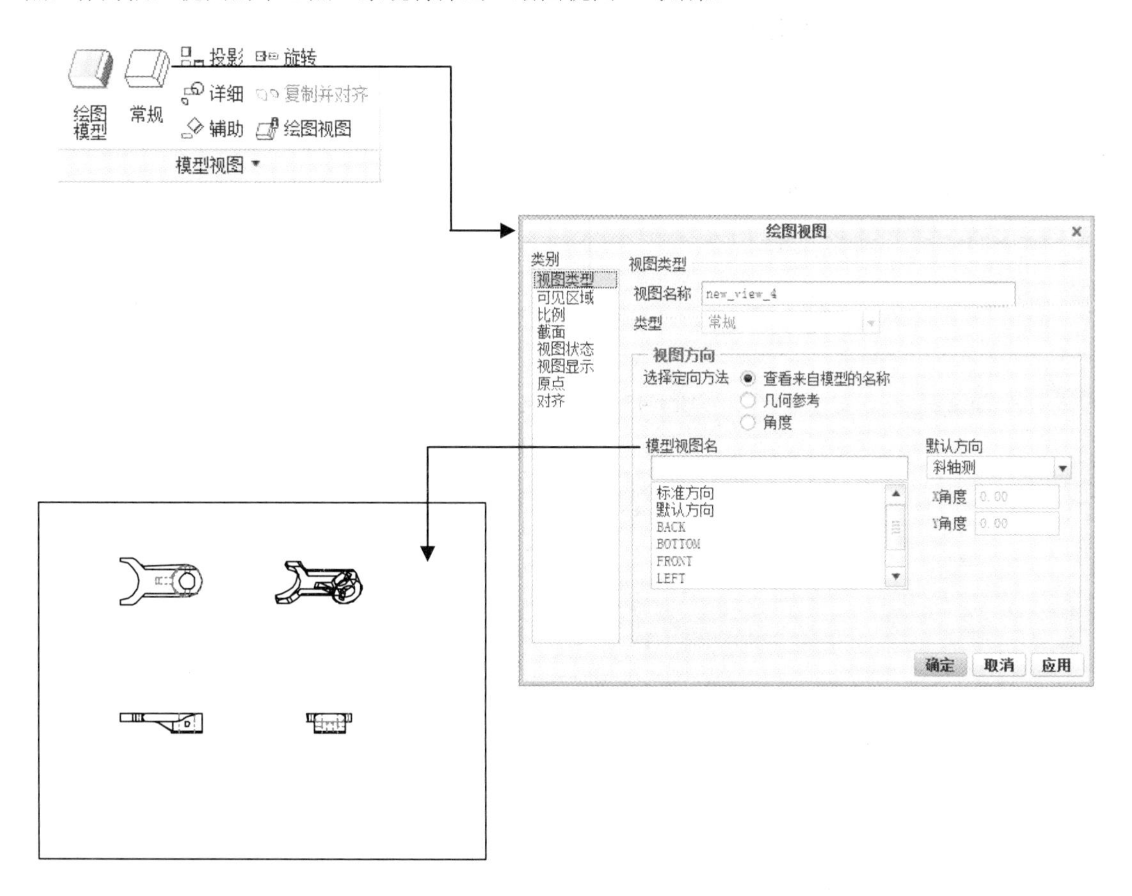

图 1-44　插入常规视图

（6）选择“标准方向”作为视图方向，单击“确定”按钮。

（7）单击“注释”选项卡，打开“注释”操控板，单击“显示模型注释”按钮，如图 1-45 所示，系统显示“显示模型注释”对话框。

（8）在“类型”列中选择“全部”，在列表中选择要显示尺寸的特征，单击“确定”按钮，结果如图 1-45 所示。此时尺寸显示有些杂乱，需要重新排列。具体请参见后面相关章节。

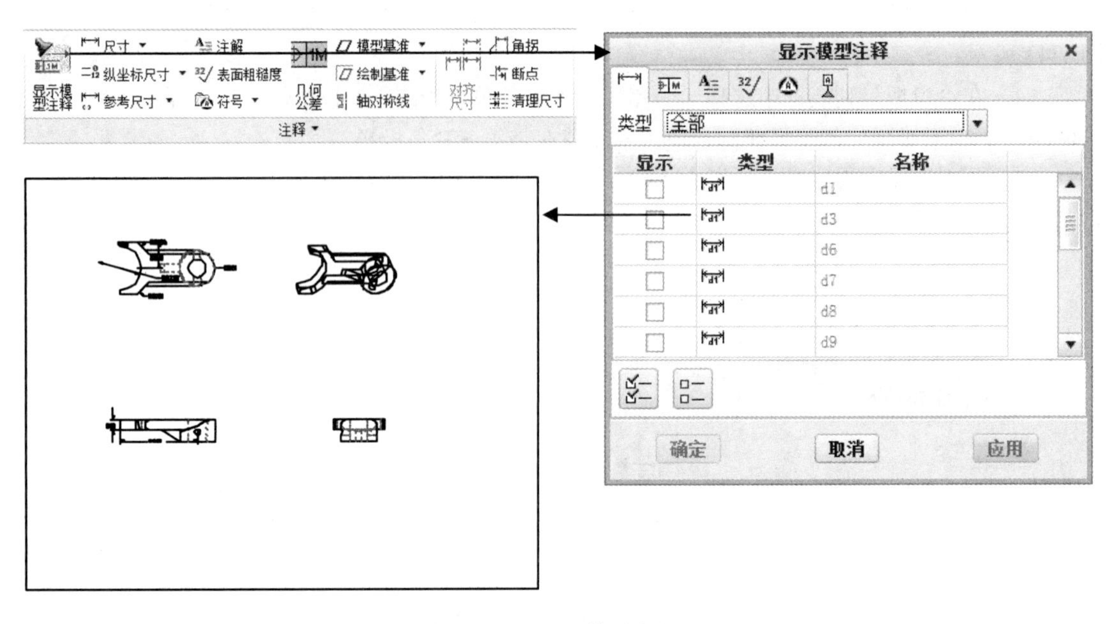
尺寸
注解
模型基准
角拐
纵坐标尺寸
表面粗糙度
绘制基准
断点
显示模型注释
参考尺寸
符号
几何公差
轴对称线
对齐尺寸
清理尺寸
注释
显示模型注释
类型
全部
显示
类型
名称
d1
d3
d6
d7
d8
d9
确定
取消
应用

图 1-45　显示模型注释

2

Creo Parametric 工程图基础

使用 Creo Parametric 绘图模块可以创建所有 Creo Parametric 三维模型的工程图，或导入其他图形系统建立的工程图文件。Creo Parametric 的工程图模块具有丰富的功能，它不但可以完成基本的图形绘制工作，而且由于采用了单一数据库的设计理念，所以其相关性是其最大的特点。在 Creo Parametric 工程图中，所有视图都是相关的，即如果改变某一个视图中的尺寸值，则系统相应地更新该工程图中相关的其他视图。另外，Creo Parametric 使其工程图与其父模型相关，更改工程图后，模型会自动反映对工程图所做的任何尺寸更改。这样就大大避免了由于误操作或者疏忽造成的图形线条缺失或者重新完成三维模型而造成的可能错误。与其他优秀的绘图软件一样，Creo Parametric 的工程图模块也可以注释绘图、处理尺寸及使用图层来管理不同项目等。

本章将就工程图的基本环境、环境配置、基本视图的创建与视图编辑、图层的应用等进行讲解。

2.1 Creo Parametric 工程图的基本环境

Creo Parametric 的工程图环境提供了大量的视图处理工具与绘图工具，利用它可以轻松完成所需要的绝大多数任务。在此需要注意的一点就是，Creo Parametric 的工程图环境与草绘环境极其相似，但是草绘环境主要用来绘制模型的轮廓，而工程图则主要用来完成六个基本投影视图和其他一些详图视图。这是在学习过程中经常问到的一个问题。

2.1.1 进入工程图模块

进入工程图模块的操作非常简便。其基本操作方式与建立模型时一致，只是所选择的类型不同而已。而且相比之下，该模块增加了选择视图模板操作。

在 Creo Parametric 中，有两种进入工程图环境的情况：已经打开三维模型并创建，或者是直接创建新的工程图。二者的区别在于，前者可以无须选择模型对象，而后者必须选择。当然，前者也可以选择新对象来替换当前模型对象。

具体操作步骤如图 2-1 所示。

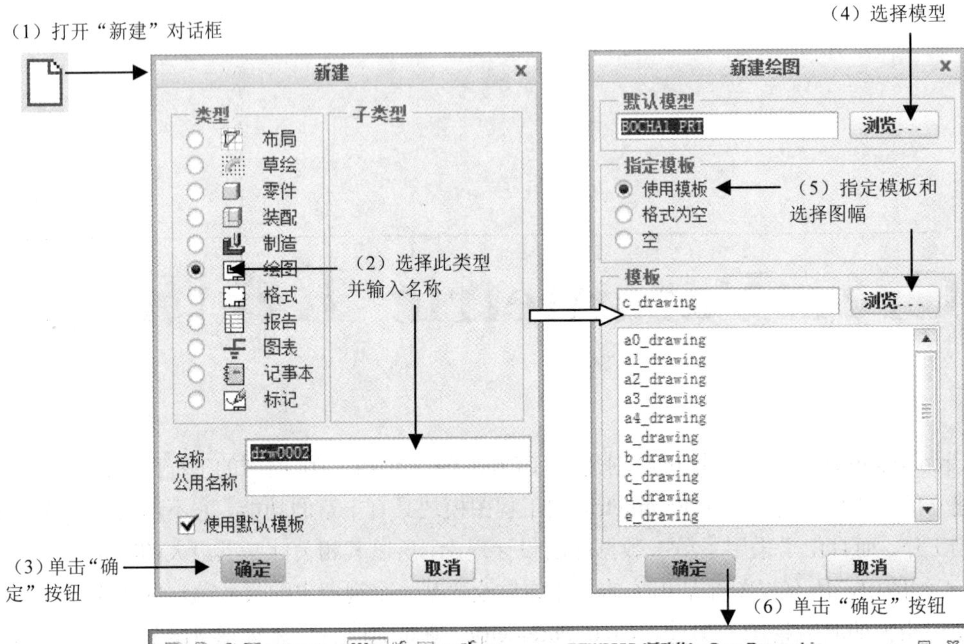

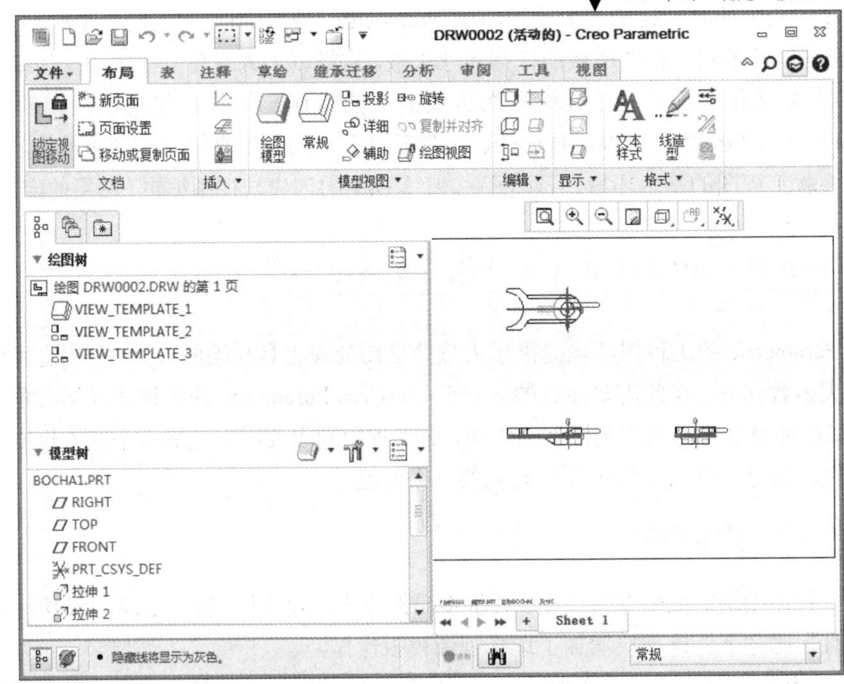

图 2-1　进入工程图环境

（1）单击标准工具栏中的“新建”按钮□，打开“新建”对话框，选择“绘图”类型并输入工程图名称。

（2）单击“确定”按钮，此时打开“新建绘图”对话框。单击“浏览”按钮，通过“打开”对话框选择要生成工程图的模型，指定模板。

（3）单击“确定”按钮，进入工程图环境。

Creo Parametric 在“指定模板”栏中提供了 3 种定义工程图纸的方式，分别为“使用模板”、“格式为空”和“空”。选取不同的定义方式，“新建绘图”对话框将显示不同的内容。下面分别详细介绍各方式的具体功能。

- 使用模板

该方式表示选取系统自定义的模板，如图 2-1 所示，“模板”列表框中的 a0_drawing～a4_drawing 对应公制 A0～A4 图幅，a_drawing～f_drawing 对应英制 A0～A4 图幅。单击“浏览”按钮，系统将弹出“打开”对话框，此时用户可以选择以前建立的工程图文件，从而调用此工程图文件的模板。此时打开的工程图环境中，将直接按照默认设置建立模型的 3 个基本视图，即顶视图、前视图和右视图，如图 2-1 所示。

- 格式为空

该方式表示用现有的格式设置图纸大小。选取“格式为空”单选项，则“新建绘图”对话框如图 2-2 所示。此时单击“浏览”按钮，系统将弹出“打开”对话框，选取相应的图纸格式即可。此时打开的工程图环境中将没有基本视图，模型树直接显示当前模型的图层而非特征名称，并且工程图中将直接带有标题栏、图框等图幅基本信息。

- 空

该方式表示由用户设置图纸的大小和方向。选取“空”单选项，则“新建绘图”对话框如图 2-3 所示。

如果要选择正规的图纸，则可在“方向”组框中单击“纵向”或“横向”按钮。其中单击“纵向”按钮，则将图纸设置为竖放；单击“横向”按钮，则将图纸设置为横放。然后在“大小”下拉列表框中选择标准的图纸规格，如图 2-3 所示，其中图纸的大小不能修改。

如果要选择非正规的图纸，则可在“方向”组框中单击“可变”按钮，并在“宽度”文本框中设置图纸的宽度，在“高度”文本框中设置图纸的高度。选取“英寸”单选项，则图纸大小的单位为英寸；选择“毫米”单选项，则图纸大小的单位为毫米。

此时打开的工程图环境中将没有基本视图和任何图纸信息，模型树直接显示当前模型的图层而非特征名称。

进入到工程图环境后，就可以插入需要的各种视图了。具体操作参见后面章节。

2.1.2 工程图常用工具

Creo Parametric 工程图环境主要由主菜单、工具栏、操控板、导航器窗口和绘图区等组成，与模型窗口相比有所变化，本节将主要讲解主菜单、常见工具栏、操控板和导航器窗口。

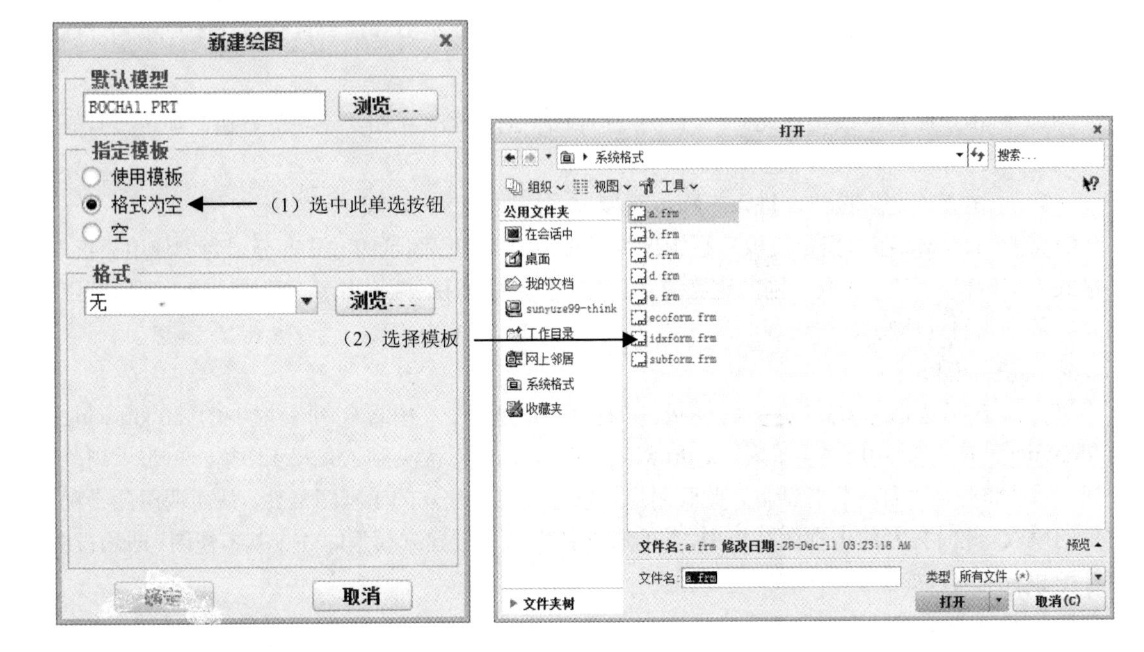

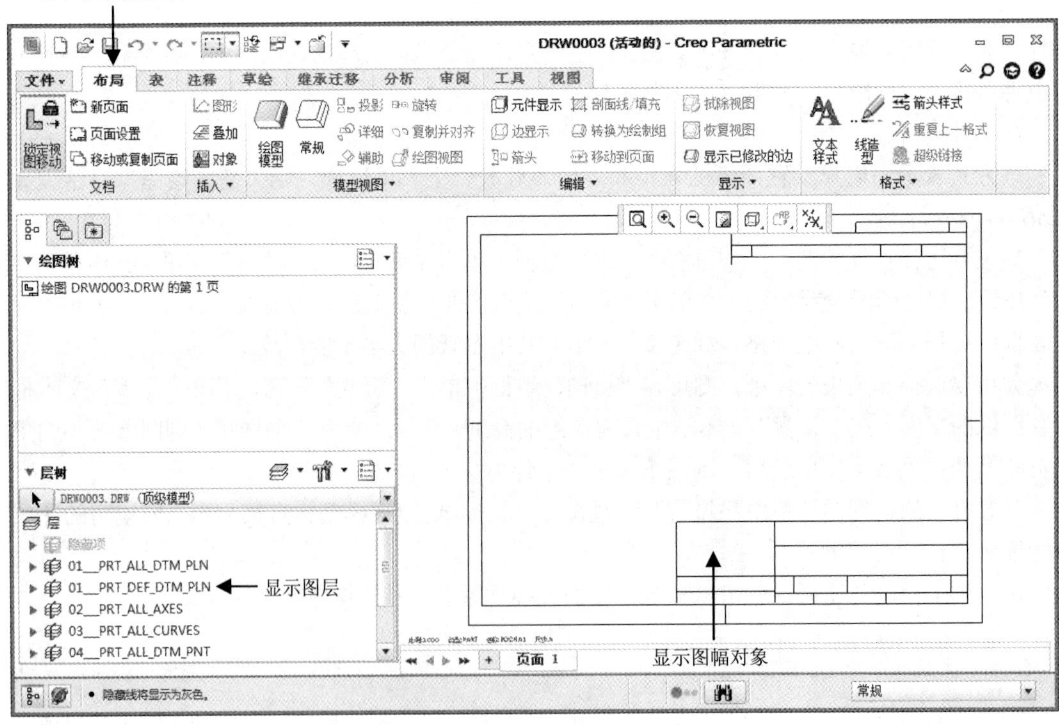

图 2-2 “格式为空”打开状态

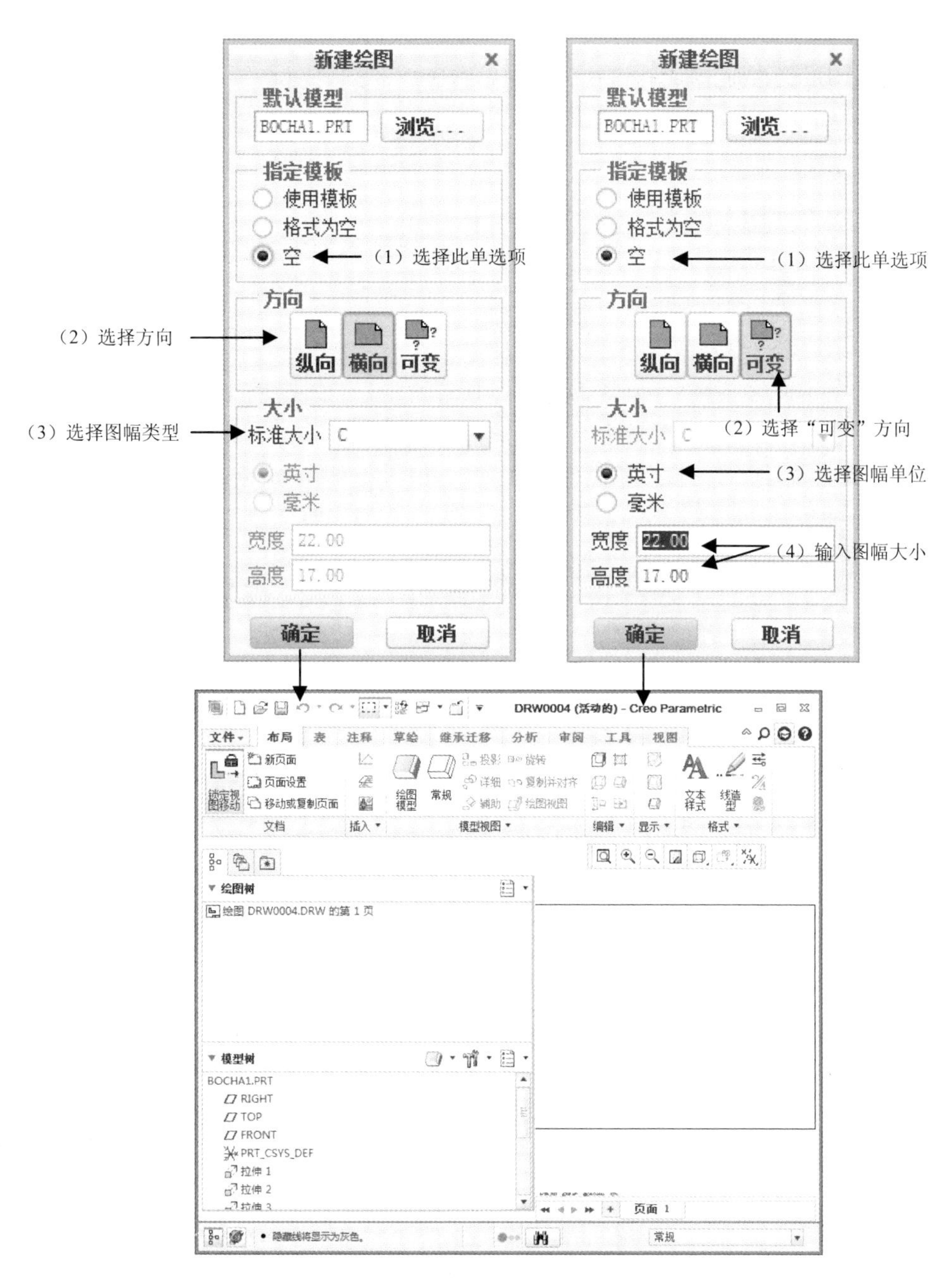

图 2-3　选择"空"方式

1. 主菜单

Creo Parametric 工程图环境中的主菜单已经退为配角，主要可以完成所有的文件操作任务。包括文件创建、打开、删除、打印等，在工程图环境中可以进行绘图选项和添加模型等特殊操作。

2. 工具栏

从工程图窗口中可以看到，在绘图区的上方是快速访问工具栏，其中主要包括了文件操作和对象选择工具，如图 2-4 所示。

在绘图区上部是图形显示工具栏，如图 2-5 所示，主要控制视图显示状态。

图 2-4　“快速访问”工具栏　　　　图 2-5　“图形显示”工具栏

3. 操控板

操控板是当前 Windows 系统中大部分软件开始使用的方式，Creo Parametric 工程图环境也不例外，它包括有 9 个操控板。

（1）布局。其主要进行有关模型和视图控制操作，如图 2-6 所示。它也是工程图环境中最重要的工具。

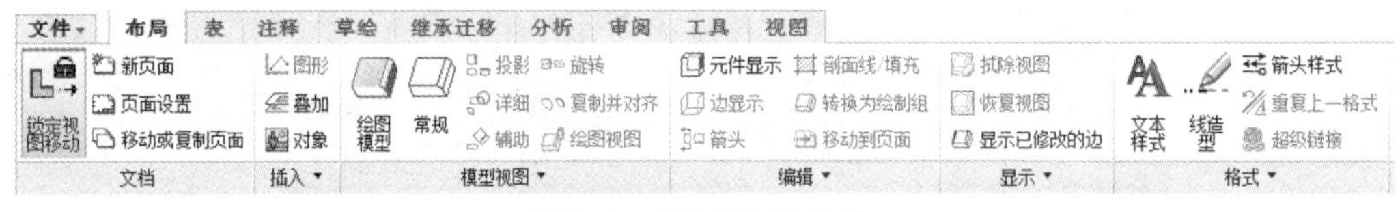

图 2-6　“布局”操控板

（2）表。用于插入表格、设置表格、修改表格及保存表格等，如图 2-7 所示。

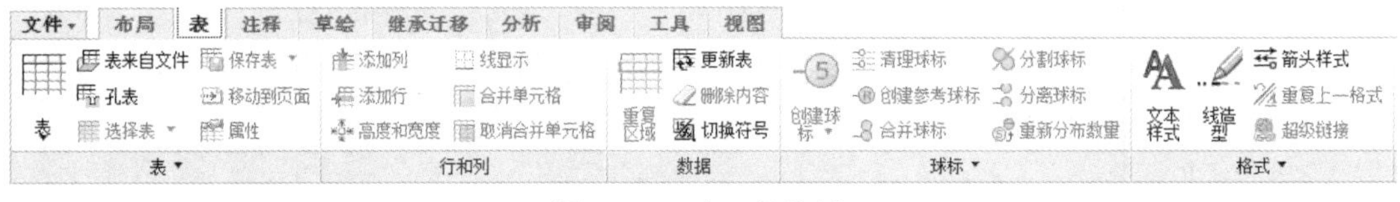

图 2-7　“表”操控板

（3）注释。用于插入尺寸、几何公差、视图、页面、箭头、角拐、断点、文字注释等，如图 2-8 所示。这是工程图中最重要的工具。

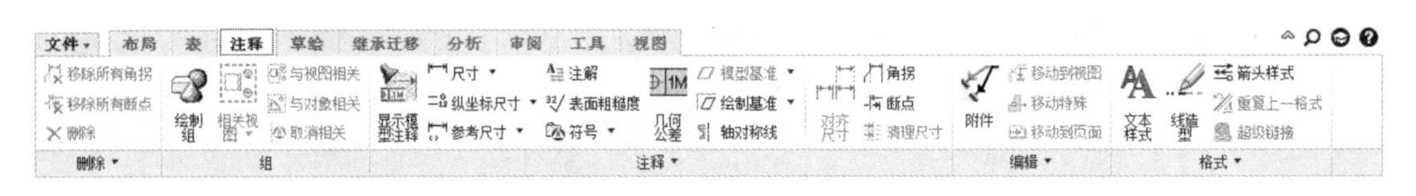

图 2-8　“注释”操控板

（4）草绘。用于绘制平面工程图元素，并设置图元的绘制方式，如图 2-9 所示。同零件模式下的“草绘”相比，这个菜单中的一些选项明显少了，其中有些选项不再需要，如约束等。

（5）继承迁移。用于当前视图模型的添加、视图定向等，如图 2-10 所示。

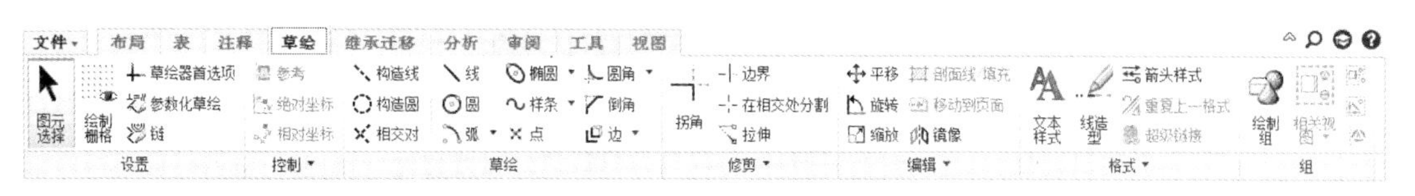

图 2-9 “草绘”操控板

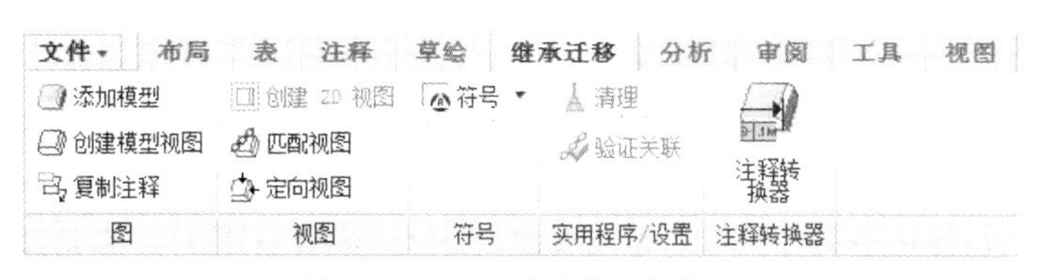

图 2-10 “继承迁移”操控板

（6）分析。用于测量绘制图元的几何信息，如距离、偏差等，还可用于比较绘图等，如图 2-11 所示。

图 2-11 “分析”操控板

（7）审阅。提供各种对当前视图的评估工具，包括更新页面、差异报告等，并可以对当前图形的绘图人员等进行查询，如图 2-12 所示。

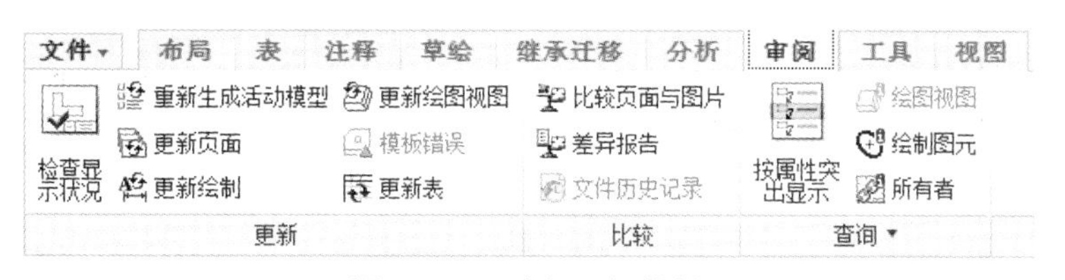

图 2-12 “审阅”操控板

（8）工具。用于改变系统各项设置值，并编辑关系、参数等，如图 2-13 所示。

图 2-13 “工具”操控板

（9）视图。模型显示与控制显示的命令。如视图显示设置等创建功能，另外包括工程图中有关栅格显示等设置，如图 2-14 所示。

图 2-14　“视图”操控板

操控板的显示按钮可以随时进行更改，具体操作过程如图 2-15 所示。在主菜单栏中依次单击“文件”→“选项”命令，系统将弹出“Creo Parametric 选项”对话框。选择“自定义功能区”，然后在中间命令列表中选中一个命令，右边就显示该命令所属操控板中的所有命令按钮图标。单击“添加”按钮，或按住该命令按钮图标不放，并拖动鼠标，将光标到需要的操控板中，系统将自动添加选中的命令按钮。如果要取消操作，只要在操控板中按住命令按钮不放，并拖动鼠标将命令图标移出操控板列表即可。用户也可以创建新的选项卡，单击“新建选项卡”按钮并通过“重命名”按钮重命名即可。

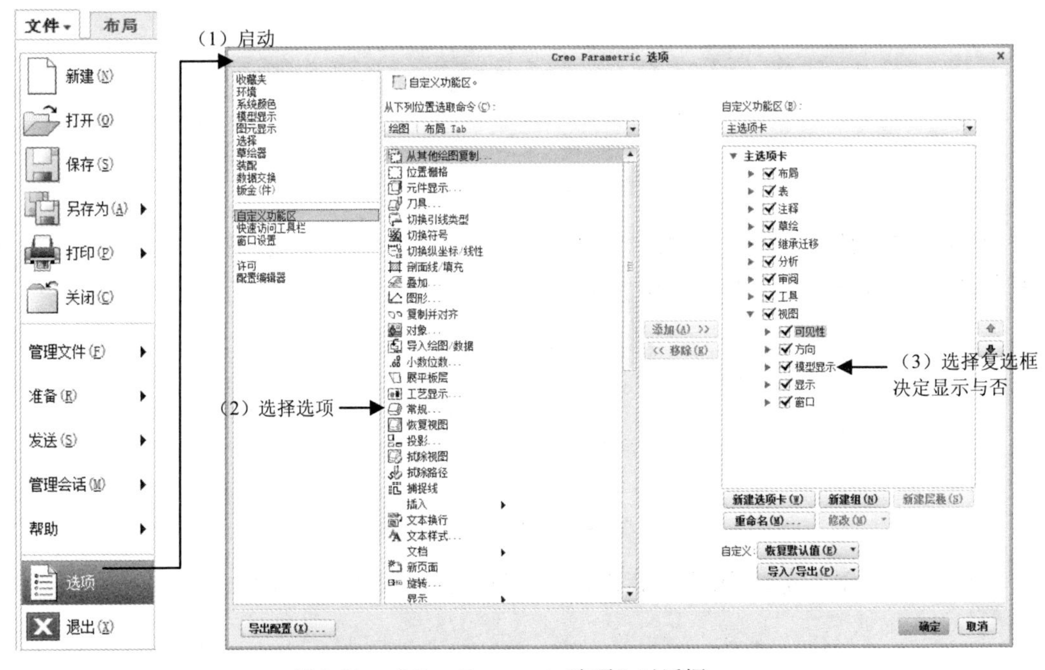

图 2-13　“Creo Parametric 选项”对话框

设置完毕后，系统将默认保存到当前目录下的 config.win 文件中。如果对设置不满意，可以单击“恢复默认值”按钮恢复到系统默认设置。

4. 导航器

模型树是很多三维 CAD 软件提供的一个重要工具，它根据建模过程而构成一个由特征组成的树状结构，从而方便用户快速查找到需要的内容，而不必从头来。模型树一般都作为导航器选项卡的一部分，如图 2-1 所示，但也可以通过“选项”对话框的“窗口设置”选项设置其为独立窗口。对于一般用户来说，只是调整特征顺序、选择对象或者观察建模过程等。实际上，通过调整模型树的显示内容和方式，可以大大提高自身的工作效率。

在模型树窗口中有两个操作按钮：“显示”和“设置”，分别决定了模型树的显示内容和对模型树文件进行设置。

（1）显示内容设置。在模型树窗口中单击“显示”按钮，系统将弹出如图 2-16 所示的菜单，从中可以设置模型树的显示状态。

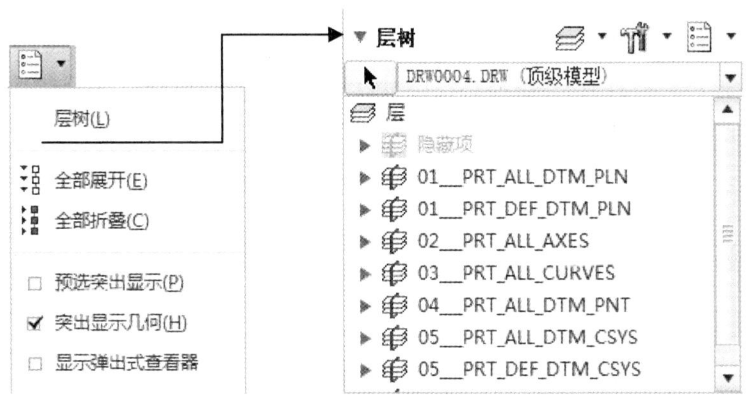

图 2-16　导航器菜单

如果选择“层树”命令，将显示图层树。用户可以设置新的图层，此时的“显示”和“设置”按钮内容将大大不同。详细内容参见本章“层”节。

如果选择“全部展开”命令，将打开所有的特征。如果选择“全部折叠”命令，将只显示零件名称，其他都不显示，分别如图 2-17 和图 2-18 所示。

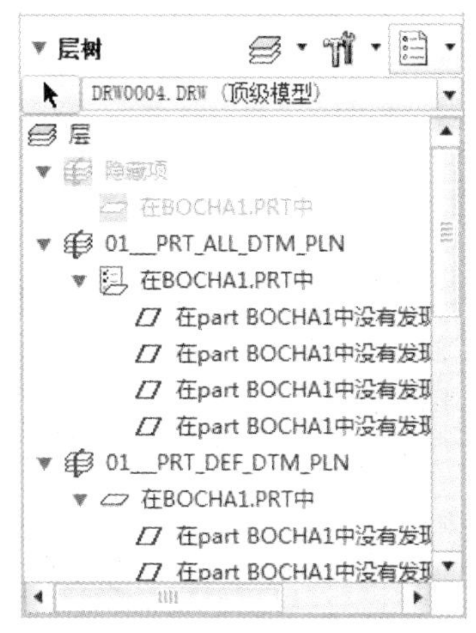

图 2-17　展开全部

图 2-18　折叠全部

如果选中“突出显示几何”单选框，则在模型树上所选中的对象将在图形窗口中加亮显示；取消选中后则不显示。

（2）模型树窗口设置。在模型树窗口中单击“设置”按钮，系统将弹出如图 2-19 所示的菜单，从中可以设置模型树的显示内容，进行模型树文件处理。

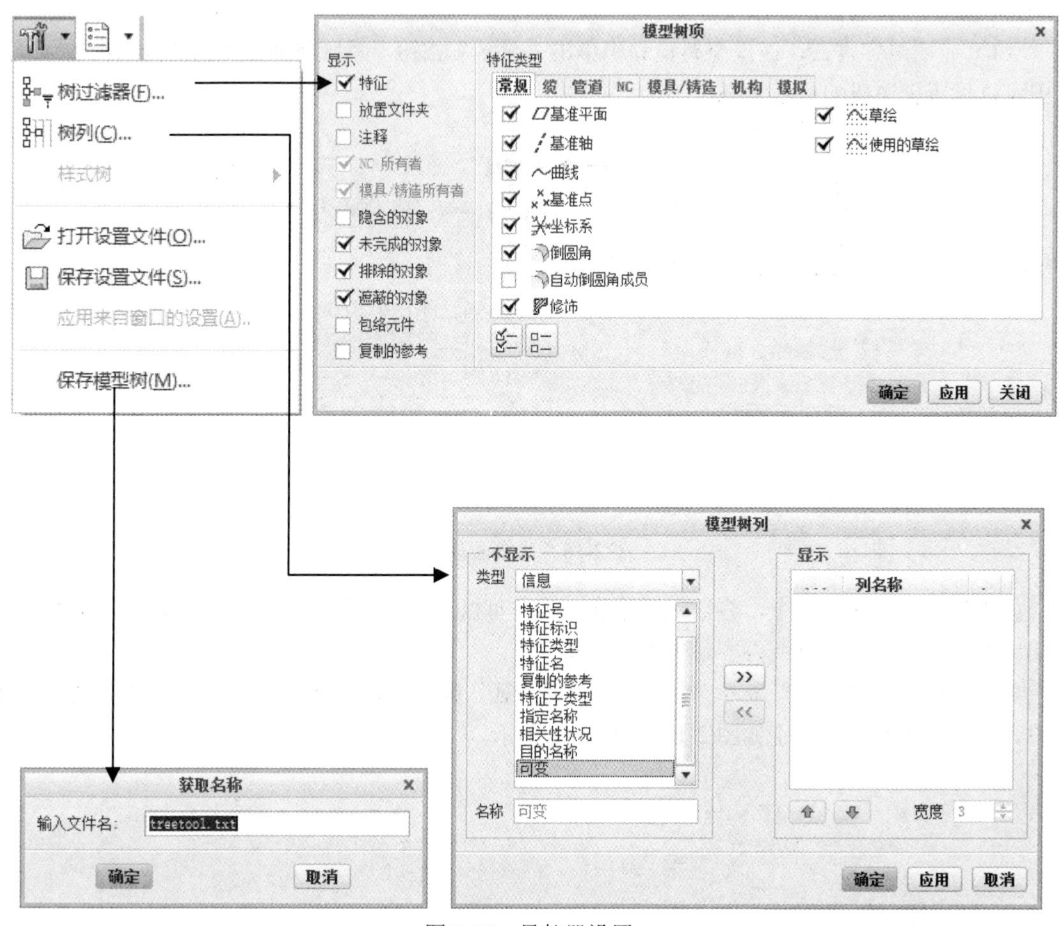

图 2-19　导航器设置

1）树过滤器设置。如果选择“树过滤器”命令，将显示“模型树项”对话框。在该对话框中，如果选中某一选项，那么将在模型树中显示相应的对象，例如选中“特征”复选框，那么在模型树中将显示创建的所有特征；相反，如果取消选中，那么就不再显示。

2）树列设置。在“设置”菜单中单击“树列”命令，系统将弹出“模型树列”对话框。它可以决定模型树上显示的与特征有关的信息内容，例如特征标识。

在对话框左侧选择要显示的对象并单击 >> 按钮，使之到右侧的列表栏中，然后单击“应用”按钮即可。当然也可以单击 << 按钮，取消选择的对象。

3）设置文件处理。如果已经设置好模型树的配置，可以将其以 tree.cfg 文件保存。直接在图 2-19 中选择“保存设置文件”命令即可。

（3）保存模型树。用户也可以将模型树以文本方式保存，以便不进入 Creo Parametric 环境就可以查看特征树。在图 2-19 中选择“保存模型树”命令，将弹出“获取名称”对话框，输入文件名称并确定即可。用文本编辑器可以打开该文件。

2.2 工程图的绘图环境设置

在进行基本的工程图操作前，首先必须了解一下工程图的有关规定和设置，并能够按照自己的意愿对工作环境进行自定义，从而能够满足用户的特殊需求。另外，用户需要对工程图的一些基本内容进行设置，例如图幅、单位等。本节将讲解视角转换、系统变量设置和工程图基本环境设置。

2.2.1 视角切换

从第 1 章的专业基础知识可以知道，工程图的表达是通过投影完成的。每个人所处的位置不同，其可拆解的结果也会不同，这就是一个视角问题。所以，在绘制前必须对视角进行规定。

按照国际标准和国家标准，通常采用垂直面分割的方式进行。如图 2-20 所示，使用 3 个互相垂直的投影面 *V*、*H*、*W* 对空间进行划分，*W* 面左侧空间分为四个区域，按顺序分别称为第一视角、第二视角、第三视角和第四视角。在工程投影图中惯用的是第一视角和第三视角画法。

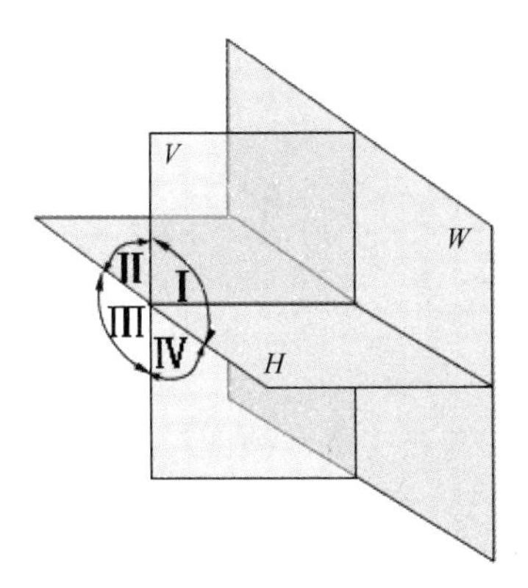

图 2-20 空间四个区域的划分

在国际上，由于各个国家的制图发展背景不同，所以采用的标准也有所不同。中国、德国、法国、俄罗斯（原苏联）、波兰和捷克等国家采用第一视角投影。而美国、加拿大、澳大利亚等国家则采用第三视角投影。国际 ISO 标准采用第三视角画法。

在第一视角中，观察者、物体与投影面的关系是人—物—面，在第三视角中，三者的关系是人—面—物。由于投影面的翻转，因此生成的视图位置正好相反。如图 2-21 所示为第一视角和第三视角投影比较。

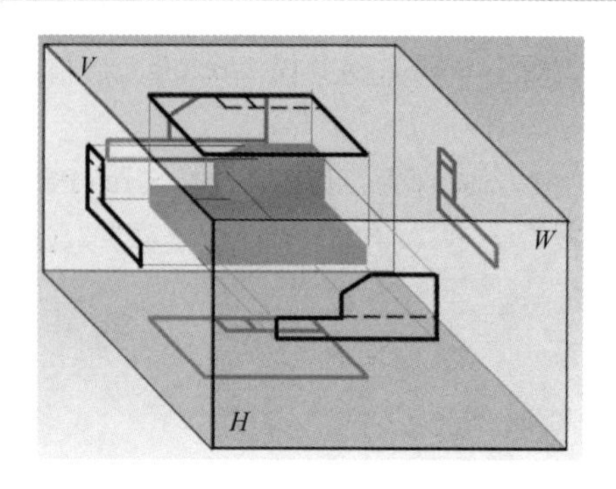

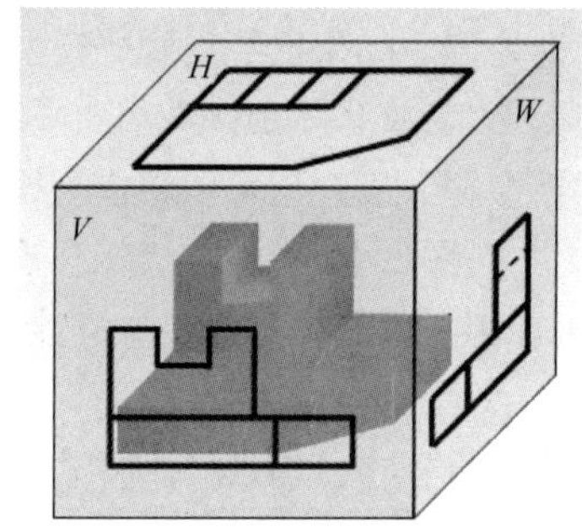

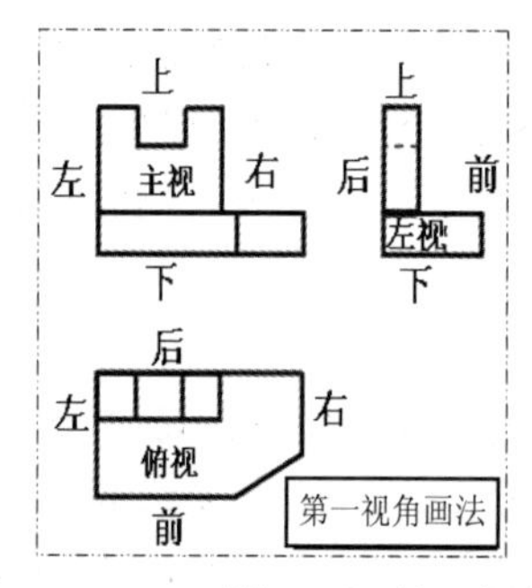

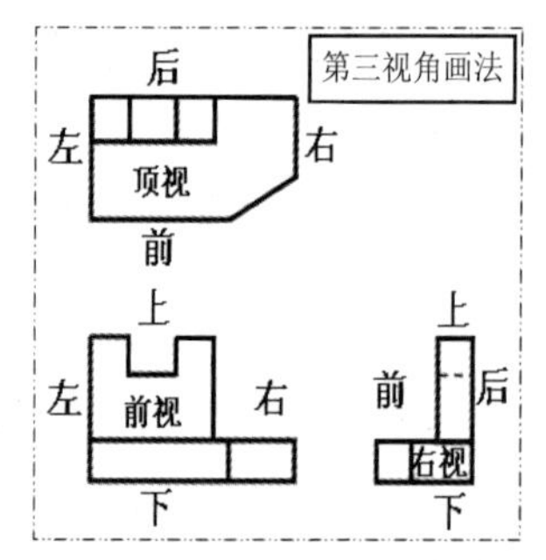

图 2-21　第一视角和第三视角投影比较

在 Creo Parametric 中，由于软件来自于美国，所以采用的默认标准自然是第三视角，所以，按照其基本操作将会给国内用户带来极大的不便，必须进行预设置，即将第三视角设置为第一视角方可。

具体设置第一视角投影的方法如图 2-22 所示。

（1）依次单击主菜单中的“文件”→“准备”→“绘图属性”命令，系统弹出“绘图属性”对话框。

（2）单击“详细信息选项”右侧的“更改”按钮，打开“选项”对话框。

（3）在“选项”文本框中输入 projection_type，其右侧的“值”下拉列表框中将提供有关的设置值，从中选择 first_angle 选项，单击“添加/更改”按钮。

（4）单击“确定”按钮，完成第一视角的设置。

此时再进行投影则遵循第一视角规律。如果希望每次都可以直接使用第一视角，可以将当前配置文件保存后直接调用即可。

2.2.2　配置 Creo Parametric 工程图

在进行工程图设计前，一定要养成遵守国家制图标准的良好习惯。在国家制图标准中，比较重要的有 5 个对象：单位、图幅、比例、图线、字体。其详细内容参见第 1 章。

1. 设置图形单位

在用 Creo Parametric 绘制零件模型和工程制图前，应首先设置单位。此处所说的单位与创建新工程图时选择的单位用意不同。创建工程图时的单位是图幅单位，而此处所说的单位是模型单位。设置模型单位在零件模块中进行，在转为工程图时，基本上承袭该设置。

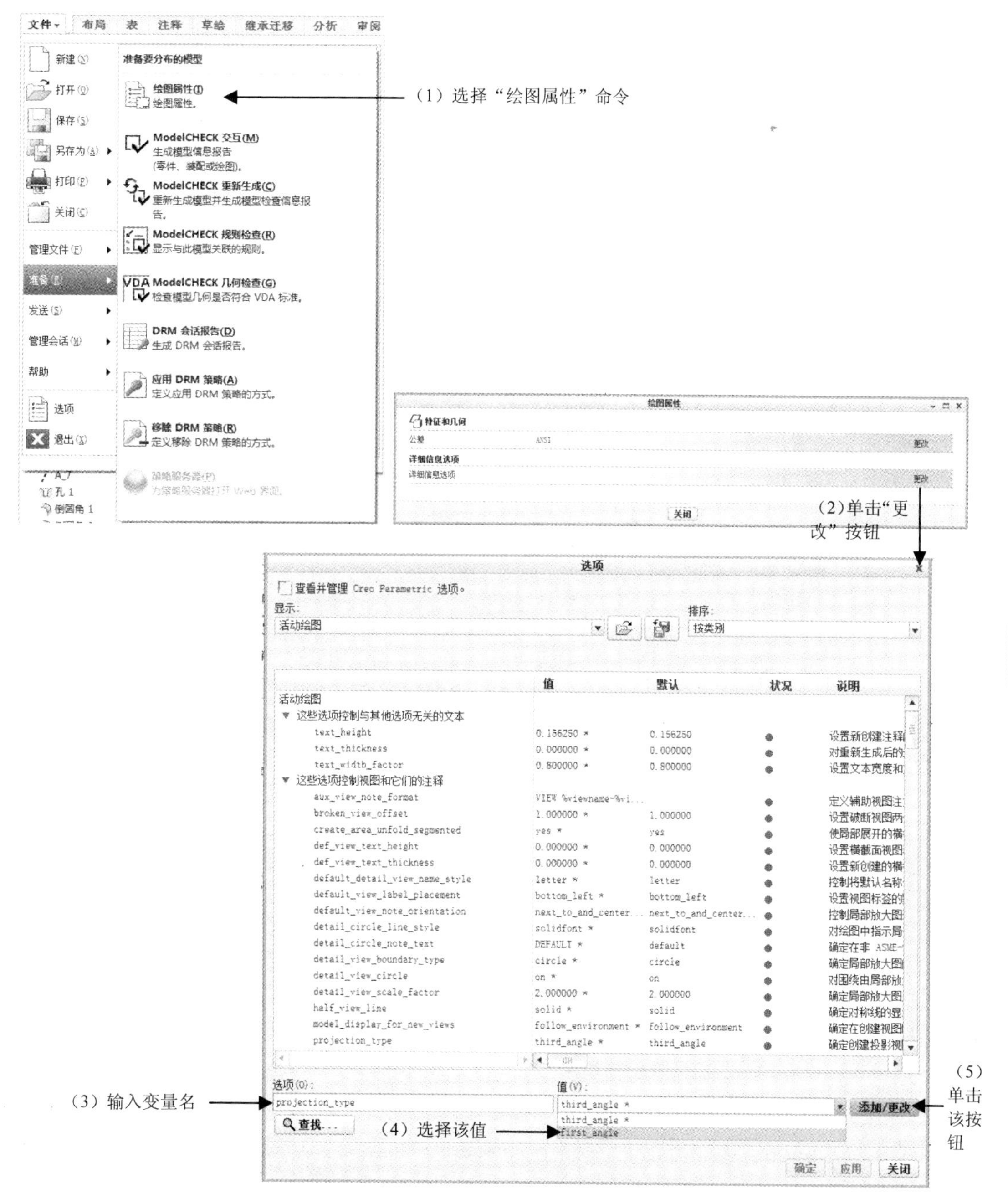

图 2-22 设置第一视角投影方式

具体操作过程如图 2-23 所示。

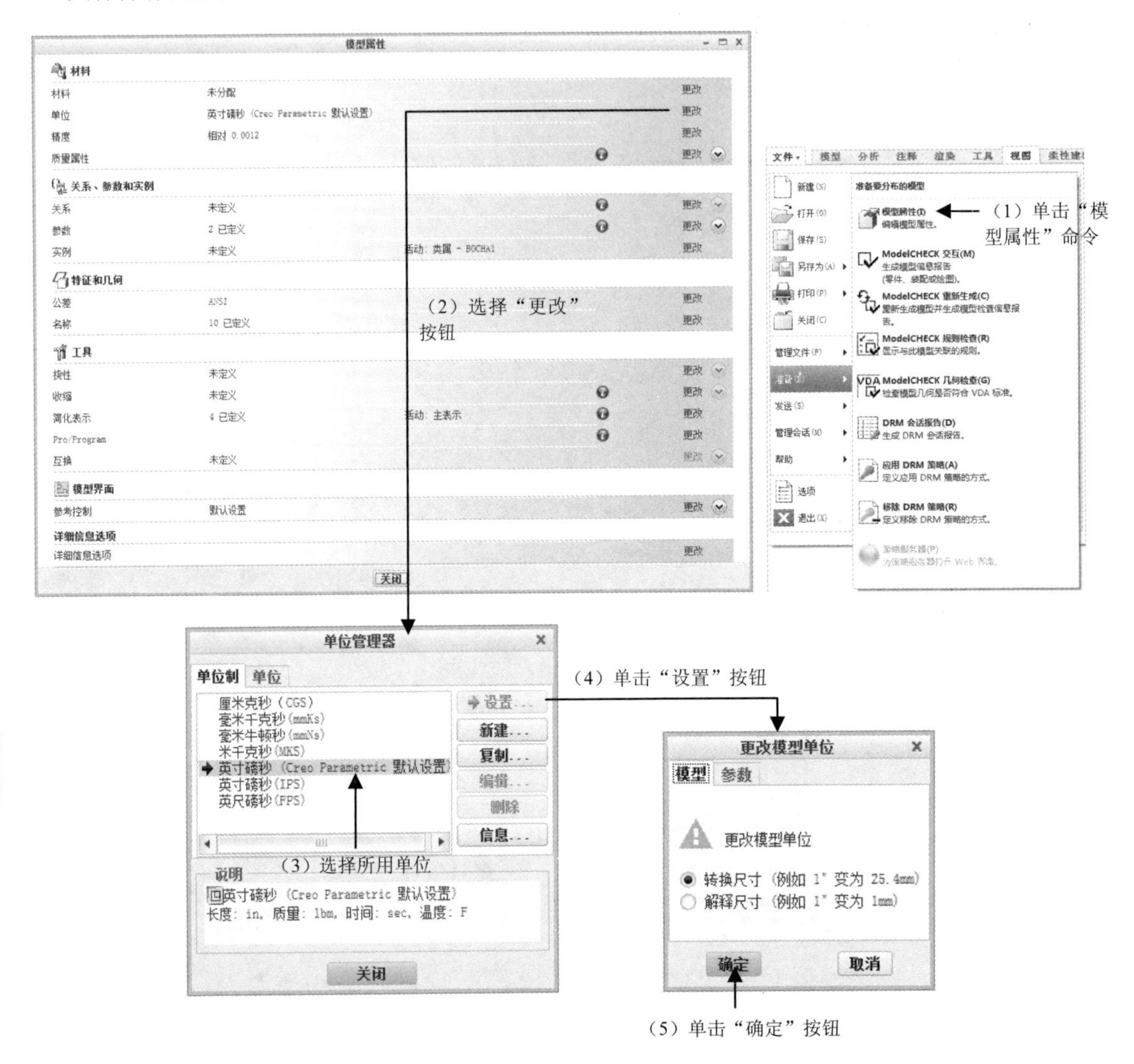

图 2-23　单位设置

（1）在零件模式下，依次选择主菜单中的“文件”→“准备”→“模型属性”命令，系统将弹出“模型属性”对话框。

（2）单击“单位”选项右侧的“更改”按钮，系统将弹出“单位管理器”对话框。

（3）选择其中所需单位后单击“设置”按钮，系统弹出“更改模型单位”对话框。如果选中“转换尺寸”单选按钮，则将进行单位换算；如果选中“解释尺寸”单选按钮，则将只转换尺寸单位名称而不换算。

（4）最终单击“确定”按钮即可。

2. 设置图幅

在我国，机械制图国家标准 GB/T 14689－1993 对图纸幅面和格式做出了具体规定。图纸幅面分为 A0、A1、A2、A3 和 A4 共 5 种，其大小关系如图 2-24 所示。

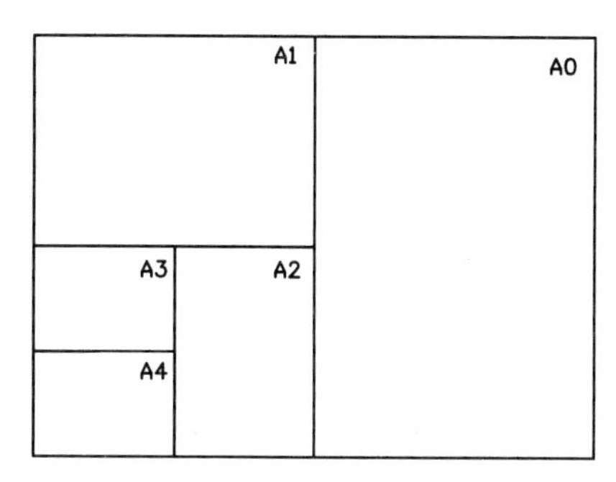

图 2-24　各种常用图纸基本幅面尺寸关系

有关幅面选择操作请参见前面创建新工程图的步骤。

另外，关于比例设置参见 2.3.1 小节相关内容；关于线型和文字参见尺寸标注一章。

2.2.3　绘图显示设置

Creo Parametric 工程图的显示主要有 4 种状态：线框、消隐、无隐藏线和着色，分别对应设置按钮 。4 种显示状态如图 2-25 所示。其他带边着色等在此不再介绍。

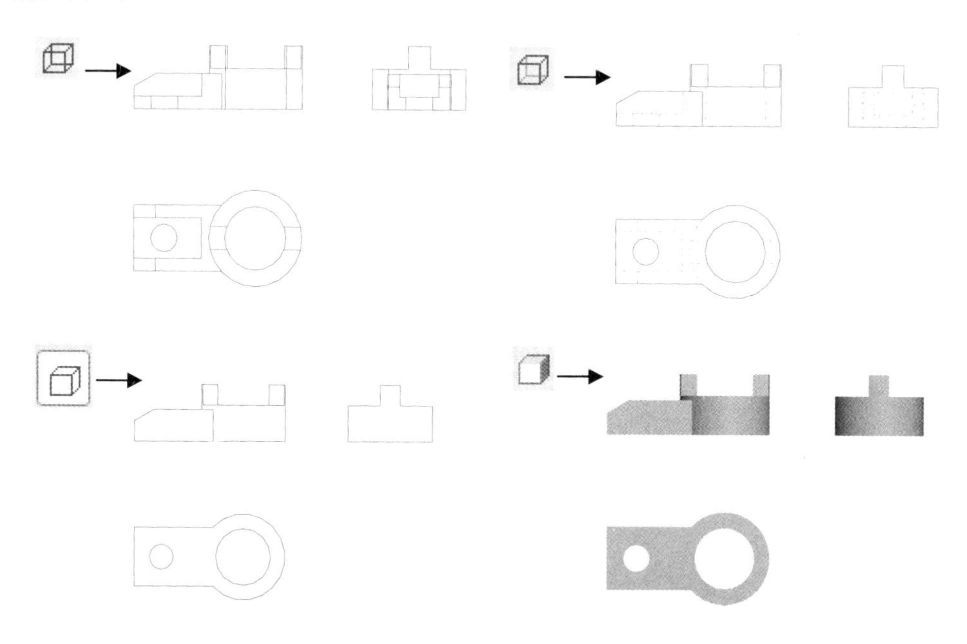

图 2-25　工程视图的 4 种显示状态及其按钮

一般而言，工程图视图的默认显示状态是线框方式。如果是采用默认状态建立的三视图，则无法直接对这三个视图进行显示状态修改，而如果是通过插入操作建立的视图则可以。要更改某个视图的显示，可以首先在该视图上单击，然后单击相应的设置按钮，单击“图形显示”工具栏中“重画”按钮即可。

2.3 创建基本视图及常规视图

在机械制图国家标准中，基本视图是指机件向基本投影面投影所得到的视图，基本视图包括主视图、俯视图、左视图、右视图、仰视图和后视图。如果在绘图环境中没有任何基本视图，则在Creo Parametric 工程制图中放置的第一个视图称为常规视图。常规就是指任意的意思。只有生成了常规视图后，才可以根据此视图在适当位置建立投影视图、辅助视图等。常规视图的方位是系统根据“方向”对话框预先保存在零件或组件模式中所设置的视角方向，既可以是基本投影方向和轴测投影方向，也可以是命名视图。

要想掌握视图操作，“绘图视图”对话框是一个必不可少的工具。

2.3.1 “绘图视图”对话框

“绘图视图”对话框是在插入常规视图和编辑视图操作时打开的。插入视图操作有多种，所对应的“绘图视图”对话框也将发生变化。当然，反过来，视图类型也可以在该对话框中进行修改。

插入视图操作由“模型视图”操控板完成，如图 2-26 所示。当插入常规视图时，将打开“绘图视图”对话框。在插入其他视图时暂时不打开。此时可以在插入后的视图上双击来打开该对话框。

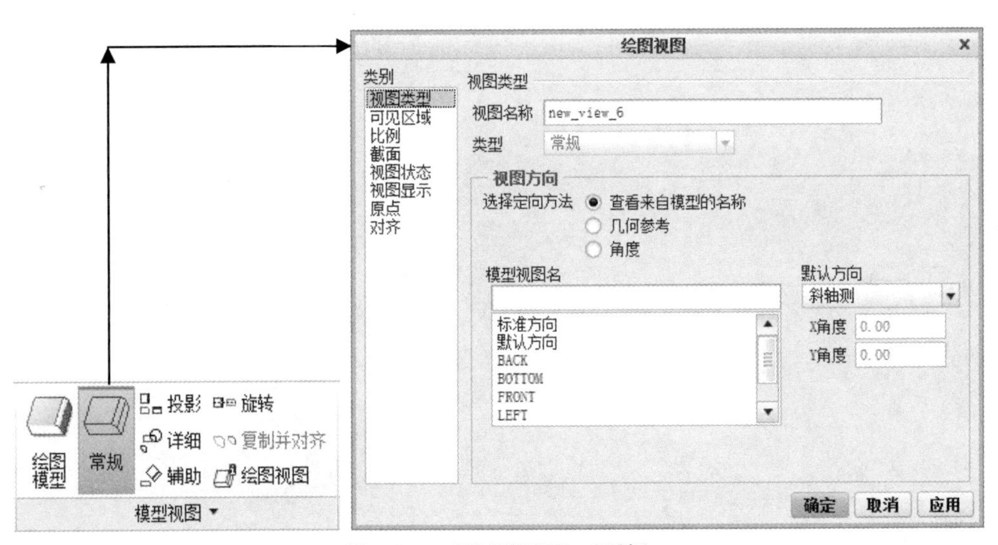

图 2-26 “绘图视图”对话框

在“绘图视图”对话框中，用户可以进行视图类别的设置，包括视图类型、可见区域、比例、截面、视图状态、视图显示、原点及对齐等。

1. 视图类型设置

视图类型设置如图 2-27 所示，在其中可以设置视图名称、改变视图观察方向等。

（1）更改视图名称。在“视图名称”文本框中输入名称并确定即可。

（2）修改视图类型。在“类型”下拉列表框中可以选择视图的类型，对应于“绘图视图”子菜单选项。当类型不同时，其显示内容也将不同。

1）常规视图。如图 2-26 所示，参见后面内容。

2）投影视图。如图 2-27 所示，在其中可以决定投影箭头是否显示、选择父视图等。

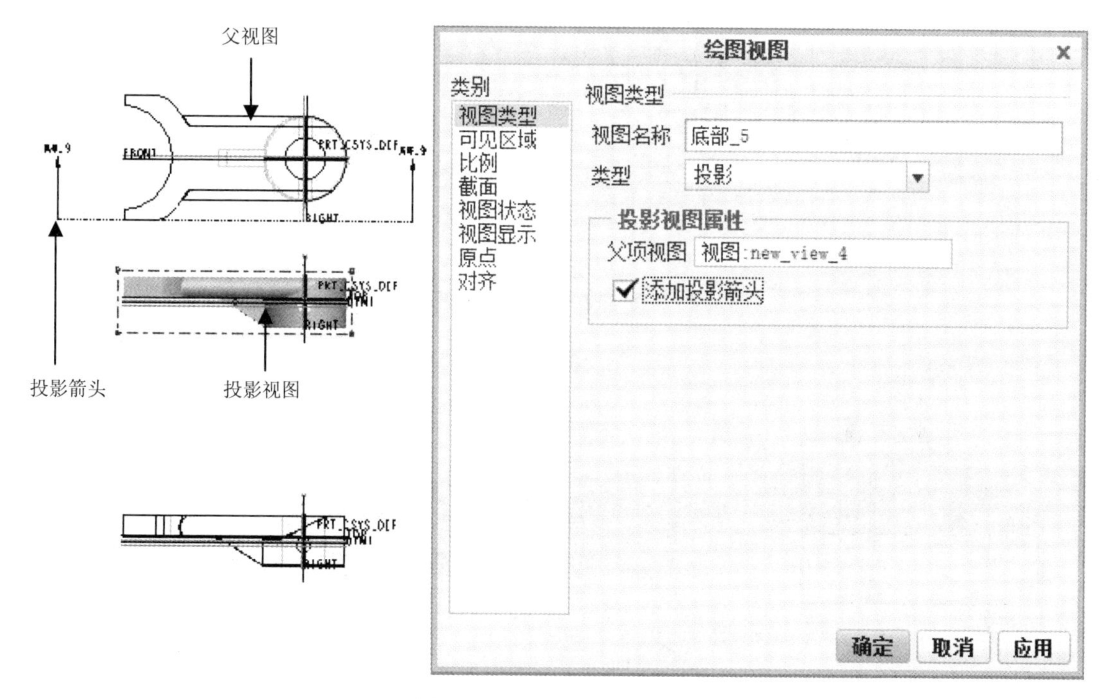

图 2-27　设置投影视图类型

3）详细视图。如图 2-28 所示，在其中可以决定投影边界是否显示、选择父视图参照点、边界类型等。

4）辅助视图。如图 2-29 所示，在其中可以决定投影箭头是否显示、选择父视图及投影参照等。

5）旋转视图。如图 2-30 所示，在其中可以决定对齐参照投影、选择截面等。

6）复制并对齐视图。如图 2-31 所示，只能用来修改视图名称。

（3）设置视图方向。从图 2-26 中可以看出，视图的观察方向有 3 种：查看来自模型的名称、几何参考与角度。

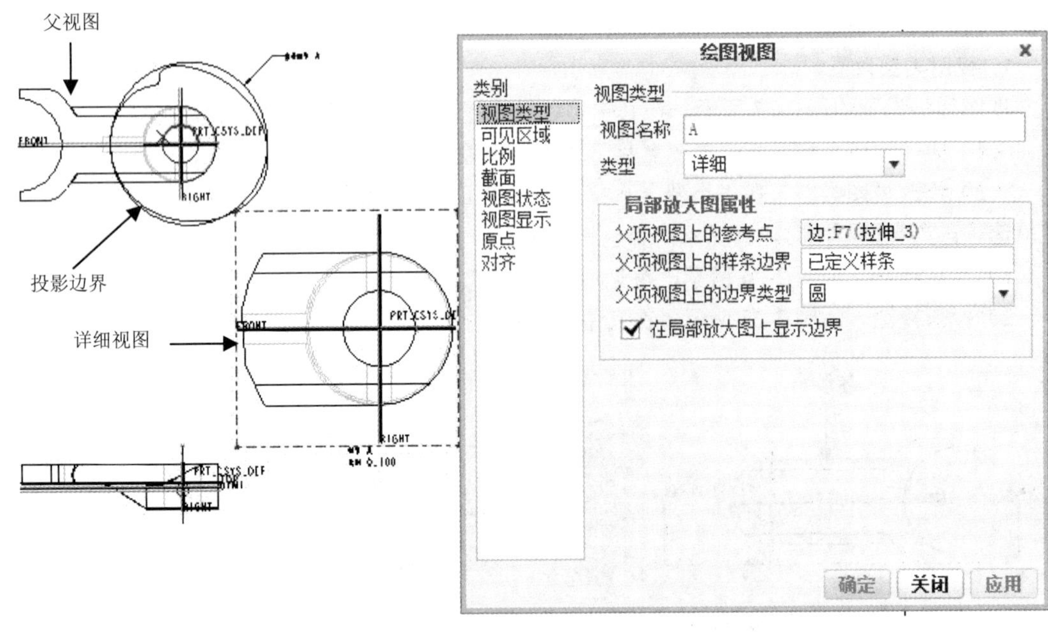

图 2-28　设置详细视图类型

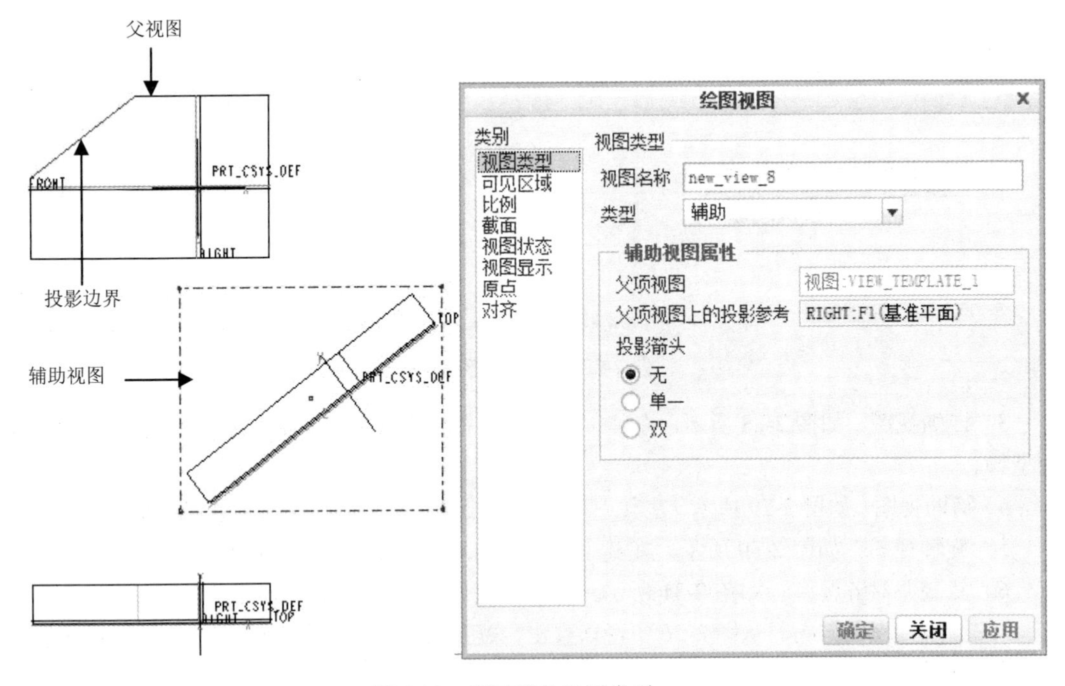

图 2-29　设置辅助视图类型

父视图

旋转视图

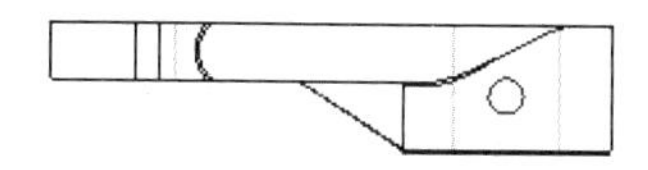

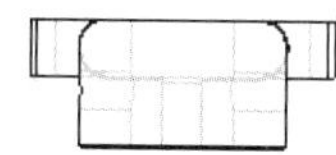

图 2-30　设置旋转视图类型

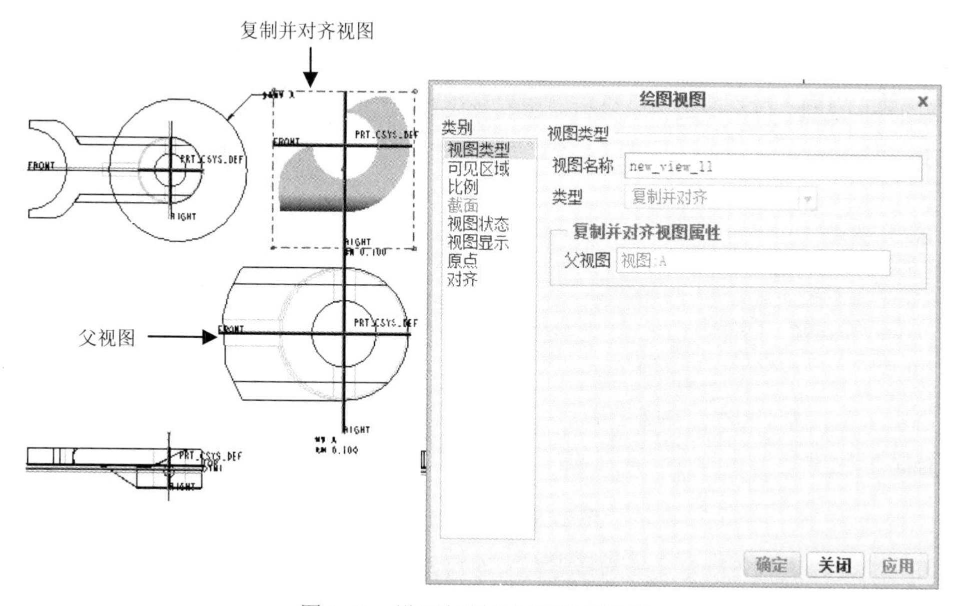

图 2-31　设置复制并对齐视图类型

1）查看来自模型的名称。直接选择系统预先设置的视图名称即可转到该视图方向上。如图 2-26 所示，也就是选择默认方向、标准方向、FRONT 等视图方向。

另外，可以设置默认方向的方式与角度：在“默认方向”下拉列表框中可以选择等轴测和斜轴测视图方向，并通过“用户定义”方式选择视图的观察方向。如图 2-32 所示就是在设置了角度后的视图效果。

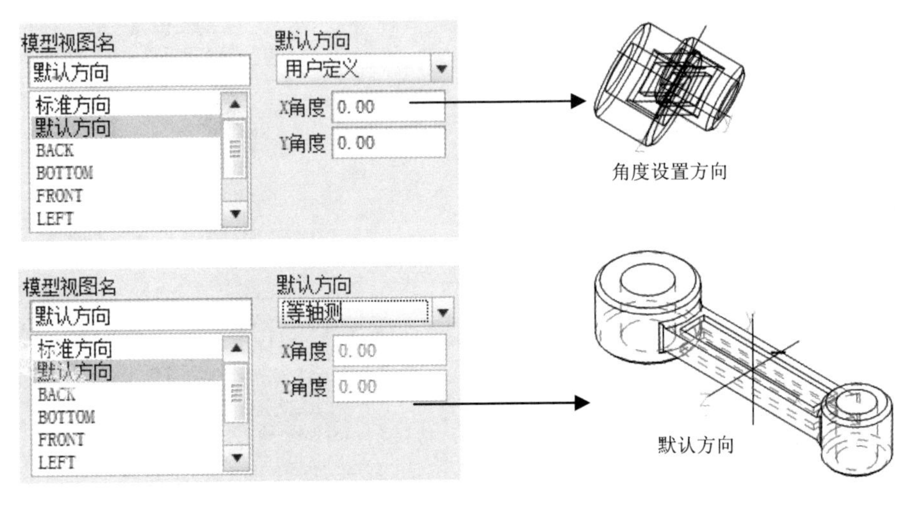

图 2-32　视图类型显示

2）几何参考。可以通过选择需要的参照面和方向，从而改变在创建模型时所选择的几个观察方向。

如图 2-33 所示，其中我们选择了 RIGHT 面作为前面，选择 FRONT 面作为顶面，可以看出与默认方向的不同之处。如果图形窗口中暂时没有出现基准平面等对象，可以单击“默认方向”按钮，令其显示后再选择。

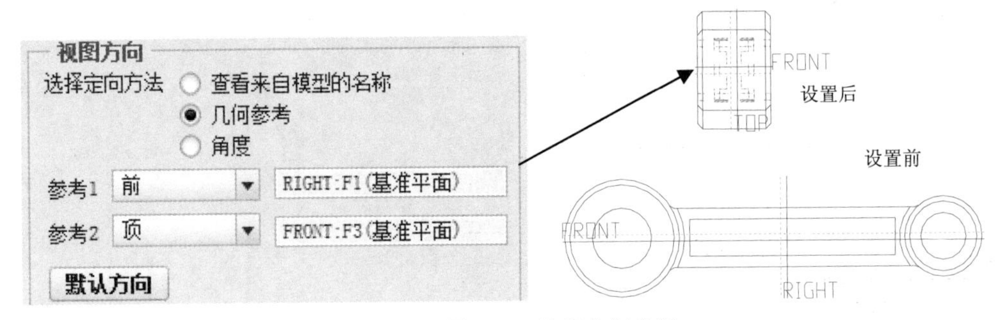

图 2-33　选择几何参照

3）角度。可以通过角度定义来选择需要的观察方向。

如图 2-34 所示，选中“角度”单选按钮后，在“旋转参照”列表中选择需要的参照选项，然后在图形窗口中选择参照并输入旋转角度，按 Enter 键后，所选择方式将列在“参照角度”列表中。

单击“添加”按钮，继续添加新的观察方向，直到满意为止。

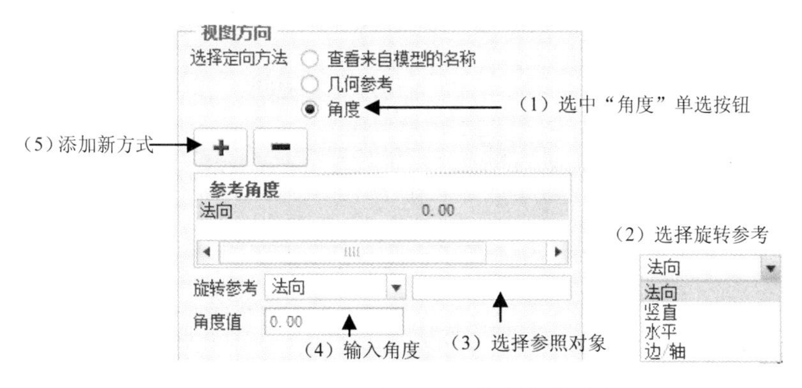

图 2-34　选择角度观察

2. 可见区域设置

如图 2-35 所示，可进行可见性设置的视图包括全视图、半视图、局部视图和破断视图。当视图类型不同时，对话框内容将不同。但是，“Z 方向修剪”选项是公共选项。选择该选项后，可以使用与屏幕平行的参照平面对模型进行修剪，并显示截面图形。

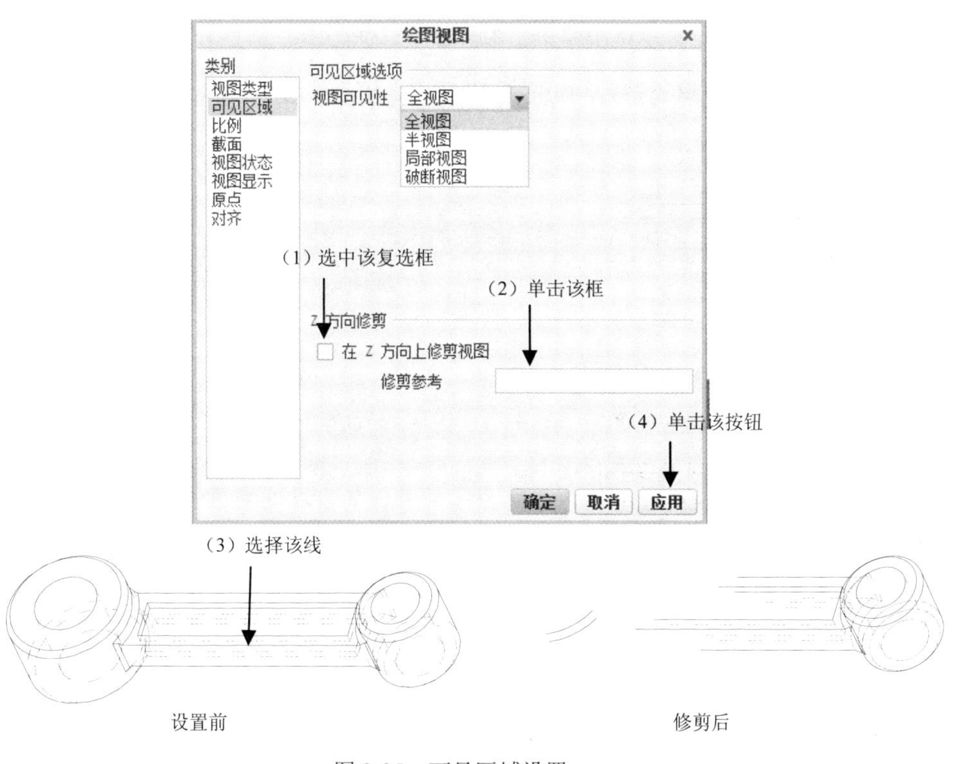

图 2-35　可见区域设置

（1）全视图。选择该类型后，如图 2-35 所示。

（2）半视图。选择该类型后，如图 2-36 所示，可设置参照平面和保留侧。

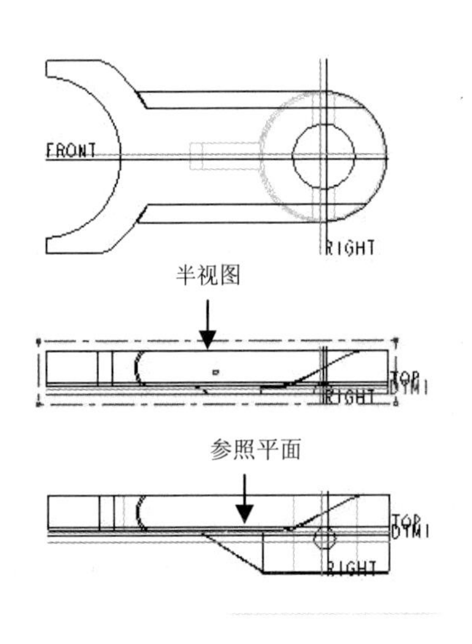

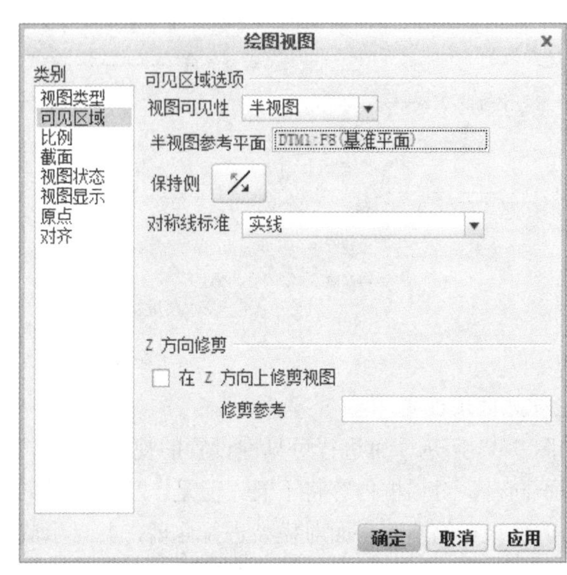

图 2-36　半视图可见区域设置

（3）局部视图。选择该类型后，如图 2-37 所示，可设置参考点和绘制显示边界。

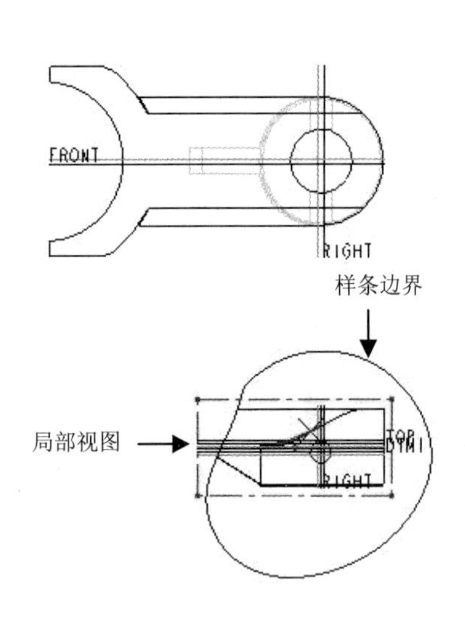

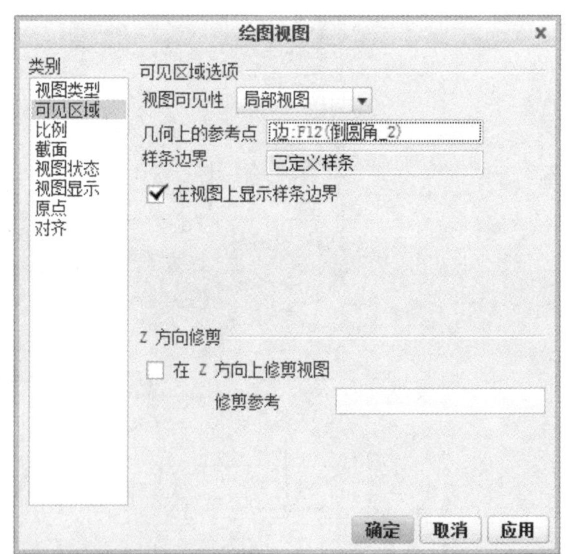

图 2-37　局部视图可见区域设置

（4）破断视图。选择该类型后，如图 2-38 所示，可设置破断线的两个点，从而决定可见性。

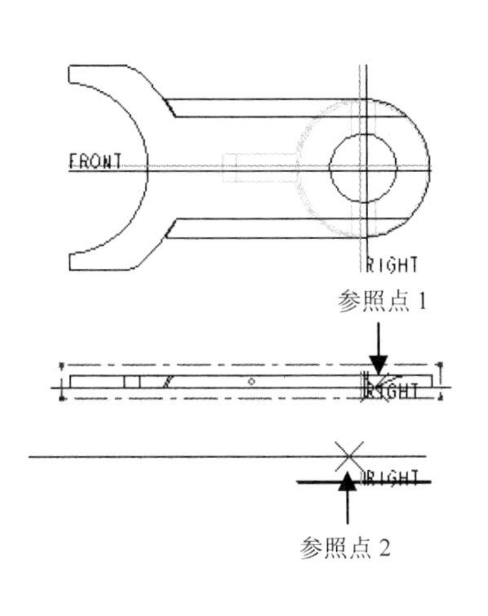

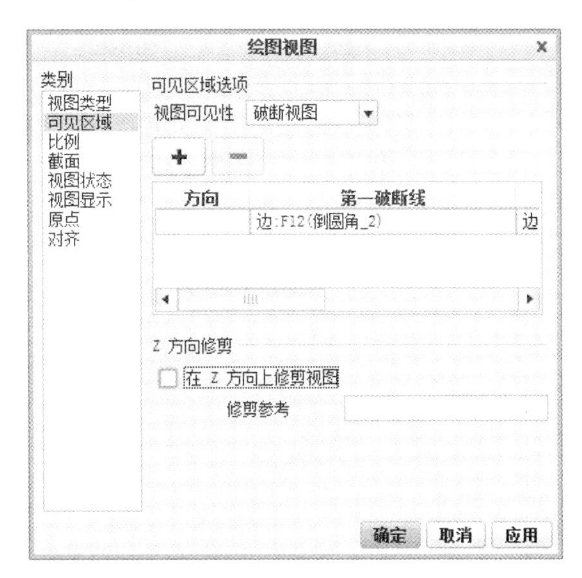

图 2-38　破断视图可见区域设置

3. 比例设置

“比例”对话框用于设置绘图的比例，该比例可控制整个页面视图及所有子视图，并且显示在视图控制曲线区域下方。另外，“比例”选项也可用来创建透视图，如图 2-39 所示。

（1）页面的默认比例。Creo Parametric 会根据页面尺寸大小和模型尺寸自动确定每一页面的默认比例。例如，对于 A0 和 B0 模板而言，其默认比例将会发生变化。该比例适用于未应用定制比例或透视图的所有视图。绘图页面比例显示在绘图页面的底部。

如果要修改整个页面的比例，可以在视图左下角显示的比例文本上双击，然后通过信息输入框输入新的比例。此时所有的视图都将统一变换。

（2）自定义比例。根据输入的比例来调整所选视图显示。当修改绘图页面比例时，页面视图不变，因为比例因子是独立的。

（3）透视图。使用自模型空间的观察距离和纸张单位来确定视图大小。此比例选项仅适用于常规视图。

4. 剖面设置

对于各剖分视图来说，剖面的显示状态包括全剖、半剖、无剖截面与显示曲面 4 种方式，如图 2-40 所示。

其中，“无截面”为默认选项，即只按照普通整体模型的方式显示，而不进行剖分。有关“2D 横截面”选项，由于同全视图、半视图有关，所以将放在后面单独讲解。如果选中“3D 横截面”单选按钮，则可以对在视图管理器中建立的 3D 剖面进行选择显示；如果选中“单个零件曲面”单选按钮，则可以选择要显示的曲面，令其单独显示。

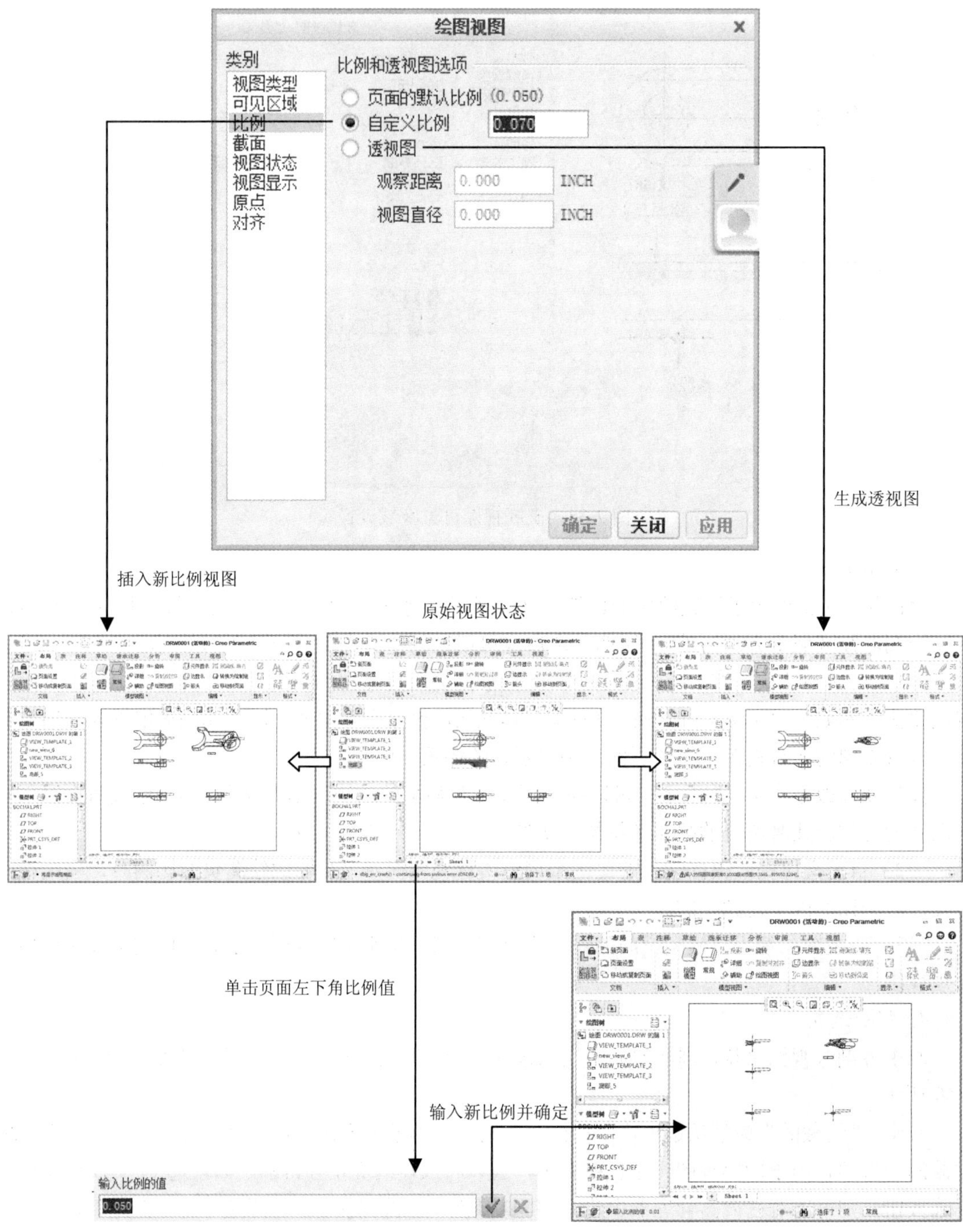
绘图视图
类别
视图类型
可见区域
比例
截面
视图状态
视图显示
原点
对齐
比例和透视图选项
页面的默认比例（0.050）
自定义比例
0.070
透视图
观察距离
0.000
INCH
视图直径
0.000
INCH
确定
关闭
应用
生成透视图
插入新比例视图
原始视图状态
单击页面左下角比例值
输入新比例并确定
输入比例的值
0.050

图 2-39　视图比例设置

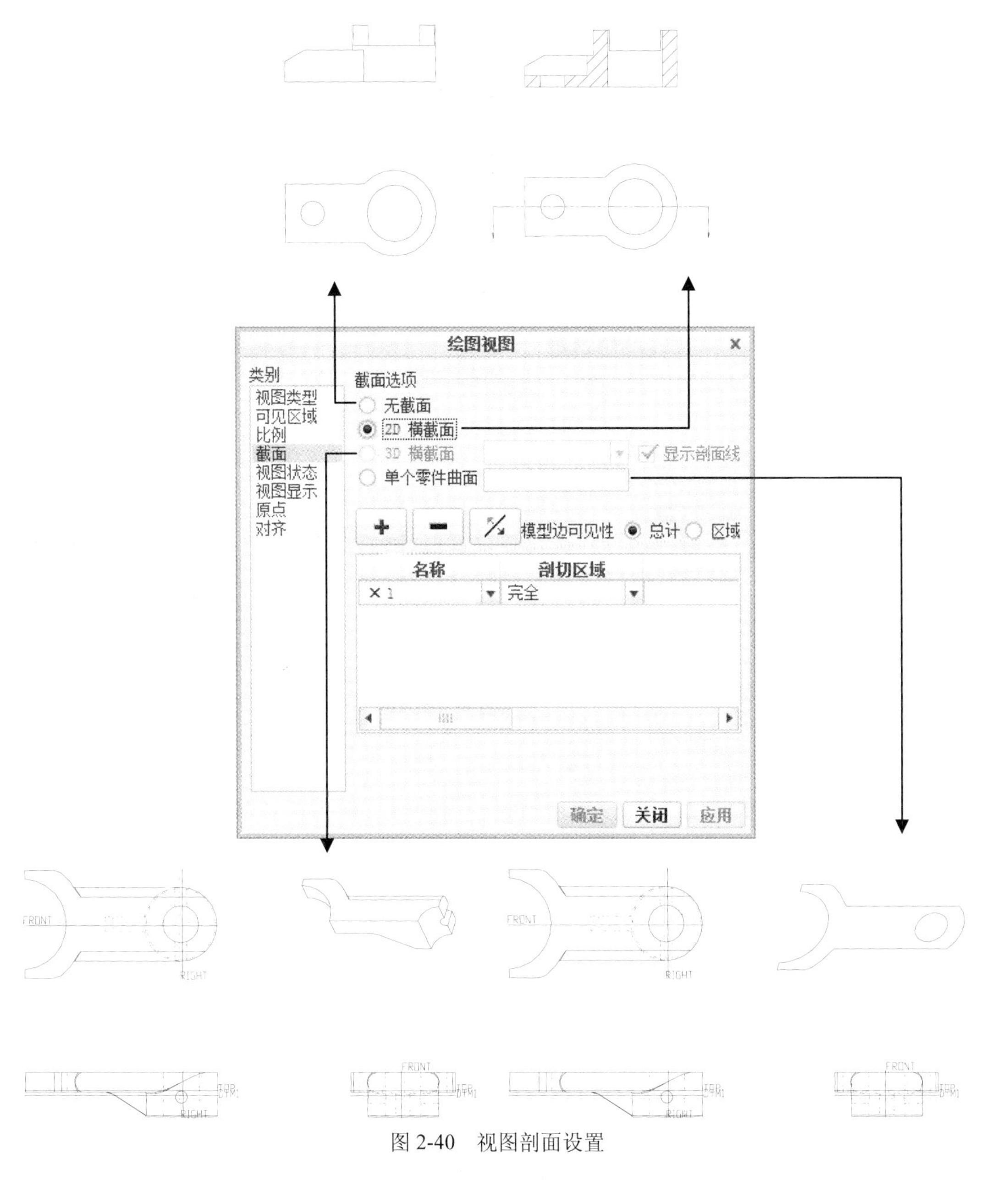

图 2-40　视图剖面设置

5. 视图状态设置

对于视图状态而言，零件与装配体的视图是不一样的。“视图状态”对话框主要用来设置装配体工程图的状态。

如图 2-41 所示，当建立装配体工程图时，可以随时建立分解状态视图，而不必单独在组件模式下建立；另外，可以决定其简化表示状态。

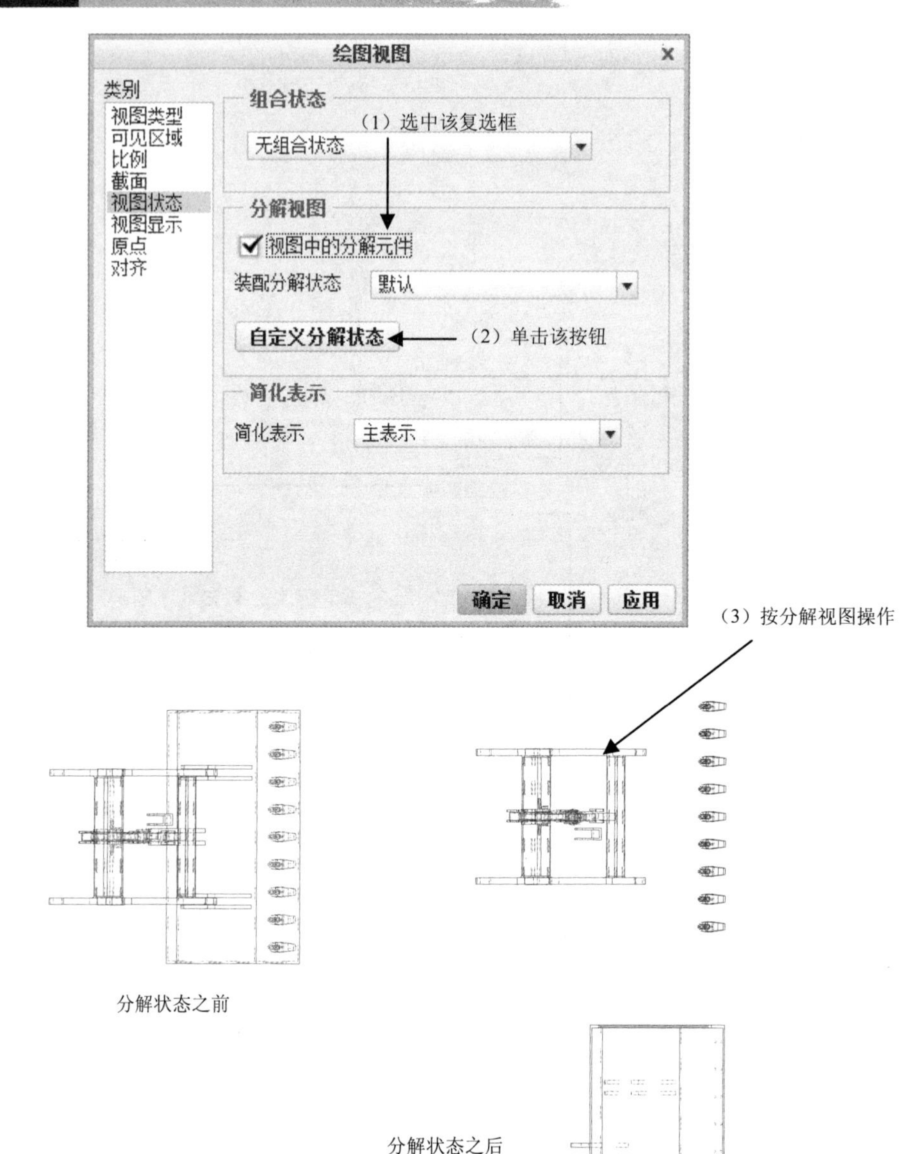

图 2-41　视图状态显示

如果要建立分解状态，可以单击“自定义分解状态”按钮，系统将弹出“分解位置”对话框，按照需要移动对象即可。

6. 视图显示设置

在 Creo Parametric 中，工程图不但可以以零件模式下的方式显示，而且可以在着色模式下显示。其中，着色模式既可以显示同一零件的不同颜色的曲面，也可以显示组件中不同颜色的零件，所以更加能够快速区分需要的对象。

如图 2-42 所示，可以设置不同的显示线型、相切边的显示样式等。对于视图显示来说，本书所涉及的内容主要有两项："显示样式"中的"着色"方式与"颜色来自"配合使用。其中，颜色可以选择来自绘图，也可以选择来自模型。

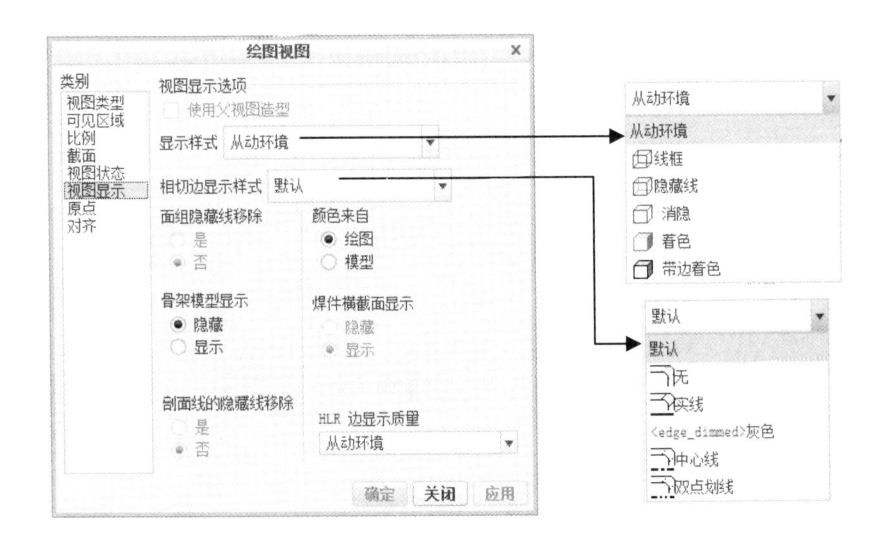

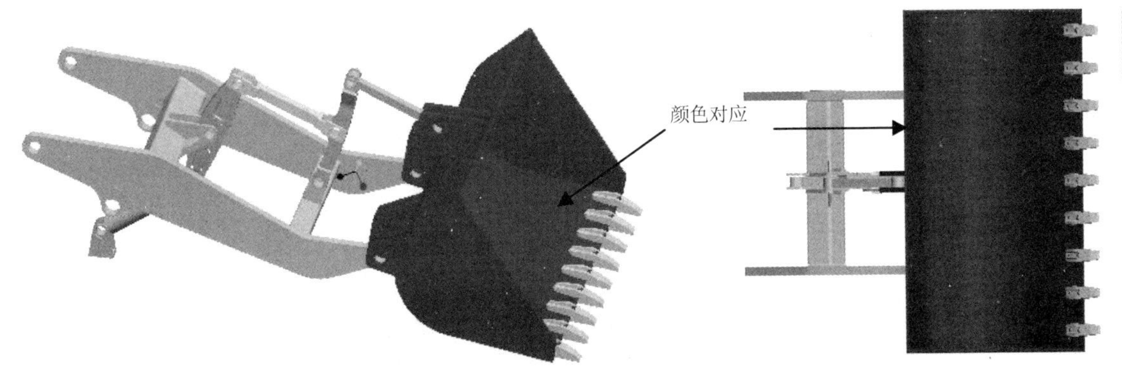

图 2-42　视图显示设置

7. 原点设置

如图 2-43 所示，可以设置或选择视图原点，或者设置页面原点相对视图原点的位置值。例如，在图 2-43 中由于输入了相对位置值，所以视图将发生相对偏移，而与已有视图无关。

8. 对齐设置

在 Creo Parametric 中，插入的工程图有时位置可能比较随意，需要整理对齐，这可以在已有视图的基础上进行。

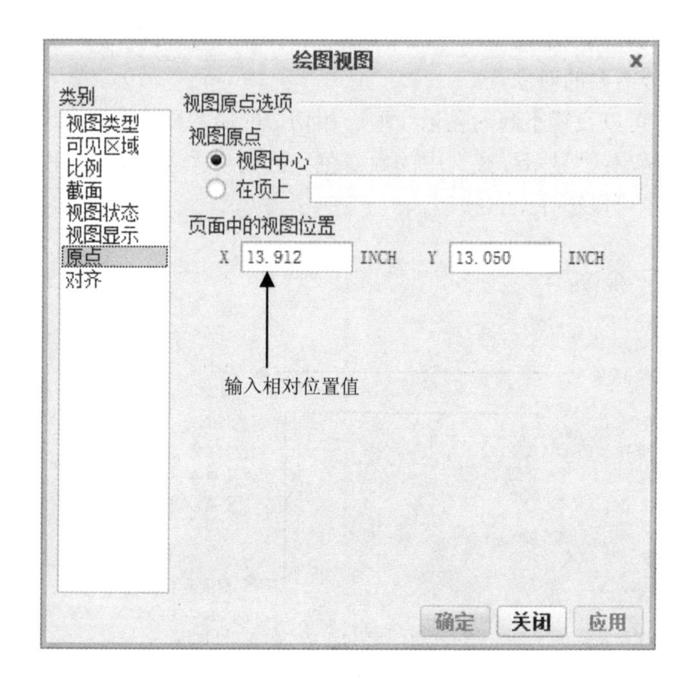

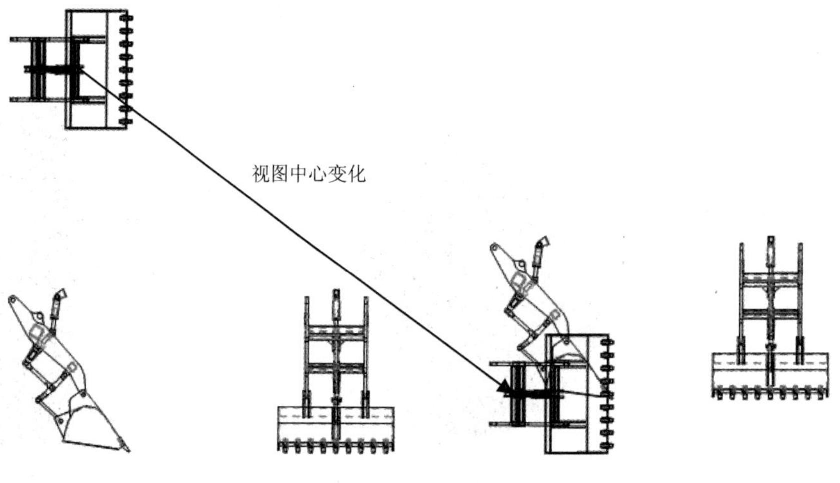

图 2-43 视图原点设置

如图 2-44 所示，选中“将此视图与其他视图对齐”复选项，系统默认情况下将以视图原点为参考对齐。如果调整，可以在“对齐参考”框中选择要对齐的对象，然后在图形窗口中选择需要的视图，并选择水平或垂直对齐方式，单击“应用”按钮结束。当选择了一种对齐方式后，在下一次选择对齐时，系统自动选择另外一种对齐方式。

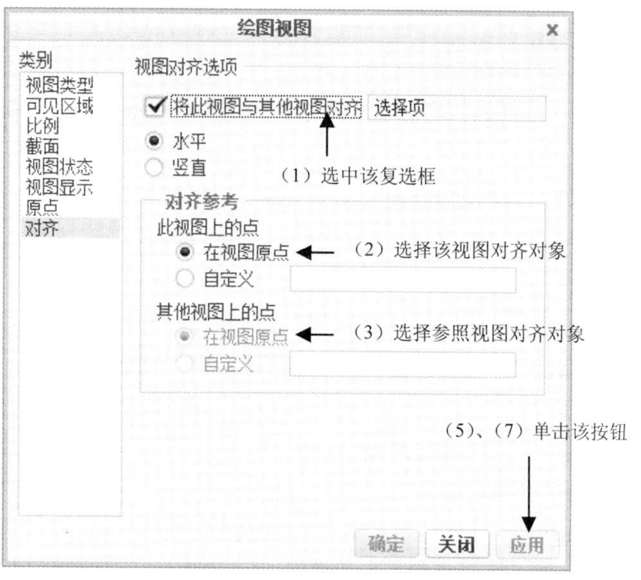
绘图视图
类别
视图类型
可见区域
比例
截面
视图状态
视图显示
原点
对齐
视图对齐选项
将此视图与其他视图对齐
选择项
水平
竖直
(1) 选中该复选框
对齐参考
此视图上的点
在视图原点
(2) 选择该视图对齐对象
自定义
其他视图上的点
在视图原点
(3) 选择参照视图对齐对象
自定义
(5)、(7) 单击该按钮
确定
关闭
应用

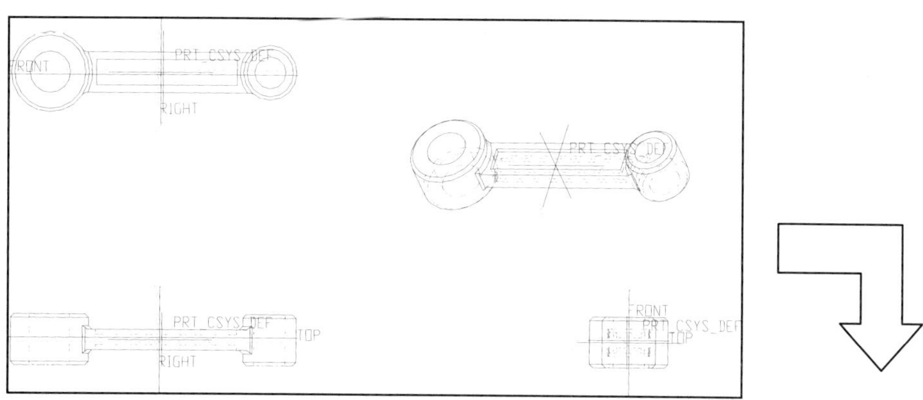
FRONT
PRT_CSYS_DEF
RIGHT
TOP

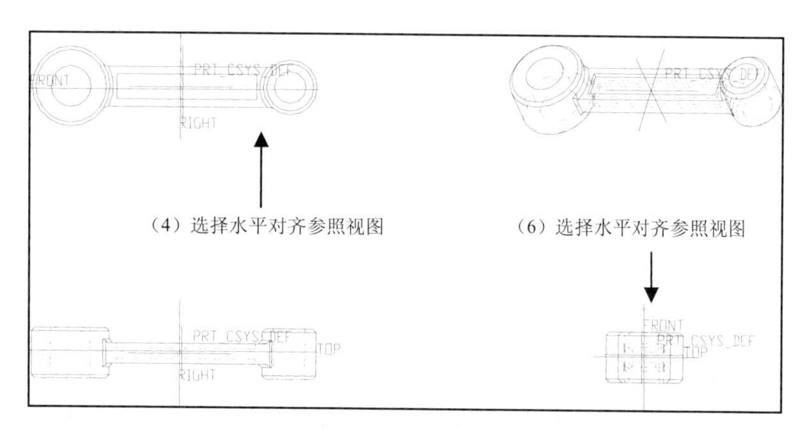
FRONT
PRT_CSYS_DEF
RIGHT
TOP
(4) 选择水平对齐参照视图
(6) 选择水平对齐参照视图

图 2-44　视图对齐

2.3.2 创建视图的步骤及实例

本节将结合具体实例来创建一些最基本的工程图视图。将要采用的实例为拨叉文件 bocha1.prt。对于复杂操作（如局部剖等）不再赘述，请参见第 3 章相关内容。

创建基本视图的步骤与过程如下：

（1）打开光盘所带零件文件 bocha1.prt。

（2）建立工程图文件。

1）依次单击主菜单中的“文件”→“新建”命令，打开“新建”对话框。

2）选中“绘图”单选按钮，确定选中“使用默认模板”复选框，单击“确定”按钮，打开“绘图视图”对话框。

3）选择图幅并确定，进入工程图环境。

（3）进行工程图系统变量的设置。

1）依次选择主菜单中的“文件”→“准备”→“绘图属性”命令，打开“绘图属性”对话框。

2）单击“详细信息选项”右侧的“更改”按钮，弹出“选项”对话框。

3）查找到需要的系统变量并选择相应值，确定即可。

（4）插入常规视图，如图 2-45 所示。单击“模型视图”操控板中的“常规”按钮，在绘图区选取视图中心点，打开“绘制视图”对话框，在“模型视图名”列表框中选择“标准方向”选项并确定即可。

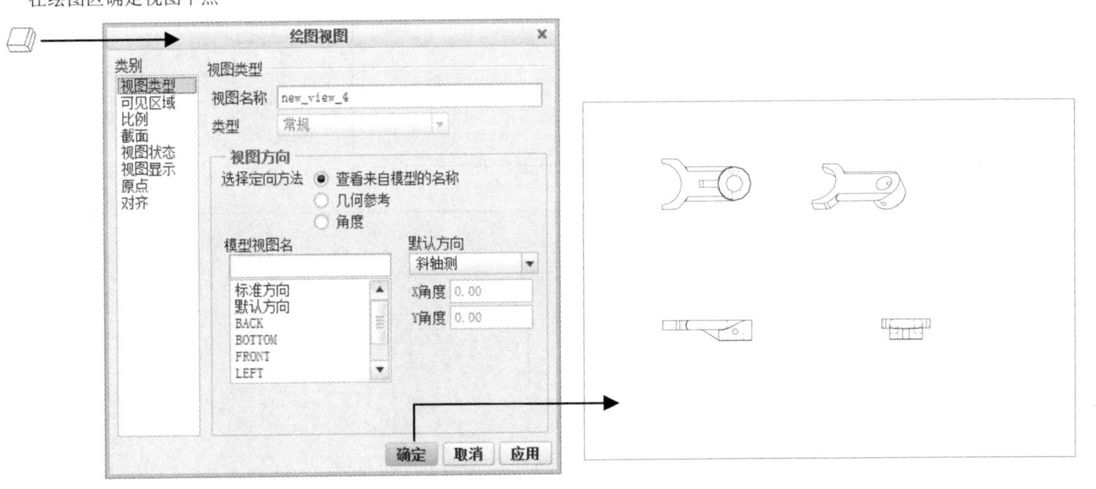

图 2-45 插入常规视图

（5）插入投影视图，如图 2-46 所示。单击“模型视图”操控板中的“投影”按钮，选取已生成的视图作为父视图，拖动鼠标完成视图的创建。随着鼠标水平或者垂直拖动，将建立不同方向的投影视图。

（6）插入详细视图，如图 2-47 所示。单击“模型视图”操控板中的“详细”按钮，选取已生成视图上的一点作为详图观察中心点。围绕要绘制详图的区域草绘样条曲线，将中心点包含其中，单击鼠标中键闭合样条曲线。在屏幕上拾取详图视图的位置即可。

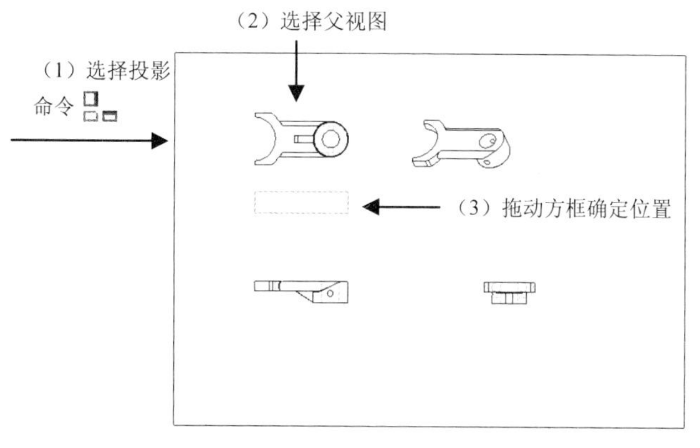

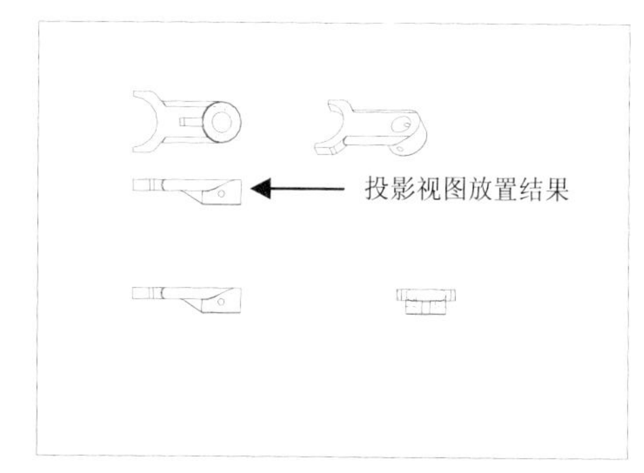

图 2-46　投影视图

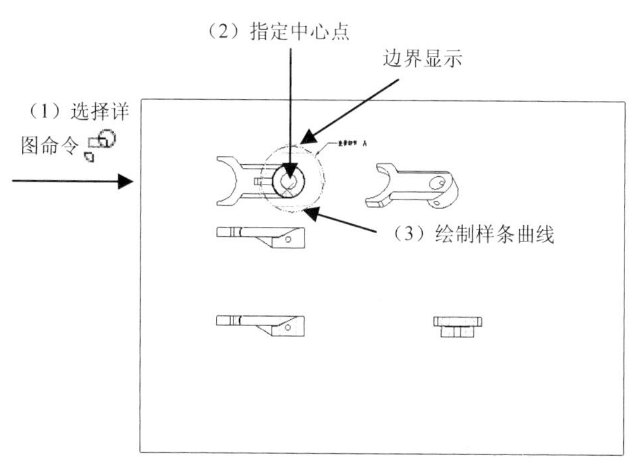

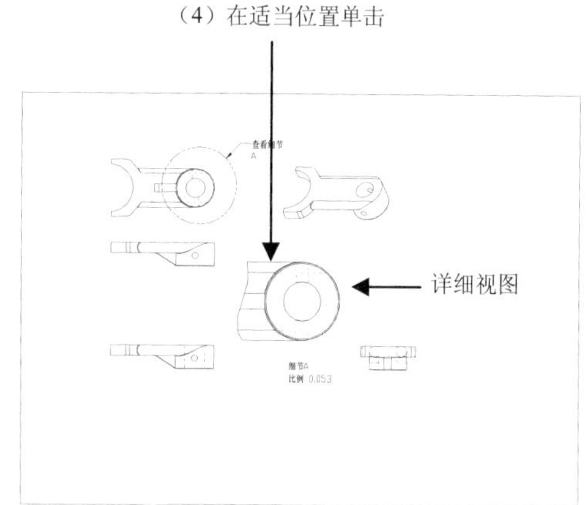

图 2-47　创建详图视图

（7）插入旋转视图，如图 2-48 所示。单击“模型视图”操控板中的“旋转”按钮，选取已生成的主视图作为父视图，然后在任意点处单击作为旋转视图中心点。系统弹出“横截面创建”菜单管理器和“绘图视图”对话框。接受默认选项，单击“完成”命令，系统弹出消息输入窗口，在其中输入截面名称并确定，系统弹出“设置平面”菜单。选择 DTM1 作为旋转参照面，此时“绘图视图”对话框设置完成，单击“确定”按钮，完成放置。

（8）插入复制并对齐视图，如图 2-49 所示。选取要与之对齐的局部视图，在此选择前面建立的详细视图，单击“模型视图”操控板中的“复制并对齐”按钮，在新建立的视图上选择视图中心点，并绘制样条曲线来决定视图边界，单击鼠标中键封闭曲线，然后在视图上选择一条要对齐的直线或者轴即可。该视图比例将参照所选择的父视图。

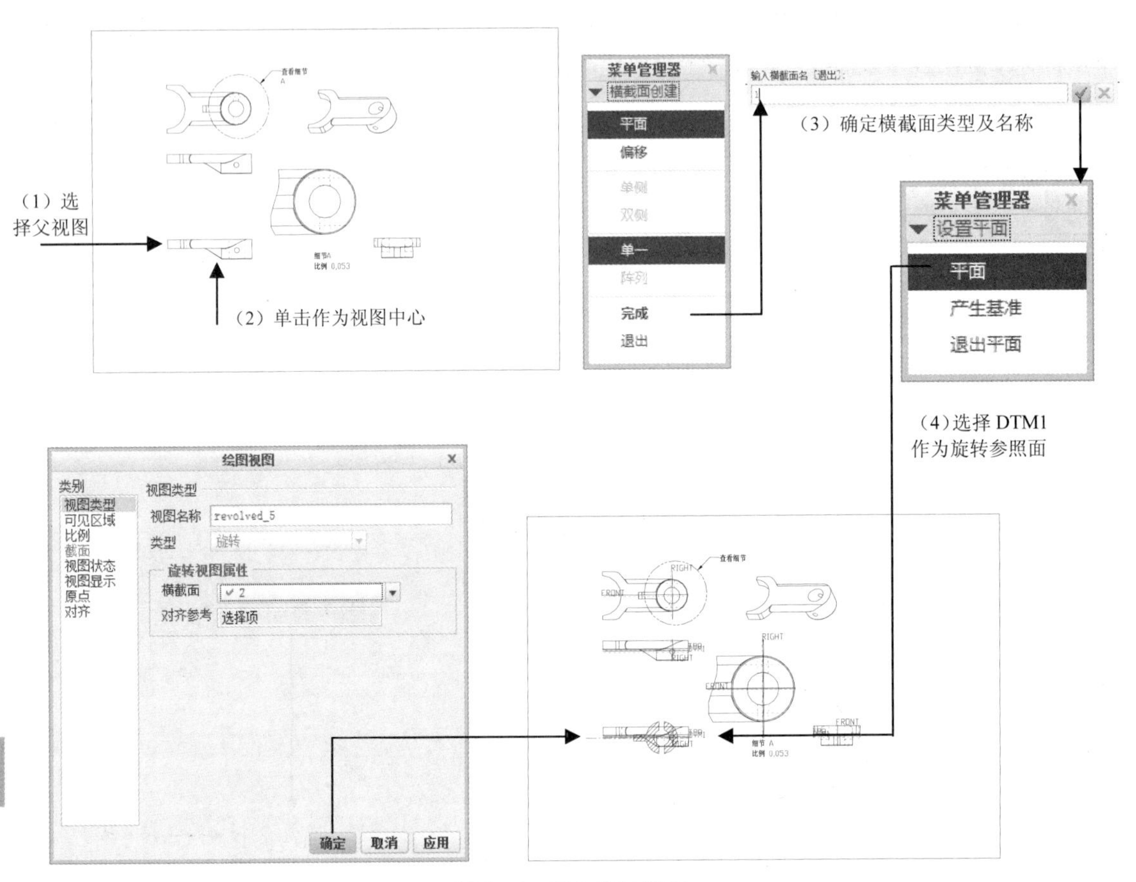

图 2-48　插入旋转视图

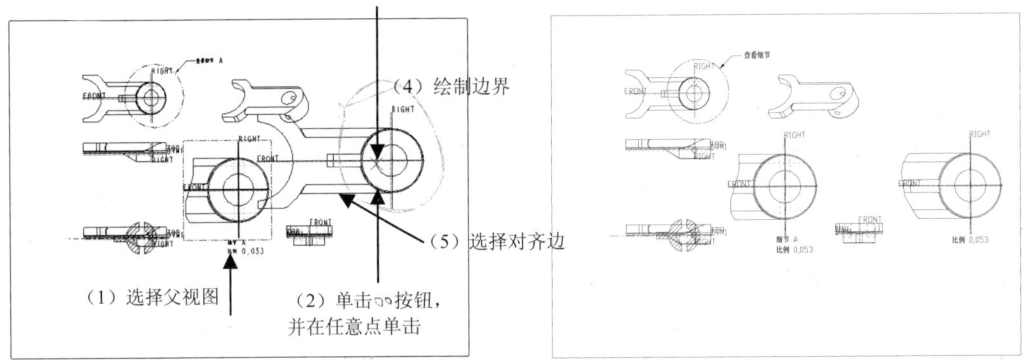

图 2-49　插入复制并对齐视图

（9）插入辅助视图，如图 2-50 所示。单击“模型视图”操控板中的“辅助”按钮，在主视图中选取要与之垂直的投影参照边，移动鼠标，在任意位置单击即可。

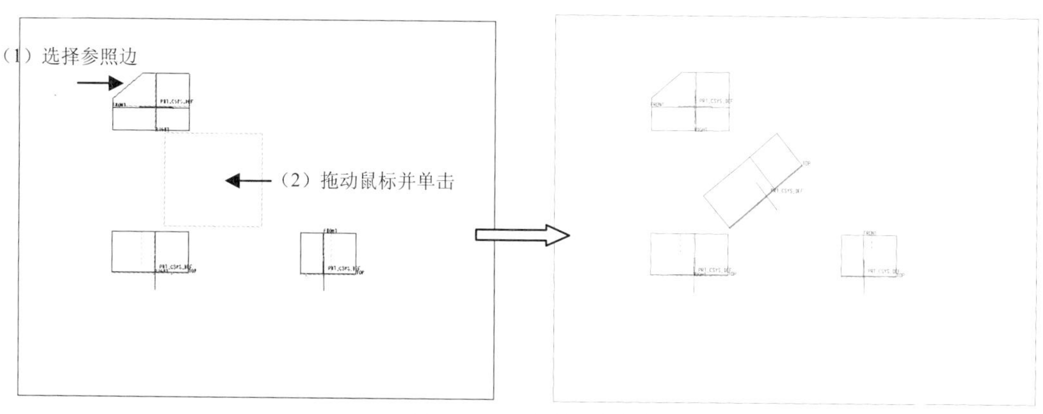

图 2-50　插入辅助视图

对于本节这个例子而言，由于没有斜面等可参照对象（筋板不能作为参照），所以需要读者自行创建一个三维模型。我们在光盘中提供了 aux1.prt 作为范例模型。

2.4　视图的编辑与修改

从前面的操作中可以体会到，有时所确定的视图可能位置不佳或者内容有误，这些都可以进行适当的调整。本节将讲解视图的基本编辑操作，并对视图内容进行修改。

2.4.1　视图的基本编辑

我们所说的视图的基本编辑是相对于内容修改而言的。在这里只进行移动或者拭除等操作，而不涉及具体视图内的内容。

1. 移动视图

当某视图的位置不符合设计要求时，可以通过移动视图操作将视图移动到某一新位置。在 Creo Parametric 中，视图有两种状态：锁定和未锁定。在进行移动视图操作之前，必须关闭锁定视图的开关。“文档”操控板中的“锁定视图移动”按钮用于控制锁定视图的开关。当按钮处于选中状态时（即该按钮被按下），视图将被锁定，此时用户不能移动任何视图；当按钮处于未选中状态时（即该按钮没有被按下），锁定视图的开关将关闭，此时用户才可以移动视图。系统默认将按钮处于选中状态，因而在进行移动视图操作之前，需要单击该按钮将其弹起，使之处于未选中状态。也可以通过图 2-51 操作来解除或设置对视图移动的锁定。

可以看到，解除锁定和未解除锁定两种状态的视图选中状态不同。

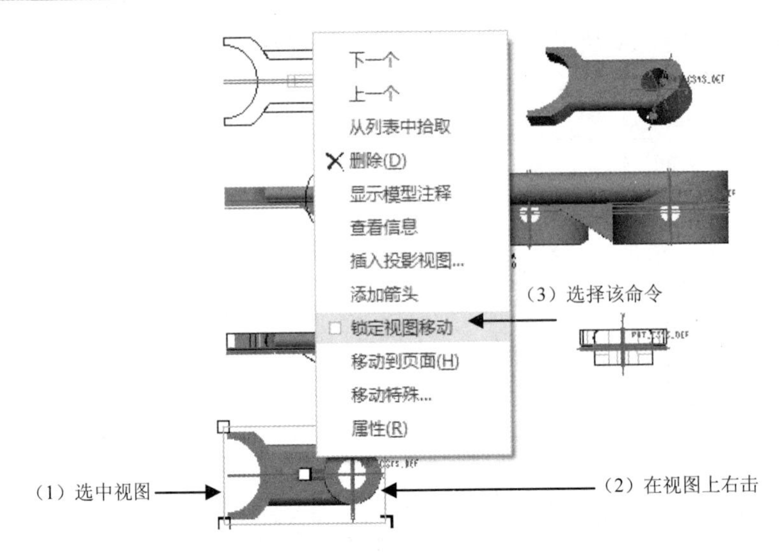

图 2-51 “锁定视图移动”选项的切换

移动视图的基本步骤如图 2-52 所示。

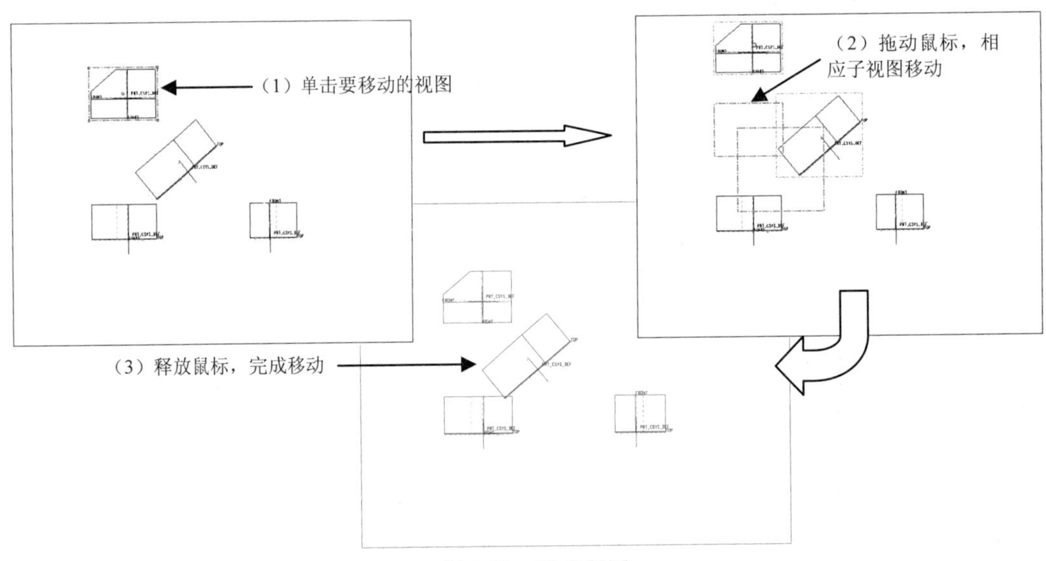

图 2-52 移动视图

（1）选择要移动的视图。单击某一视图，此时该视图将显示其边界四角和原点处的图柄。

（2）移动视图。按住鼠标左键并拖动，此时选中的视图将随着鼠标移动。移动鼠标到适合的位置，然后释放即可。

提示：如果视图之间带有父子关联关系，则移动父视图时，子视图将随之改变位置，而移动子视图则必须保持与父视图的投影约束关系。一般来说，常规视图和局部放大视图可以移动到图纸的任意处，而投影视图、辅助视图和旋转剖面图只能沿着投影线移动。

2. 拭除视图

视图的拭除与零件的特征压缩作用类似，即用户可将某些不需要显示的视图暂时隐藏，等需要的时候再恢复过来，这样可以大大缩短视图再生或重画的时间。如图 2-53 所示，选取“拭除视图”命令。在“显示”操控板中单击“拭除视图”按钮，选取要拭除的视图即可。

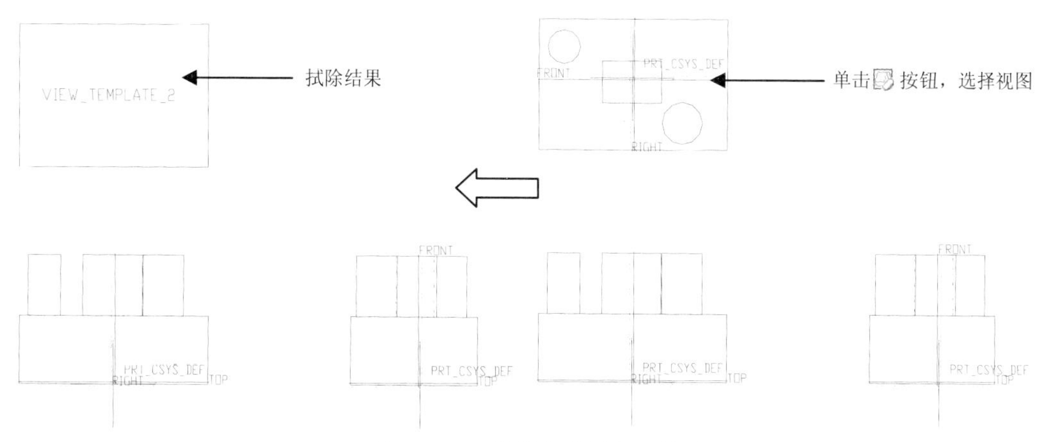

图 2-53　拭除视图的过程和结果

在拭除过程中，如果该视图与其他视图之间有联系，例如，在其他视图中有关联的箭头和圆，那么系统将提示是否要删除；视图上连接有引线，则该引线也将被拭除，当恢复视图时，此导引也将被恢复；如果视图上有尺寸，则尺寸也将被拭除，且这些尺寸不能在其他视图上显示。被拭除的视图在打印时不会被输出。

3. 恢复视图

该操作主要与拭除视图的操作配对使用，将拭除的视图恢复显示，其操作方法如下：在“显示”操控板中单击“恢复视图”按钮，系统显示如图 2-54 所示的“视图名称”菜单，从该菜单中选取要恢复的视图名称，或者直接在图形窗口中选择要恢复的视图，然后选择“完成选择”命令即可恢复显示选取的视图。

图 2-54　“视图名称”菜单

4. 删除视图

删除视图是将选中的视图彻底删除，此时被删除的视图不能通过恢复视图的操作来恢复显示。另外，删除视图时必须从子视图开始，否则将连同子视图一起删除。删除视图的一般操作步骤比较简单，在设计窗口中选中要删除的视图，按 Delete 键即可。

注意：删除视图与拭除视图是有区别的。删除视图是将选中的视图彻底删除，不能通过恢复视图操作来恢复已被删除的视图。而拭除视图只是将选中的视图隐藏起来，实际上并没有删除，所以可以通过恢复视图操作来恢复被隐藏起来的视图。

执行“删除”操作后，如果要恢复，就必须在删除后立刻使用“快速访问”工具栏中的↶按钮进行恢复；否则无法再恢复。

2.4.2 视图的修改

对于建立的各种工程图，其显示方式等内容随时都可以修改。这些操作有的可以通过“绘图视图”对话框修改，有的可以在窗口中直接修改。

1. 视图名及类型的修改

对于视图而言，视图名称是区别于其他视图的最显著标志。进行设置的过程比较简单，一般原则是尽量取一个有实际意义并且好记的名称。而视图类型则只能进行选择，基本类型对应于“绘图视图”对话框中的类型。有些视图类型可以切换，而有些类型则不能切换。二者都是在“绘图视图”对话框中完成的，具体操作步骤如图 2-55 所示。

（1）双击需要修改的视图，打开“绘图视图”对话框。

（2）在“视图名称”文本框中输入新的视图名称。

（3）在“类型”下拉列表框中选择需要更改的视图类型。如果选项显示为灰色，则表示不能修改。

（4）视图类型修改后，单击“应用”按钮，完成类型转换。

（5）更改视图方向。如果是切换到“常规”视图，则可以在“模型视图名”列表框中选择视图方向，这些视图方向都是在三维建模中定义好的。选择一个并单击“确定”或“应用”按钮，完成转换。如果是与其他视图相关联，则系统将提示这些子视图将相应发生变化，是否继续。如果确定，则完成切换。

2. 比例修改

在 Creo Parametric 中，每个页面都有一个统一的比例。每个视图比例都可以进行调整，具体操作参见图 2-39。既可以全局修改，也可以单独修改一个视图比例。

双击视图后，出现“绘图视图”对话框，选择“比例”选项。在该对话框中，除了可以变更比例，还可以修改透视状态，如图 2-56 所示：选择“透视图”单选项，分别输入“观察距离”和“视图直径”，单击“确定”按钮即可。其中“观察距离”是眼睛和物体之间的距离，“视图直径”则等于被观察物的视图比例。

3. 剖面线修改

如第 1 章基础知识中所讲解的，剖视图主要用来表达机件内部的结构形状。假想用剖切面剖开物体时，剖切面与物体的接触部分称为剖面区域。画剖视图时，为了区分机件的空心部分和实心部分，在剖面区域中要画出剖面符号。机件的材料不同，其剖面符号也不同，国家标准（GB/T 19453—1998）规定：当不需要在剖面区域中表示材料的类别时，可采用通用剖面线表示。通用剖面线的画法有以下几点规定：

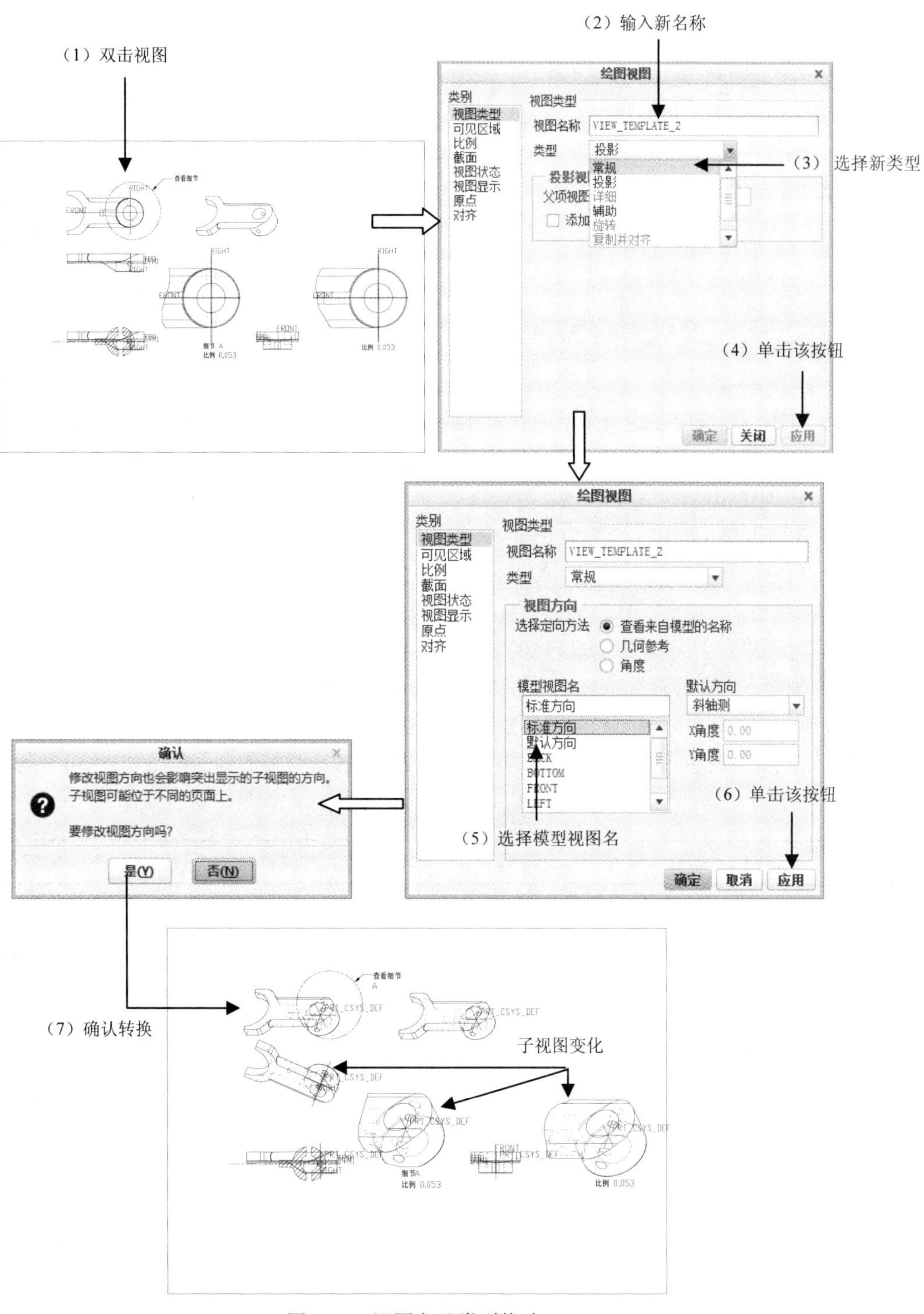

图 2-55　视图名及类型修改

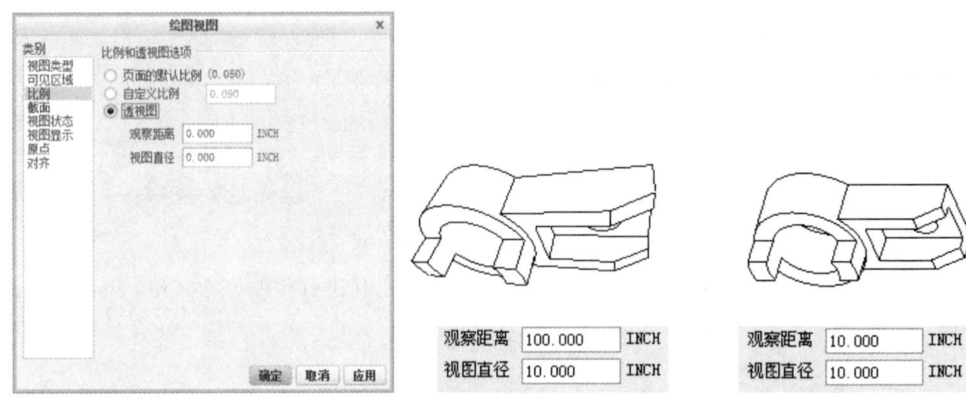

图 2-56　透视图比例显示

（1）通用剖面线应以适当角度的细实线绘制，最好与主要轮廓或剖面区域的对角线成 45°角。

（2）同一物体的各个剖面区域，其剖面线画法应一致。相邻物体的剖面线必须以不同的方向或以不同的间隔画出。

（3）在保证最小间隔（一般为 0.9mm）要求的前提下，剖面线间隔应按剖面区域的大小选择。

（4）当同一物体在两平行面上的剖切图（下面将要讲到的阶梯剖）紧靠在一起画出时，剖面线应相同。

（5）允许沿着大面积的剖面区域的轮廓画出部分剖面线。

（6）剖面区域内标注数字、字母等处的剖面线必须断开。

若需要在剖面区域中表示材料的类别时，应采用特定的剖面符号表示。特定剖面符号由相应的标准确定，或必要时也可在图样上用图例的方式说明。各种材料的剖面符号如表 2-1 所示。

表 2-1　材料剖面符号

材料	符号	材料	符号
金属材料（已有规定符号者除外）		混凝土	
绕圈绕组元件		钢筋混凝土	
转子、电枢、变压器和电抗器等的叠钢片		砖	
非金属材料（已有规定符号者除外）		基础周围的泥土	
型沙、填沙、粉末、冶金、砂轮、陶瓷、刀片、硬质合金等		格网（筛网、过滤网等）	
玻璃及供观察用的其他透明材料		液体	

如图 2-57 所示，根据国家标准（GB/T 19452—1998）规定，剖视图的标注包括以下内容：

（1）剖面线。指示剖切面位置的线，即剖切面与投影面的交线，用点划线表示。

（2）剖切符号。指示剖切面起、迄和转折位置（用粗短画表示）及投射方向（用箭头或粗短划线表示）的符号。

（3）剖视图名称。一般应标注剖视图的名称“x—x”（x 为大写拉丁字母或阿拉伯数字）。在相应的视图上用剖切符号表示剖切位置和投射方向，并标注相同的字母。

由于剖视图的多样性变化，必须经常设置剖面线或者对其进行修改。在 Creo Parametric 工程图模块中，双击视图中的剖面线，然后通过“修改剖面线”菜单管理器进行修改，如图 2-58 所示。

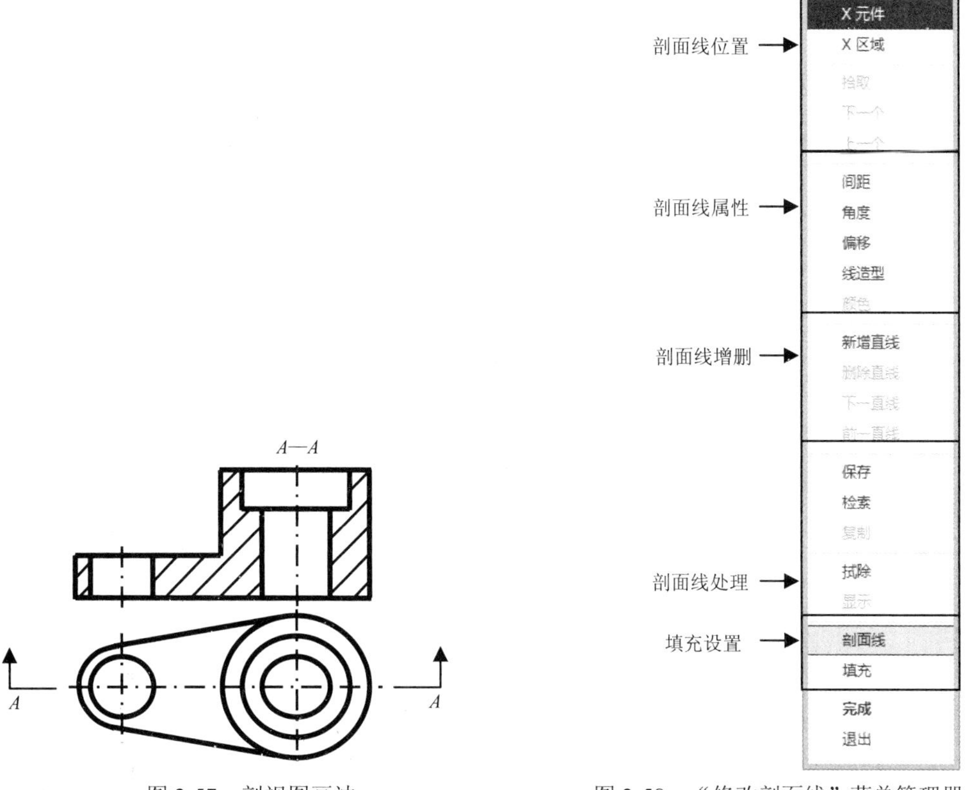

图 2-57　剖视图画法　　　图 2-58　“修改剖面线”菜单管理器

可以看出，该菜单主要分为 5 部分：确定剖面线位置、修改剖面线属性、剖面线内线条处理、剖面线类型设置和填充设置。

下面分别分析各部分的选项含义。

（1）剖面线属性设置。如图 2-59 所示，剖面线属性可以确定剖面线相邻线条之间的间距、剖面线条的角度、偏移距离和剖面线线条样式。

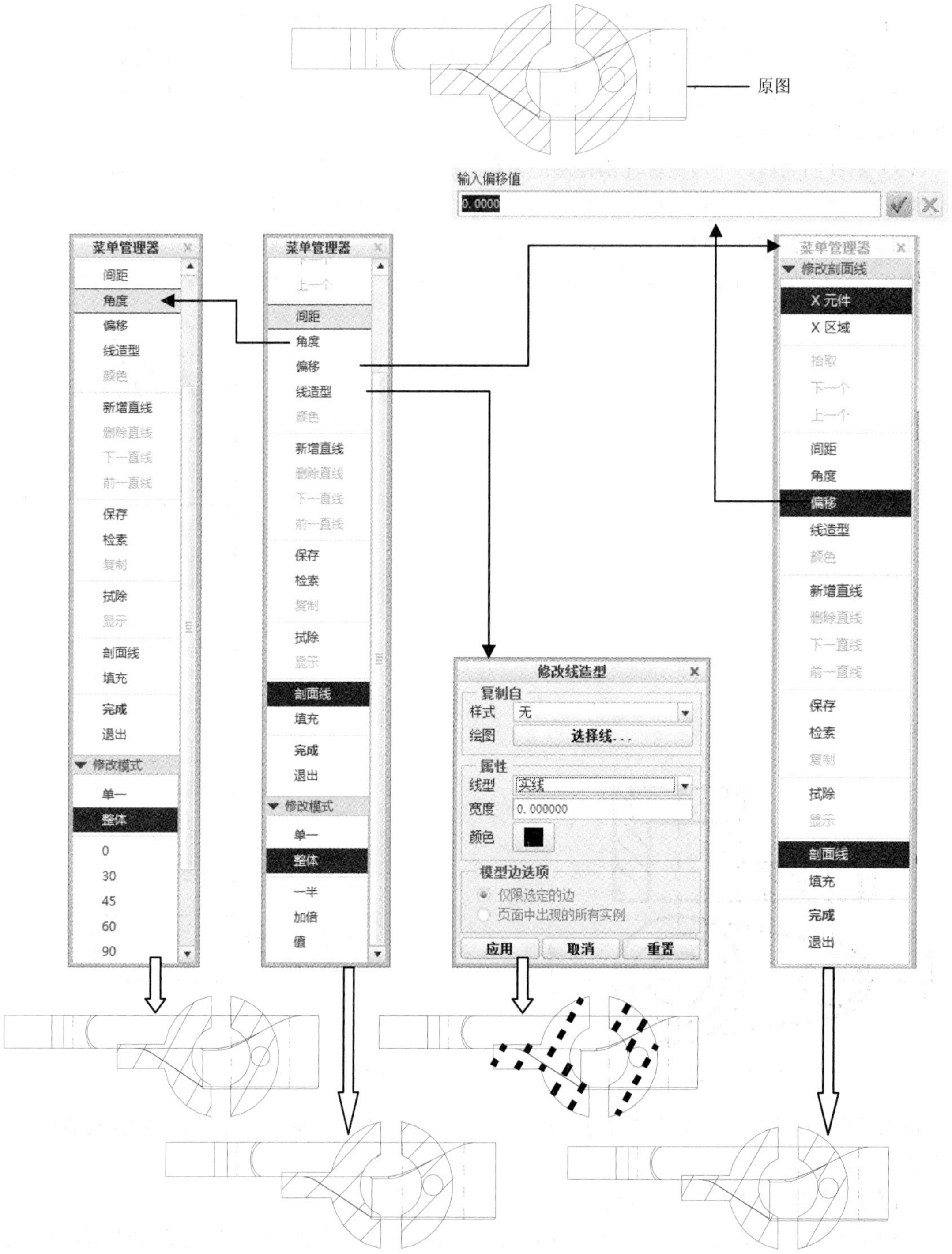

图 2-59　设置剖面线属性

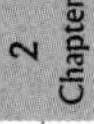

1）角度。修改单一或整体剖面线倾斜角度，可以选择多种数值，或者通过“值”方式输入。

2）偏移。输入剖面线相对于起始位置的偏移距离。

3）线造型。选择该选项，弹出“修改线造型”对话框，如图 2-60 所示，可以选取剖面线线条，然后更改线型、宽度和颜色。

（2）剖面线增删处理，如图 2-58 所示。

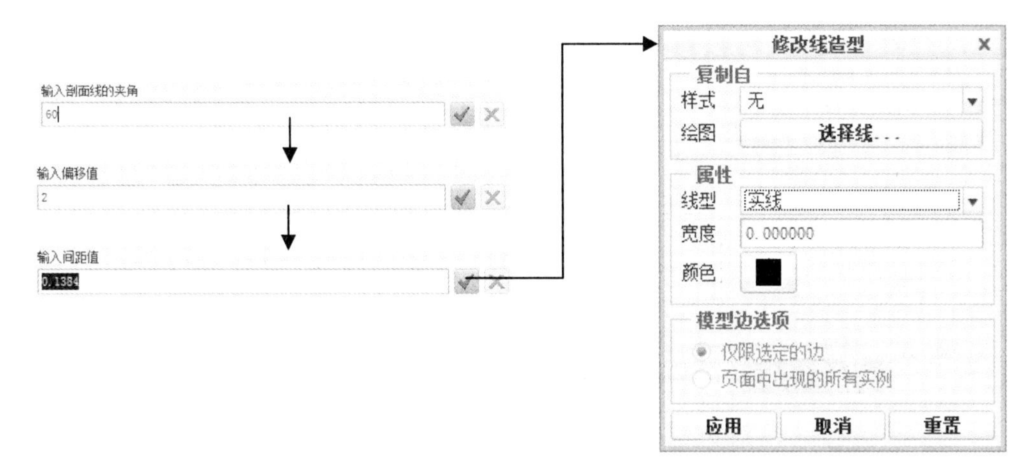

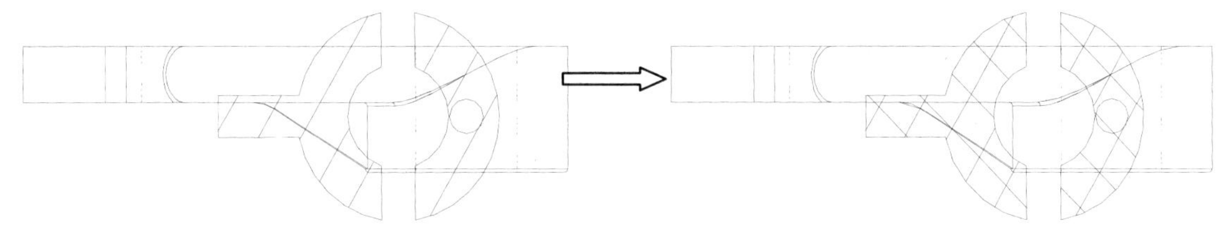

图 2-60　剖面线增删处理

如果没有建立新的剖面线，则以下选项不能使用。

1）新增直线。选择该选项后，系统要求依次输入剖面线夹角、偏移值和间距值，并最后要求用户选择线体，最终应用并确定即可。

2）删除直线。选择该选项后，可以直接选择剖面线即可删除。

3）下一直线。当建立的剖面线很多时，将相对当前剖面线而选择下一个剖面线。

4）前一直线。当建立的剖面线很多时，将相对当前剖面线而选择前一个剖面线。

（3）剖面线类型处理，如图 2-61 所示。

1）保存。选择该选项，则可以将当前所建立的剖面线保存起来。

2）检索。选择该选项，则可以查找所适用的剖面线类型。

3）复制。在所选定的类型间复制。

（4）填充设置，如图 2-62 所示。如果选择“剖面线”选项，则进行剖面线剖切；如果选择“填充”选项，则将整个剖面填充为实心区域。

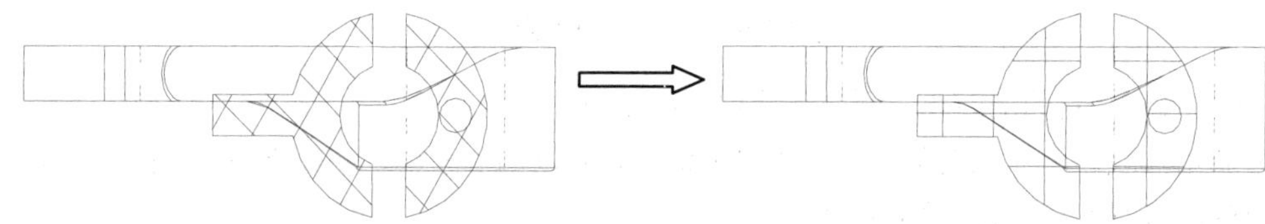

图 2-61　剖面线类型处理

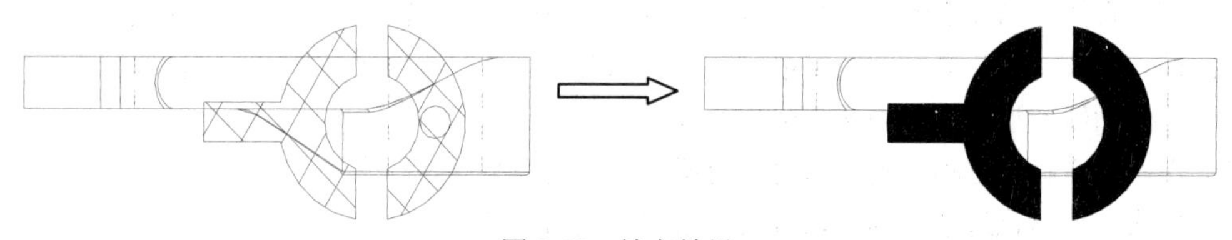

图 2-62　填充效果

4. 视图显示设置

在 Creo Parametric 工程图模块中，可以对所有视图进行统一显示设置，也可以单独对单个视图显示进行更改。最常见的方式是通过按钮进行，包括线框、隐藏线、无隐藏线和着色共 4 种显示；通过按钮控制视图中基准平面、基准轴、基准点和基准坐标系的显示。另外，可以通过“绘图视图”对话框中“视图显示”选项设置单个视图的显示状态，如图 2-63 所示。双击要修改的视图并修改即可。

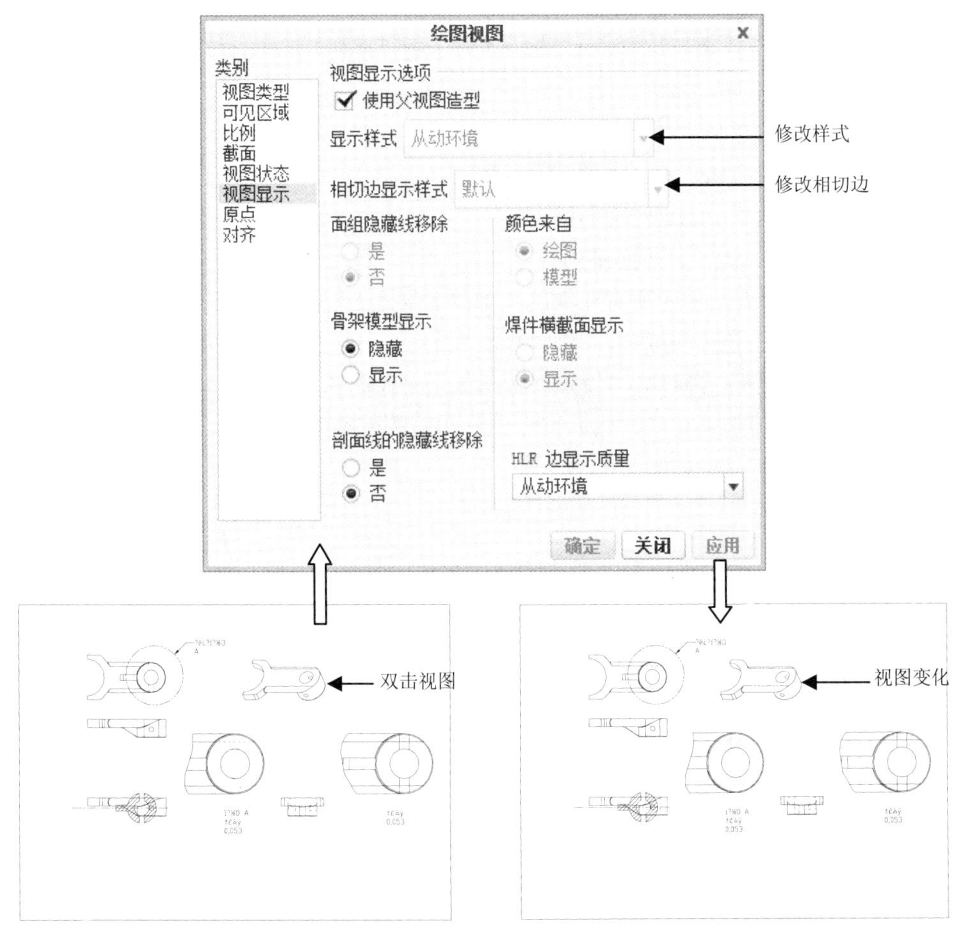

图 2-63　单个视图线条设置

2.5　图层与页面

在 Creo Parametric 的工程图处理过程中，可以采用一些效率工具，如图层与页面。其中，图层可以将某些对象统一放置在一个层中，这样可以进行隐藏等处理；页面则可以实现多个页面绘图，方便了一个绘图文件中多张图幅的查阅。

2.5.1 图层的应用

Creo Parametric 提供了层设置与操作。通过层操作，可以将同一类型的几何对象定义到同一层中，这样就可以对这些对象同时进行操作，比如显示、隐藏等操作。

Creo Parametric 对层进行了功能改进，采用了“层树”方式。在模型树导航窗口中依次单击“显示”→“层树”菜单命令，系统将显示如图 2-64 所示的“层树”。

层树中的图层类型不同，显示的符号也将不同，主要包括以下几种：

（1）简单层：将项目手动添加到层中。

（2）默认层：使用 def_layer 配置选项创建的层。

（3）规则层：主要由规则定义的层。

（4）嵌套层：主要包含其他层的层。

（5）同名层：含有组件中所有元件的全部同名层。

在这个导航器中有 3 个选项按钮，其中“显示”按钮用来控制层树的显示状态；“层”按钮用来控制图层的创建、删除等操作；“设置”按钮用来控制图层配置文件。

下面分别介绍各按钮选项功能，然后重点讲解几项常用操作。

（1）显示。“显示”菜单如图 2-65 所示。

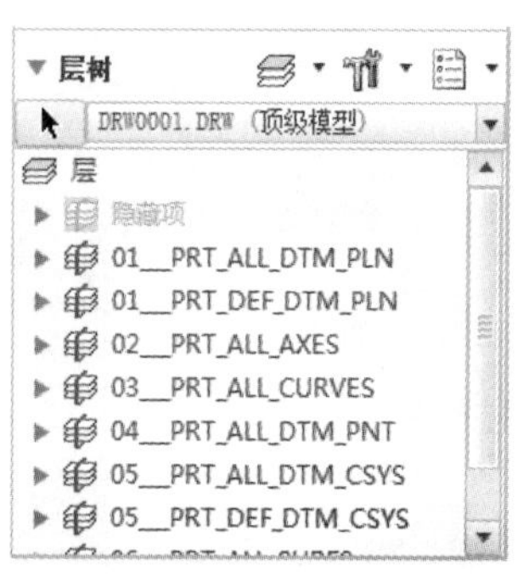

图 2-64　层树

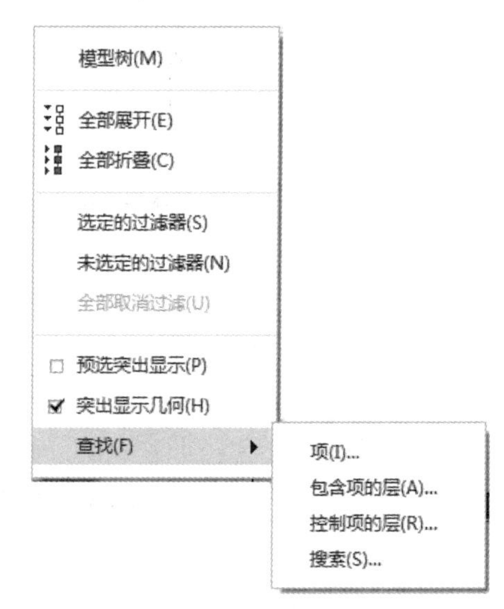

图 2-65　“显示”菜单

各命令功能如下：

1）模型树：恢复到模型树显示状态。

2）全部展开：将所有子层树展开显示。

3）全部折叠：将所有图层收缩，只显示最高层图层。

4）选定的过滤器：只显示满足选定条件的图层。

5）未选定的过滤器：只显示不满足选定条件的图层。

6）全部取消过滤。

7）预选突出显示：选中该选项，预先选定的对象将加亮显示；否则不加亮显示。

8）突出显示几何：当在层树中被选中时，将在图形窗口加亮显示图层上的所有对象；否则不加亮。

9）查找：该子菜单如图 2-65 所示。当选择前 3 个选项时，都显示如图 2-66 所示的菜单管理器，从中可以按照类型进行查找或选择。当选中某个对象后，将显示相应的选取菜单，从中选择相应对象即可。如果选择“搜索”选项，将显示如图 2-67 所示的“搜索”对话框。从中可以选择过滤类型和相应值，然后作为条件添加到列表中，通过布尔运算方式进行查找，从而得到最终结果，相应层树将展开显示。

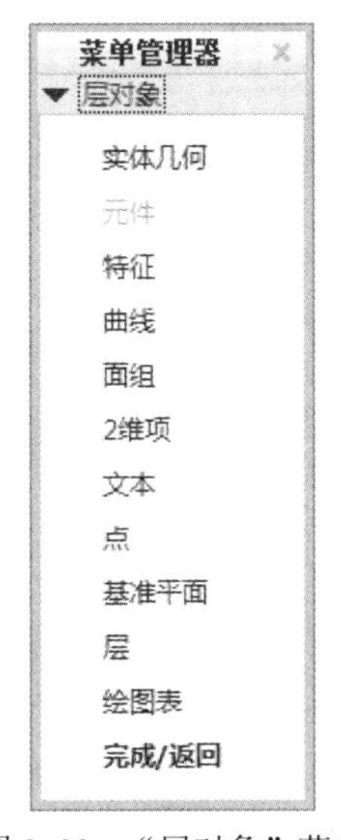

图 2-66　“层对象”菜单

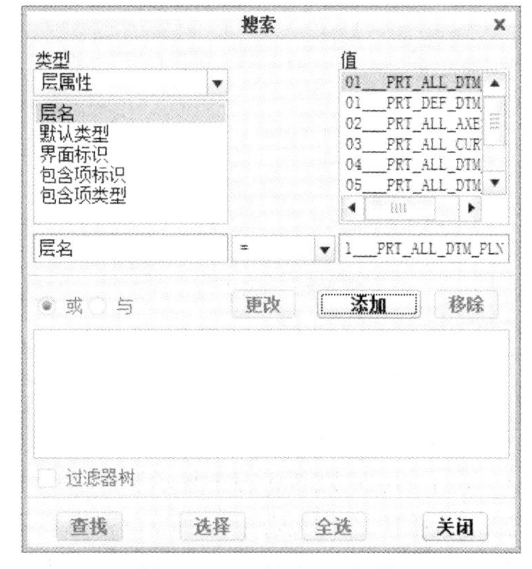

图 2-67　“搜索”对话框

（2）层。“层”菜单如图 2-68 所示。

各命令功能如下：

1）新建层：建立新层。

2）重命名：对层重新命名。

3）层属性：显示“层属性”对话框，从而决定相应的规则内容。

4）延伸规则：将层属性进一步扩展。

5）删除层：将选定的层删除。

6）移除项/所有项：去掉部分/全部选择项目。

7）层信息：显示包含相关信息的信息窗口。

（3）设置。“设置”菜单如图 2-69 所示。

图 2-68 “层”菜单

图 2-69 “设置”菜单

各命令功能如下：

1）显示的层：默认状态下显示层。不选中则不显示。

2）隐藏的层：如果选中，则被设置为隐藏属性的图层将显示在层树中；否则不显示。

3）孤立层：如果选中，则孤立的图层将显示在层树中；否则不显示。

4）下面 4 个选项为“组件”模式下的选项，在此不作讲解。

5）层项：如果选中，则只显示图层而不显示层所包含的对象。

6）嵌套层上的项：如果选中，则只显示嵌套图层，而不显示该层所包含的对象。

如果选择“设置文件”命令，则可以打开、编辑配置文件。在此不再赘述。

2. 默认层

在 Creo Parametric 中，用户可以为所有新建的对象创建默认层。创建的项目会自动放入预定义的默认层中。配置文件选项 def_layer item-type layername 可以用于创建默认层并自动将一个项目类型加入到默认层中。def_layer 是一个配置文件选项。该选项可以多次使用以满足对象中需要的多个默认层的要求。item-type 值用于指定包含在默认层中的项目类型，layername 值是要创建的层的名称。表 2-2 列出了一部分可以用作 item-type 的项目名称。

表 2-2　层内包含的项目名称

项目名称	包含的项目
FEATURE	所有特征
AXIS	基准轴和装饰线
GEOM_FEAT	几何特征
DATUM_PLANE	基准平面
CSYS	坐标系
DIM	标注
GTOL	几何公差
POINT	基准点
NOTE	绘图注释

3. 层的创建与编辑

（1）新建/删除层。

执行以下步骤创建新层：

1）在导航器窗口中，选择“显示”→“层树”菜单命令。

2）在导航器窗口中，选择“层”→“新建层”菜单命令，系统弹出如图 2-70 所示的对话框。

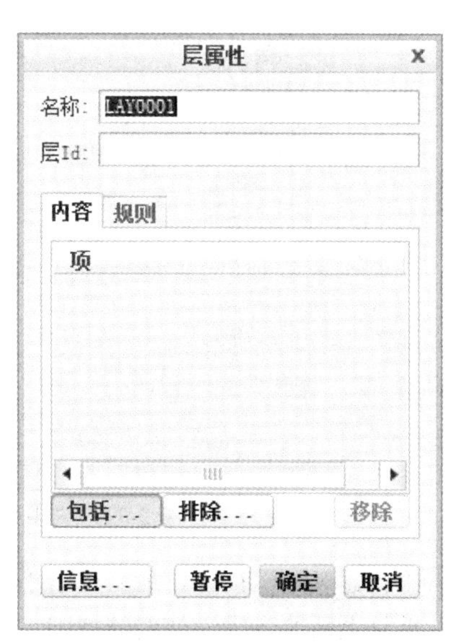

图 2-70　“层属性”对话框

3）在“层属性”对话框中输入新建层的名称。

4）单击“包括”按钮，然后在图形窗口中选择需要的对象，它们将显示在列表中。

5）单击“确定”按钮，创建新层。

此时层树将显示相关层。

对于图 2-70 来说，还有几个选项需要说明：

1）层 Id：输入图层的编号，当转换输出到不同的文件格式时，可作为图层的辨识。

2）“规则”选项卡：设置自动加入该图层的条件限制，请参照下一小节。

如果要删除已经存在的图层，则先选择要删除的图层名称，选择“层”→“删除层”菜单命令，随即出现确认窗口，然后单击“是”按钮。

（2）加入图层规则。

要将特征加入某个图层中，除了利用上一节自行选取的方法外，还可以在图层属性窗口中设置一些规则条件，使符合条件的特征自动分类。对于有多个特征的零件来说，可以省去很多图层分类时间。

设置图层规则的操作方法如下：

1）在层树窗口选择要设置规则的图层，右击并在弹出的快捷菜单中选择“层属性”命令。

2）在弹出的“层属性”对话框中选择“规则”选项卡，如图 2-71 所示，接着单击“编辑规则”按钮。

3）弹出“规则编辑器”对话框，如图 2-72 所示。选择“规则”区域中的规则，接着在“比较”下拉列表框中选择运算准则，在“值”下拉列表框中选择或者输入具体值。

图 2-71 “规则”选项卡

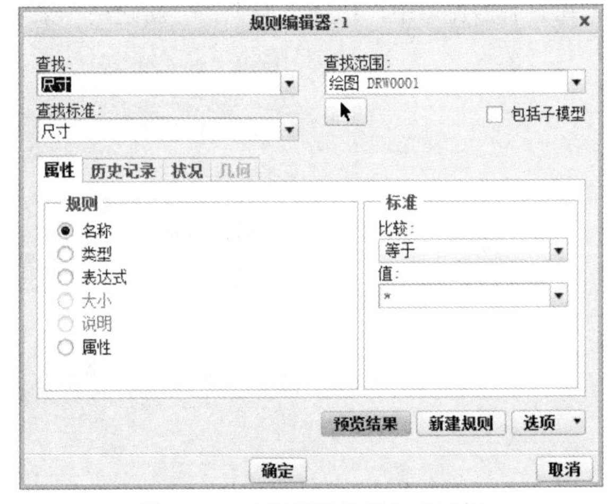

图 2-72 “规则编辑器”对话框

4）设置好一个规则后，单击“新建规则”按钮，最后单击“确定”按钮。

5）回到“层属性”对话框，重复上面的步骤添加新的规则。

6）最后单击“层属性”对话框中的“确定”按钮。

满足条件的特征将自动添加到图层中。

如果想要将某些特征从图层中排除，则在“层属性”对话框中选择“内容”选项卡，接着单击“排除”按钮，然后在该特征项目上单击鼠标左键（被排除的特征，其状态区会出现▬符号）。

（3）图层的显示与隐藏。

不同的图层可以分别设置显示或隐藏。一般而言，图层的隐藏是针对没有质量或体积的特征而言的，如基准特征或曲面特征，隐藏图层并不会影响实体特征的几何外观。

虽然实体特征不能使用图层来控制使其隐藏，但是可以将其放在同一图层内，再针对该图层执行隐藏及恢复命令，来控制图层内的特征隐藏或显示。

具体隐藏步骤如下：

在层树上选择要隐藏的特征并右击，系统弹出如图 2-73 所示的快捷菜单，从中选择“隐藏”命令即可。此时“取消隐藏”命令将可用。如果要重新显示图层，选择该命令即可。

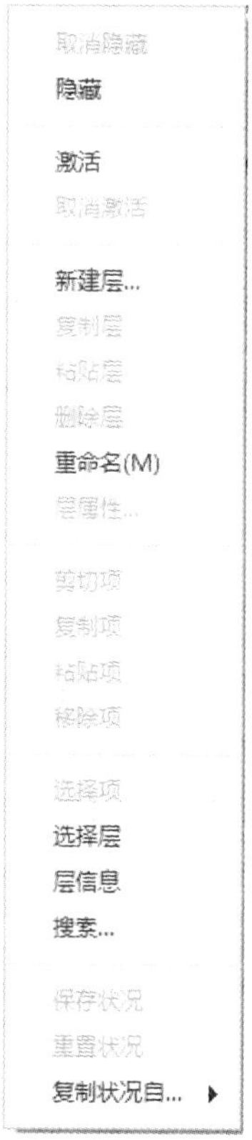

取消隐藏
隐藏
激活
取消激活
新建层...
复制层
粘贴层
删除层
重命名(M)
层属性...
剪切项
复制项
粘贴项
移除项
选择项
选择层
层信息
搜索...
保存状况
重置状况
复制状况自...

图 2-73　快捷菜单

2.5.2　页面处理

当一个工程图需要表达多种目的时，可以采用多页面处理方式，例如将电气图与结构图分开等。

单击“文档”操控板中“新页面”按钮，将插入一个新的空白页面，在其中就可以进行常规操作了。如果单击“插入”操控板中“对象”按钮，可以插入一个已有的工程图文件，并自动放置在工程图最后的页面上。

如果要进行页面切换，在图形窗口最下方的页面名称上单击即可。

3

Creo Parametric 工程图及创建

对于工程图类型而言，我们已经在上一章中有所说明。实际上，在绘制的过程中，很可能是多种视图类型混合在一起使用，例如，全视图与剖视图结合、建立全剖视图等。这些要根据用户的实际需要而定。

本章将结合实例，详细介绍多种视图的创建过程。最后引入装配体工程图的生成，使读者对工程图有一个全面的认识。

3.1 创建视图的两种方法

创建视图时应该按照视图放置的基本原则和步骤进行。一般先放置主视图，把最能反映零件形状结构特征的方向确定为主视图的投影方向，并尽量与其工作位置或加工位置保持一致。主视图确定后，根据零件内、外形状结构的复杂程度来决定其他视图的数量及剖面位置，尽量做到“少而精”。

在 Creo Parametric 中，建立视图的方式比较灵活。常规视图可以采用多个标准方向，包括轴测视图。在绘制过程中，可以建立多个投影方向不同的常规视图，然后采用对齐操作将它们对齐即可。也可以采用系统提供的如投影等专门的操作来建立标准视图。本节将结合一个实例来分析通过常规视图建立三视图和通过投影方式建立三视图的区别。读者可以从中深刻体会，以便能够建立后面的其他类型视图。

3.1.1 通过专门视图工具创建三视图

正如上一章所说，在 Creo Parametric 中，创建视图的工具包括常规、投影、详细等。本小节将采用常规和投影两个工具建立三视图。

具体操作方法如下：

（1）打开模型文件。

依次选择主菜单栏中的“文件”→“打开”命令，打开本书源文件\CH03\3-1.prt，如图 3-1 所示。

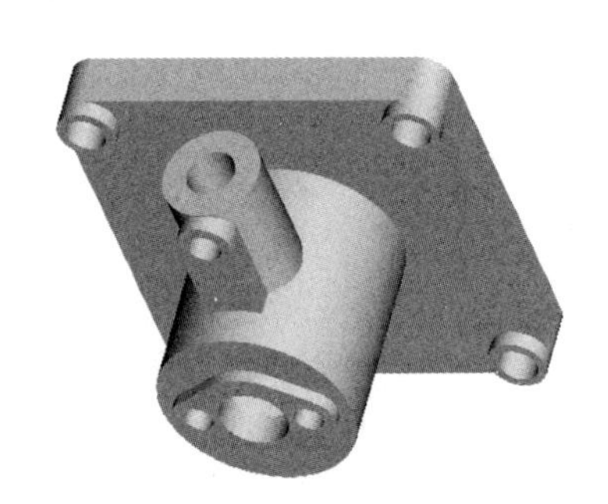

图 3-1 零件模型图

（2）创建工程图文件，如图 3-2 所示。

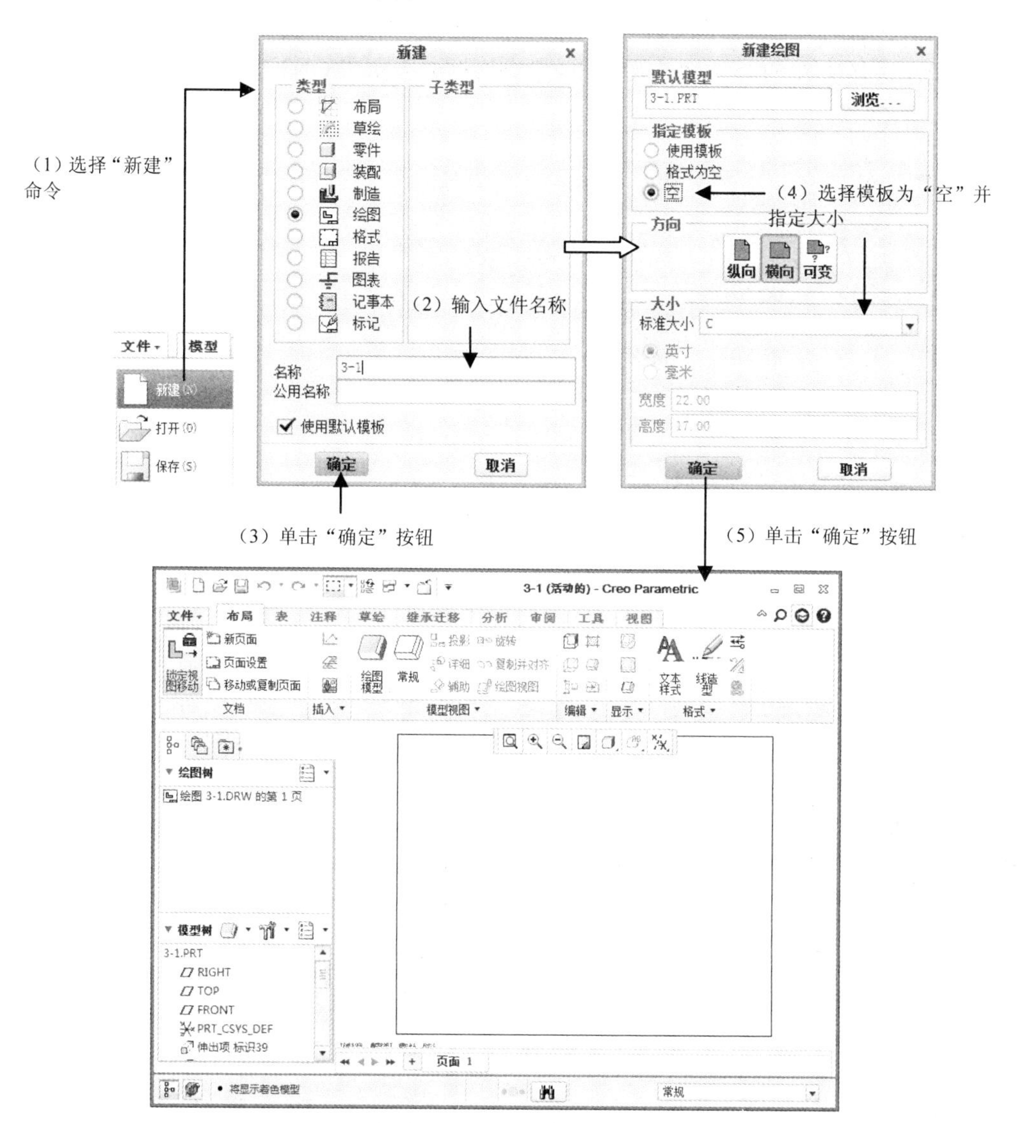

图 3-2　进入工程图环境

1）依次选择主菜单栏中的“文件”→“新建”命令，建立新文件。系统弹出“新建”对话框。在“类型”栏选中“绘图”单选按钮，在“名称”文本框输入文件名“3-1”。

2）单击 确定 按钮，系统弹出“新建绘图”对话框，并在“默认模型”输入框自动选定当前打开的模型“3-1.prt”，在“指定模板”栏选中“空”单选按钮，在图纸“标准大小”栏选择“A4”幅面。

3）单击 确定 按钮，进入工程图模块，并在标题栏中显示当前绘图文件为“3-1”。

（3）按照上一章讲解的内容，将工程图投影设置为第一视角，不再赘述。

（4）创建主视图，如图 3-3 所示。单击“模型视图”操控板中的“常规”按钮，系统提示选择绘图视图的放置中心点。单击图纸左上部位任意点为主视图放置中心点，系统弹出“绘图视图”对话框，提示选择视图方向。在“模型视图名”列表框中选择 FRONT 方向（即前视图），单击确定按钮即可。

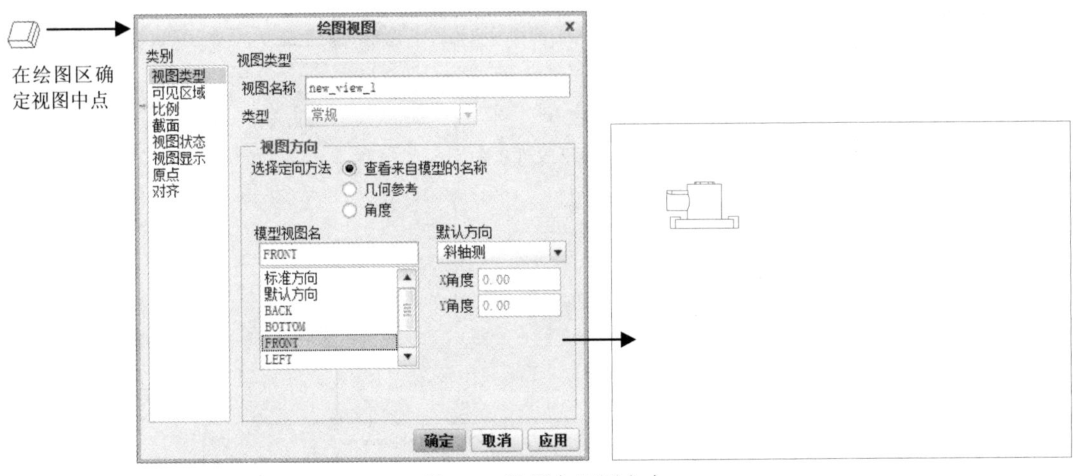

图 3-3　设置主视图方向

（5）创建左视图，如图 3-4 所示。单击“模型视图”操控板中的“投影”按钮，系统提示选择绘图视图的放置中心点，拖动鼠标方框，在主视图的右侧选择左视图放置中心点并单击即可。

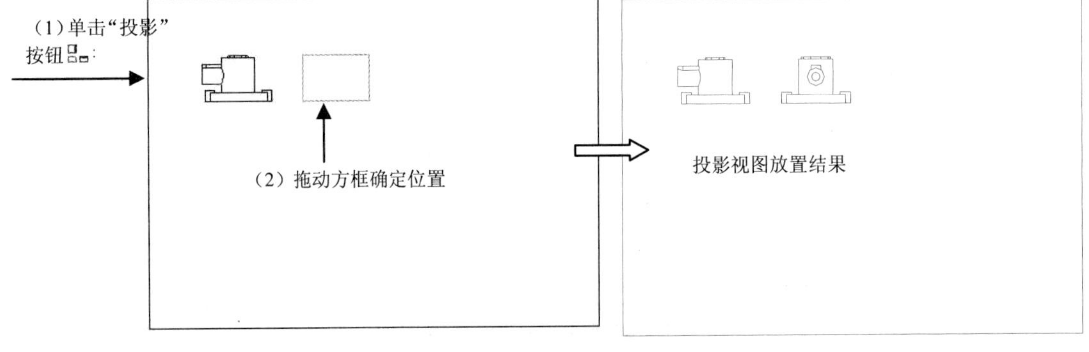

图 3-4　建立左视图

（6）创建俯视图。选择如图 3-4 所示的主视图为投影父视图。重复步骤（5），在主视图下方选择俯视图放置中心点并单击。

（7）创建等轴测视图。单击“模型视图”操控板中的“常规”按钮，系统提示选择绘图视图的放置中心点，选择图纸的右下角点为轴测视图放置中心点并单击，系统弹出“绘图视图”对话框，在“模型视图名”列表框中选择“标准方向”，单击确定按钮，结果如图 3-5 所示。

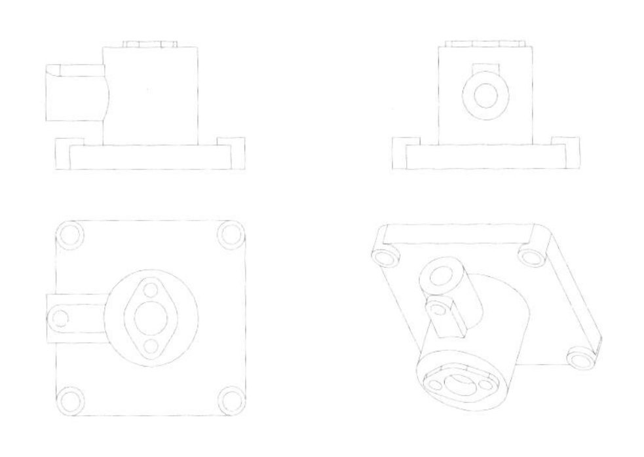

图 3-5 产生等轴测视图

（8）依次选择主菜单栏中的“文件”→“保存”命令保存文件。

在 Creo Parametric 工程制图中，很多线条是不必要的。例如，在图 3-5 中，等轴测视图中圆角相切线就是如此，所以经常需要将它们隐藏起来。为此，可遵循下列步骤进行：

（1）双击图 3-5 所示的等轴测视图，系统弹出“绘图视图”对话框。

（2）在“类别”栏选择“视图显示”选项，在“相切边显示样式”下拉列表框中选择“无”类型，单击 确定 按钮，结果如图 3-6 所示，圆角相切边被隐藏。

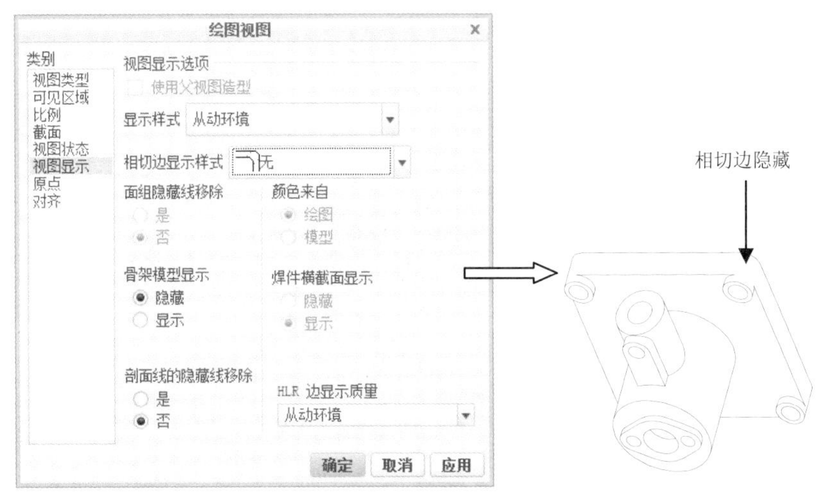

图 3-6 不显示相切边结果

3.1.2 通过常规视图工具创建三视图

实际上，从上面的操作中可以感觉到，所有的视图都可以通过“绘图视图”对话框来完成。由于所放置的常规视图位置不确定，工程制图中各视图的相互位置必须符合长对正、高平齐、宽相等的基本原则，所以必须进行对齐操作。

具体操作过程如下：

（1）参照上一节插入常规视图的步骤，建立主视图、俯视图、左视图和等轴测视图。它们的操作区别只在于在“绘图视图”对话框中选择视图方向不同而已，结果如图 3-7 所示。

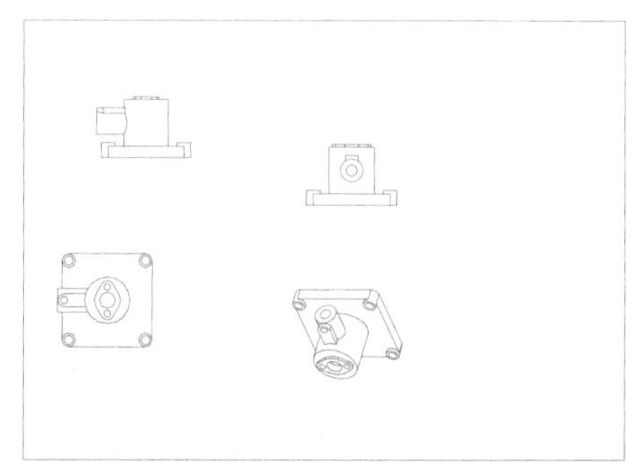

图 3-7　插入位置各异的多个标准视图

（2）将主视图与俯视图对齐，如图 3-8 所示。

双击等轴测视图，系统弹出“绘图视图”对话框，在“类别”栏选择“对齐”选项，在“视图对齐选项”栏选中“将此视图与其他视图对齐”复选框，选中“竖直”单选按钮，单击左视图，然后单击 确定 按钮，主视图与俯视图在垂直方向被对齐。

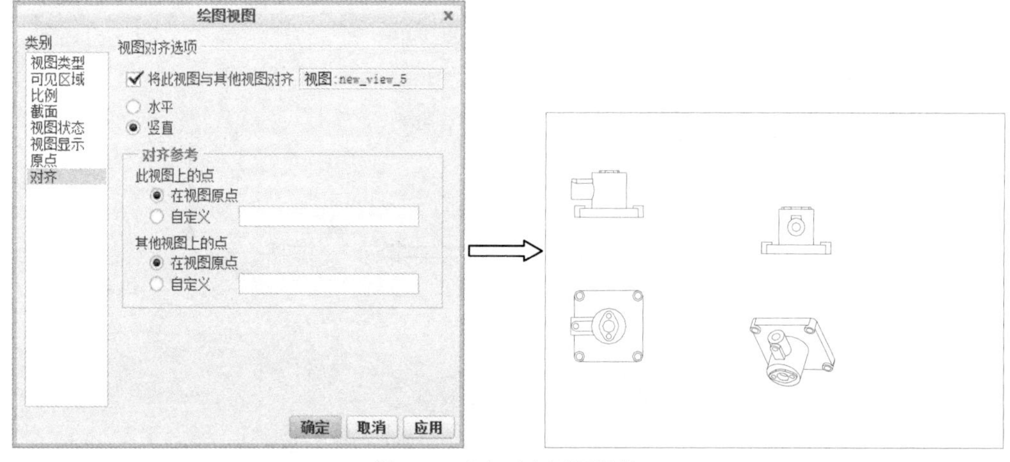

图 3-8　垂直对齐视图操作

（3）将主视图与左视图对齐。

双击主视图，系统弹出“绘图视图”对话框，在“类别”栏选择“对齐”选项，在“视图对齐选项”栏选中“将此视图与其他视图对齐”复选框，选中“水平”单选按钮，单击左视图，然后单击 确定 按钮，结果主视图与左视图在水平方向被对齐，如图 3-9 所示。

一旦视图对齐后，在对齐方向上就无法移动了。对于其他类型的视图而言，只要没有确定对齐父子关系的，都可以参照这个方法进行。

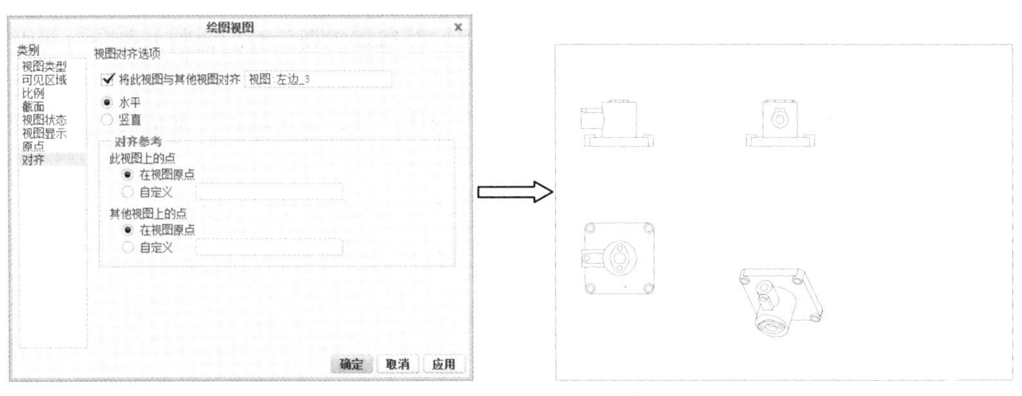

图 3-9 水平对齐视图操作

3.2 创建非剖视图

对于部分工程图来说，不需要剖切就可以实现表达目的，本节就介绍这几种视图，包括详细视图、辅助视图、半视图和局部视图。另外还介绍一种复制并对齐视图。

3.2.1 创建详细视图

详细视图即局部放大图，它可以用大于原图形所采用的比例把物体上某些细小结构表达清楚，以便尺寸标注。局部放大图可表达成视图、剖视图、断面图等，它与被放大部分的表达方式无关。在绘制详细视图的过程中，必须注意的是比例关系。

在 Creo Parametric 中，创建详图视图的具体方法如下：

（1）依次打开本书源文件\CH03\3-5.prt 和\CH03\3-5.drw。

（2）放置详细视图，如图 3-10 所示。

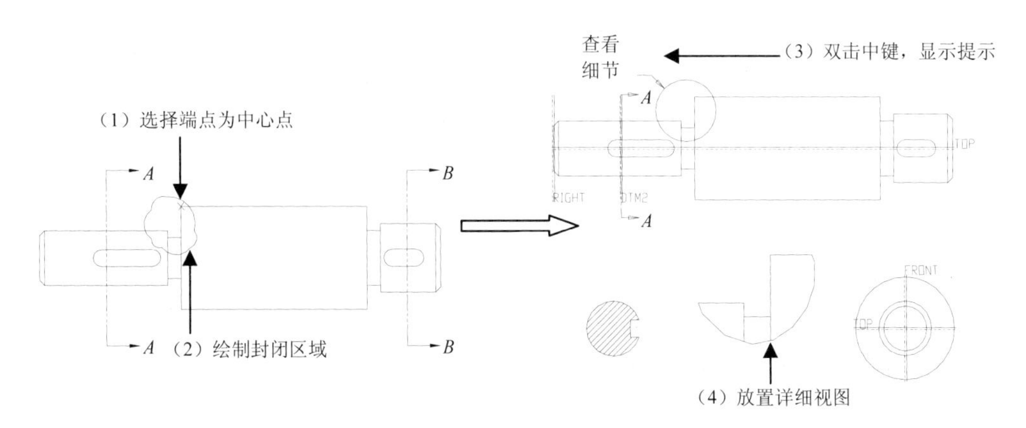

图 3-10 产生局部放大图

1）单击“模型视图”操控板中的“详细”按钮，系统提示在现有的视图上选择局部放大图的中心点，选择切槽边线端点为放大中心点。

2）系统提示绘制局部放大区域，围绕中心点绘制封闭区域，双击鼠标中键结束，产生局部放大注释。

3）系统继续提示选择局部放大图的放置中心点，选择主视图中下部任意点并单击，完成视图放置。

（3）对局部视图进行修改，如图 3-11 所示。

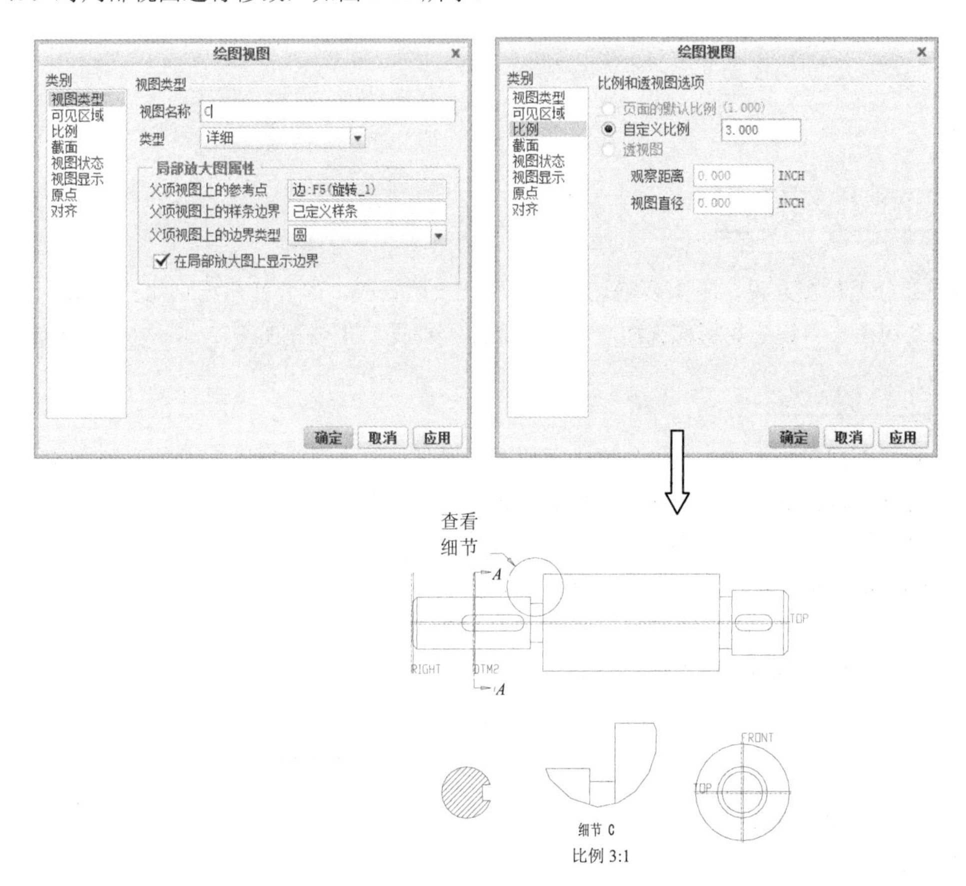

图 3-11 修改局部放大图注释

1）双击局部放大图，系统弹出“绘图视图”对话框。

2）在“视图名称”文本框中输入“C”，修改视图名称。

3）选择“类别”栏中的“比例”选项，设置想要的放大比例为 3。

4）单击确定按钮。

3.2.2 创建辅助视图

辅助视图即向视图，或称斜视图，它是可以自由配置的基本视图。当零件上某些结构的表面与基本视图成一定的倾斜角度，采用投影视图不能清楚地表达其形状结构时，需要借助向视图来表达。

辅助视图与投影视图不同。投影视图是正投影视图，相对于父视图只能向上、下、左和右 4 个方向垂直投影；而辅助视图则必须相对于父视图上的斜面投影线的法向方向投影，且只能在该方向上移动。

在 Creo Parametric 中，创建辅助视图的具体方法如下：

（1）依次选择主菜单栏中的“文件”→“打开”命令，打开本书源文件\CH03\3-6.prt。

（2）重复以上步骤，打开文件\CH03\3-6.drw，只带有三个基本视图，如图 3-12 所示。

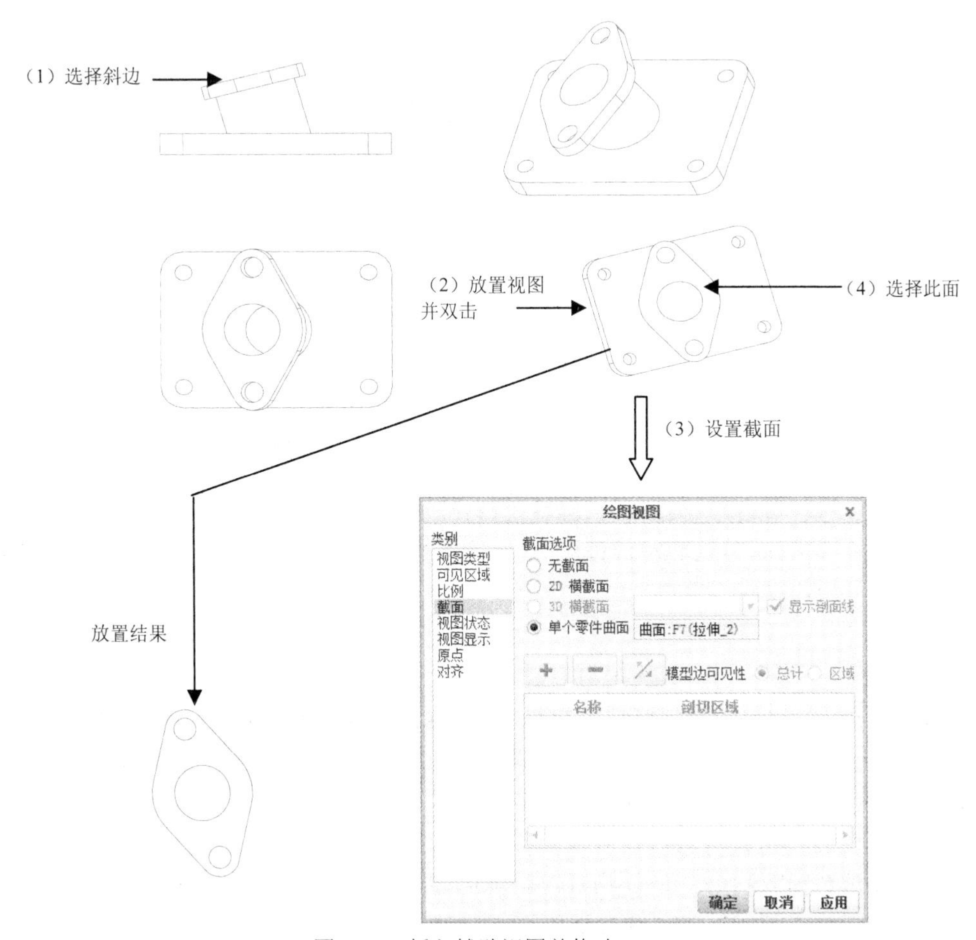

图 3-12　插入辅助视图并修改

（3）放置辅助视图。

单击“模型视图”操控板中的“辅助”按钮，系统提示“在主视图上选取穿过前侧曲面的轴或作为基准曲面的前侧曲面的基准平面”，在主视图上选择顶面边线。

系统提示选择辅助视图的放置点，在俯视图的下方选择放置点，结果如图 3-12 所示。

（4）修改辅助视图。

1）双击辅助视图，系统弹出“绘图视图”对话框。

2）在“类别”栏选择“截面”选项，在“截面选项”栏选中“单个零件曲面”单选按钮，选择辅助视图中要保留的曲面。

3）单击“应用”按钮，显示结果如图 3-12 所示。

4）在“绘图视图”对话框中“类别”栏选择“对齐”选项，如图 3-13 所示，取消“将此视图与其他视图对齐”复选框的勾选，解除辅助视图与主视图的对齐关系，便于后面移动辅助视图到其他合适位置，单击确定按钮。

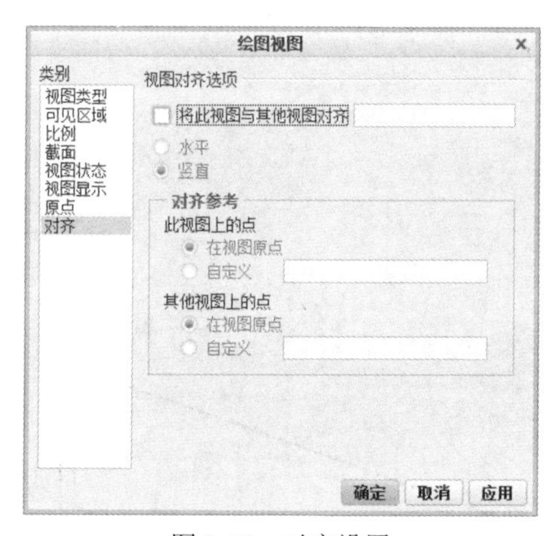

图 3-13　对齐设置

5）选择辅助视图，在将鼠标箭头移动到辅助视图上时出现移动十字光标，将辅助视图移动到等轴测视图下方单击即可。

3.2.3　创建半视图

半视图是相对于全视图而言的。它可以相对于某个平面或者基准面，只显示该面一侧的视图，所以不要错误地理解为单纯的一半视图。当然，这种操作一般用于对称实体的表达。半视图的绘制是通过“绘图视图”对话框完成的。

具体操作方法如下：

（1）打开本书源文件\CH03\3-1.prt，如图 3-1 所示。

（2）打开本书源文件\CH03\3-1.drw。

（3）选择左视图并将其删除。

（4）插入左视图的半视图，如图 3-14 所示。

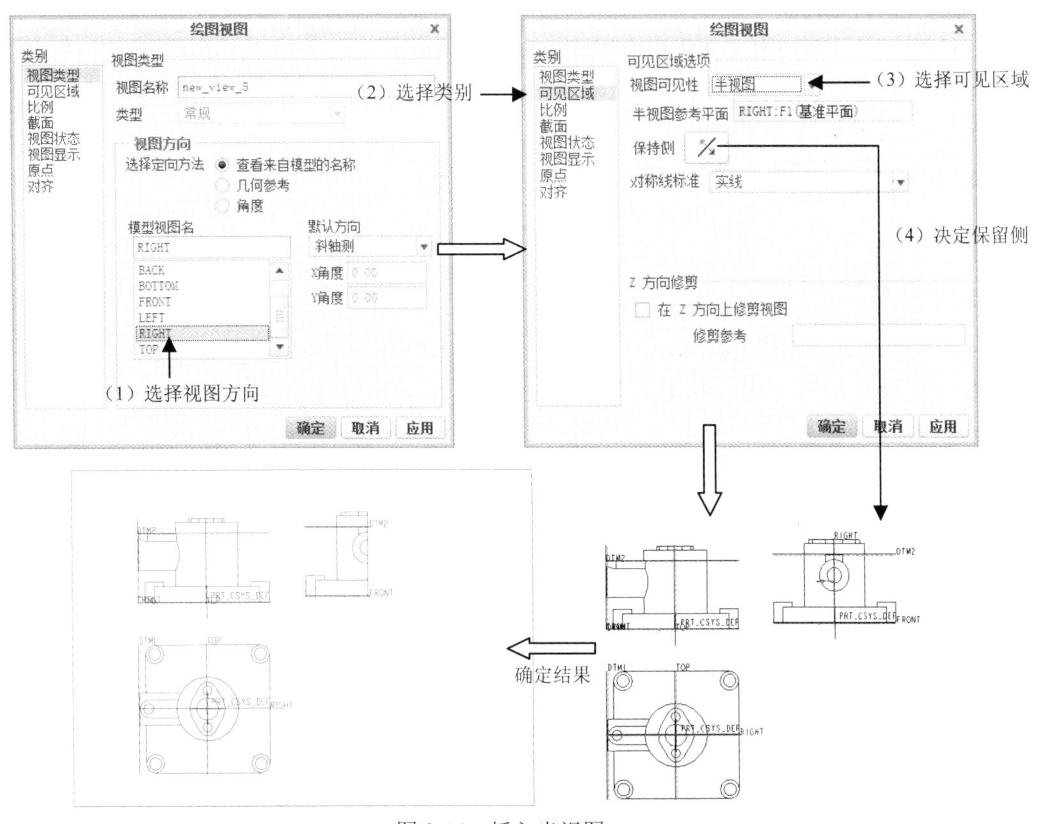

图 3-14　插入半视图

1）单击“模型视图”操控板中的“常规”按钮，系统提示选择绘图视图的放置中心点。单击主视图右上部位任意点为半视图放置中心点，系统弹出“绘图视图”对话框，提示选择视图方向。在“模型视图名”列表框中选择“RIGHT”方向（即左视图）。

2）选择“可见区域”类别，然后在“视图可见性”下拉列表框中选择“半视图”选项。系统提示选择一个参照平面。

3）选择适当平面，在此选择 RIGHT 基准平面，显示红色切割箭头，表示创建方向。此时可以通过单击“保留侧”按钮调整方向。

4）选择“对称线标准”下拉列表框中的对称线类型。

5）单击 确定 按钮，保留箭头指向侧部分，同时箭头消失。

3.2.4　局部视图

局部视图与前面讲解的详细视图很接近，只不过它是在“绘图视图”对话框中完成的。局部视图的表达对象更加多样，它可以表达模型上多个方向的内容，而且没有父视图；而不像详细视图那样，只能相对于父视图而言同向绘制。

具体操作方法如下：

（1）打开本书源文件\CH03\3-1.prt。

（2）打开本书源文件\CH03\3-1.drw。

（3）选择左视图并将其删除。

（4）插入局部视图，如图 3-15 所示。

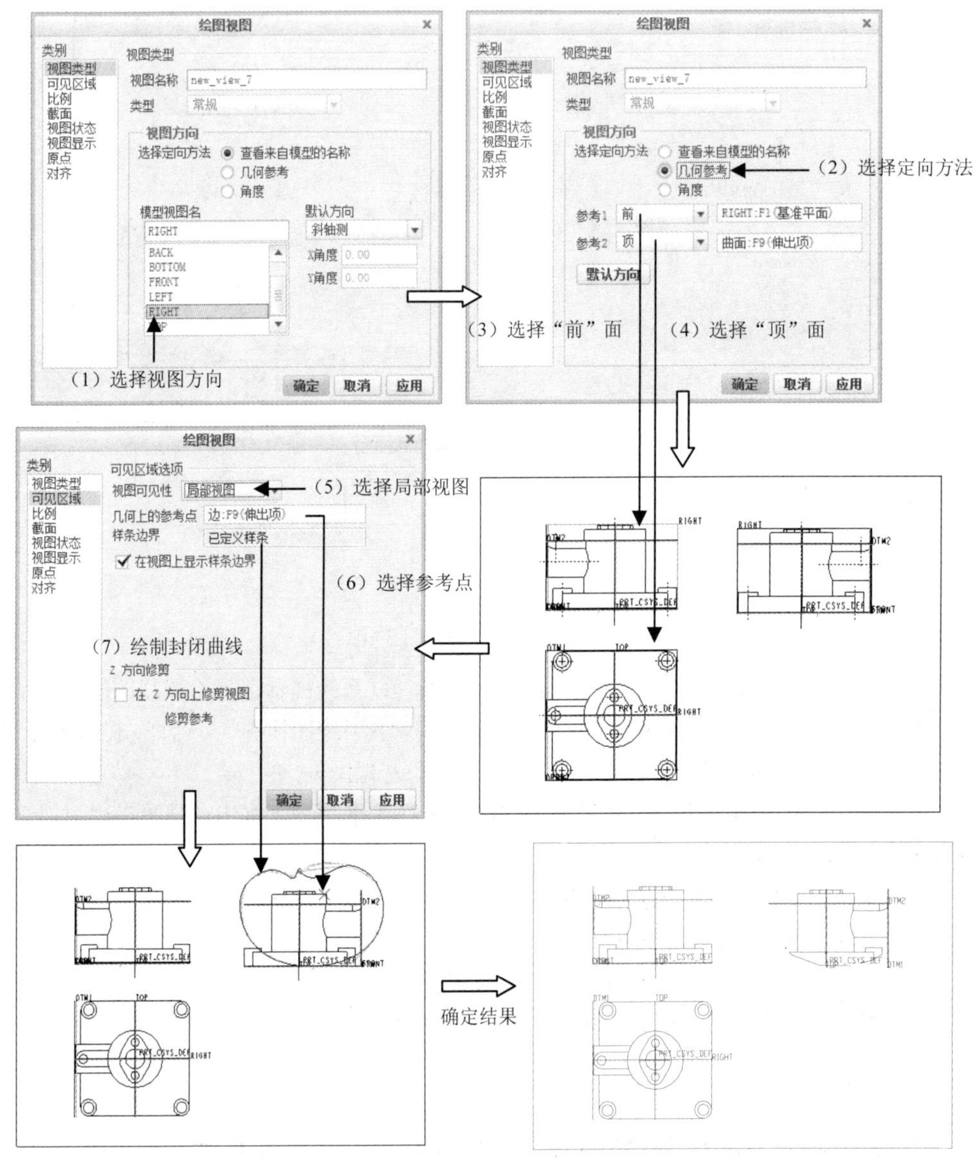

图 3-15　插入局部视图

1）单击“模型视图”操控板中的“常规”按钮，系统提示选择绘图视图的放置中心点。单击主视图右上部任意点为局部视图放置中心点，系统弹出“绘图视图”对话框，提示选择视图方向。在“模型视图名”列表框中选择“RIGHT”方向（即左视图）。

2）选择“几何参照”类型，选择 RIGHT 基准平面为前面，选择模型顶面为顶面。

3）选择“可见区域”类别，然后在“视图可见性”下拉列表框中选择“局部视图”。系统提示选择一个参照点。

4）在常规视图上选择一个图元点，该位置处出现一个红色叉。围绕该叉绘制一个样条曲线作为局部视图轮廓线。单击鼠标中键封闭曲线。

5）单击 确定 按钮，完成局部视图创建。

3.2.5 创建复制并对齐视图

复制并对齐视图的参照对象是局部视图或者局部放大视图，它复制了父视图的属性，可以进一步绘制新的细节，而且相对于原来的视图必须对齐。

仍然采用上面的例子，具体的绘制方法如图 3-16 所示。

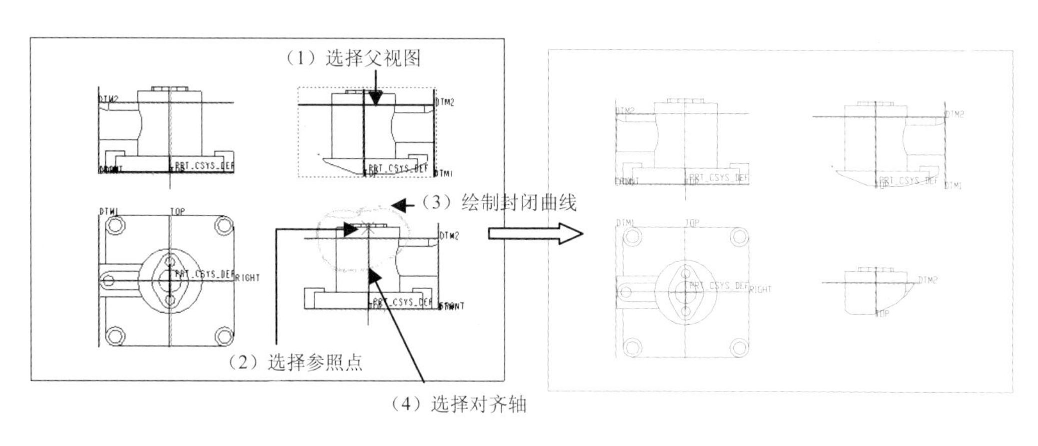

图 3-16 插入复制并对齐视图

（1）单击“模型视图”操控板中的“复制并对齐”按钮，系统要求选择一个与之对齐的部分视图。

（2）选择上面小节建立的局部视图，然后在该视图下方任意点处单击，作为当前视图的中心点。

（3）在当前视图上选择一个点作为详细视图的中心点，该点处出现一个红叉。

（4）围绕该点绘制一个样条曲线，单击鼠标中键封闭该曲线。

（5）选择一条直线或者轴作为对齐父视图的参照，完成对齐操作。

3.3 创建剖视图

为了准确表达零件内部不可见的结构形状，可以假想用剖切面剖开物体，将位于观察者和剖切面之间的部分移去，并将其余部分向投影面投射所得的图形称为剖视图。特别是当物体内部形状较复杂时，剖视图可以清晰地表达物体内部形状。剖视图可分为全剖视图、半剖视图、局部剖视图、旋转剖视图和阶梯剖视图。本节将结合实例分析这些剖视图并修改其剖切方向和剖面线等基本元素。

3.3.1 创建全剖视图

全剖视图是指用假想剖切面将物体完全剖开后所得的剖视图。全剖视图主要用于表达内部形状比较复杂的物体。

在 Creo Parametric 中，创建全剖视图的具体方法如下：

（1）打开本书源文件\CH03\3-1.prt 和\CH03\3-1.drw。

（2）进入零件模式，单击“模型显示”操控板中“管理视图”下的“视图管理器”选项，系统弹出“视图管理器”对话框，选择“横截面”→“选项”→“剖面线”选项，如图 3-17 所示。

（3）单击“视图管理器”中的“新建”按钮，输入截面名称“A”，按 Enter 键，系统弹出“横截面创建”菜单，若横面为平面，则接受默认的“平面”选项；若横面为转折面，则单击“偏距”选项。在此选择“平面”→“单一”→“完成”命令，如图 3-17 所示。

（4）根据系统提示，此时可选取一个参照面，或单击“基准平面”按钮建立一个基准平面，在此选择基准面 RIGHT，即可在模型中看到剖面线，单击“关闭”按钮。

（5）切换工作环境到工程图中，双击主视图，系统弹出“绘图视图”对话框，在“类别”栏选择“截面”选项。在“截面选项”栏选中“2D 横截面”单选按钮，单击增加剖面按钮。在“名称”栏内选择“A”剖面，在“剖切区域”栏内选择剖切种类为“完全”。

（6）单击 确定 按钮，产生全剖视图，如图 3-18 所示。

3.3.2 创建半剖视图

当物体具有对称平面时，在垂直于对称平面的投影面上投影所得的图形，可以对称中心线为分界，一半画成剖视图以表达内形，另一半画成视图以表达外形，称为半剖视图。有时，物体的形状接近于对称，且不对称部分已另有图形表达清楚，也可画成半剖视图。

在 Creo Parametric 中，创建半剖视图的具体方法如下：

（1）选择打开本书源文件\CH03\3-1.prt 和\CH03\3-1.drw。

（2）切换到零件模式，打开“视图管理器”对话框，依次选择“横截面”→“选项”→“剖面线”命令。

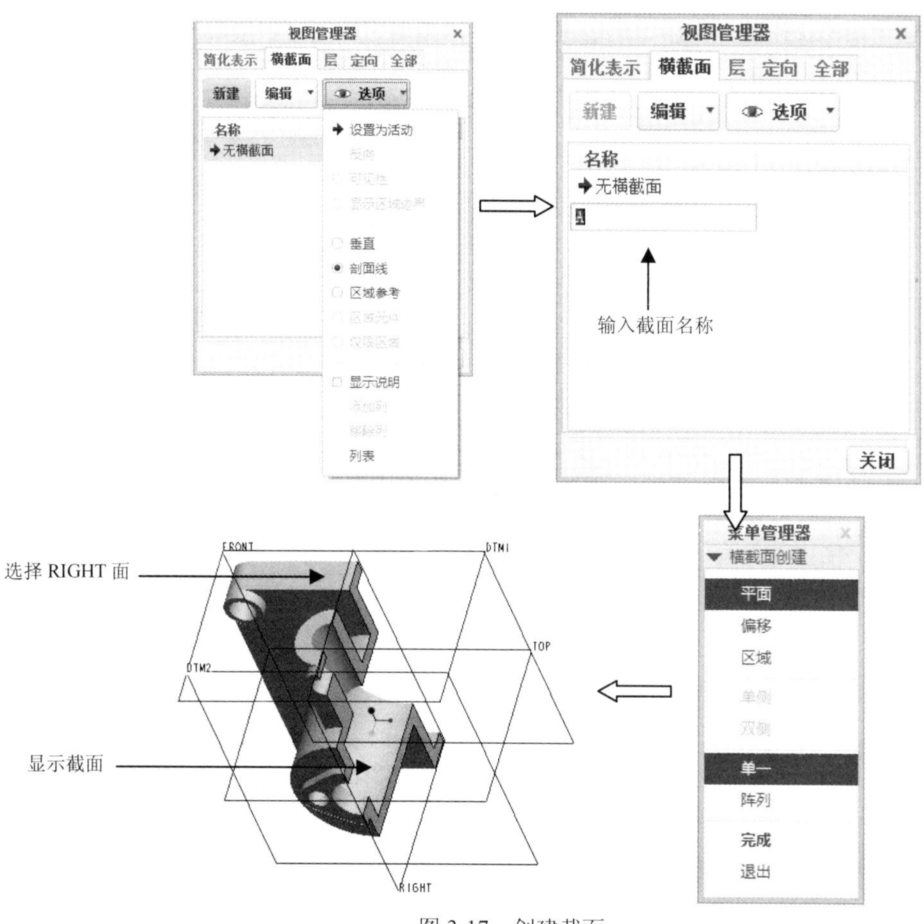

图 3-17　创建截面

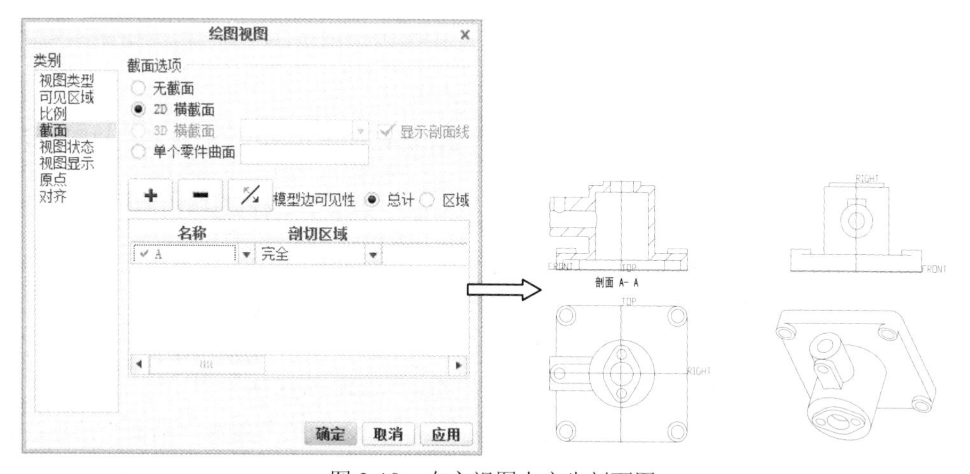

图 3-18　在主视图上产生剖面图

（3）单击“视图管理器”中的“新建”按钮，输入截面名称“B”，按 Enter 键，系统弹出“横截面创建”菜单。在此选择“平面”→“单一”→“完成”菜单命令。

（4）根据系统提示，此时可选取一个参考面，在此选择基准面 TOP，即可在模型中看到剖面线，如图 3-19 所示，单击“完成”命令。

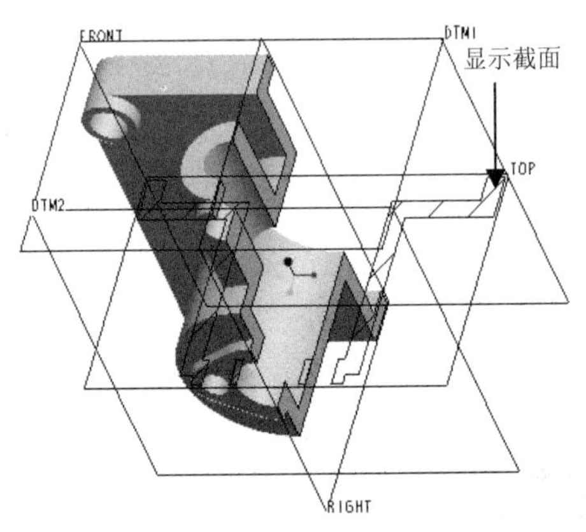

图 3-19　建立截面 B

（5）切换工作环境到工程图中，双击左视图，系统弹出“绘图视图”对话框，在“类别”栏选择“截面”选项，在“截面选项”栏选中“2D 横截面”单选按钮，单击增加剖面按钮[+]。

（6）在“剖切区域”栏选择“一半”选项。系统提示选择半截面参照平面，选择左视图上的基准面 RIGHT。

（7）系统提示选择半截面剖切侧，并以红色箭头显示当前的剖切侧，在左视图基准面 RIGHT 右侧单击，选择右侧为剖切侧。

（8）单击“绘图视图”对话框中的确定按钮，关闭基准面显示，刷新屏幕，结果如图 3-20 所示。

3.3.3　创建局部剖视图

用假想剖切面将物体局部剖开所得的剖视图称为局部剖视图，常用波浪线表示剖切范围。它主要用于以下几种情况：

（1）物体上只有局部的内部结构形状需要表达，而不必画成全剖视图。

（2）物体具有对称面，但不宜采用半剖视图表达内部形状时。

（3）当不对称物体的内、外部形状都需要表达时，常采用局部剖视图。

在 Creo Parametric 中，创建局部剖视图的具体方法如下：

（1）打开本书源文件\CH03\3-2.prt 和\CH03\3-2.drw，如图 3-21 所示。

（2）双击主视图，系统弹出“绘图视图”对话框。在“类别”栏选择“截面”选项，在“截面选项”栏选中“2D 横截面”单选按钮，单击“添加剖面”按钮[+]，系统弹出“横截面创建”菜单管理器。

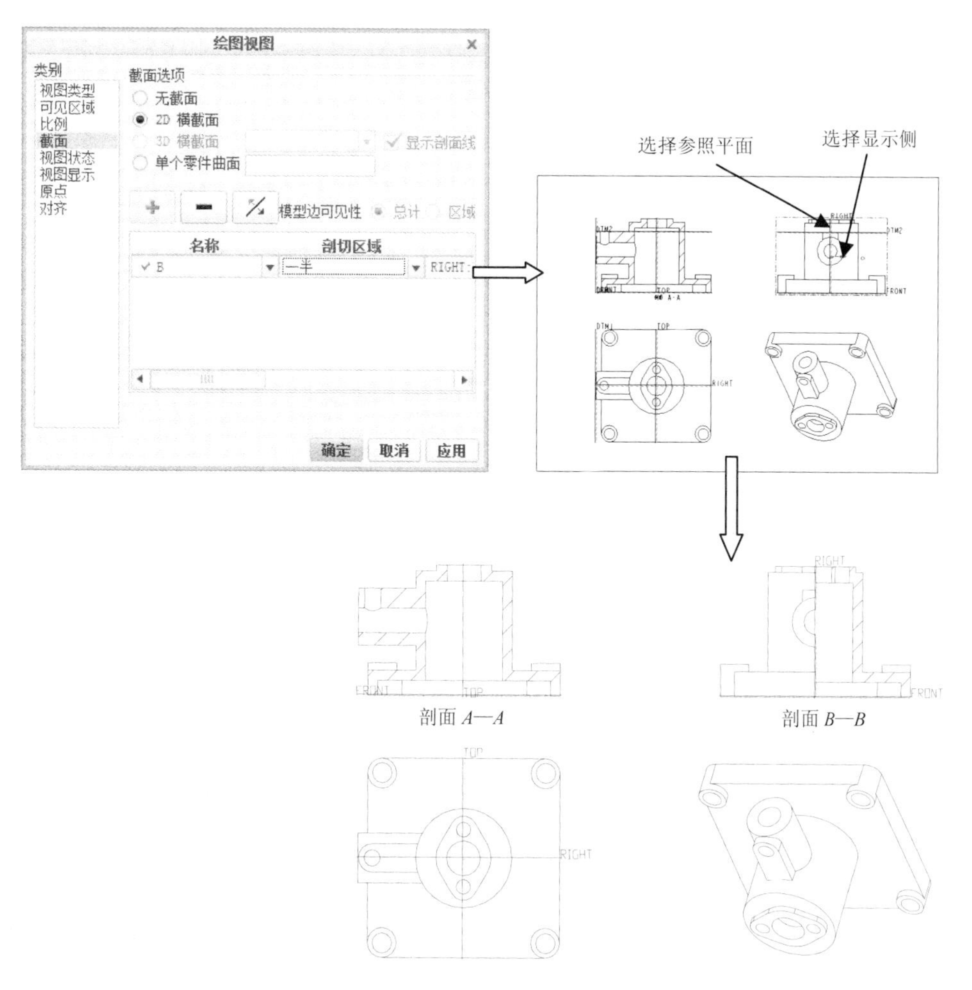

图 3-20 产生半剖视图

（3）依次选择菜单管理器中的“平面”→“单一”→“完成”命令，在提示区输入截面名称“A”，单击“确定”按钮☑。

（4）系统提示选择剖截面平面或基准面，打开基准面显示，刷新屏幕，选择俯视图上的基准面 TOP。

（5）在“绘图视图”对话框中的“剖切区域”栏选择“局部”选项，系统提示选择局部剖面的中心点，在主视图上单击选择中心点。

（6）系统提示绘制局部剖区域，绘制样条曲线区域，双击鼠标中键结束。

（7）单击“绘图视图”对话框中的 确定 按钮，关闭基准面显示，刷新屏幕，结果如图 3-21 所示。

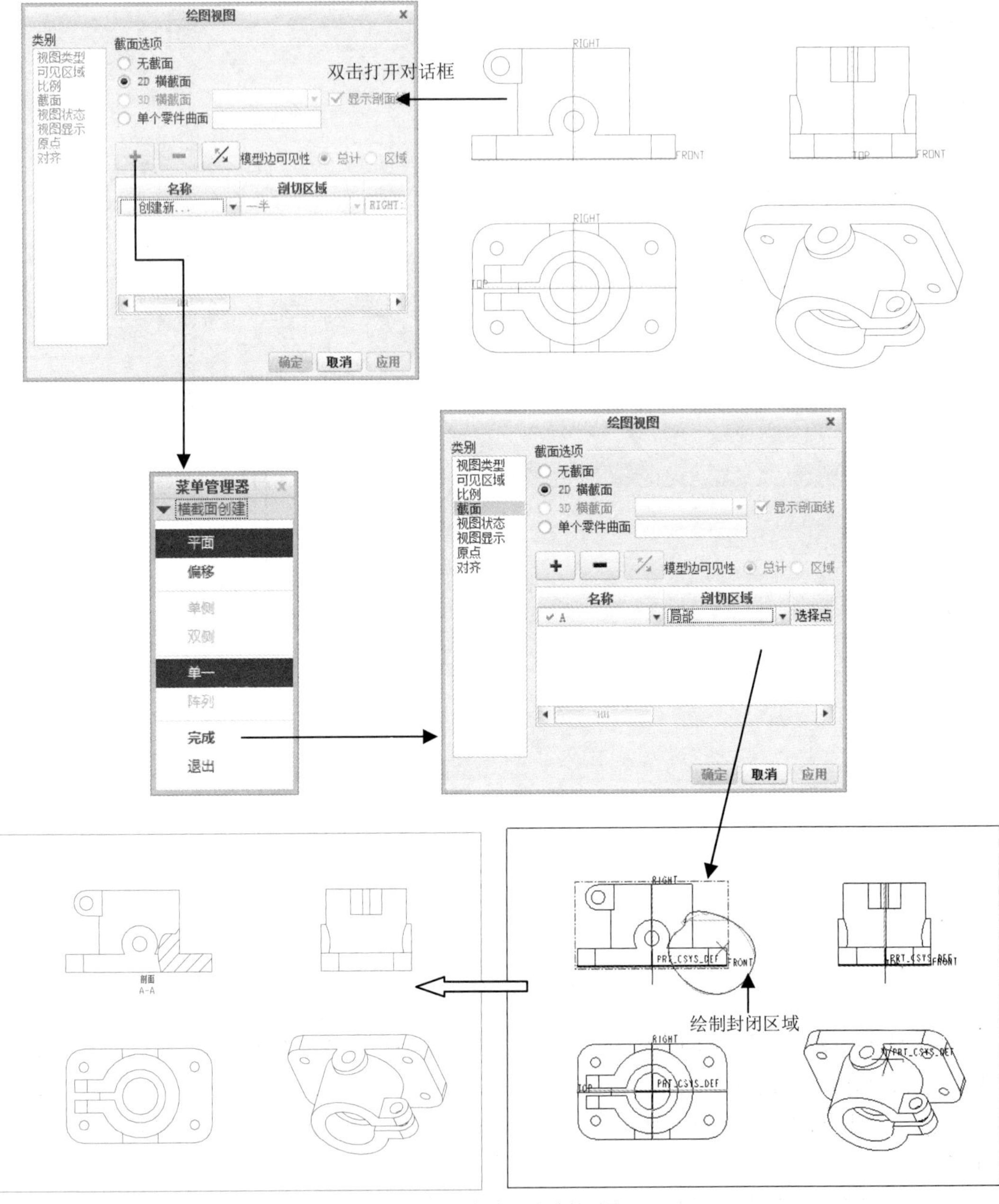

图 3-21　产生局部剖视图

3.3.4　创建旋转剖视图

用两相交的剖切平面剖开物体的方法通常称为旋转剖。采用这种剖切方法绘制剖视图时，先假想按剖切位置剖开物体，然后将被剖切面剖开的结构及有关部分旋转到与选定的投影面平行后再投射。在剖切平面后的其他结构一般应按原来的位置投影。

旋转剖可用于表达轮盘类物体上的一些孔、槽等结构，也可用于表达具有公共轴线的非回转体物体，此类零件的特点是要剖切的结构不处于单一的剖切平面内，需要用两个相交的剖切平面做旋转剖。

在 Creo Parametric 中，创建旋转剖视图的具体方法如下：

（1）打开本书源文件\CH03\3-3.prt。

（2）打开本书源文件\CH03\3-3.drw，如图 3-22 所示，等轴测视图表达了实体模型。

（3）双击主视图，系统弹出“绘图视图”对话框。在“类别”栏选择“截面”选项，在“截面选中”栏选择“2D 横截面”单选按钮，单击“添加剖面”按钮，系统弹出“横截面创建”菜单管理器。

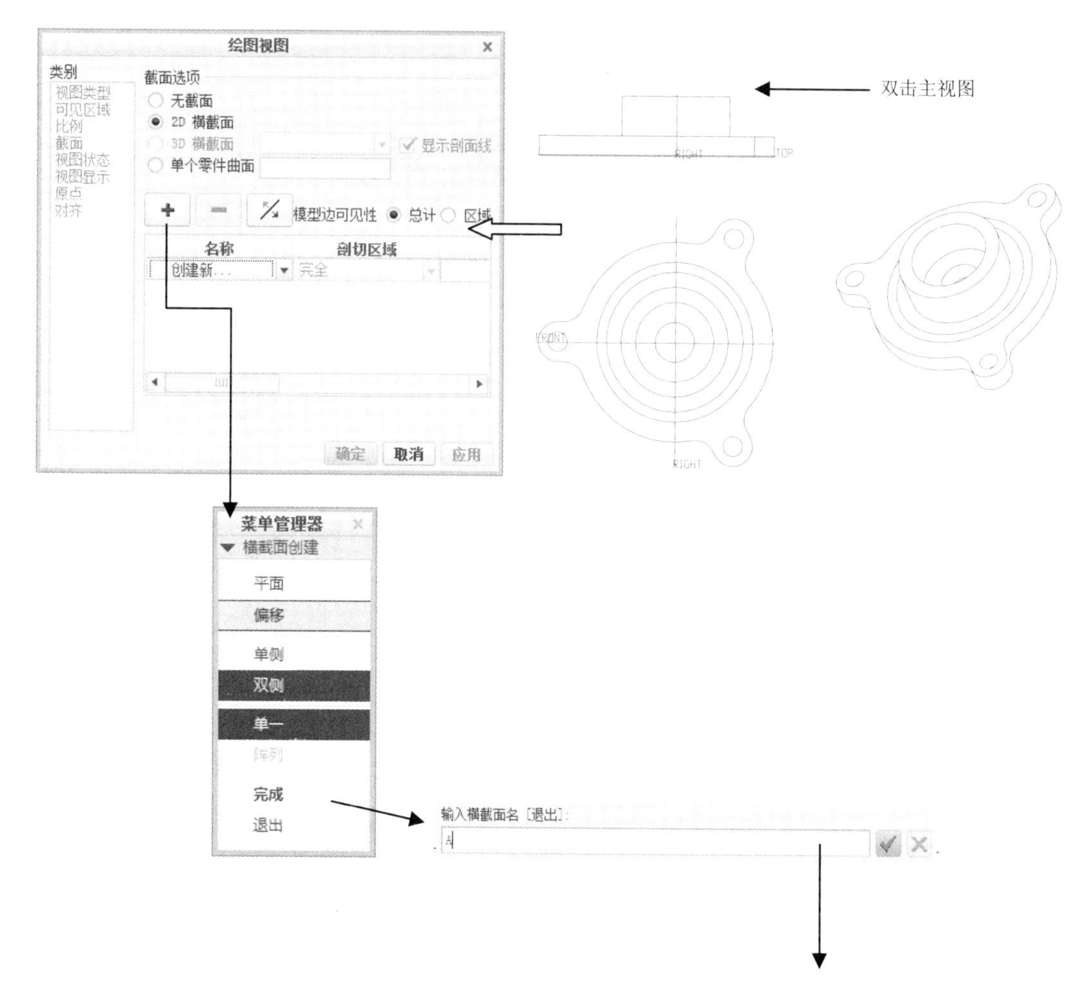

图 3-22 产生旋转剖面视图

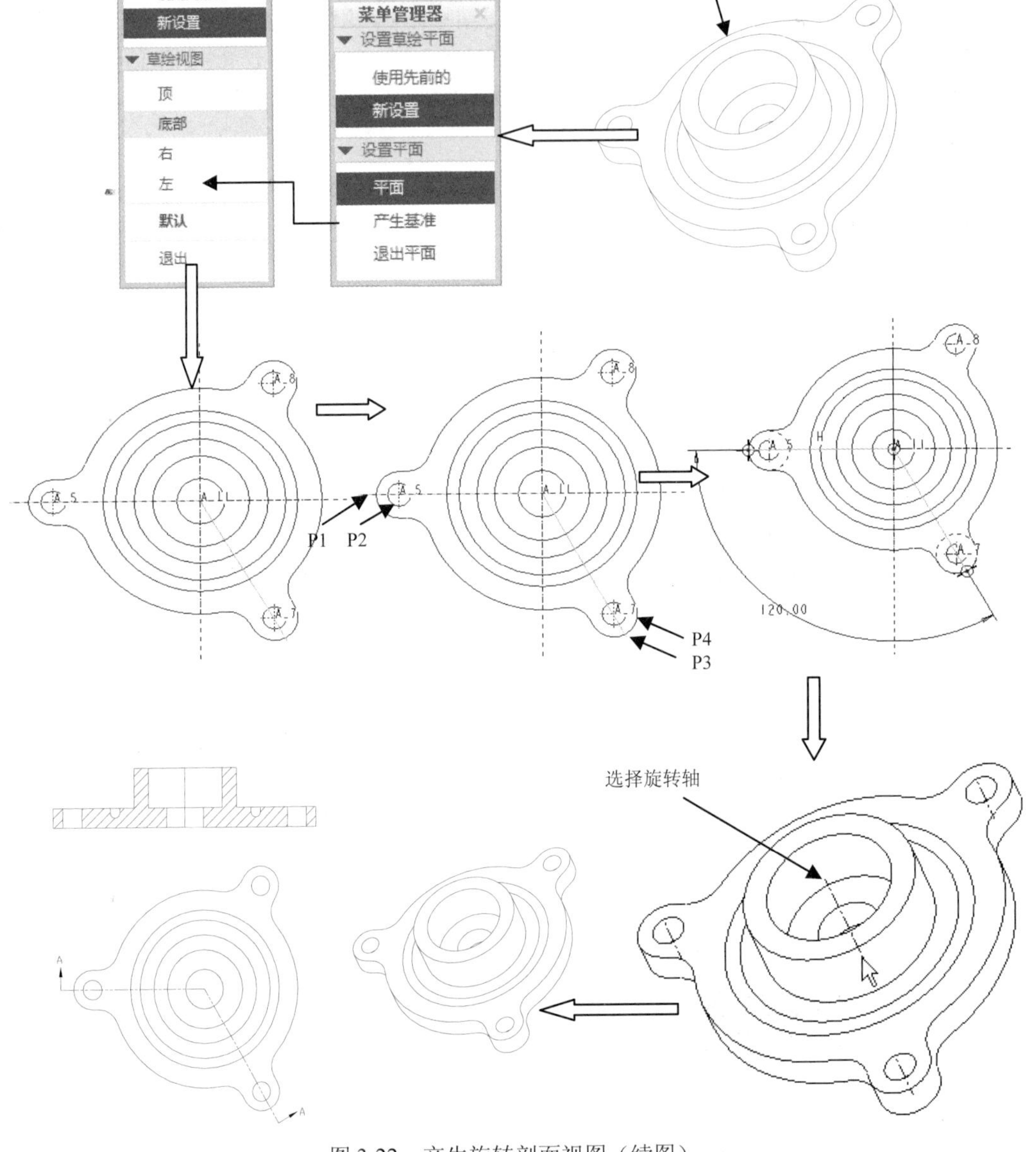

图 3-22 产生旋转剖面视图（续图）

（4）选择菜单管理器中的“偏移”→“双侧”→“单一”→“完成”菜单命令，在提示区输入截面名称“A”，单击“确定”按钮☑。

（5）系统进入零件模块，提示选择草绘平面，选择模型顶面为草绘平面。

（6）系统提示选择草绘视图方向参照，依次选择“确定”→“默认”命令。

（7）单击“线”按钮，绘制线段，双击鼠标中键结束。

（8）单击“约束”操控板中点对齐按钮，逐一选择线段端点 P1、圆弧 P2、线段端点 P3、圆弧 P4，单击“修改”按钮，选择角度尺寸标注，将其修改为 120°。

（9）单击操控板中的“确定”按钮，结束剖面绘制，系统返回到工程图模块。

（10）在“绘图视图”对话框“剖切区域”栏选择“全部（对齐）”选项，系统提示选择旋转轴，打开基准轴显示，选择等轴测视图中心轴为旋转轴。

（11）将截面列表向左拖动，选择“箭头显示”下的“选取项目”栏。系统提示选择旋转剖面箭头的放置视图，选择俯视图为剖面箭头的放置视图。

（12）单击 确定 按钮完成。

3.3.5 创建阶梯剖视图

当物体内部结构层次较多，用一个剖切平面不能同时剖到几个内部结构时，可采用几个平行的剖切平面（两个或两个以上，剖切面相对基本投影面平行或倾斜）呈阶梯状将零件剖切来表达其内部结构，所以通常称为阶梯剖。

采用阶梯剖绘制剖视图时，虽然各平行的剖切平面不在一个平面上，但剖切后所得到的剖视图应看作一个完整的图形。

在 Creo Parametric 中，创建阶梯剖视图的具体方法与旋转剖视图基本一样，步骤如下：

（1）打开本书源文件\CH03\3-4.prt。

（2）打开本书源文件\CH03\3-4.drw，如图 3-23 所示。

（3）双击主视图，系统弹出“绘图视图”对话框。在“类别”栏选择“截面”选项，在“截面选中”栏选择“2D 横截面”单选按钮，单击“添加剖面”按钮，系统弹出“横截面创建”菜单管理器。选择菜单管理器中的“偏移”→“双侧”→“单一”→“完成”命令，在提示区输入截面名称“A”，单击“确定”按钮。

（4）系统进入零件模块，提示选择草绘平面，选择模型顶面为草绘平面。

（5）系统提示选择草绘视图方向参照，依次选择“确定”→“默认”命令。

（6）绘制线段，双击鼠标中键结束。

（7）单击“约束”操控板中的“对齐”按钮，逐一选择线段端点 P1、圆弧 P2、线段端点 P3、直线 P4，完成对齐。

（8）单击“尺寸修改”按钮，选择尺寸标注并将其修改为图 3-23 所示。

（9）单击草绘工具栏中的“确定”按钮，结束剖面绘制，系统返回到工程图模块。

（10）在“绘图视图”对话框中“剖切区域”栏选择“完全”选项，在“箭头显示”下单击“选取项目”栏，系统提示选择旋转剖面箭头的放置视图，选择俯视图为剖面箭头的放置视图。

（11）单击“绘图视图”对话框中的 确定 按钮，结果如图 3-23 所示。

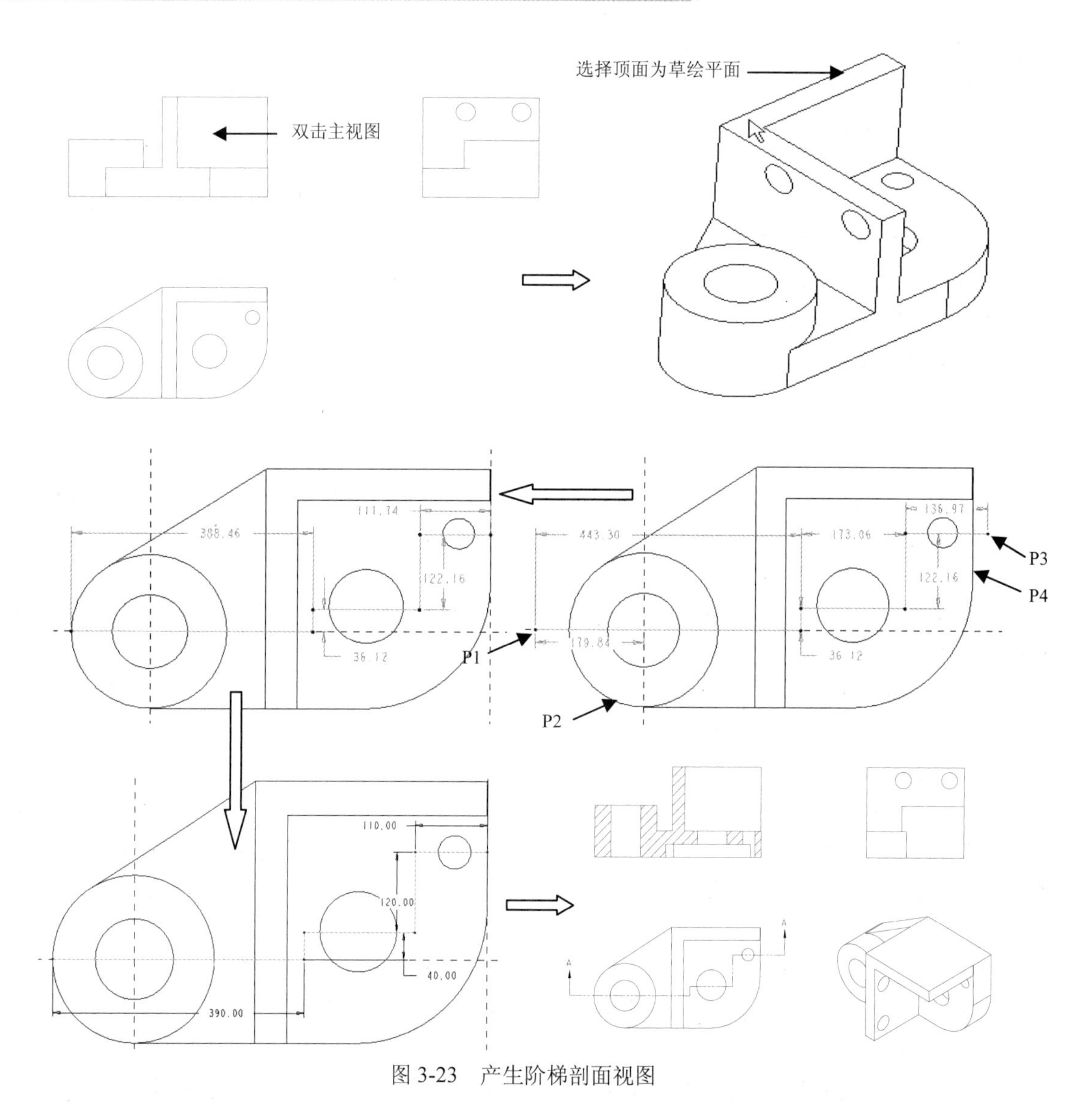

图 3-23　产生阶梯剖面视图

3.3.6　旋转视图

旋转视图属于剖视图类型，但是与旋转剖视图不同。它只能将父视图相对某个参照面旋转 90°剖切，而不像旋转剖视图那样可以沿着任意剖切线旋转剖切。

在 Creo Parametric 中，创建旋转视图的具体方法如下：

（1）打开本书源文件\CH03\3-3.prt。

（2）打开本书源文件\CH03\3-3.drw，如图 3-24 所示。

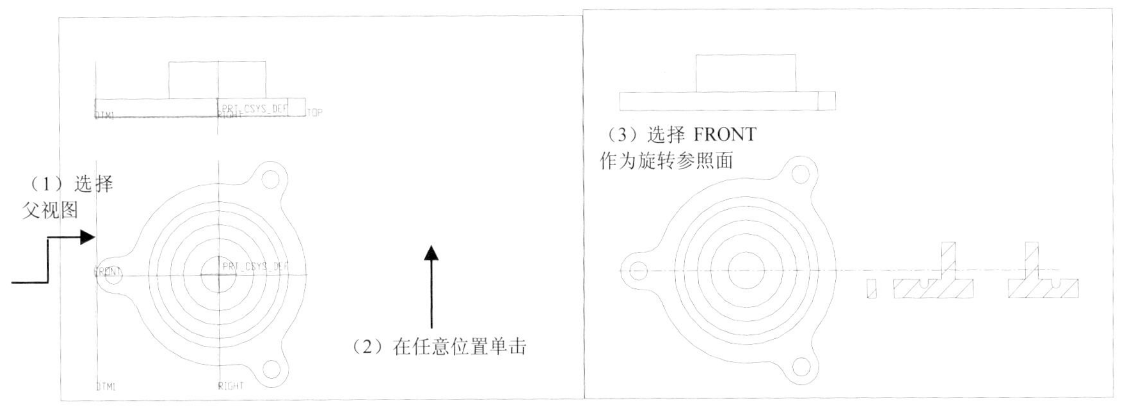

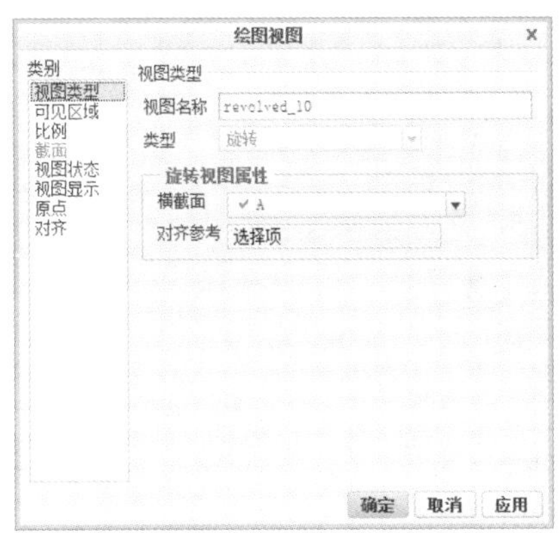

图 3-24　插入旋转视图

（3）删除等轴测视图，单击“模型视图”操控板中的“旋转”按钮，系统提示选择父视图，在此选择俯视图。

（4）在视图右侧任意点处单击作为旋转视图中心点。系统弹出“横截面创建”菜单管理器和“绘图视图”对话框。

（5）接受默认选项，单击“完成”命令，系统弹出消息输入窗口，在其中输入截面名称并确定，系统弹出“设置平面”菜单。

（6）选择俯视图中的 FRONT 面作为旋转参考面，此时“绘图视图”对话框设置完成。

（7）单击“确定”按钮，完成放置。

从该视图中可以看出，只是相对于 FRONT 面旋转了 90°。

3.3.7　剖面指示箭头修改

剖视图组成元素比较多，主要有轮廓线、剖面箭头、剖面线等，我们可以对其进行编辑处理。由于在第 2 章中已经详细讲解了剖面线、比例等内容，所以，在此只补充有关的剖面指示箭头的知识。

工程制图中经常用剖面箭头表示剖面图的向视图关系。在此仍然采用前面半剖视图例子3-1.drw，确定主视剖视图和左视半剖视图的箭头，如图 3-25 所示。

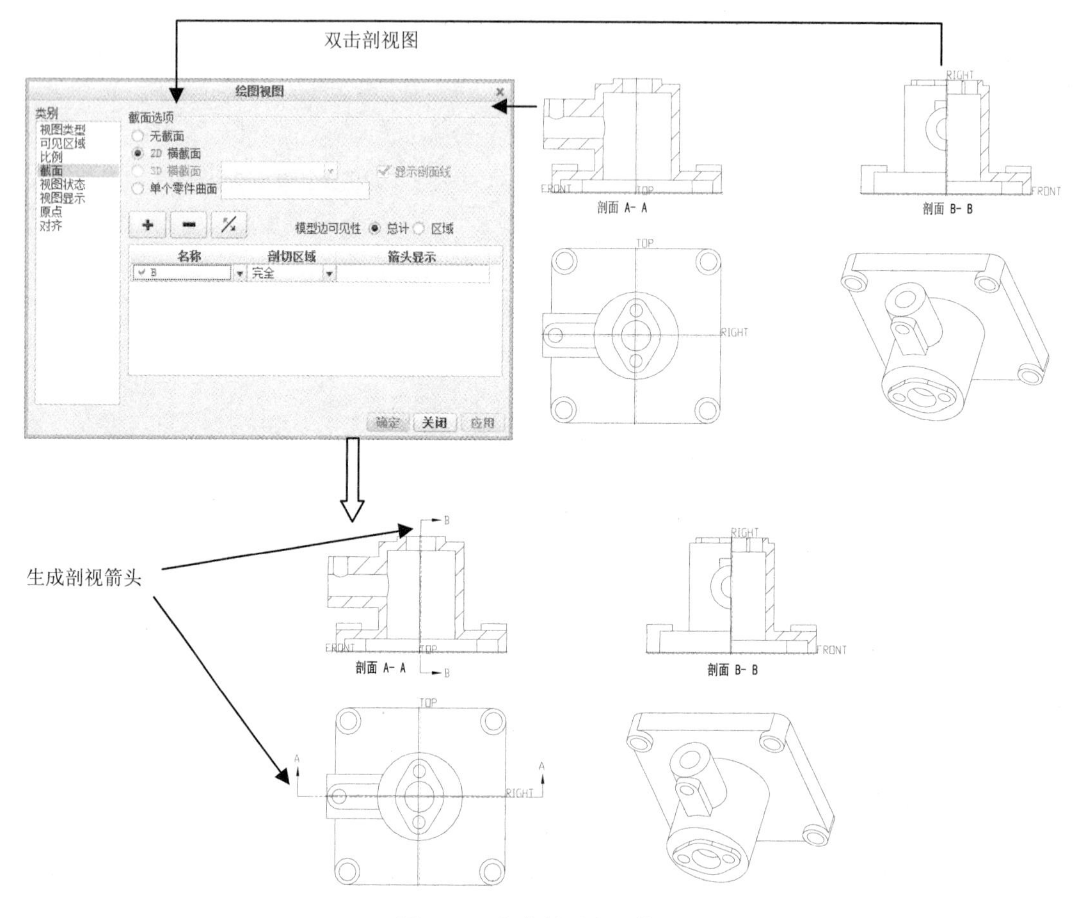

图 3-25　产生剖面向视箭头

（1）双击主视剖面图。系统弹出“绘图视图”对话框。在“类别”栏选择“截面”选项，选择“箭头显示”栏的“选取项目”选项，系统提示选择剖面箭头的放置视图，在此选择俯视图。单击**确定**按钮，产生“A”剖面向视箭头。

（2）双击左视图，系统弹出“绘图视图”对话框。在“类别”栏选择“截面”选项，选择“箭头显示”下的“选取项目”选项，系统提示选择剖面箭头的放置视图，在此选择主视图。单击**确定**按钮，产生“B”剖面向视箭头。

3.4　创建截面图

在表达工程视图过程中，假想用剖切面将物体的某处切断，仅绘出该剖切面与物体接触部分的截面图形，并绘上剖面符号，这样得到的图形就称为截面图，或者称断面图。

截面图与剖视图的区别比较大，其中截面图是面的投影，仅画出截面的形状；而剖视图是体的投影，要将剖切面之后结构的投影画出。在剖视图中，如果仅仅需要表达零件截面的结构，采用移出截面的方法更能简练、清晰地表达零件结构。

截面图可分为移出截面图和重合截面图两种。画在视图之外的截面图称为移出截面图，一般应尽量配置在剖切线的延长线上。当截面图形对称时，也可画在视图中断处，称为重合截面图。

在 Creo Parametric 中可以创建 3 种截面：2D 截面、3D 截面和单个零件曲面。其中，单个零件曲面可以选择任意面单独投影，我们已经在前面讲解过。3D 截面采用三维实体中的截面来生成工程图截面，而 2D 截面则只能在工程图环境中进行。

2D 截面有以下 6 种类型：

（1）完全。即前面讲解的完全剖视图。

（2）一半。即前面讲解的半剖视图。

（3）局部。即前面讲解的局部剖视图。

（4）全部（展开）。包括旋转剖视和阶梯剖视的组合。

（5）全部（对齐）。即前面讲解的旋转剖视图。

（6）完整&局部。即剖中剖视图。

在本节中将重点讲解（4）、（6）两种类型。

3.4.1 2D 截面视图创建

本节将分 3 小节讲解 2D 截面视图的创建。

1. 普通截面视图操作

所谓普通操作，就是上一节中讲解的剖视图操作方式，只不过在此以截面的形式表达。

创建截面图的具体方法如下：

（1）打开本书源文件\CH03\3-5.prt 和\CH03\3-5.drw，如图 3-26 所示。其中主视图下方的两个图均为左（LEFT）视图。

（2）双击下方左侧视图，系统弹出“绘图视图”对话框。在“类别”栏选择“截面”选项，在“截面选项”栏选中“2D 横截面”单选按钮，单击“添加剖面”按钮⊞，系统弹出“横截面创建”菜单管理器。

（3）依次选择菜单管理器中的“平面”→“单一”→“完成”命令，在提示区输入截面名称“A”，单击“确定”按钮☑。

（4）依次选择“设置平面”菜单管理器中的“产生基准”→“偏移”命令。系统提示选择偏距参照平面，打开基准面显示，刷新屏幕，选择主视图中的 RIGHT 基准面。

（5）选择菜单管理器中“输入值”命令，在提示区输入偏移距离“20”，单击“确定”按钮☑。

（6）选择菜单管理器中“完成”命令。

（7）在“模型边可见性”中选中“区域”单选按钮，选择“箭头显示”下的“选取项目”选项，系统提示选择剖面箭头的放置视图，选择主视图为剖面箭头放置视图。

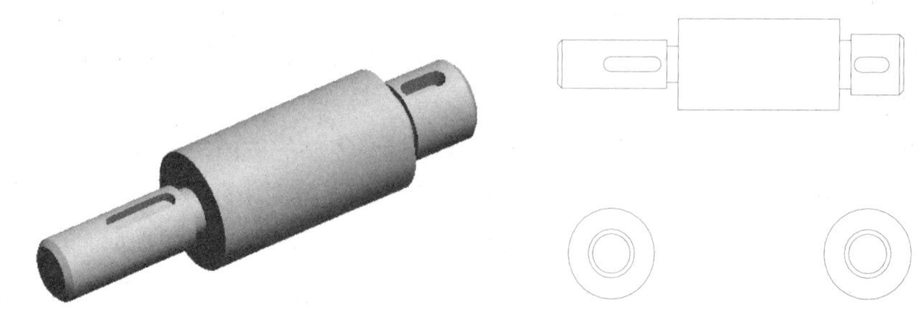

图 3-26　零件模型和基本视图

（8）单击“绘图视图”对话框中的 确定 按钮，关闭基准面显示，刷新屏幕。

（9）重复上面的（2）～（8）步骤，修改右下侧视图为截面，只是输入的距离值为 110。

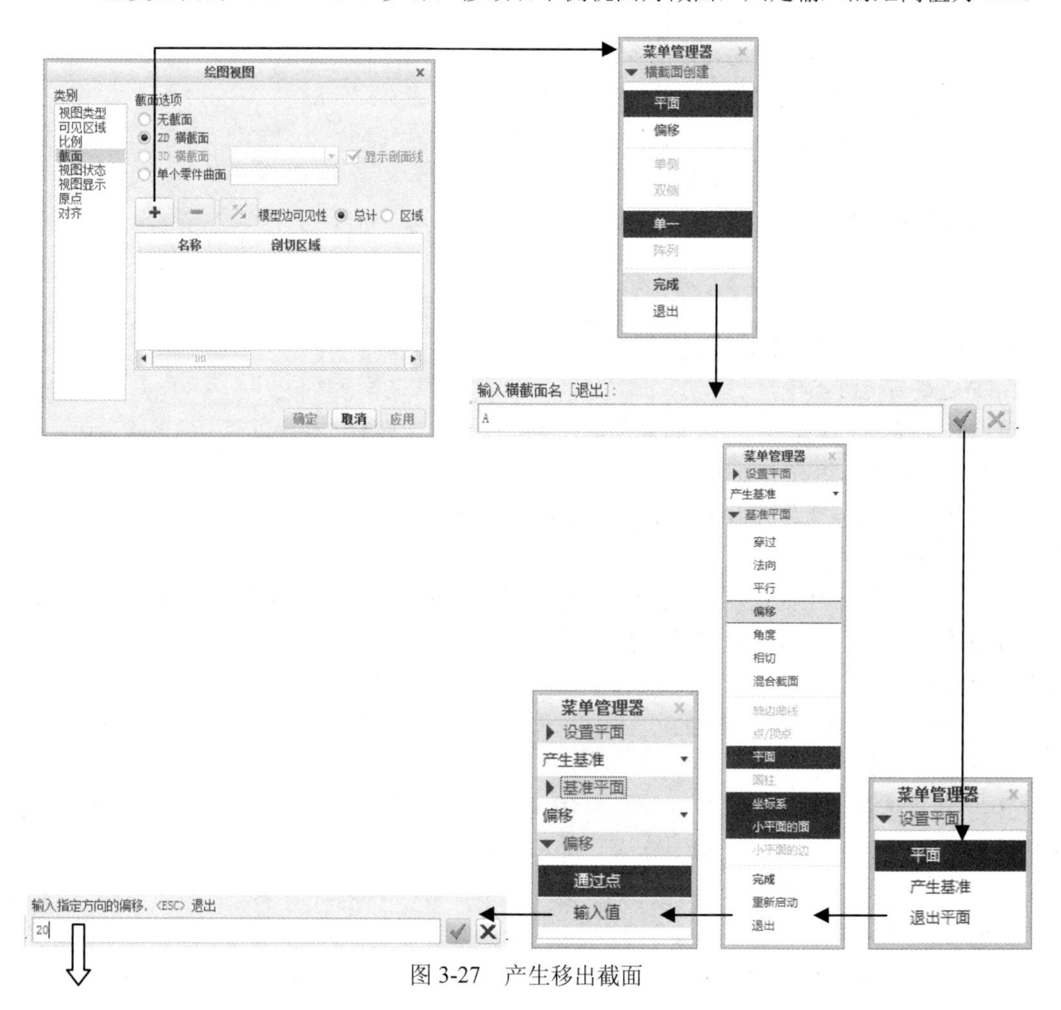

图 3-27　产生移出截面

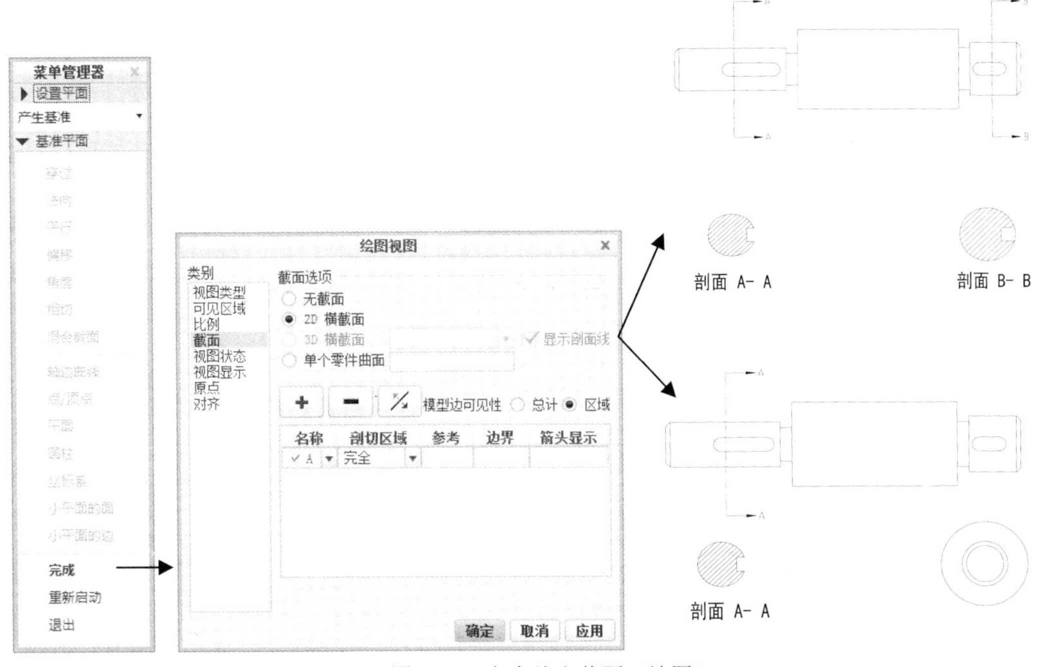

图 3-27　产生移出截面（续图）

2. 全部（展开）剖视图

与全部（对齐）剖视图不同，全部（展开）剖视图可以在任意位置处构成，方式更加灵活多样。创建全部（展开）剖视图的具体方法如图 3-28 所示。

（1）打开本书源文件\CH03\3-1.prt 和\CH03\3-1.drw，删除右侧的两个视图。

（2）单击“模型视图”操控板中的“常规”按钮，系统弹出“绘图视图”对话框。

（3）选择“几何参考”选向方法，然后选择 RIHGT 面为前面，选择底板上表面为顶面。

（4）在“类别”栏选择“截面”选项，在“截面选项”栏选中“2D 横截面”单选按钮，单击“添加剖面”按钮，系统弹出“横截面创建”菜单管理器。

（5）选择菜单管理器中的“偏移”→“双侧”→“单一”→“完成”命令，在提示区输入截面名称“C”，单击“确定”按钮。

（6）系统进入零件模块，提示选择草绘平面，选择底板顶面为草绘平面。

（7）系统提示选择草绘视图方向参照，依次选择“确定”→“默认”命令。

（8）利用“草绘”操控板中的“投影”按钮选择已有实体上需要的对象转换为几何图元。单击“线”按钮，绘制线段，双击鼠标中键结束。利用“删除段”按钮对直线进行修剪，单击“确定”按钮，结束剖面线绘制，系统返回到工程图模块。

（9）在“绘图视图”对话框“剖切区域”栏选择“全部（展开）”选项，单击 确定 按钮完成。

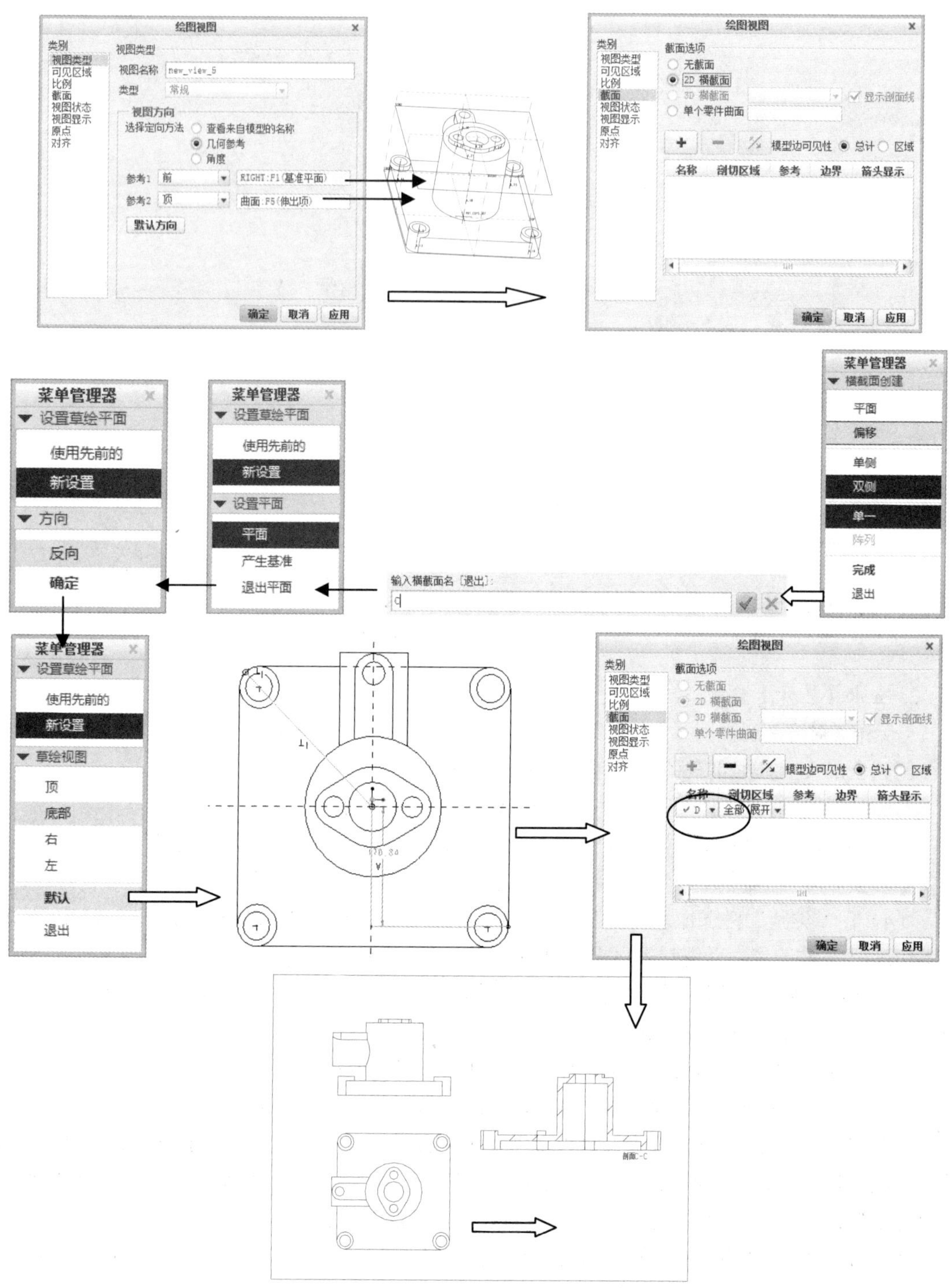

图 3-28　生成全部（展开）剖视图

3. 剖中剖（完整&局部）

完整&局部剖视图实际上就是剖中剖视图，即在已有剖视图上继续进行局部剖切得到的视图，往往用来表达不在同一个截面上的内部结构。

在上面建立的剖视图基础上，建立剖中剖的具体步骤如下：

（1）切换到零件模式，建立新基准平面作为剖中剖局部视图的参照面，如图 3-29 所示。

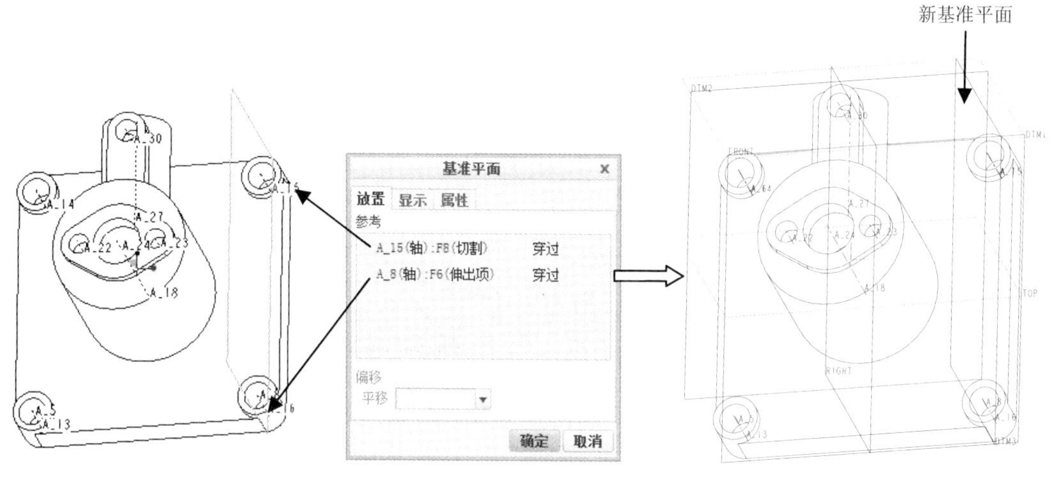

图 3-29　建立新基准平面

1）单击“基准平面”按钮▱，系统弹出“基准平面”对话框。

2）按下 Ctrl 键，依次选择基准轴 A_15 和 A_16。

3）单击“确定”按钮，完成基准平面的创建。

（2）切换到工程图模式，建立剖中剖视图，如图 3-30 所示。

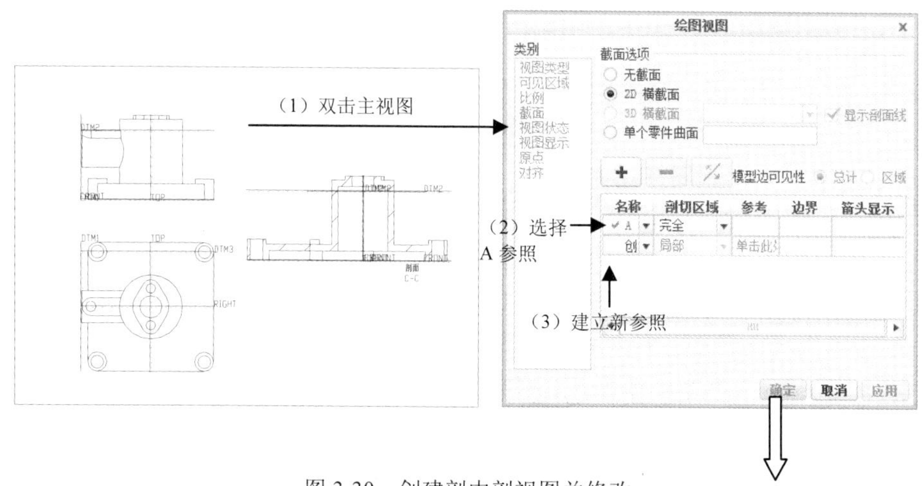

图 3-30　创建剖中剖视图并修改

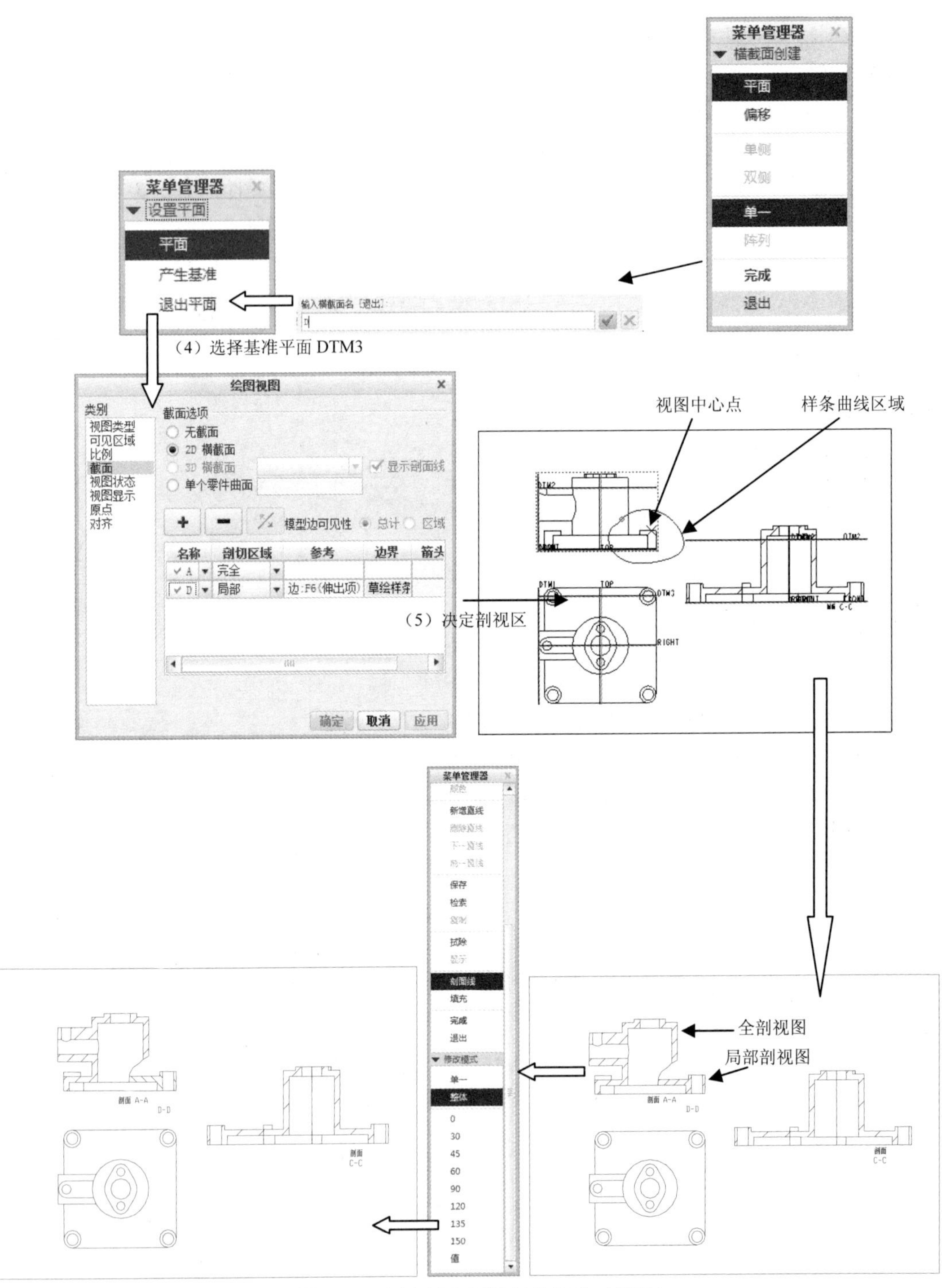

图 3-30　创建剖中剖视图并修改（续图）

1）在主视图上双击，系统弹出“绘图视图”对话框。在“类别”栏中选择“截面”选项，然后在“截面选项”栏中选中“2D 横截面”单选按钮。

2）单击“添加剖面”按钮⊞，选择已有的全剖视图平面 A 作为完全剖视图参照。

3）选择“创建新...”选项，系统弹出“横截面创建”菜单管理器。

4）依次选择菜单管理器中的“平面”→“单一”→“完成”命令，在提示区输入截面名称“D”，单击“确定”按钮☑。

5）依次选择“设置平面”菜单管理器中的“平面”命令。系统提示选择参照平面，选择刚建立的 DTM3 基准面，此时“绘图视图”对话框带有两个剖视图参照。

6）系统提示选择剖中剖的中心点，在底板右端顶点处单击，显示红色叉，然后围绕该点绘制样条曲线，单击鼠标中键结束。

7）单击“绘图视图”对话框中的 确定 按钮，关闭基准面显示，刷新屏幕。

（3）修改剖面线样式。当前全剖和局部剖的剖面线一样，很难分辨，所以必须进行修改，如图 3-30 所示，在剖中剖视图 D-D 的剖面线上双击，系统弹出“修改剖面线”菜单管理器。选择“角度”→“135”→“完成”命令，完成剖面线方向修改。

3.4.2 3D 截面图

3D 截面图是建立在零件模式上的。通过使用在模型中创建的三维剖面可简化绘图内剖面的显示。默认情况下，在模型中创建的 3D 截面或区域在绘图视图中是可见的，这与 2D 截面只具有“全部”属性不同。另外，3D 剖面的剖面线也可以像 2D 剖面线一样修改。3D 截面图的前提条件是必须在零件模式下具有一些剖视参照面。

在 Creo Parametric 中完成 3D 截面的步骤如下：

（1）打开本书源文件\CH03\3-1.prt 和\CH03\3-1.drw，删除右侧的两个视图。

（2）切换到零件模式，单击“模型显示”操控板中的“视图管理器”选项，建立横截面，如图 3-31 所示。

1）依次选择主菜单中的“视图”→“视图管理器”命令，系统弹出“视图管理器”对话框。

2）选择“横截面”选项卡，然后单击“新建”按钮，输入新的视图名称 D，按 Enter 键，系统弹出“横截面创建”菜单管理器。

3）选择菜单管理器中的“区域”命令，系统弹出“D 显示”对话框。

4）单击“向区域中添加参照”按钮⊞，选择 RIGHT 面。单击“更改方向”按钮，令其反向。

5）再次单击“向区域中添加参照”按钮⊞，选择 TOP 面并令其反向。

6）单击“接受设置”按钮☑，关闭对话框。

7）单击“视图管理器”对话框中的“关闭”按钮结束。

（3）切换到工程图模式，插入 3D 截面，如图 3-32 所示。

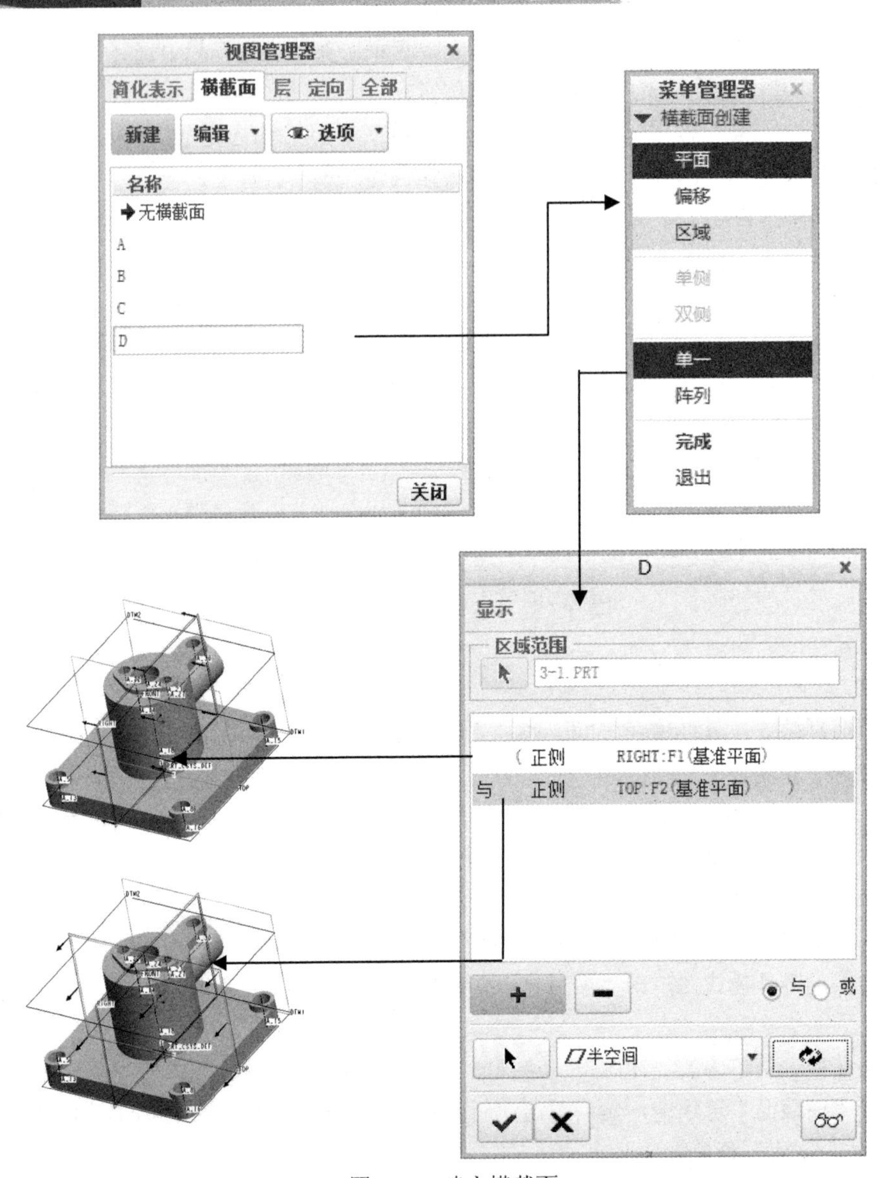

图 3-31　建立横截面

1）单击“模型视图”操控板中的“常规”按钮，在需要的位置单击，系统弹出“绘图视图”对话框。

2）选择“几何参考”选向方法，然后选择 RIGHT 面为前面，选择底板上表面为顶面。

3）在“类别”栏选择“截面”选项，在“截面选项”栏选中“3D 横截面”单选按钮，此时列表中显示已经建立的横截面 D。

4）选中“显示剖面线”复选框，单击“确定”按钮，完成剖面创建。

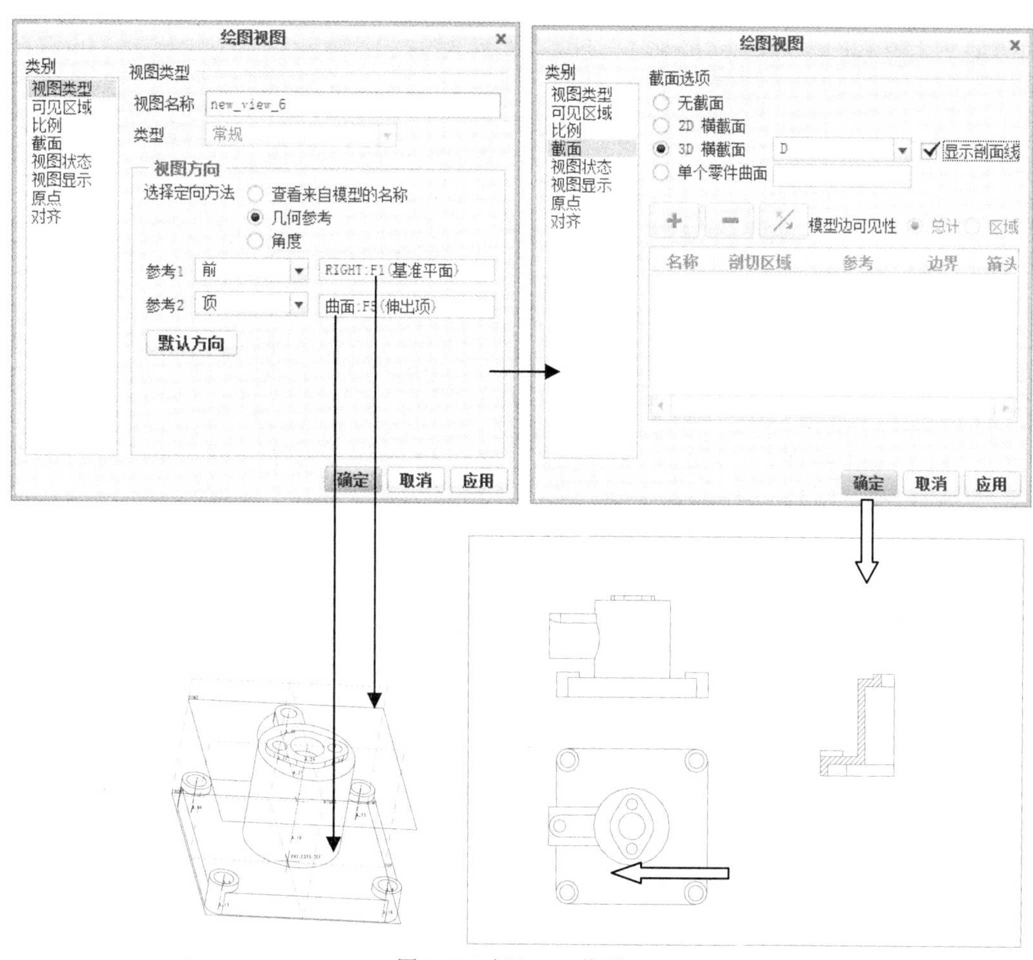

图 3-32 插入 3D 截面

3.5 创建破断视图

当零件较长且沿长度方向的形状一致或按一定规律变化时，为了减少视图占用的图纸空间，节约纸张资源，可以将零件断开后缩短绘制，而在标注尺寸时仍按实际长度标注。这样获得的视图称为破断视图。

在 Creo Parametric 中，创建破断视图的具体方法如下：

（1）打开本书源文件\CH03\3-7.prt 和\CH03\3-7.drw，如图 3-33 所示。

（2）双击俯视图，系统弹出“绘图视图”对话框，在“类别”栏选择“可见区域”选项，在“视图可见性”栏选择“破断视图”选项，单击“添加断点”按钮⊞。

（3）系统提示“草绘一条水平或竖直的破断线”，选择垂直线的第一个点并绘制垂直线。系统提示选择第二条破断线放置点，选择后绘制第二条破断线。

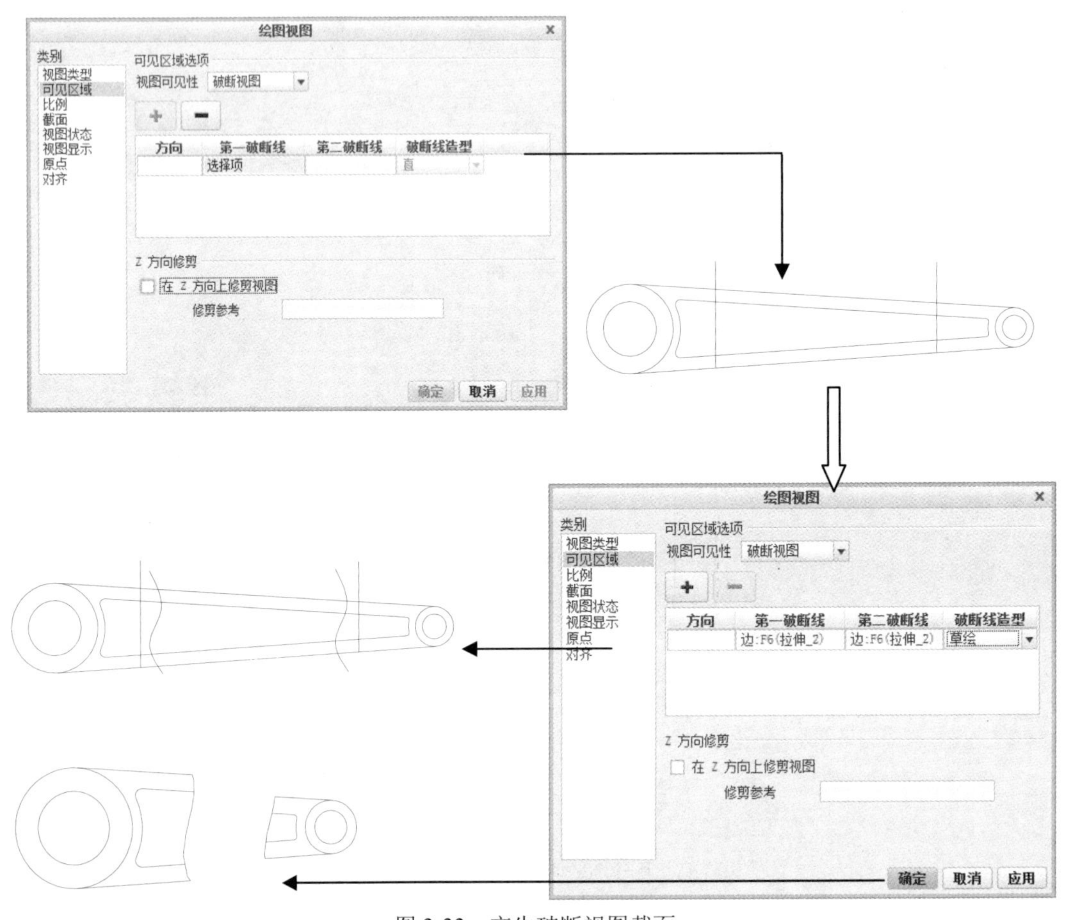

图 3-33　产生破断视图截面

提示：如果当前视图为水平投影视图，则只能选择“竖直”选项；如果是竖直投影视图，则必须选取“水平”选项。

（4）在“破断线造型”栏选择“草绘”选项，绘制样条曲线，双击鼠标中键结束。

（5）单击“绘图视图”对话框中的 确定 按钮完成。

（6）单击“模型视图”操控板中的“投影”按钮，系统提示选择绘图视图的放置中心点，如图 3-34 所示，在俯视图的上部选择主视图放置中心点。

（7）双击主视图，系统弹出“绘图视图”对话框。在“类别”栏选择“可见区域”选项，在“视图可见性”下拉列表框中选择“破断视图”选项，在“破断线造型”栏选择“直”选项。

（8）重新在“绘图视图”对话框“破断线造型”栏选择“草绘”选项，绘制样条曲线，双击鼠标中键结束。

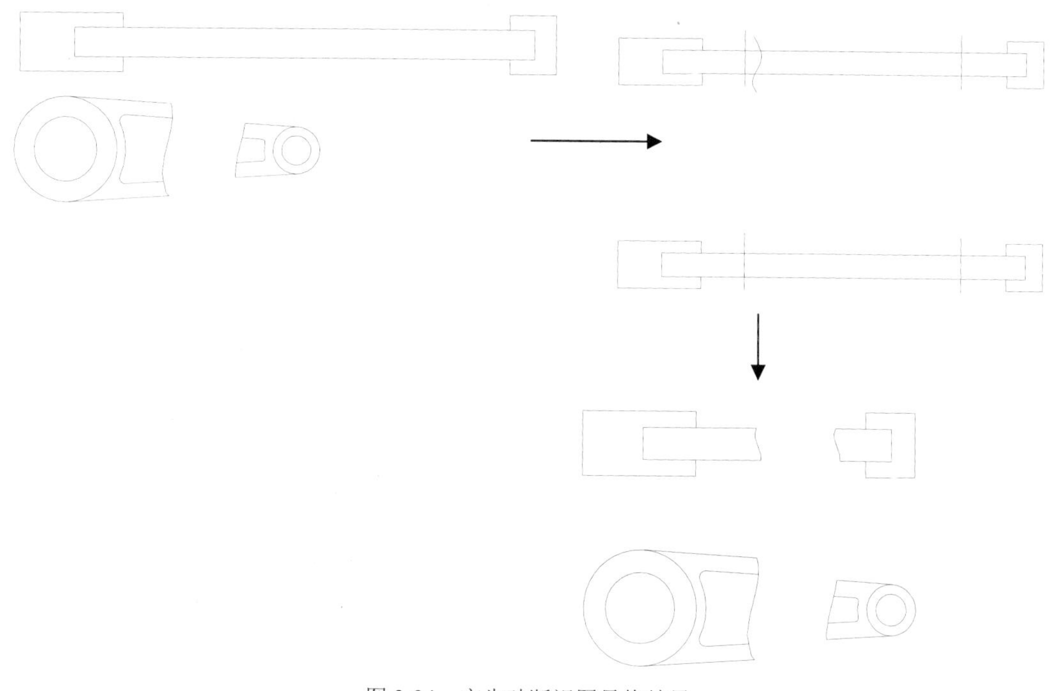

图 3-34　产生破断视图最终结果

（9）单击“绘图视图”对话框中的 确定 按钮完成。

3.6　装配工程图的特点及要求

装配图是用来表达部件或机器的一种图样，是进行设计、装配、检验、安装、调试和维修时所必需的技术文件。本节简要介绍装配图的内容、特点，以及运用 Creo Parametric 绘制装配图的方法等。

3.6.1　装配图的内容

在设计部件或机器时，一般先画出装配图，然后根据装配图拆画零件图，因此要求在装配图中充分反映设计的意图，表达出部件或机器的工作原理、性能结构、零件之间的装配关系以及必要的技术数据。通常装配图应包括的内容如下：

（1）一组图形：表达出机器或部件的工作原理、零件之间的装配关系和主要结构形状。

（2）必要的尺寸：主要是指与部件或机器有关的规格、装配、外形等方面的尺寸。

（3）技术要求：与部件或机器有关的性能，包括装配、检验、试验、使用等要求。

（4）零件的编号和明细栏：说明部件或机器的组成情况，如零件的代号、名称、数量和材料等。

（5）标题栏：填写图名、图号、设计单位、制图、审核、日期和比例等。

3.6.2 装配图图样画法的一般规定

装配图以表达工作原理和装配关系为主，力求做到表达正确、完整、清晰和简练。一般绘制的步骤是：先选主视图，再考虑其他视图，然后综合分析确定一组图形。

对于装配图的画法有以下基本规定，如图 3-35 所示。

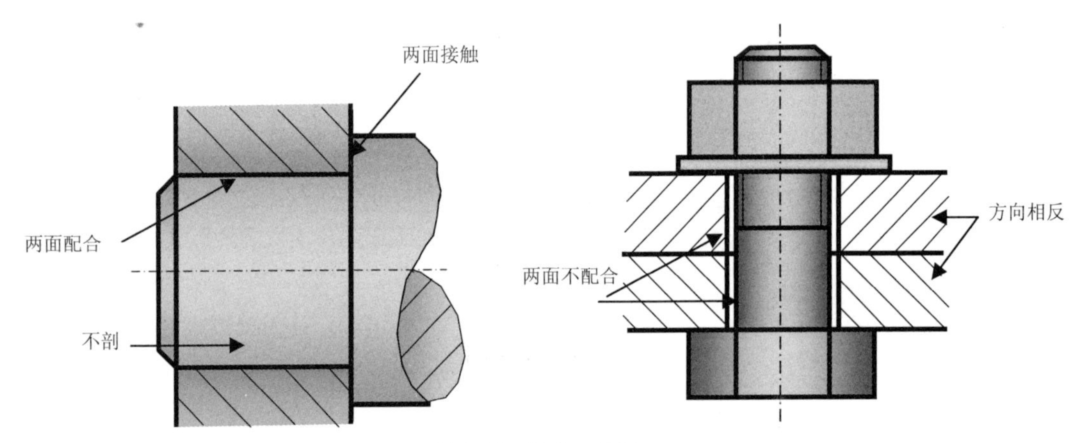

图 3-35 装配图画法

（1）实心零件的画法。在装配图中，对于紧固件以及轴、连杆、球、键、销等实心零件，若按纵向剖切，且剖切平面通过其对称平面或与对称平面相平行的平面或轴线时，这些零件均按不剖切绘制。如需要特别表明这些零件上的局部结构，如凹槽、键槽、销孔等，则可用局部剖视表示。

（2）相邻零件的轮廓线和剖面线的画法。两相邻零件的接触面或配合面只用一条轮廓线表示，而未接触的两表面用两条轮廓线表示，若空隙很小可夸大表示。

相邻的两个（或两个以上）金属零件，剖面线的倾斜方向应相反，或者方向一致而间隔不等，以示区别。同一零件在不同视图中的剖面线方向和间隔必须一致。

3.6.3 创建装配工程图

装配图是由多个零件组成的，我们可以采用 3 种方式来建立装配图。

（1）直接通过类似零件工程图的方式来建立，只是需要多个零件进行剖面线方向修改等操作。

（2）通过分解视图来管理多模型视图。

（3）通过模型添加等方式来向零件图或装配图中添加新零件，从而生成新视图。

由于这 3 种操作相对比较独立，所以分为 3 小节进行讲解。本节讲解常见方式。另外，有关明细表等操作将在后面的相关章节中讲解，这里只涉及视图操作。

在 Creo Parametric 中，创建装配工程视图的方法与常规视图的创建过程基本相同，只是打开的文件类型应该是装配文件*.asm。

创建装配文件的具体方法如下：

（1）打开本书源文件\CH03\3-8\norch.asm，如图 3-36 所示。

（2）通过“新建”对话框建立新工程图文件 notch，并在“新建绘图”对话框的“指定模板”栏选中“空”单选按钮，在“标准大小”下拉列表框中选择 A4 幅面，单击 确定 按钮。系统启动绘图设计模块，并在标题栏显示当前绘图文件为 notch。

（3）按照前面的相关内容，通过“文件”菜单中“准备”子菜单下的“绘图属性”命令更改视图投影方向为第 1 视角。

（4）插入俯视图，如图 3-37 所示。

图 3-36　装配模型图

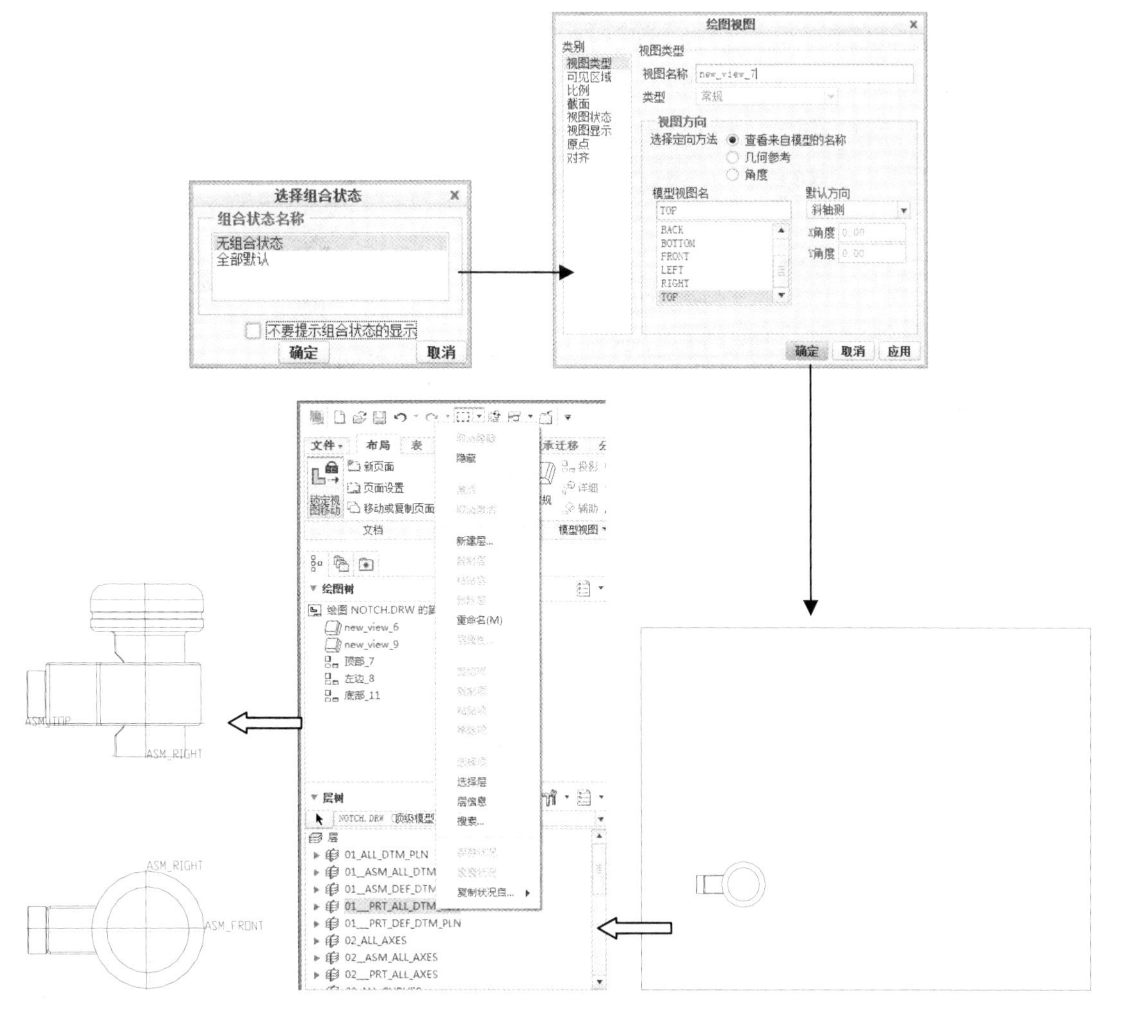

图 3-37　插入俯视图

1）单击“模型视图”操控板中的“常规”按钮，系统提示是否按照无组合状态和默认状态建立工程视图。

2）选择“无组合状态”选项并确定，选择图纸的左下角部任意点单击为俯视图放置中心点，系统弹出“绘图视图”对话框。

3）系统提示选择视图方向，在“模型视图名”列表框中选择“TOP”方向（即俯视图），单击 确定 按钮完成。

（5）插入主视图。

1）单击“模型视图”→“投影”按钮，系统提示选择绘图视图的放置中心点，在俯视图的上部选择主视图放置中心点即可。

2）在模型树 01- PRT-ALL- DTM- PLN 上右击，在弹出的快捷菜单中选择“隐藏”命令，将所有零件基准面隐藏，只留下 3 个装配基准面，便于剖面操作。

（6）进行剖面设置，如图 3-38 所示。

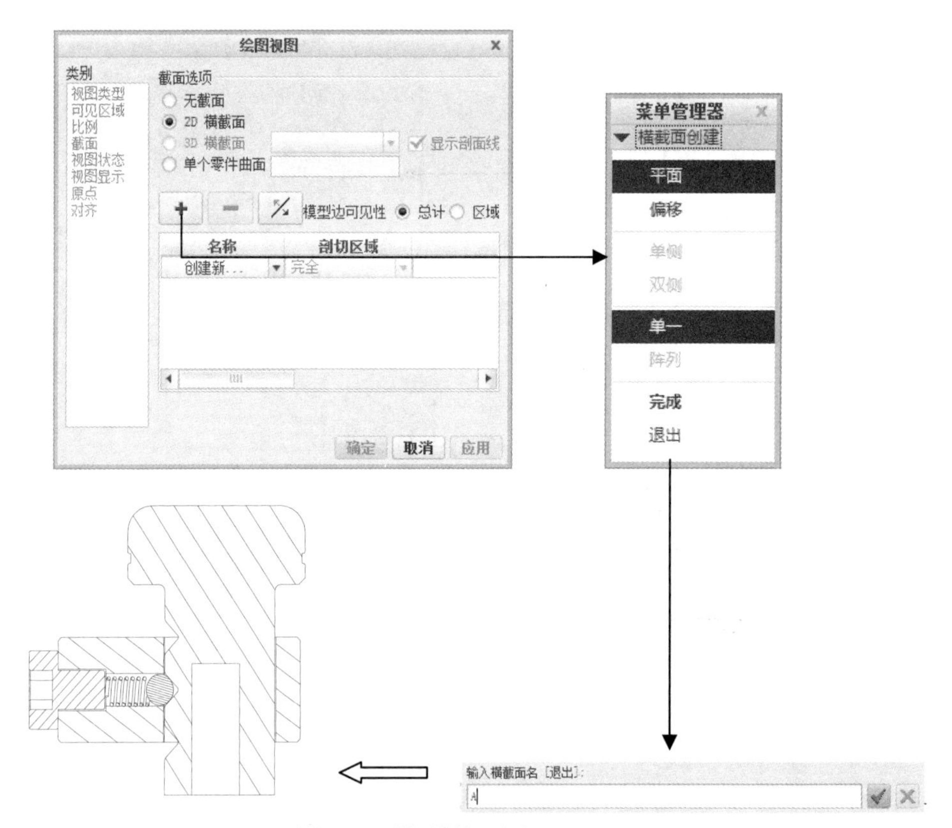

图 3-38 设置剖视显示

1）双击主视图，系统弹出“绘图视图”对话框，在“类别”栏选择“截面”选项，在“截面选项”栏选中“2D 横截面”单选按钮，单击“添加截面”按钮，系统弹出“横截面创建”菜单管理器。

2）依次选择菜单管理器中的“平面”→“单一”→“完成”命令，在提示区输入截面名称“A”，单击“确定”按钮☑。

3）系统提示选择剖截面平面或基准面，打开基准面显示，刷新屏幕，选择俯视图上基准面ASM_FRONT。

4）单击 确定 按钮，关闭基准面显示，刷新屏幕，主视图剖视显示。

（7）修改剖视图剖面线。相比零件工程图而言，这个操作必须在多个零件的剖面线之间进行切换方可。具体操作方式如图3-39所示。

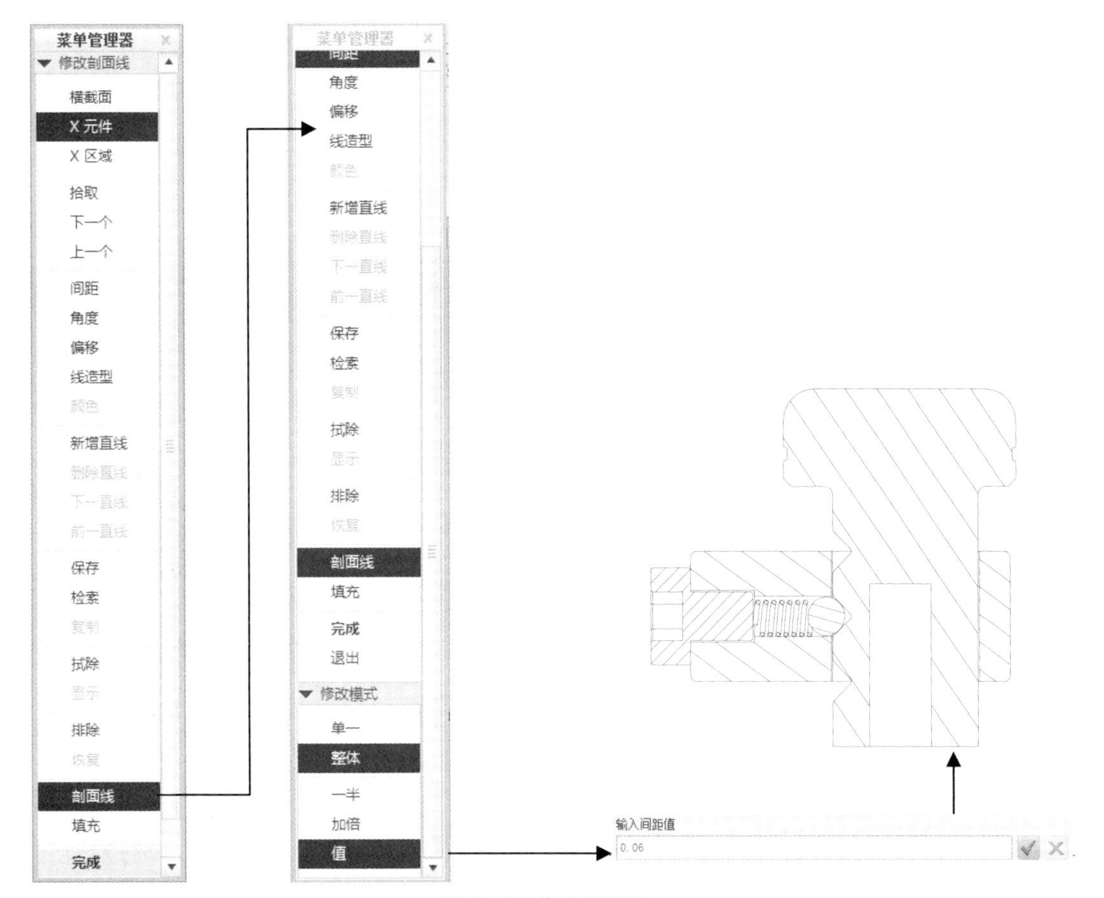

图3-39　修改剖面线

1）双击主视图剖面线（鼠标箭头移到剖面线上时，系统会弹出方框显示选择的剖面线）。系统默认首先选择的是弹簧器剖面线，并弹出“修改剖面线”菜单管理器，选择“下一个”命令，直到选择钢珠体剖面线。

2）选择“间距”→“值”命令，在提示区输入间距值“0.06”。

3）单击☑按钮，再单击“完成”命令，结果如图3-39所示，钢珠体剖面线间距加大。

3.6.4 组件视图

组件视图是“绘图视图”对话框中的一项工作，它可以在装配体的分解和非分解状态下实现两种视图管理。但对于上面所建立的装配工程图来说，如果要创建分解状态视图，就必须首先在三维组件模式下建立分解状态视图。为了便于讲解，本节将结合视图管理器进行说明。

仍然沿用前面的 notch.asm 例子。具体操作步骤如下：

（1）建立组件模式下的分解视图，如图 3-40 所示。

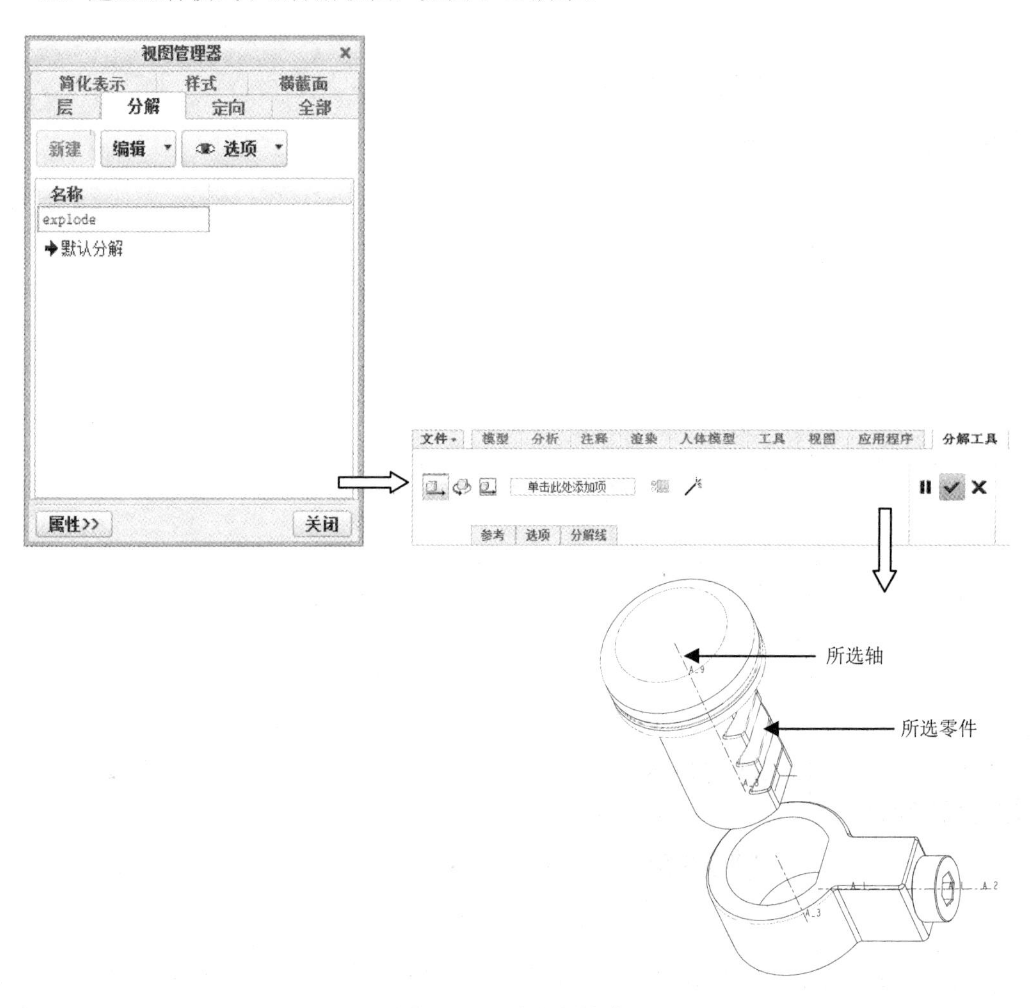

图 3-40　分解视图定义

1）切换回装配模式并激活 notch.asm 文件。

2）在“模型显示”操控板中的“管理视图”列表中选择“视图管理器”选项，系统弹出“视图管理器”对话框。

3）选择“分解”选项卡，单击“新建”按钮，输入新的视图名称 explode。

4）单击“模型显示”操控板中的“编辑位置”按钮，系统弹出“分解工具”操控板。令基准轴显示。单击“参考”选项卡，选择 A_9 轴作为移动参考，然后选择 notch_tube.prt 移动。单击“确定”按钮，完成移动。

5）单击“关闭”按钮，完成分解视图定义。

（2）视图分解设置，如图 3-41 所示。

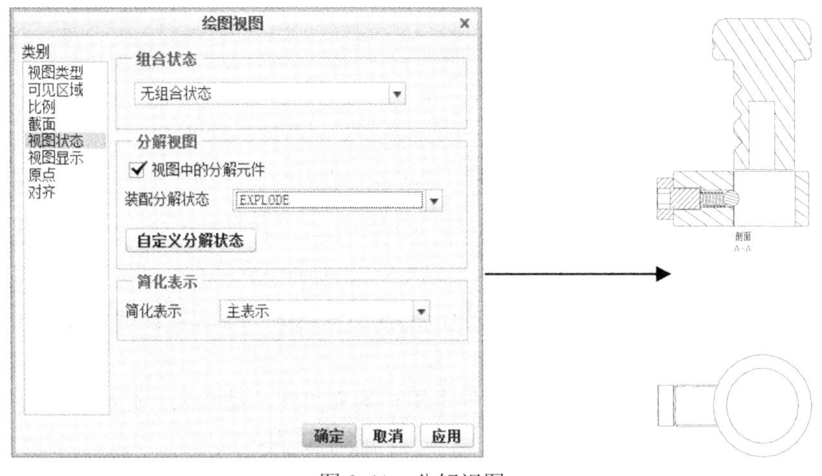

图 3-41　分解视图

1）切换回工程图中，并激活 notch.drw。

2）双击主视图，系统弹出“绘图视图”对话框。

3）选择“视图状态”类别，选中“视图中的分解元件”复选框，然后在“装配分解状态”下拉列表框中选择 explode。

4）单击“确定”按钮，完成分解设置。

提示：也可以单击“自定义分解状态”按钮，重新定义或者新定义分解状态，同样需要通过“分解工具”操控板完成。

用户也可以决定组件工程图的简化表示状态。在“简化表示”列表中提供了 3 种类型，选择“几何表示”可以对剖面线等元素进行简化设置，如图 3-42 所示。而另外两种则基本上保持元件原状态。

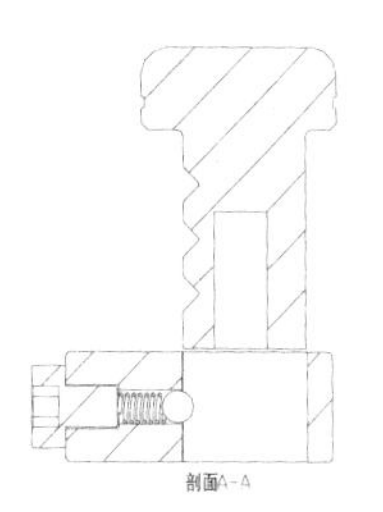

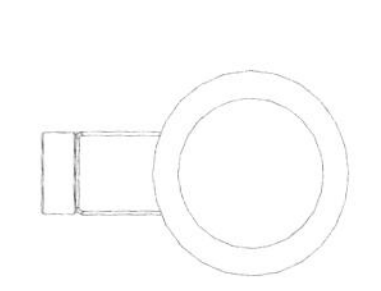

图 3-42　视图简化表示

3.6.5　多模型视图

多模型视图实际上就是一种说明性视图，就是在零件图或者组件工程图的基础上添加一些必要的零件模型。

具体的操作步骤如图 3-43 所示。

（1）单击“模型显示”操控板中的“绘图模型”按钮，系统将弹出“绘图模型”菜单管理器。

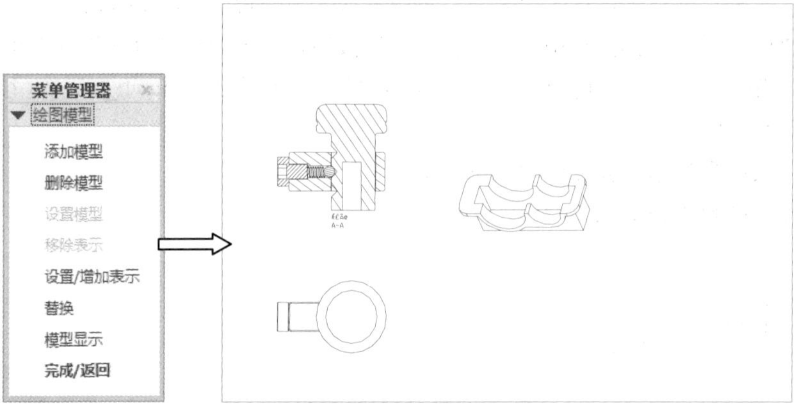

图 3-43　插入新模型视图

（2）选择“添加模型”命令，可以向当前工程图文件中插入新的模型。系统将弹出“打开”对话框，选择文件打开即可。

如果选择“删除模型”命令，则可以在当前工程图中删除一些选定模型。另外，可以决定模型的显示状态。

（3）选择“设置模型”命令，系统将要求用户选择当前活动对象。此处选择添加的模型。

（4）选择菜单管理器中“完成/返回”命令，回到工程图环境中。

（5）单击“模型视图”操控板中的“常规”按钮，系统提示选择绘图视图的放置中心点，在适当位置单击作为视图放置中心点即可。

（6）选择“模型显示”命令，其中“法向”（注：此处汉化错误，应该为“一般”或“通用”）选项将正常显示，选择“加亮显示”命令会显示视图范围点划线框，如图 3-44 所示。

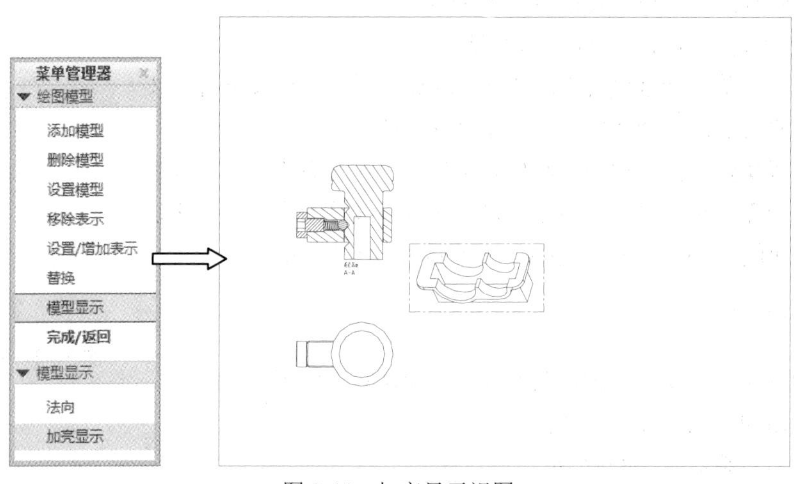

图 3-44　加亮显示视图

3.6.6 装配工程图元件显示

对于装配工程图中的元件，可以通过控制其显示方式来决定显示效果。这些操作是通过“元件显示”功能进行的。在该功能中，可以控制元件的消隐显示方式，决定元件的显示类型、遮蔽元件等。

仍然使用上面的例子，具体控制消隐显示的操作步骤如图 3-45 所示。

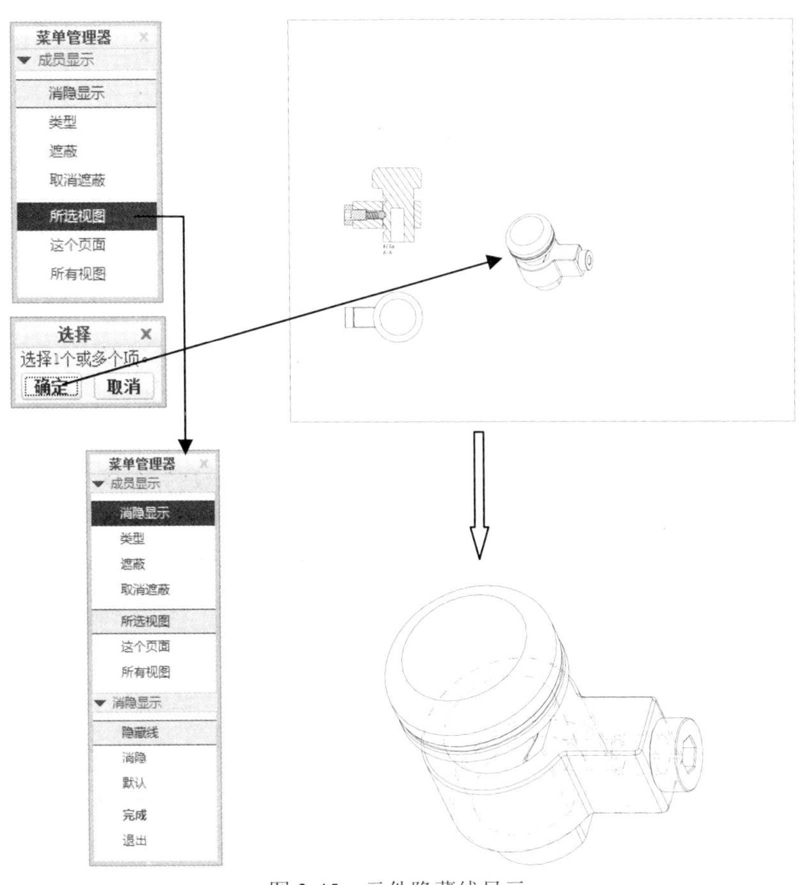

图 3-45 元件隐藏线显示

（1）插入一个标准方向的常规视图。

（2）单击“编辑”操控板中的“元件显示”按钮，系统弹出“成员显示”菜单管理器。

（3）选择“消隐显示”命令，系统弹出“消隐显示”菜单。选择消隐显示类型，系统提示选择装配元件。

（4）选择常规视图中的元件，确定即可。其中，“隐藏线”选项将以隐藏线方式显示；选择“默认”命令将以当前系统显示状态显示。选择“消隐”命令将以消隐方式显示。

由于其他二者的显示效果不明显，所以选择了消隐视图方式下的“隐藏线”方式。我们在视图操作中已经讲解了多视图、单视图显示控制，此处讲解了单个元件显示控制。

如果选择“所选视图”命令，则在选中视图中操作；如果选中“这个页面”命令，则当前页面中所有该对象都将同样处理；如果选中“所有视图”命令，则全部视图的元件都将同样处理。这3个命令是通用的。

仍然使用上面的例子，遮蔽结果如图3-46所示。

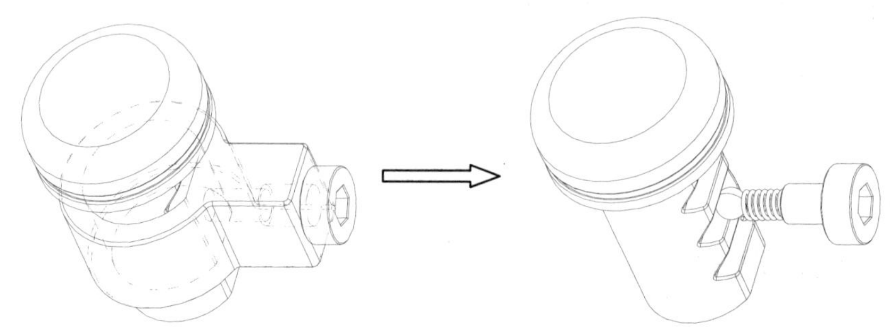

图3-46　元件遮蔽

（1）仍然单击“元件显示”按钮，系统弹出“成员显示”菜单管理器。

（2）选择“遮蔽”命令，系统提示选择装配元件。

（3）选择常规视图中的元件，确定即可。

如果要重新显示，重复上面的步骤（1）、（2），选择“取消遮蔽”命令，然后在需要恢复的视图上单击，系统将显示被遮蔽的对象，选中并确定即可。

仍然使用上面完成的第1个例子，具体控制元件隐藏线类型的操作步骤如图3-47所示。

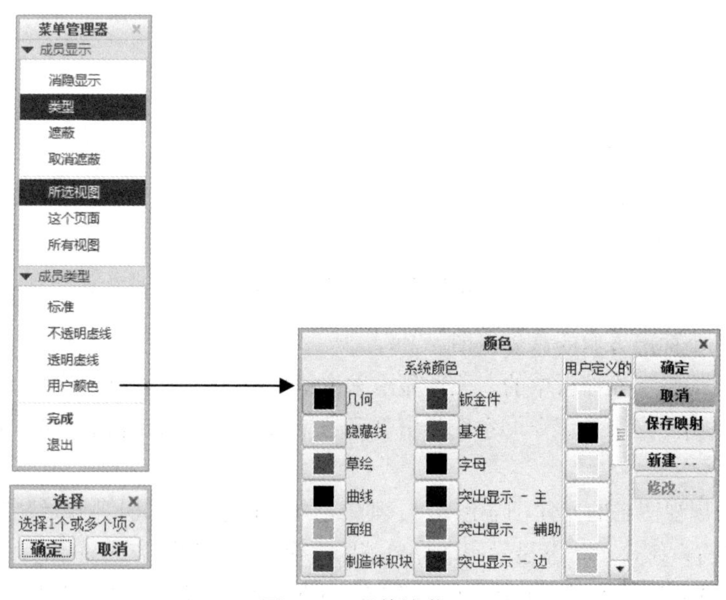

图3-47　元件遮蔽

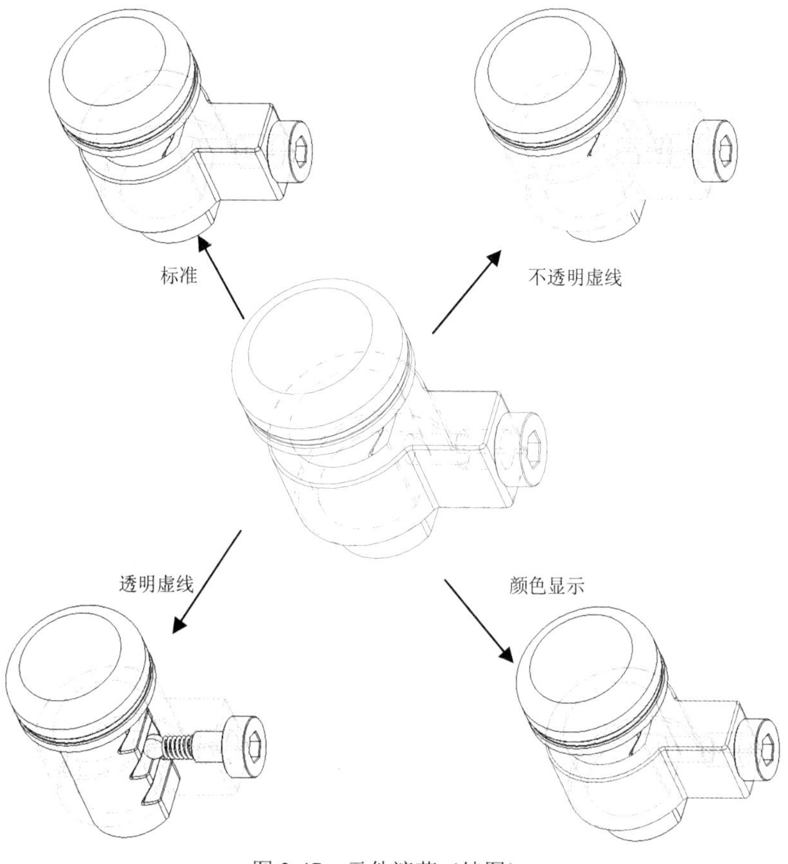

图 3-47 元件遮蔽（续图）

（1）打开“成员显示”菜单管理器。

（2）选择“类型”命令，系统要求选择需要的元件。

（3）选择上例选中的元件并确定后，系统弹出“成员类型”菜单。其中：

1）标准：以实线显示隐藏线。

2）不透明虚线：用不透明虚线显示隐藏线。

3）透明虚线：用透明虚线显示隐藏线。

4）用户颜色：弹出“颜色”对话框，从中选择或者新建颜色即可。

在此选择一种消隐显示类型。

（4）重复上面的隐藏显示操作，选择“完成”命令即可。

4

工程图草绘

工程图模块中的草绘与草绘模块及零件模块中的草绘十分相似，虽然很容易掌握，但应着重注意二者之间的区别。在本章中将详细介绍工程图模块中的草绘环境、优先选项、图元功能以及图元编辑工具等内容。

4.1 概述

要详细了解工程图草绘功能，首先必须了解草绘的目的及其与手工绘图时操作之间的差别，然后再学习工程图草绘与其他模块下草绘的区别。

4.1.1 不同模块下草绘的作用

Creo Parametric 是基于特征的实体造型软件，所有特征都是围绕二维草绘图形产生三维实体的，因此，草绘图形成为构建三维实体的基本要素。如果读者已经学习了三维建模操作，那么对于草绘模块及零件模块中的草绘功能应当已经相当熟悉。

零件模式、草绘模式和工程图模式下的草绘功能有以下区别：

（1）零件模式下的草绘功能只能绘制实体轮廓，而不能涉及其他方面的内容。

（2）工程图模式下的草绘功能与 AutoCAD 等传统软件的绘图目的相同，既可以完成视图绘制，也可以完成一些简单的线条绘图工作。但是，工程图中的草绘对象不能转换为零件模式中要求的轮廓图，而只能作为平面图元。另外，零件模式中的实体投影线可以在工程图模式下转换为其所需要的图元。

（3）草绘模式下的草绘功能则比较灵活，它可以绘制零件和工程图模式要求的对象，并以导入的方式插入到这两个对象中。但是唯一有缺陷的是，草绘功能独立于零件模式和工程图模式，所以它所绘制的对象只有在进行关联处理后才能与二者动态关联；否则只是一些单独的图元对象。

Creo Parametric 在工程图模块中提供的二维草绘功能，可以绘制一些直线、圆弧、圆及其他类型的二维几何图元。绘制这些图元的许多菜单、图标和方法类似于草绘模式，因此用户很容易掌握这些草绘的创建方法。但是，对于 3 种模式下的草绘工具来说，其内容及表现形式有所不同。

如图 4-1 所示，从上到下依次是草绘模块、零件模块和工程图模块中的“草绘”操控板。三者之间的很多命令，包括名称、功能及操作都相同，但工程图模块中的草绘功能相对而言是对视图操作的补充，因此少了一些工具。即使其中有些同名的工具也发生了变化。例如，在零件模式下，“圆”工具包括圆、同心圆等，而工程图模式下则将其单独列出来，且只有 3 种：圆、构造圆和椭圆。另外，工程图中增加了倒角工具和修剪工具。

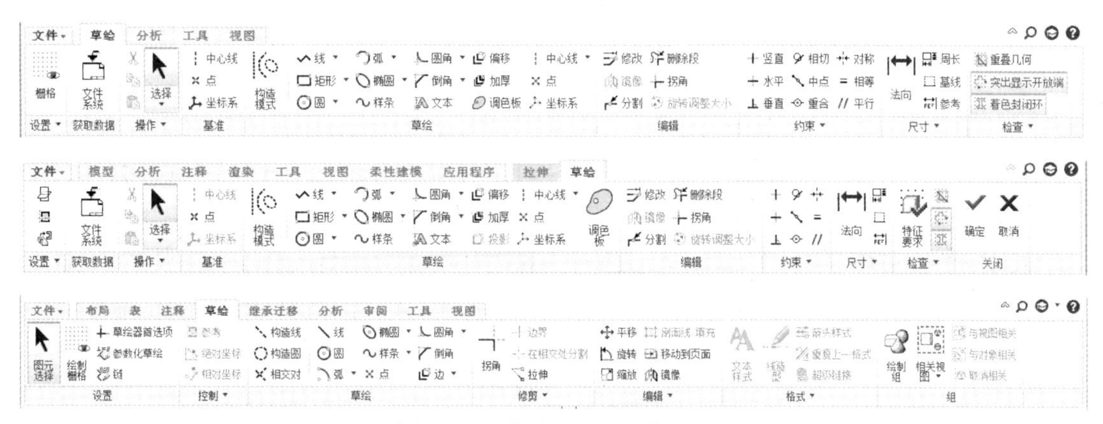

图 4-1 “草绘”操控板的对比

读者在学习的过程中要时刻注意比较，从中揣摩其区别及原因，做到心中有数。这样在绘图的过程中才能快速选择及使用。

4.1.2 工程图草绘与手工草绘之间的关系

实际上，任何计算机绘图工具都是用来取代手工绘图工具的，而且，由于计算机的天然属性，其效率方面的工具也必不可少。下面结合手工绘图操作，分析一下工程图草绘工具的可能性及对照性。

（1）图板。如图 4-2 所示，主要用来固定图纸。它一般是用胶合板制成，板面光滑平整，4 个边由平直的硬木镶边，其左侧边称为导边。常用的图板规格有 0 号、1 号和 2 号。与此对应，工程图草绘工具必须提供绘图区，并且有相应的幅面图纸。

（2）绘制直线工具。

1）丁字尺。如图 4-3（a）所示，有木质和有机玻璃两种。它由相互垂直的尺头和尺身组成。使用时，左手扶住尺头，将尺头的内侧边紧贴图板的导边，上下移动丁字尺，自左向右，可画出不同位置的水平线。

2）三角板。如图 4-3（b）所示，一般由有机玻璃制成，可与丁字尺配合使用画垂直线和倾斜线。一副三角板有 30°×60°×90°和 45°×45°×90°两块。

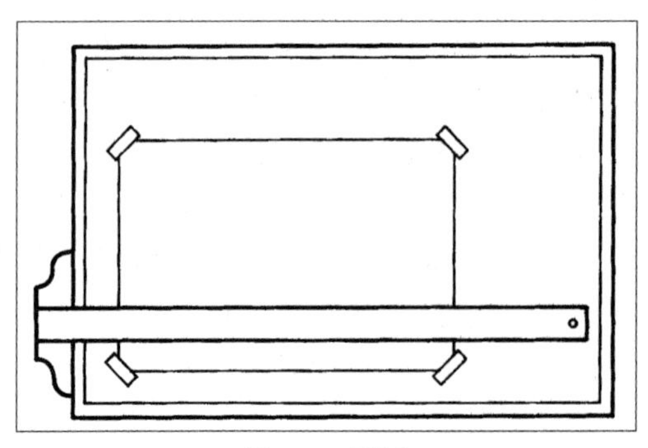

图 4-2　图板

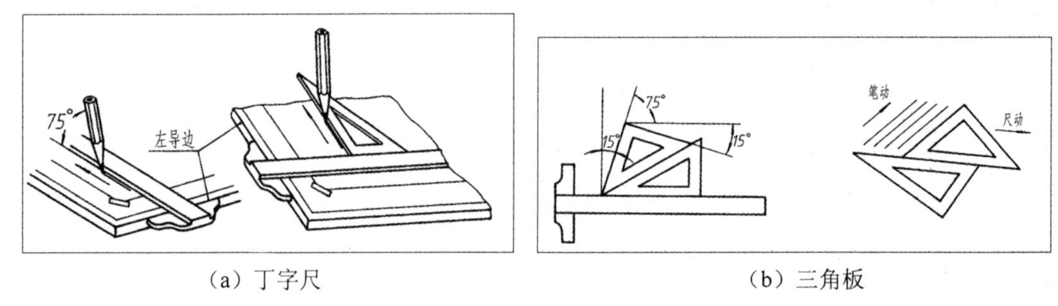

（a）丁字尺　　（b）三角板

图 4-3　直线工具

与此对应，工程图绘图工具应该提供直线绘图工具。而且由于没有手工绘图灵活，所以线型工具也是必需的。另外，为了形成不同角度的直线，可以采用几何约束工具。

（3）比例尺。如图 4-4 所示，比例尺常为木质三棱柱体，也称为三棱尺。在三面刻有 6 种不同的比例刻度。绘图时应根据所绘图形的比例选用相应的刻度，直接进行度量，无须计算。与此对应，工程图工具应该提供比例工具，一般为“缩放旋转”工具。

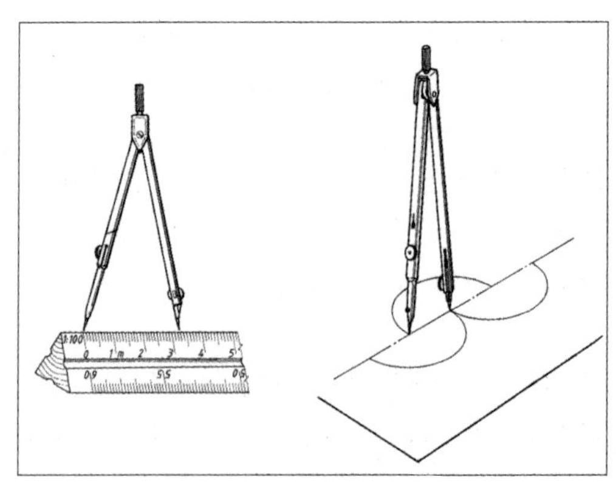

图 4-4　比例尺与分规

（4）分规。如图 4-4 所示，其两腿均装有钢针，当两脚合拢时，两针尖应合成一点。它主要用于量取尺寸和截取线段。与此对应，工程图工具应该提供动态裁剪工具，一般为“缩放旋转”工具。

（5）圆规。如图 4-5 所示，用于绘制圆弧和圆。与此对应，工程图工具应该提供圆工具和圆弧工具。

（6）曲线板。如图 4-6 所示，它是绘制非圆曲线的常用工具。画线时，先徒手将各点轻轻地连成曲线，但每段都不要全部描完，至少留出后两点间的一小段，使之与下段吻合，以保证曲线的光滑连接。与此对应，工程图工具应该提供样条曲线工具。

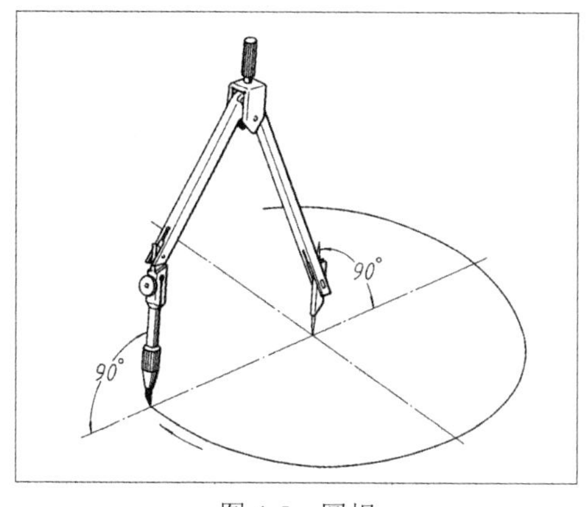

图 4-5　圆规

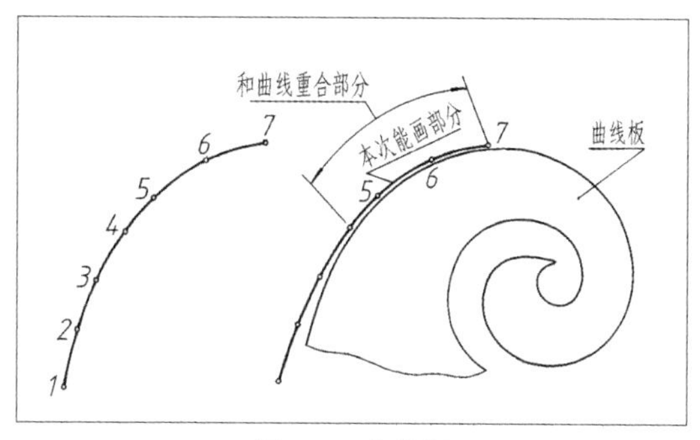

图 4-6　曲线板

（7）铅笔。如图 4-7 所示，它是用来手工绘图的绘图工具。削铅笔时，应从没有标号的一端削起，以保留铅芯硬度的标号。铅笔常用的削制形状有圆锥形和矩形。圆锥形用于画细线和写字，矩形用于画粗实线。与此对应，工程图工具应该提供线型工具。如果用于写字，还必须提供字体样式工具。

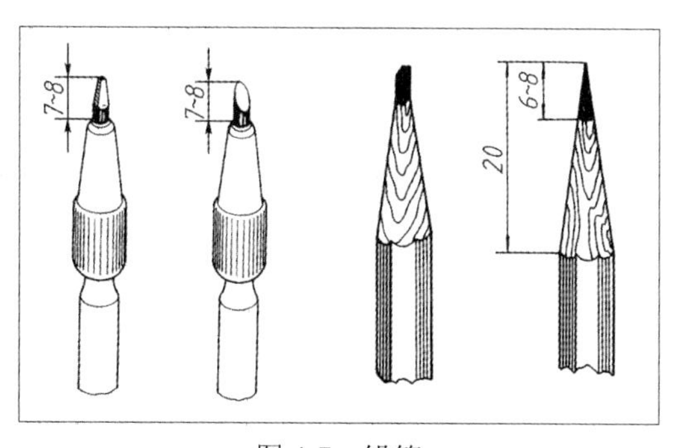

图 4-7　铅笔

（8）擦线板，用于擦拭不必要的线条和文字。在工程图绘图中，经常由于各种操作而产生“垃圾线条”和“垃圾点”，因此必须时常进行更新。与 AutoCAD 类似，Creo Parametric 工程图模块提供了重画、重生成工具，用来刷新屏幕。

4.2 草绘工具基础

进入工程图模式后，就可以使用草绘工具了。用户可以使用基本绘图工具，也可以使用一些专门的效率工具，如选择对象用的智能过滤器、比例设置工具等。

4.2.1 草绘的基本工具

建立工程图文件并进入工程图模式后，草绘环境同时启动。工程图界面如图 4-8 所示。

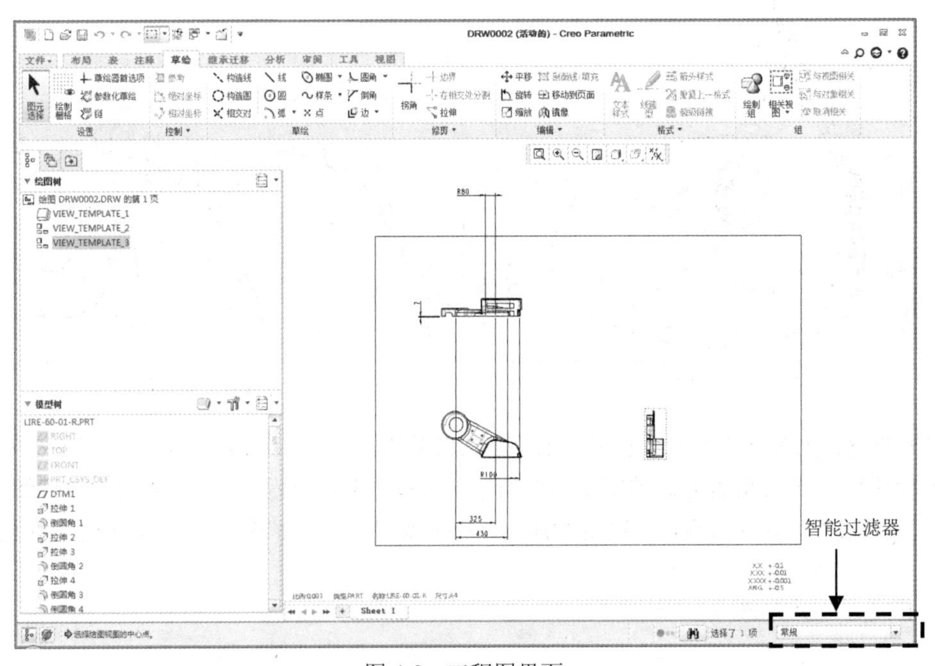

图 4-8 工程图界面

“草绘”操控板包括主要的草绘命令，包括圆角、直线、圆、圆弧、样条曲线、点、倒角等。这些草绘命令的功能与零件模式下草绘环境中的命令基本相同。

Creo Parametric 提供用于辅助选取图元的“智能过滤器”工具，该工具位于状态栏上，如图 4-9 所示就是该工具及其可选项目类型。通过过滤器可以缩小可选项目类型的范围，利用这一点可以更轻松、快捷地选取图元。

常规
注释
弧
倒角
圆
构造对象
绘制图元
绘制剖面线
绘图视图
边
椭圆
圆角
直线
点
样条
常规

图 4-9 过滤器及其可选类型

4.2.2 草绘器优先选项

在工程图模块中提供了对草绘环境的设置功能。用户可以根据个人要求，通过相应选项，对一些捕捉属性和草绘方式等进行设置，使之更好地符合自己的工程设计习惯。这些选项集中在“草绘首选项”对话框中。

单击“设置”操控板中的“草绘器首选项”按钮，可以打开如图 4-10 所示的“草绘首选项”对话框。

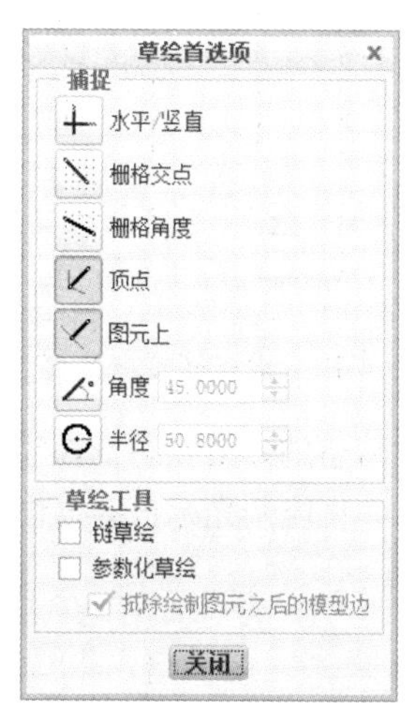

图 4-10 “草绘首选项”对话框

在“草绘首选项”对话框中分为“捕捉”和“草绘工具”两部分。“捕捉”中的选项用于设置绘图环境下的捕捉属性，如捕捉水平/垂直状态、捕捉到设置的角度等；“草绘工具”中的选项用于设置激活链草绘或参数化草绘等草绘方式。

下面详细介绍各自的功能。

（1）水平/竖直：用于设置捕捉水平或垂直状态。如图 4-11 所示，在绘制过程中，如果设置捕捉水平/竖直，则在图元绘制过程中有相应提示；否则没有提示。

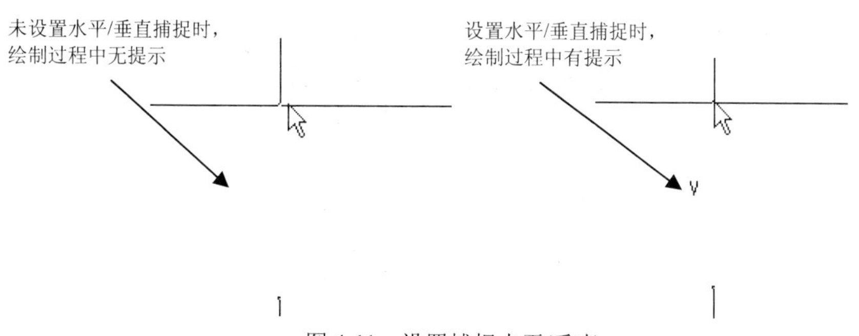

图 4-11 设置捕捉水平/垂直

（2）栅格交点：用于设置捕捉网格点。如图 4-12 所示是一个锁杆的草图，在绘制过程中，如果设置捕捉栅格交点，则在图元绘制过程中，所有端点都必须落在栅格交点上，否则没有限制。

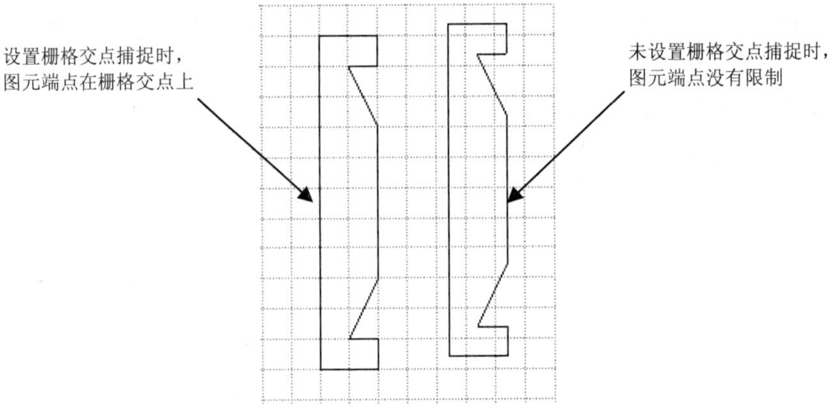

设置栅格交点捕捉时，
图元端点在栅格交点上
未设置栅格交点捕捉时，
图元端点没有限制

图 4-12　设置捕捉栅格交点

（3）栅格角度：用于设置捕捉网格的倾斜状态。在绘制过程中，如果设置捕捉栅格角度，则当光标接近与栅格 X 或 Y 轴平行时，将控制光标自动定位到与网格 X 轴或 Y 轴平行的方向上，如图 4-13 所示。

垂直平行栅格
水平平行栅格

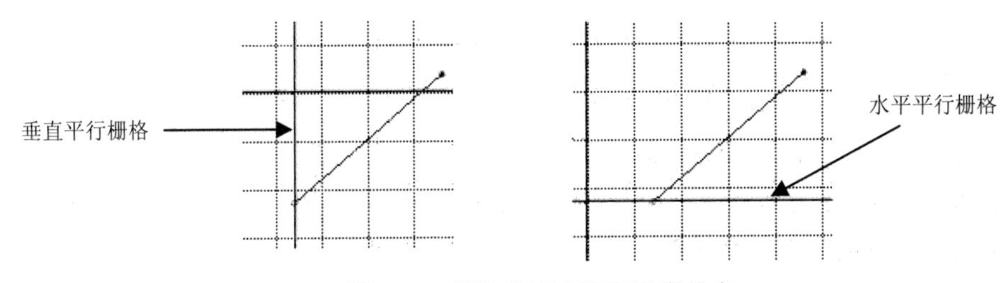

图 4-13　栅格角度水平和垂直状态

（4）顶点：用于设置捕捉图元的端点。如图 4-14 所示，在绘制过程中，如果设置捕捉顶点，则当光标接近参照图元的端点时，将控制光标自动定位到参照图元的端点上。

未设置顶点捕捉时，
不自动定位
设置顶点捕捉时，
自动定位到端点

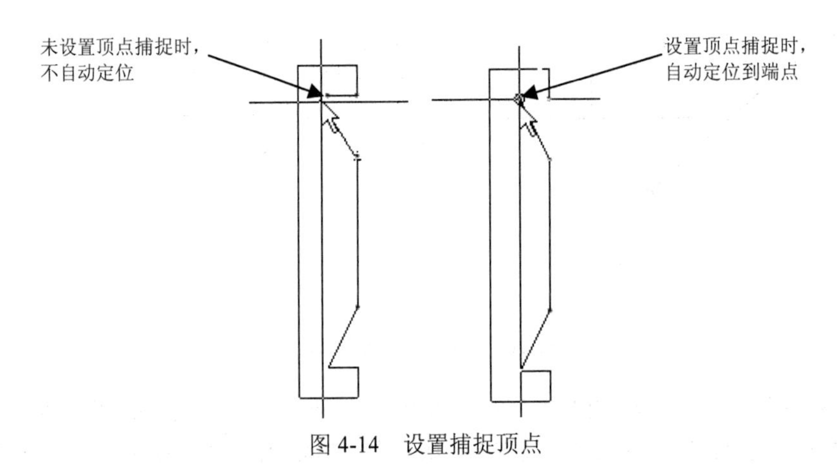

图 4-14　设置捕捉顶点

（5）图元上：用于设置捕捉已有的图元。如图 4-15 所示，在绘制过程中，如果设置捕捉图元，则当光标接近参照图元时，将控制光标自动定位到参照图元上。

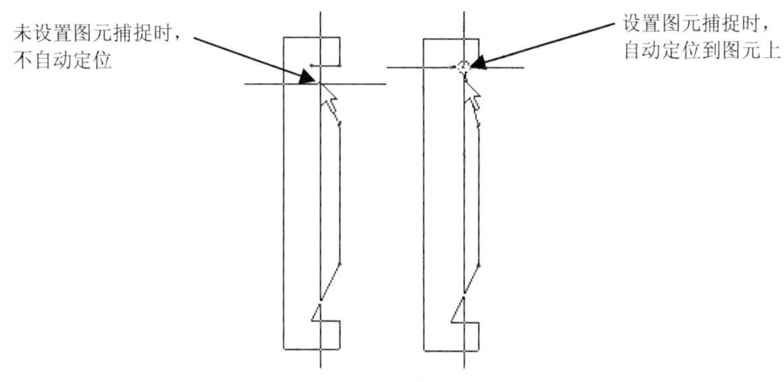

图 4-15　设置捕捉图元

（6）角度：用于设置捕捉到设定的角度值。如图 4-16 所示，在绘制过程中，如果设置捕捉角度，则当光标与栅格 X 轴或 Y 轴夹角接近设定角度值时，将控制光标自动定位到该方向上。此时可以在对话框中输入角度来决定其捕捉角度值。

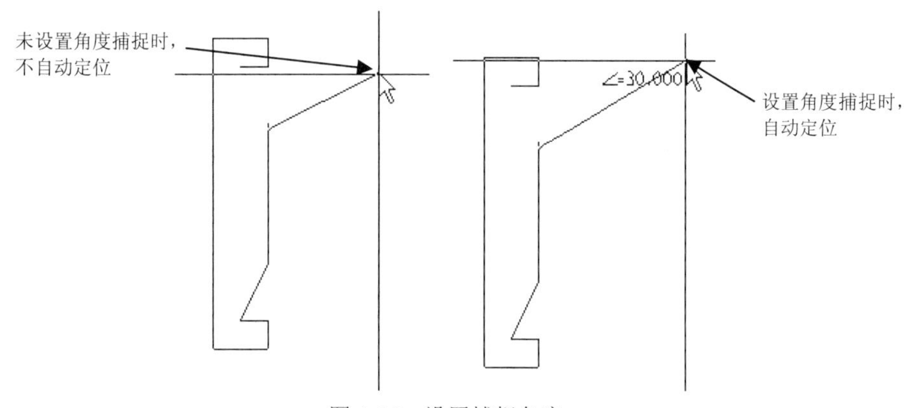

图 4-16　设置捕捉角度

（7）半径：用于设置捕捉到设定的半径值。如图 4-17 所示，在绘制过程中，如果设置捕捉半径，则当圆接近设定半径值时，将控制光标自动定位到设定半径值上。此时可以在对话框中输入半径来确定其捕捉半径值。

（8）链草绘：草绘过程中自动链接图元。启用链草绘后，在图元绘制过程中，一个图元的终点会自动充当下一个图元的起点，直到单击鼠标中键退出链。草绘链创建完成后，可以分别编辑或删除单独的图元。

如图 4-18 所示的锁杆截面图形由 10 条线段组成。如果不启用链草绘，则每条线段绘制后自动终止，这 10 条线段均需要单独绘制，鼠标需要单击 20 次；如果启用链草绘，则绘制完一条线段后并未终止，出现一个小黄色正方形指示链接继续进行的点，可以继续绘制，直至单击鼠标中键完成，鼠标只需要单击 11 次。

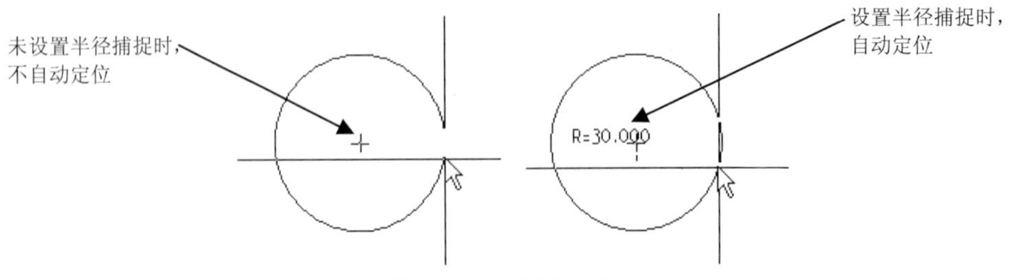

图 4-17 设置捕捉半径

（9）参数化草绘：可以为正在绘制的图元添加参照，使其与模型几何或其他绘制图元相关，对其参照所做的更改将导致绘制几何发生变化。被参照的对象称为“父项”，关联后的图元只能随父项的移动而移动，不能在不受参照图元约束的情况下移动。

如图 4-18 所示的锁杆截面图形最底下的一条线段，如果是不启用参数化草绘而直接绘制完成的，则移动相邻线段时，刚绘制的线段位置并不发生变化；如果绘制前启用参数化草绘，系统打开如图 4-19 所示的“参考”对话框，添加相邻的线段作为参照，绘制时二者相互垂直，则在移动相邻线段时，刚绘制的线段位置会动态更新。

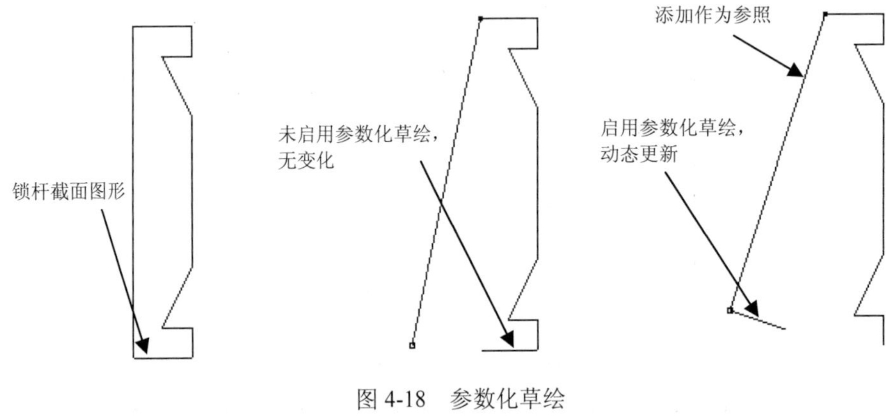

图 4-18 参数化草绘

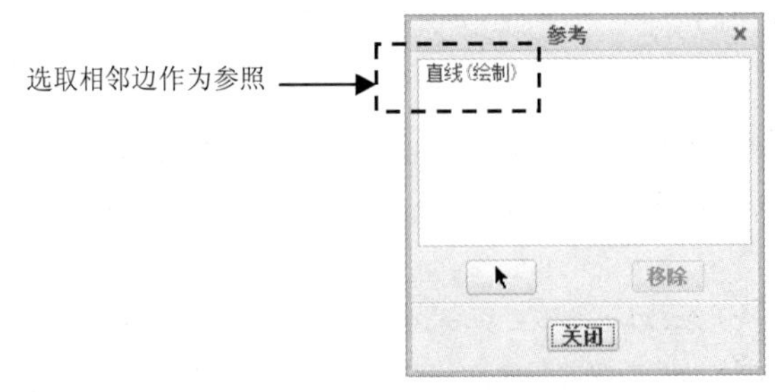

图 4-19 “参考”对话框

与启用链草绘和启用参数化草绘命令相对应的图标按钮，是“设置”操控板中“链”和“参数化草绘”两个命令按钮。

4.3 草绘

通过对工程图模块的分析，笔者将其中的草绘总结为以下 4 种方式：

（1）单个图元的绘制。

（2）连续图元的绘制，即启用链草绘。

（3）图元之间的参数化关联绘制。

（4）使用模型的边线创建草绘图元。在“草绘”操控板中选择“边”命令，可以使用一个模型边来创建草绘图元，创建后系统自动将其和视图关联起来。拭除或删除该视图时，系统自动将附着在它上面的所有使用的边线一起拭除或删除，也可通过命令使其独立于该视图。

总结草绘的大致流程如下：

（1）选取一个绘图命令。

（2）系统出现如图 4-20 所示的“捕捉参考”对话框，通过对话框中的“选取”按钮，为将要绘制的图元手动添加参照。

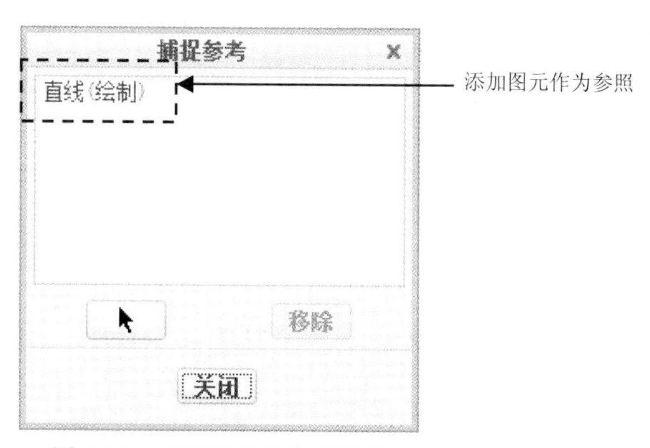

图 4-20 “捕捉参考”对话框

（3）按照绘制图元的要求，在屏幕绘图区中进行相应操作，创建图元。

在操作过程中移动鼠标指针时，系统根据参照，捕捉可以添加的相等、垂直、平行等约束并将其显示，通过这些约束可以辅助图元的创建。在图元绘制的过程中，完成的图元自动出现在“捕捉参考”对话框中，作为以后绘制图元的参照。

此外，进行图元绘制时，根据绘制图元不同，在如图 4-21 所示的右键快捷菜单中会出现输入“角度”、“绝对坐标”、“相对坐标”等选项，辅助图元的创建。

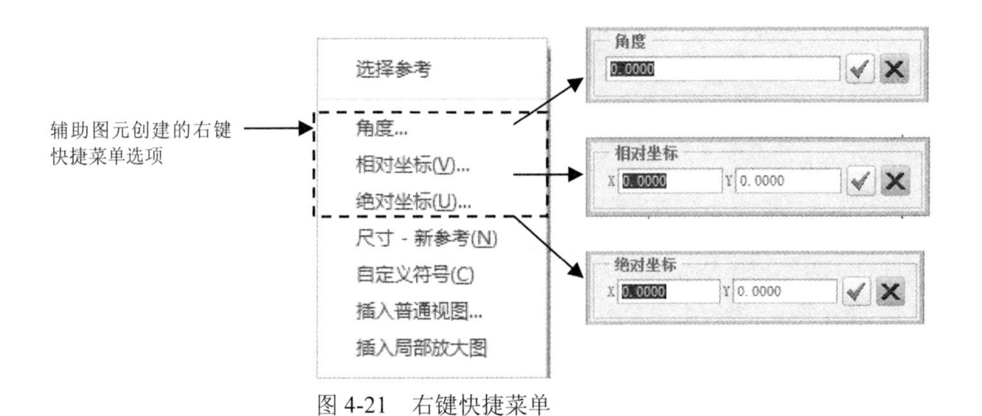

图 4-21　右键快捷菜单

4.3.1　选择项目

在“设置”操控板中单击“图元选择”按钮，可以选择已经绘制完成的图元进行操作，一次选取一个项目，按住 Ctrl 键后可以一次选取多个项目。当鼠标指针移动到图元上方时，系统进行预选，图元变为紫红色；当单击选中后，则图元变为暗红色。配合智能过滤器的使用，用户可以更轻松、快捷地选取图元。

另一种选择项目的方式比较复杂，但是更加灵活，如图 4-22 所示，位于“快速访问”工具栏中。从中设置选择区域的方式，如矩形框方式、多边形内部（任意封闭区域）等。如果选中“在框内”方式，则只要有部分内容在选框内，则整个对象被选中。在图形区所需位置单击，然后拖动鼠标构造矩形或者封闭区域，选择对象即可。

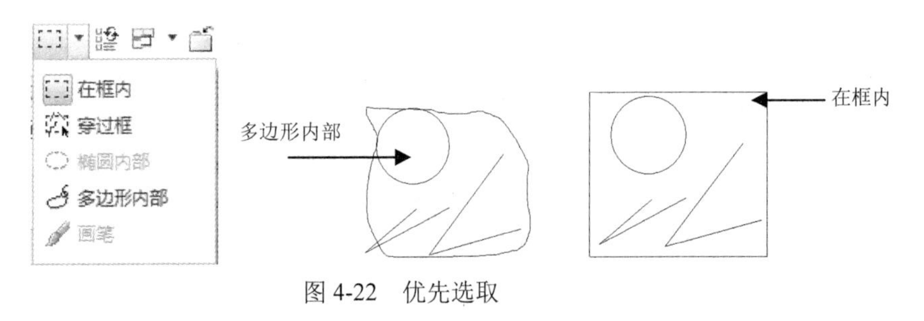

图 4-22　优先选取

4.3.2　直线

直线的绘制非常简单，只要确定直线的起点和终点，就可以完成直线的绘制。但是，对于 Creo Parametric 这种参数化软件而言，其高明之处就在于矢量化处理，它随时可以根据几何约束关系进行预判断，并得到适当的结果。

直线有两种：直线段（以下简称直线）和构造线。直线段长度有限，构造线就是无限延伸的直线段，线型是双点划线。

1. 直线

在“草绘”操控板中单击“线”按钮╲，系统提示选取起始点和终止点，在工作区中单击以确定起始点，再在合适位置单击确定终止点即可完成直线的绘制。

主要绘制种类有以下几种：

（1）过两点绘制直线。选择“线”命令，然后直接选取两点即可完成，如图 4-23 所示。

（2）绘制相互平行线。绘制一条与选定直线平行的直线。先选取一条直线作为捕捉参照，接着在合适位置单击以确定直线的起始点，移动鼠标，当出现平行标记时，单击确定终止点即可完成，如图 4-24 所示。

图 4-23　两点绘制直线　　　　图 4-24　绘制平行直线

（3）绘制相互垂直线。绘制一条与选定直线垂直的直线。先选取一条直线作为捕捉参照，接着在合适的位置单击以确定直线的起始点，移动鼠标，当出现垂直标记时，单击确定终止点即可完成，如图 4-25 所示。

（4）绘制相切线。绘制一条与选定圆弧相切的直线。先选取一圆弧作为捕捉参照，接着在合适的位置单击以确定直线的起始点，移动鼠标，当出现垂直标记时，单击确定终止点即可完成，如图 4-26 所示。

图 4-25　绘制垂直直线　　　　图 4-26　绘制相切直线

（5）绘制水平线。在合适的位置单击以确定直线的起始点，水平移动鼠标，当出现水平标志时，单击确定终止点即可完成，如图 4-27 所示。

（6）绘制竖直线。在合适的位置单击以确定直线的起始点，竖直移动鼠标，当出现竖直标志时，单击确定终止点即可完成，如图 4-28 所示。

2. 构造线

构造线是用于定位和辅助创建其他几何图元的直线，在屏幕上以浅灰色虚线型显示。构造线的绘制与直线的绘制方式相同，只不过构造线没有终点而已。

构造线的绘制有以下两种方式：

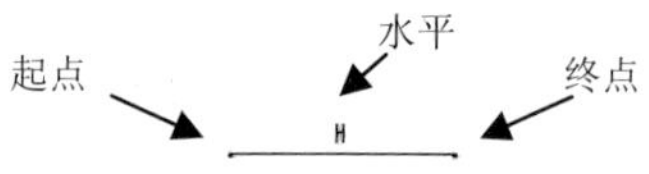

图 4-27　绘制水平线

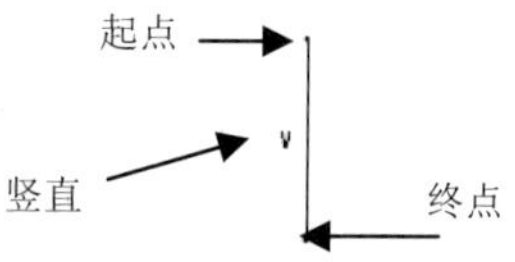

图 4-28　绘制竖直线

（1）单一构造线的绘制。

在“草绘”操控板中单击“构造线”按钮，只要确定直线上的两个点，就可以完成构造线的绘制，如图 4-29 所示。

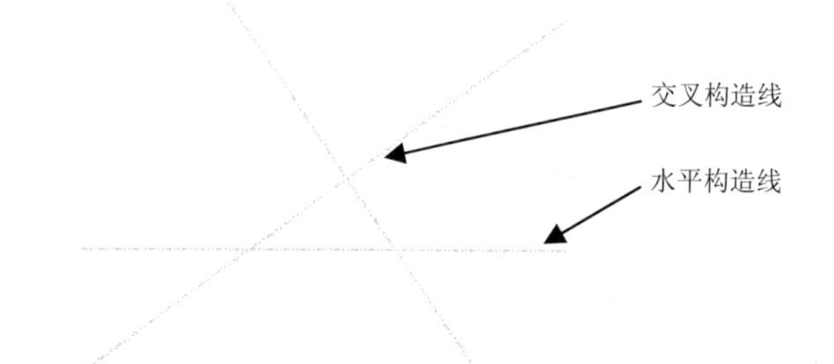

图 4-29　选取构造线命令及生成的构造线

（2）交叉构造线的绘制。

在“草绘”操控板中单击“相交对”按钮，用于同时生成相互垂直的两条构造线。

当单击“设置”操控板中的“图元选择”按钮选择创建的直线时，其周围会出现控制点。当鼠标指针移动到控制点附近时，光标会变成表示可移动的状态，拖动时会动态改变其位置或大小，以修改完成的直线。

4.3.3　圆及其修改

圆工具有 3 种：圆、构造圆和椭圆。

工程图模块中圆的绘制方式与草绘模块中圆的绘制方式相比，只有一种方式，只要确定圆心和半径即可完成圆的绘制。

1. 圆

在“草绘”操控板中单击“圆”按钮，在工作区中单击以确定圆心点并移动鼠标，在合适位置单击即可完成圆的绘制。

主要绘制方法有以下两种：

（1）通过圆心和圆上一点绘制圆。在合适的位置单击以确定圆心，然后移动鼠标来调整圆的大小，最后单击鼠标左键就可以创建一个圆，如图 4-30 所示。

（2）绘制同心圆。绘制一个与选定圆同心的圆。先选取一个圆作为捕捉参照，在捕捉到的参照圆的圆心位置单击以确定圆心，然后移动鼠标来调整圆的大小，最后单击鼠标左键就可以创建一个同心圆，如图 4-31 所示。

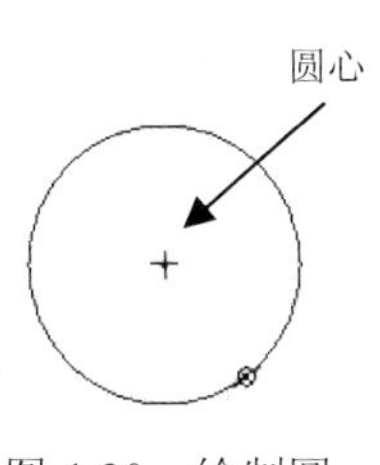

图 4-30 绘制圆

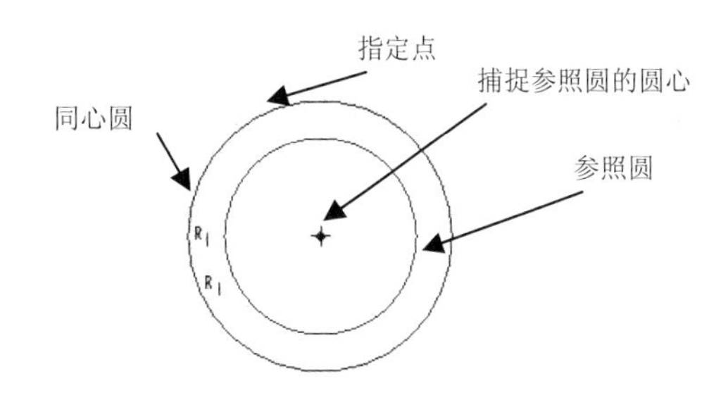

图 4-31 绘制同心圆

2. 构造圆

构造圆同构造线一样，用于定位和辅助创建其他几何图元的直线，在屏幕上以浅灰色虚线型显示。构造圆的绘制与圆的绘制方式相同，只是线型不同。

在“草绘”操控板中单击“构造圆”按钮，在工作区中单击圆心点并移动鼠标，在合适位置单击即可完成构造圆的绘制，如图 4-32 所示。

3. 椭圆

椭圆的绘制有以下两种方式：

（1）根据椭圆的中心和长轴端点进行绘制。

在“草绘”操控板中单击“中心和轴椭圆”按钮，在工作区中单击椭圆中心点，再单击一个长轴的端点，移动鼠标调整椭圆的大小，在合适位置单击即可完成椭圆绘制。

（2）根据椭圆的长轴端点进行绘制。

在“草绘”操控板中单击“轴端点椭圆”按钮，在工作区中单击椭圆一个长轴的端点，再单击长轴的另外一个端点，移动鼠标调整椭圆的大小，在合适位置单击即可完成椭圆的绘制。

当使用“图元选择”按钮选择圆或椭圆时，其中心和周围会出现如图 4-33 所示的控制点。当鼠标指针移动到控制点附近时，光标会变成表示可移动或可调整大小的状态，拖动时会动态改变其位置或大小，以修改完成的圆或椭圆。

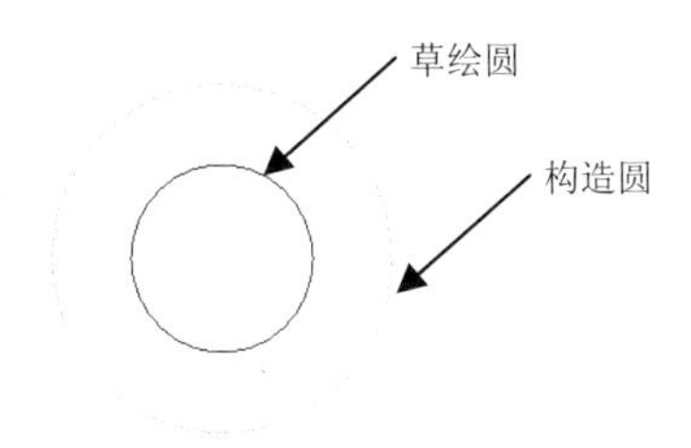

图 4-32 选取构造圆

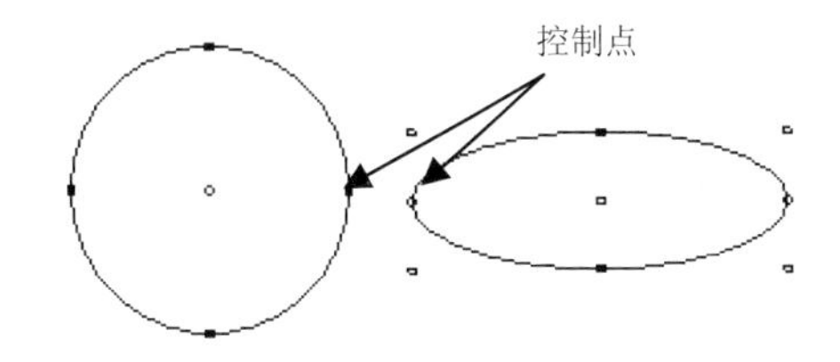

图 4-33 圆和椭圆被选中时出现的控制点

4.3.4 圆弧及其修改

工程图模块中，圆弧的绘制方式与草绘模块中圆弧的绘制方式不同，只有两种方式。

（1）通过 3 点或相切端创建圆弧。

如图 4-34 所示，在“草绘”操控板中单击“弧”子菜单的“3 点/相切端”按钮，在工作区中单击以确定圆弧的两个端点并移动鼠标，在合适位置单击确定圆弧上的另一点即可完成圆弧的绘制。

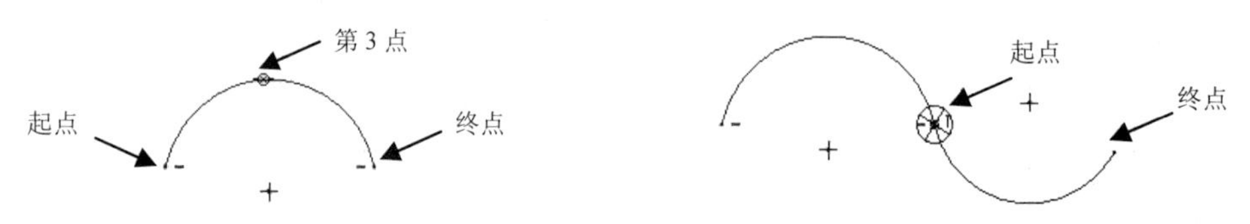

图 4-34　创建圆弧

（2）通过中心和端点创建圆弧。

在“草绘”操控板中单击“弧”子菜单的“圆心和端点弧”按钮，在工作区中单击以确定圆弧的中点，再指定圆弧的起点和终点即可完成圆弧的绘制，如图 4-35 所示。

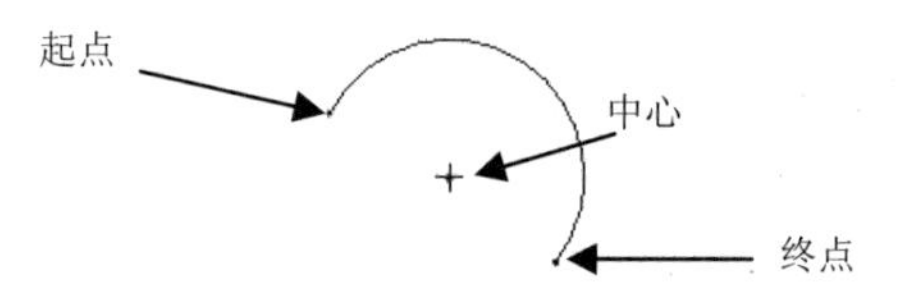

图 4-35　通过中心和端点创建圆弧

需要绘制一个与选定圆或圆弧同心的圆弧时，先选取圆或圆弧作为捕捉参照，在捕捉到的参照圆的圆心位置单击以确定圆弧圆心，再指定圆弧的起点和终点即可完成同心圆弧的绘制，如图 4-36 所示。

当单击“图元选择”按钮，选择绘制完成的圆弧时，其中心和周围会出现如图 4-37 所示的控制点。当鼠标指针移动到控制点附近时，光标会变成表示可移动或可调整大小的状态，拖动时会动态改变其位置或大小，以修改完成的圆弧。

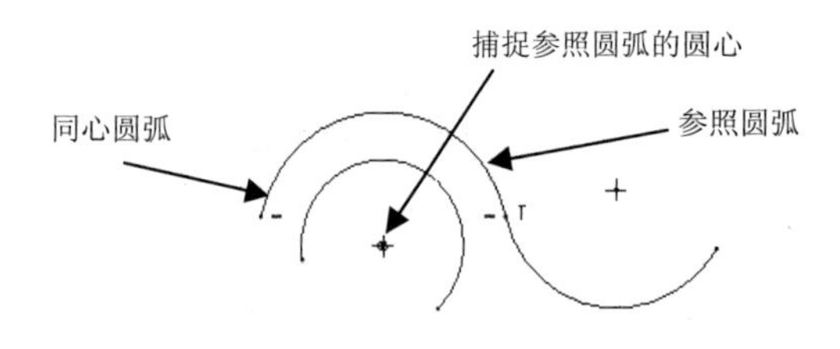

图 4-36　绘制同心圆弧

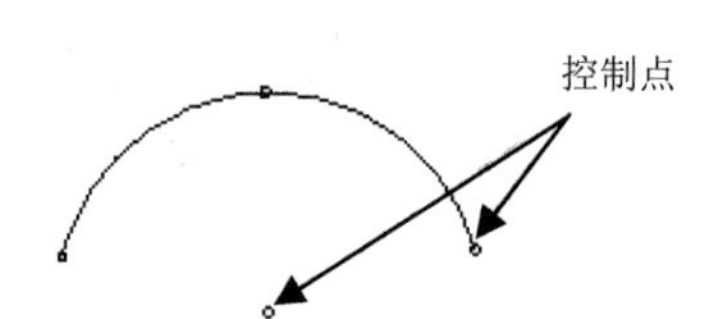

图 4-37　圆弧被选中时出现的控制点

4.3.5　圆角及其修改

工程图模块中提供了两种倒圆角方式：通过 2 个图元的圆角和通过 3 个图元的圆角。

（1）创建与 2 条边相切的圆角。

如图 4-38 所示，在“草绘”主菜单中选取“圆角”子菜单的“2 相切圆角”命令，或在“绘图草绘器工具”工具栏中单击“圆角”按钮，在工作区中按住 Ctrl 键，单击选择 2 个图元，即可完成圆角的创建。

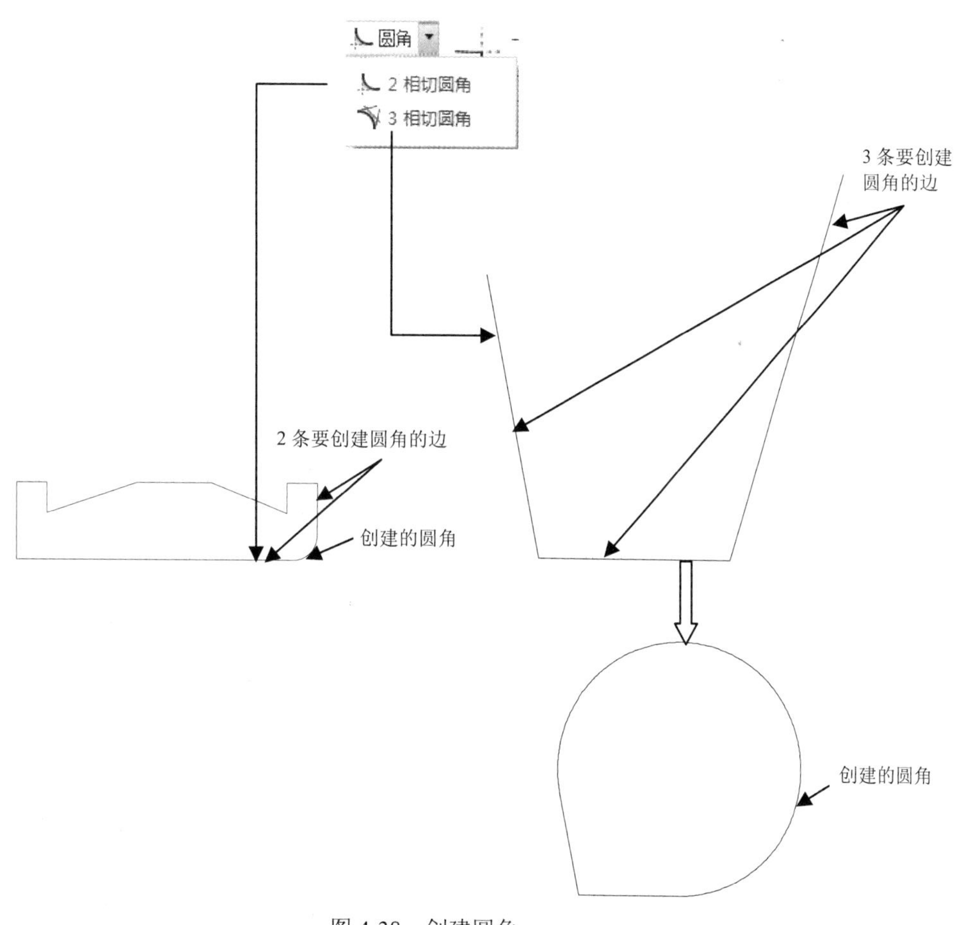

图 4-38 创建圆角

（2）创建与 3 条边相切的圆角。

在“草绘”主菜单中选取“圆角”子菜单的“3 相切圆角”命令，或在“绘图草绘器工具”工具栏中单击“圆角”按钮，在工作区中按住 Ctrl 键，单击选择 3 个图元，即可完成圆角的创建，如图 4-38 所示。

当单击“图元选择”按钮选择圆角时，其中心和周围会出现如图 4-39 所示的控制点。

在使用参数化草绘时，使用右键快捷菜单的“尺寸”→“新参考”命令，可以打开如图 4-40 所示的“圆角属性”对话框，在其中修改圆角的半径、圆角边、是否修剪及修剪属性等。

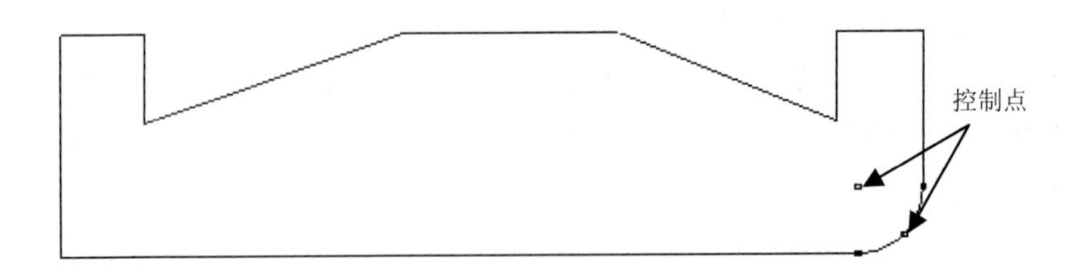

图 4-39　圆角被选中时出现的控制点

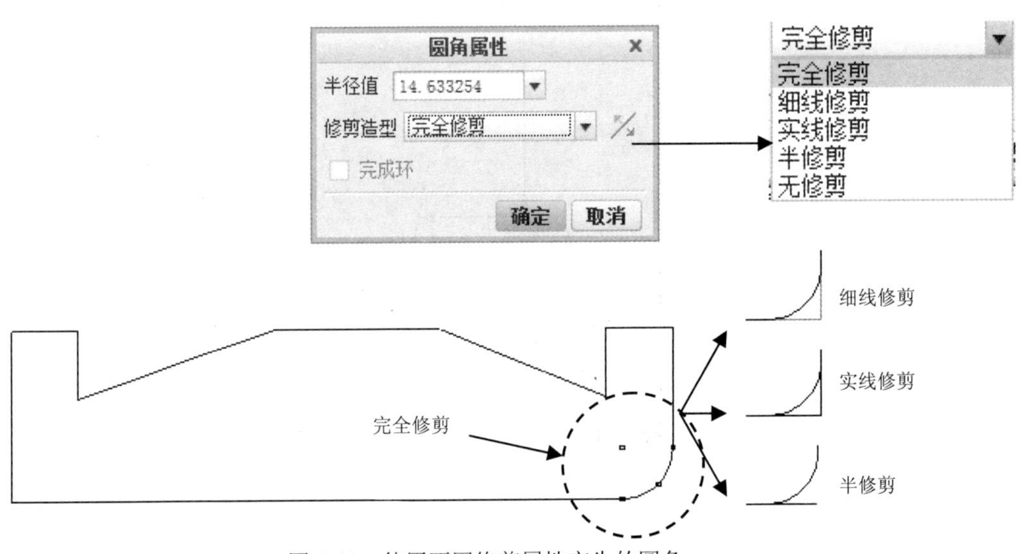

图 4-40　使用不同修剪属性产生的圆角

4.3.6　样条曲线及其修改

样条曲线是形状比较自由的曲线，它通过所选择的点，以插值或拟合的方式建立光滑曲线。如图 4-41 所示，在“草绘”操控板中单击“样条”按钮，在工作区中依次单击确定样条曲线要经过的点，最后单击鼠标中键结束操作，即可完成样条曲线的绘制，如图 4-41 所示。

图 4-41　绘制的样条曲线

当单击“图元选择”按钮选择样条曲线时，其周围会出现如图 4-42 所示的控制点。当鼠标指针移动到控制点附近时，光标会变成表示可移动的状态，拖动时会动态改变其位置或大小，以快速修改完成的样条曲线。

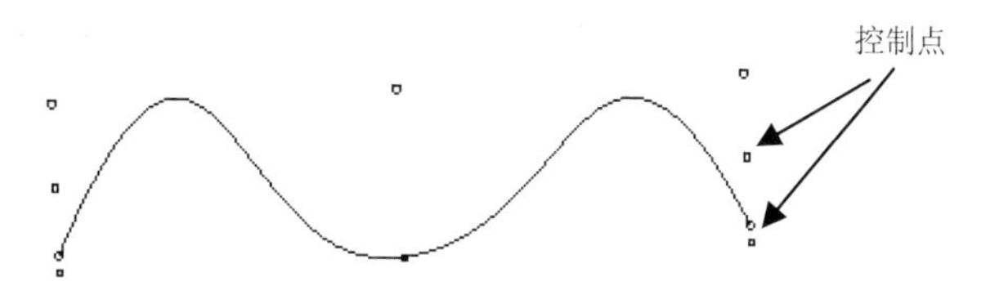

图 4-42 样条曲线被选中时出现的控制点

使用右键快捷菜单中的“编辑样条”命令，或者单击“草绘”操控板中的“编辑样条”按钮，可以打开如图 4-43 所示的“修改样条”菜单，可对样条曲线进行更为详细的修改操作。

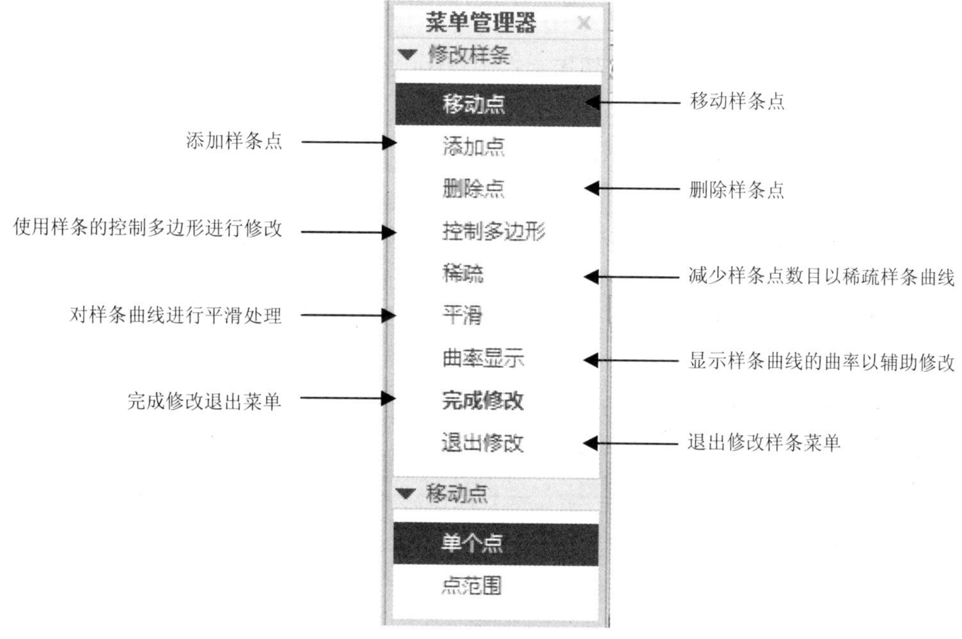

图 4-43 “修改样条”菜单及其功能注释

如图 4-44 所示是为样条曲线添加的控制多边形。控制多边形起始和终止在样条的起点和终点处，中间段与样条保持相切，是修改样条形状的可视性辅助手段之一。在要移动的控制点上按住鼠标左键拖动，这样可调整曲线形状。

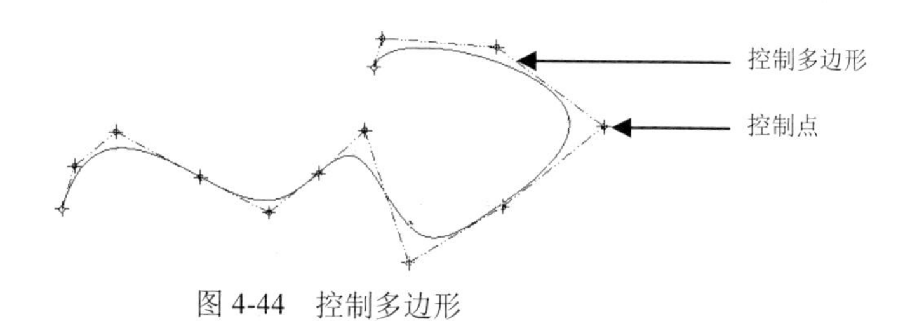

图 4-44 控制多边形

如图 4-45 所示，是样条曲线的曲率，曲率同样是修改样条形状的可视性辅助手段之一。

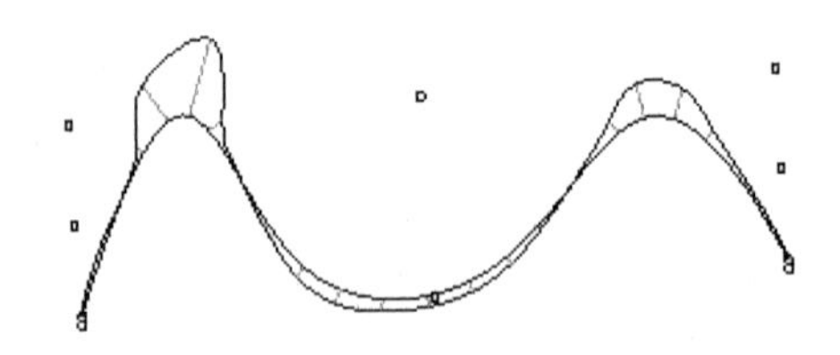

图 4-45　样条曲线及其曲率显示

4.3.7　点

在“草绘”操控板中单击“点”按钮，在工作区中相应位置单击鼠标左键，即可完成点的绘制。

当单击“图元选择”按钮选择创建的点时，光标会变成表示可移动的状态，拖动时会动态改变点的位置。

点的显示样式可以通过系统变量 datum_point_shape 控制，可选类型如表 4-1 所示。另外，通过系统变量 datum_point_size 可以控制点的大小。

注意：这里的点控制不但对工程图的草绘点有效，而且对于基准点同样有效。

表 4-1　点样式

datum_point_shape 值	形状
cross（default）	╳
circle	○
triangle	△
square	□
dot	●

4.3.8　倒角

如图 4-46 所示，在“草绘”操控板中单击“倒角”按钮，在工作区中按住 Ctrl 键，单击选择两个图元，即可完成倒角的创建。

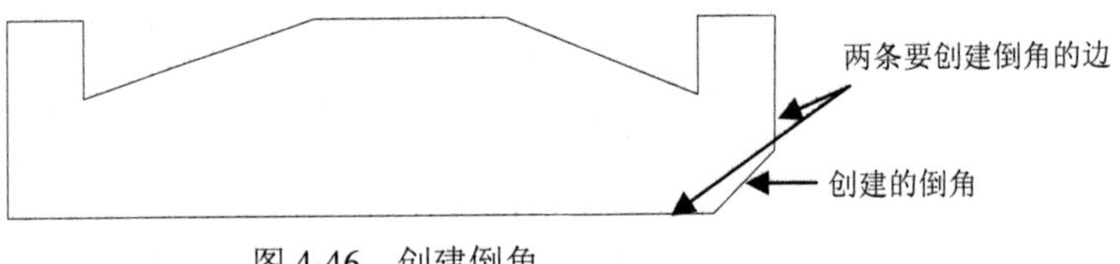

图 4-46　创建倒角

当单击“图元选择”按钮选择创建的倒角时，其周围会出现如图 4-47 所示的控制点。

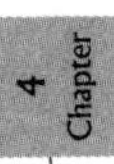

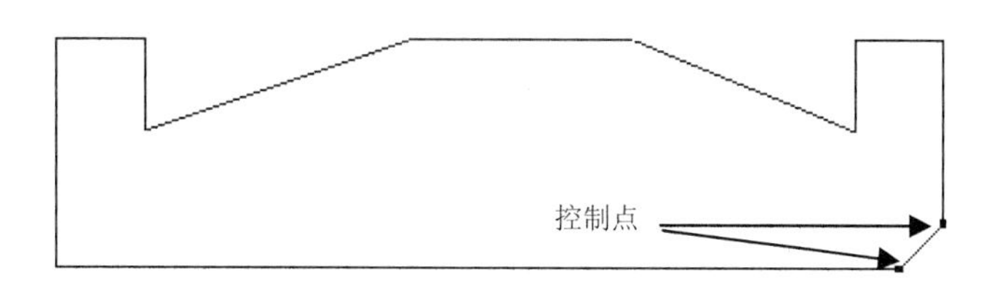

图 4-47　倒角被选中时出现的控制点

在参数化草绘过程中，使用右键快捷菜单的“属性”命令，可以打开如图 4-48 所示的“倒角属性”对话框，在其中可修改倒角的类型、属性、是否修剪及修剪属性等。

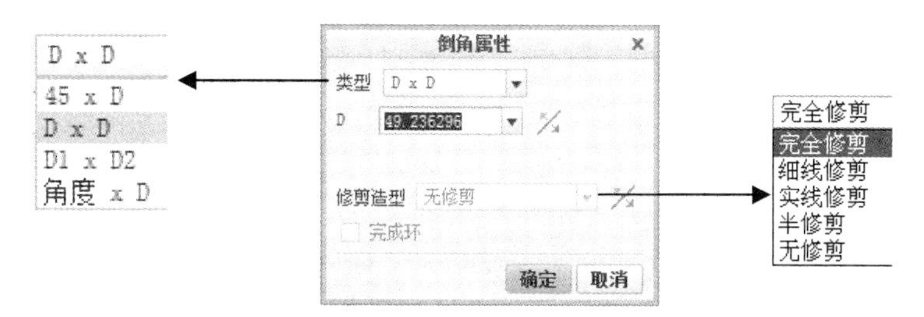

图 4-48　“倒角属性”对话框

倒角有 45×D、D×D、D1×D2、角度×D 共 4 种类型。

（1）45×D：倒角边与水平面距离为 D，与该面的夹角为 45 度角，随后要输入 D 的值。

（2）D×D：两条倒角边的距离均为 D，随后要输入 D 的值。

（3）D1×D2：两条倒角边的距离一个为 D1，另一个为 D2，随后要输入 D1 和 D2 的值。

（4）角度×D：倒角边与水平面的距离为 D，与该面的夹角为指定角度，随后要输入角度和 D 的值。

倒角的修剪属性与圆角的相同，不同修剪结果如图 4-49 所示。

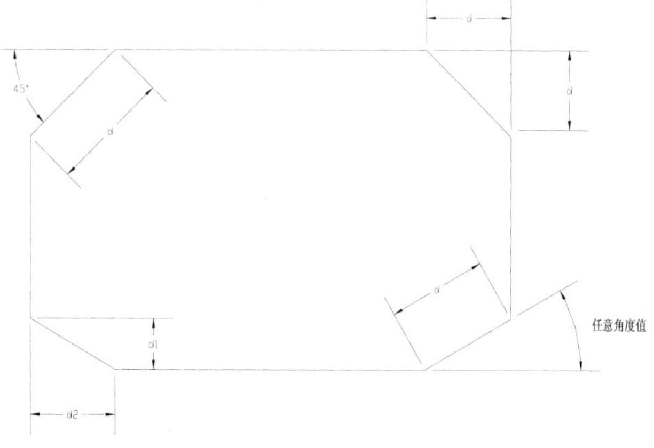

图 4-49　修剪类型

提示：读者可能在练习中会发现，图元的绘制必须通过“捕捉参考”对话框的协助才能完成。而当捕捉参照时，对象都将显示控制框，这些都有利于用户准确绘制，所以希望用户能够熟悉上面提到的各种控制框显示情况。

4.4 图元的编辑和修改

前面介绍草绘功能的时候，对单个图元的编辑、修改做了一些介绍。本节主要讲解图元之间的编辑、修改操作，包括修剪、平移、旋转、镜像、拉伸、转换等常用功能，这些功能将有助于草绘截面的操作。草绘图的编辑、修改功能主要集中在“编辑”和“修剪”操控板中。本节将对其中常用的功能操作进行讲解。

4.4.1 使用已有对象边

上一节中主要是介绍了新绘制图元的工具及方法。实际上，在很多情况下，可以借助已有视图中的某些边作为参照或者转换为需要的图元。这些选项都位于“草绘”主菜单的“边”操控板中。

边的使用有两种方式：直接使用已有视图上的边；相对已有视图边复制并偏移一定距离。

（1）直接使用边，如图 4-50 所示。单击“使用边”按钮，系统将提示选取相应对象边，选中并确定后，该对象将成为可编辑图元并显示相应控制点。

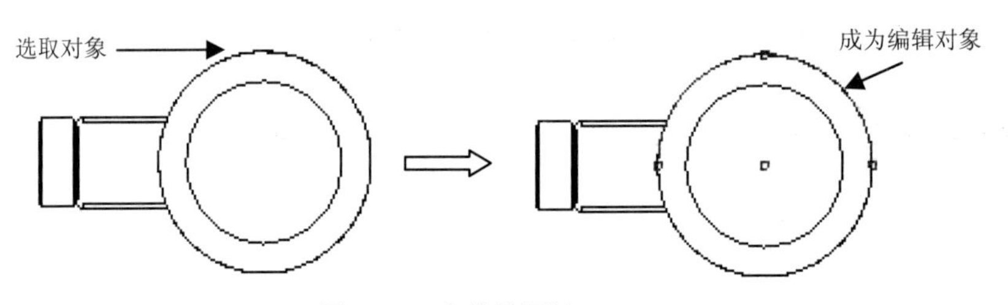

图 4-50　直接使用边

（2）偏移复制边，如图 4-51 所示。单击“偏移边”按钮，系统将弹出“偏移操作”菜单管理器，从中选择“单一图元”命令为单个边偏移复制，或者选择“链图元”命令将封闭图形作为复制对象。

1）单个边的复制。选择“单一图元”命令，然后选择所需对象，系统将显示偏移箭头，并要求输入偏移距离，输入并确定即可。

2）封闭多边对象的复制。选择“链图元”命令，按下 Ctrl 键，然后选择所需对象，系统将显示偏移箭头，并要求输入偏移距离。输入并确定即可。

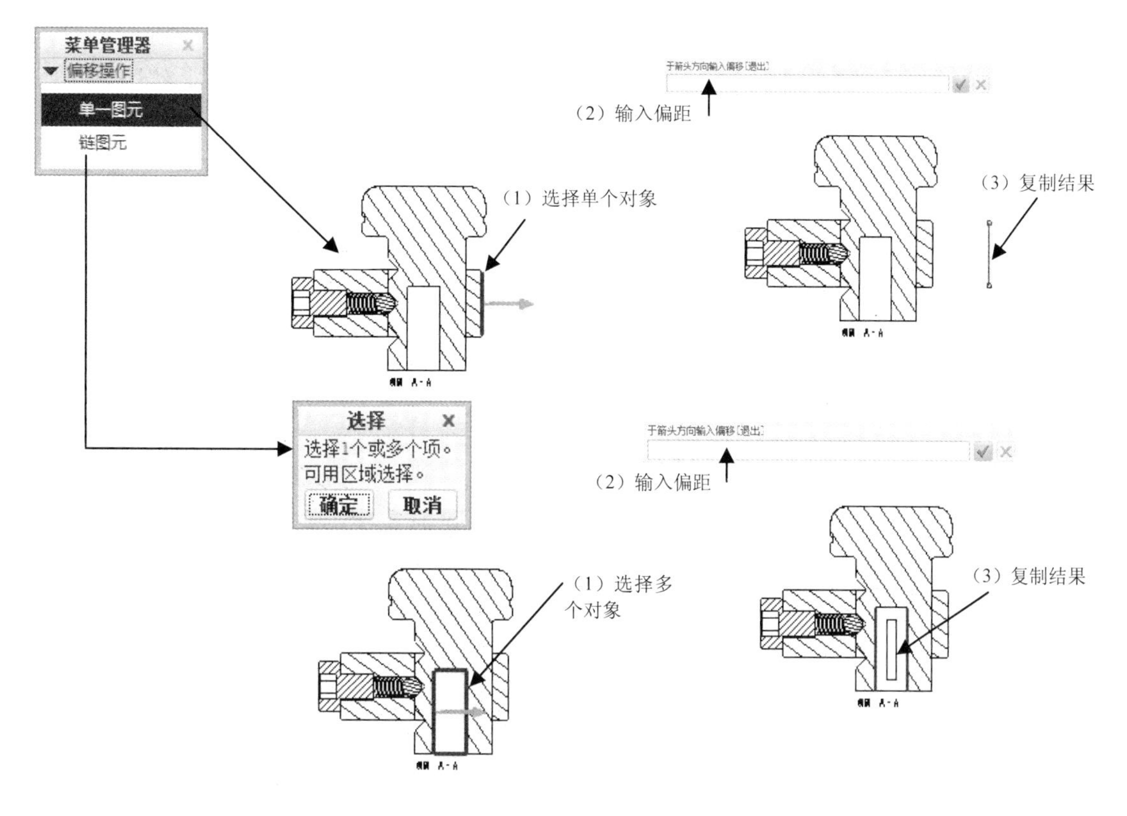

图 4-51　偏移复制边

4.4.2　修剪

工程图模块草绘中的修剪功能不仅仅局限于修剪、去除多余的线条，还可以对单一图元进行操作。

修剪有 7 种方式，位于“修剪”操控板中，如图 4-52 所示。

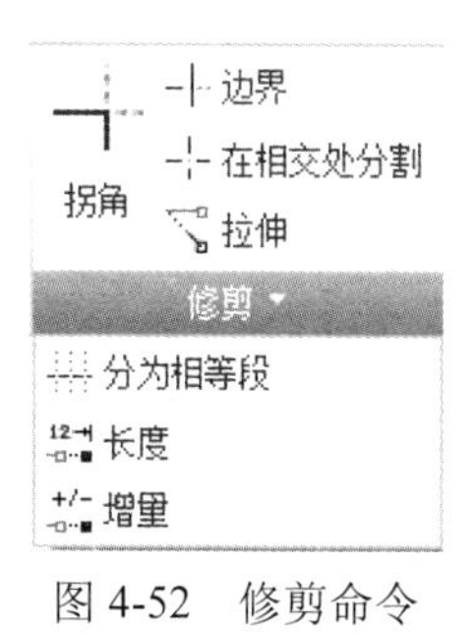

图 4-52　修剪命令

（1）在相交处分割。使用两个图元的相交点分割图元，而由一个图元创建两个图元，创建后的图元可以独立操作。

如图 4-53 所示，在工作区中单击选择要进行分割的两个图元，即可完成操作（为了说明命令，分割后将其中两个图元偏移原来位置）。

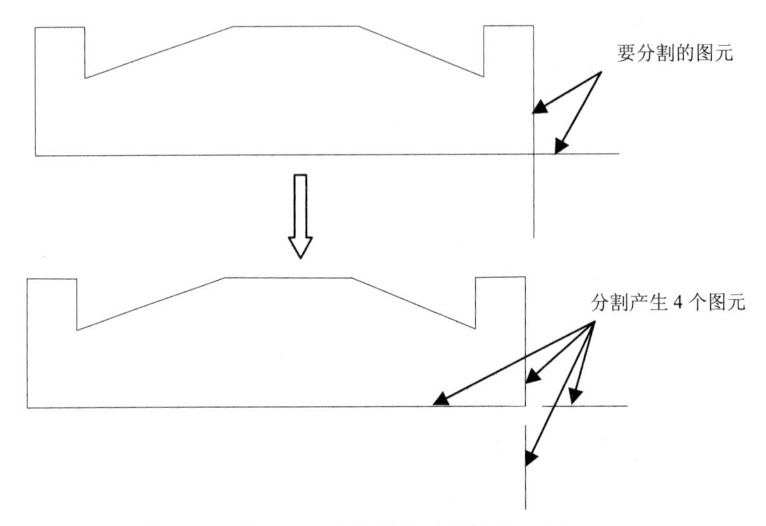

图 4-53 在相交处分割操作及其结果

（2）分为相等段。将选定图元分割成多个相等的图元，创建后的图元可以独立操作。

如图 4-54 所示，在工作区中单击选择要进行分割的图元，输入等分数目即可完成操作（为了说明命令，分割后将其中一个图元偏移原来位置）。

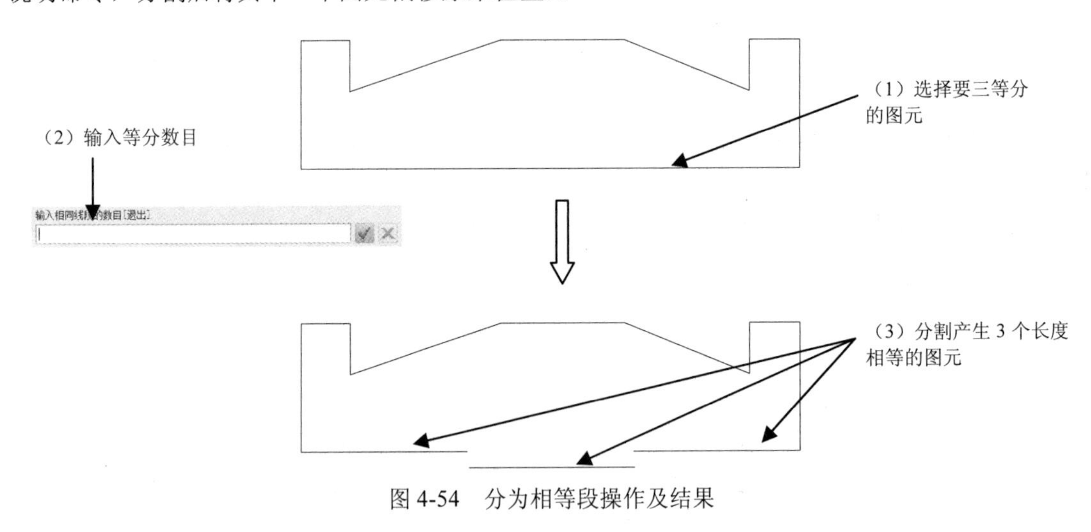

图 4-54 分为相等段操作及结果

（3）拐角：将两个图元裁剪到其交点处。

如图 4-55 所示，在工作区中按住 Ctrl 键并单击选择要裁剪的两个图元，即可完成操作。

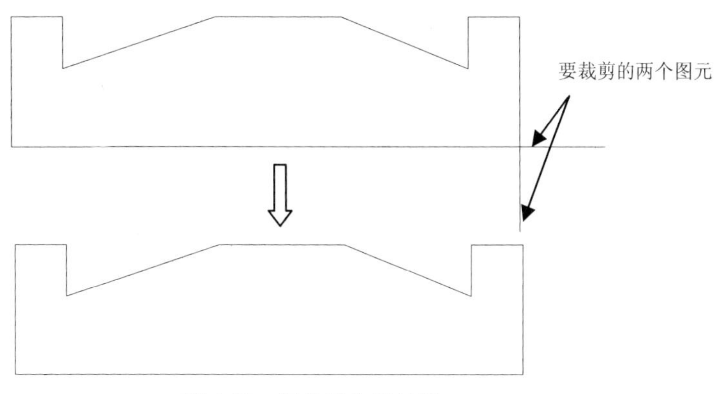

图 4-55　拐角操作及结果

（4）边界：将图元修剪到指定作为边界的图元或点。

如图 4-56 所示，在工作区中单击选择作为边界的图元，然后单击选择要进行修剪的图元，即可完成操作。

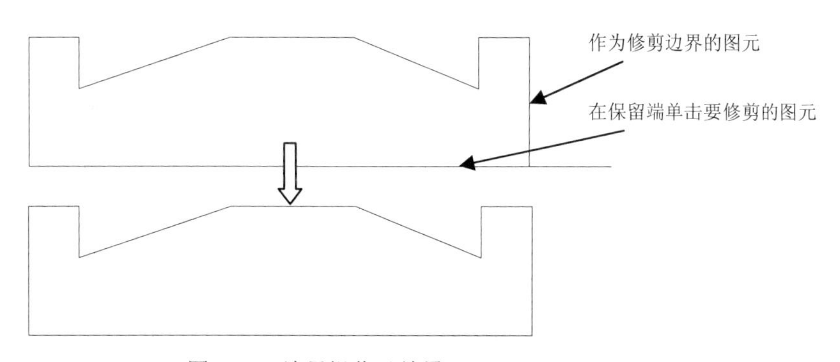

图 4-56　边界操作及结果

（5）长度和拉伸：将图元修剪或延伸为一个指定的长度，以共线方式在最近端点处进行操作。

如图 4-57 所示，首先输入长度，然后单击“拉伸”按钮，在工作区中单击选择要修剪或延长的图元，即可完成操作。

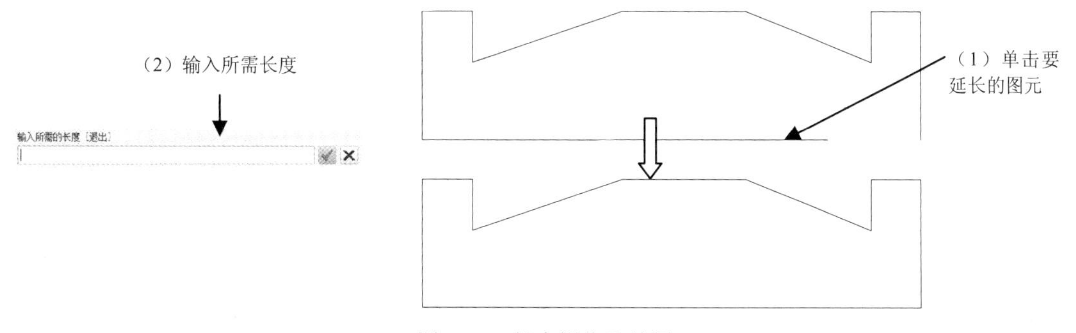

图 4-57　长度操作及结果

（6）增量与拉伸。输入负值则修剪图元，输入正值则延伸图元，以共线方式在最近端点处进行操作。

如图 4-58 所示，首先输入增量值，然后单击“拉伸”按钮↘，在工作区中单击选择要修剪或延长的图元，即可完成操作。

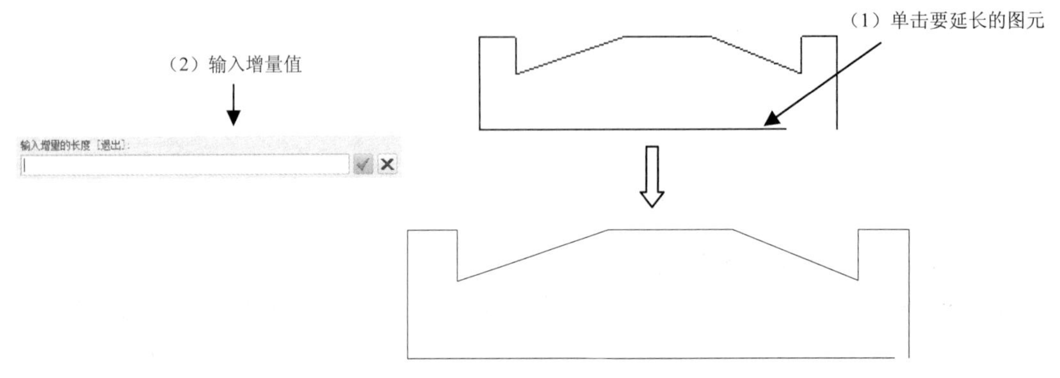

图 4-58　增量操作及结果

对于样条曲线来说，延伸将沿着所选图元端的切线方向进行。对于圆弧来说，增量过大将形成封闭的圆。

4.4.3　变换

绘制完成的对象，其断点、方向、长度等都可以重新设置，这些操作位于“编辑”操控板中，如图 4-59 所示，共有 7 项操作。

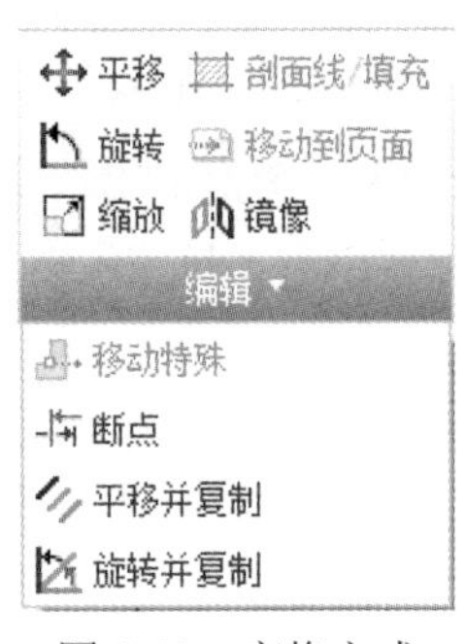

图 4-59　变换方式

1．平移

运用“平移”命令可以将选定图元移动到另一位置。

如图 4-60 所示，在“编辑”操控板中选取“平移”命令✥，在工作区中按住 Ctrl 键并单击选择要进行平移的图元，系统弹出“得到矢量”菜单管理器，在其中选择平移方式，定义相应参数，即可完成平移的操作。

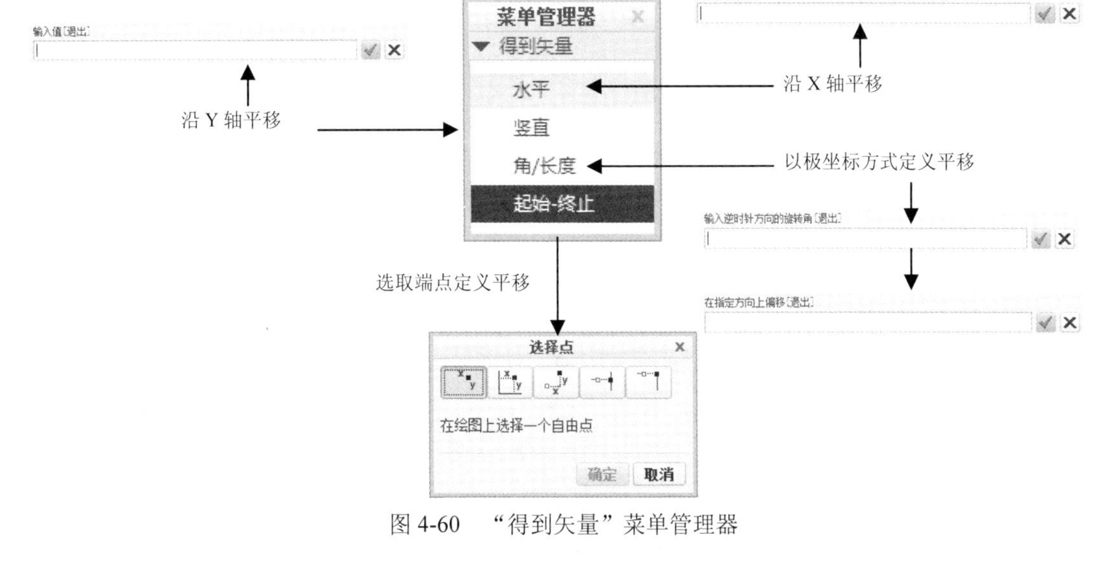

图 4-60　“得到矢量”菜单管理器

平移主要包括以下几种方式：

（1）水平，如图 4-61 所示。选择该方式后，系统要求输入平移值，输入后确定即可。

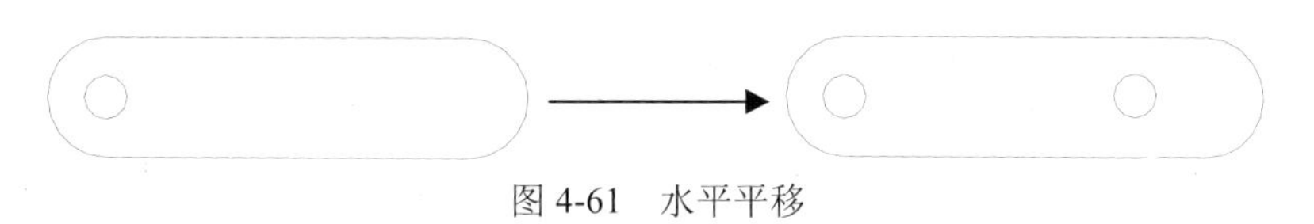

图 4-61　水平平移

（2）竖直，如图 4-62 所示。选择该方式后，系统要求输入平移值，输入后确定即可。

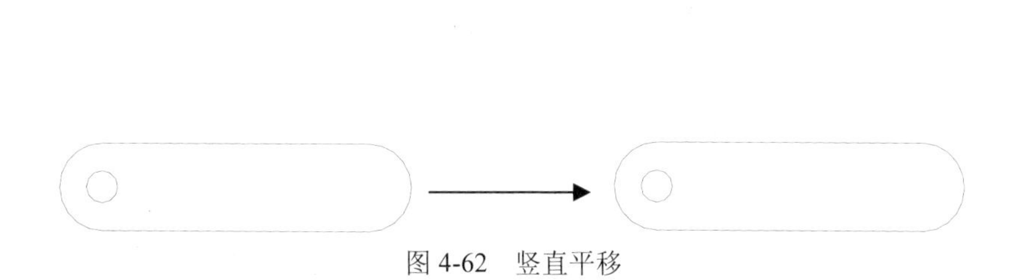

图 4-62　竖直平移

（3）角/长度，如图 4-63 所示。选择该方式后，系统要求输入逆时针方向旋转的角度，然后输入偏移方向上的距离值，输入后确定即可。这种方式实际上就是极坐标方式。

（4）起始-终止，如图 4-64 所示。选择该方式后，如图 4-60 所示，系统要求选择点模式，然后分别指定移动的起始点和终止点，确定后即可。这两个点既可以在图元对象上，也可以在绘图区的任意点处。

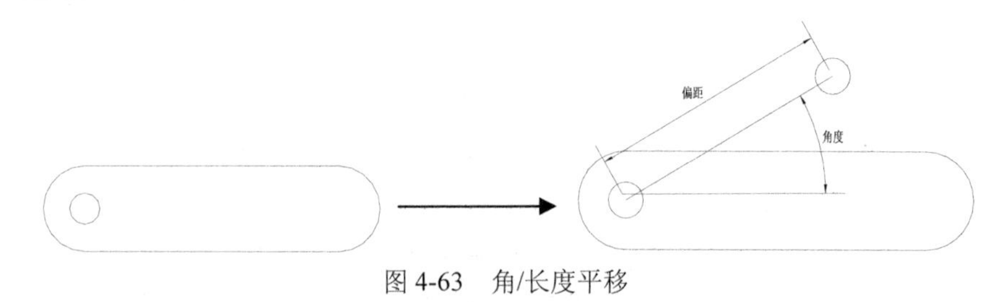

图 4-63　角/长度平移

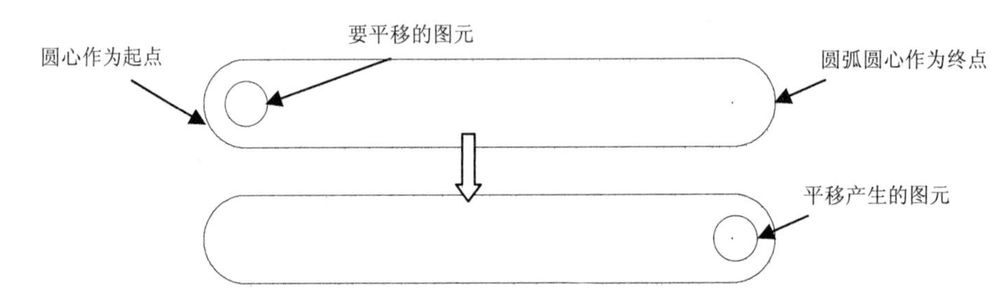

图 4-64　起始－终止平移

2. 平移并复制

运用“平移并复制”命令可以将选定图元移动并复制到另一位置。该操作与平移操作基本一样，只是可以执行多个数目的复制，而不是单个对象。下面以起始－终止移动为例进行说明。

如图 4-65 所示，在“编辑”操控板中选取“平移并复制”命令，在工作区中按住 Ctrl 键，单击选择要进行平移的图元，然后在“得到矢量”菜单中选择平移方式，定义相应参数，输入复制数目，即可完成复制平移的操作。

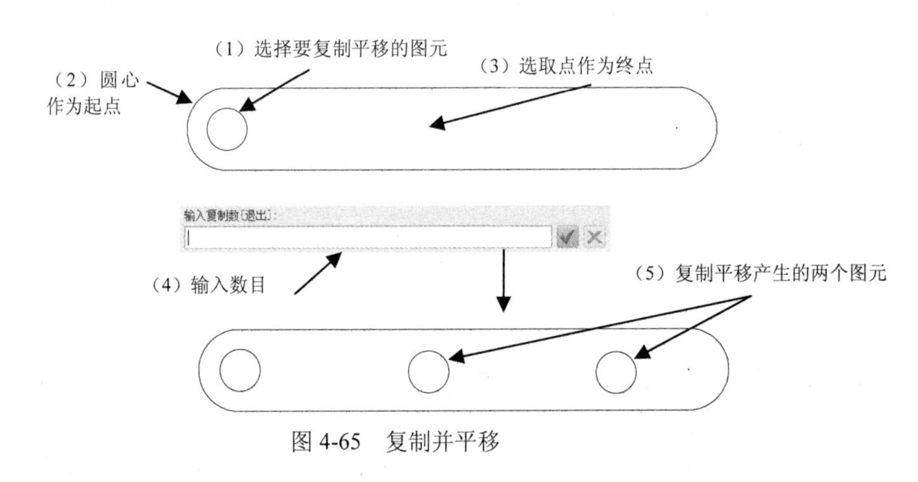

图 4-65　复制并平移

3. 旋转

运用“旋转”命令可以将选定图元进行旋转。

如图 4-66 所示，在“编辑”操控板中选取“旋转”命令，在工作区中按住 Ctrl 键，单击选择要进行旋转的图元，接着定义旋转中心点，再输入旋转角度，即可完成旋转的操作。

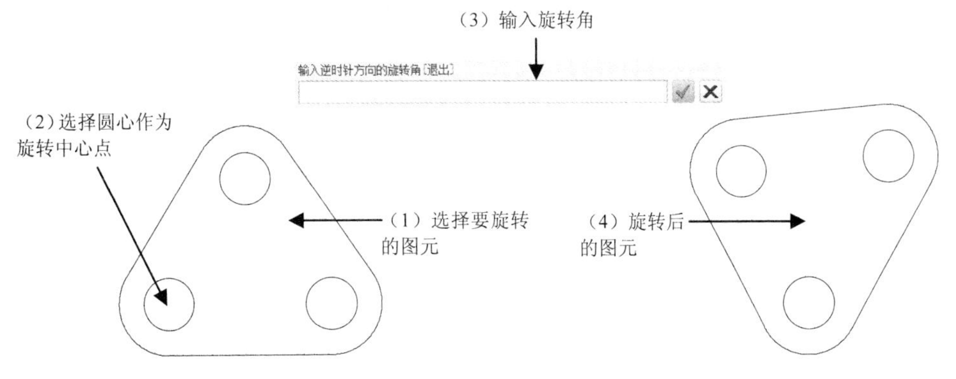

图 4-66　旋转操作及结果

4. 旋转并复制

运用“旋转并复制”命令可以将选定图元进行旋转并复制。这个操作与阵列操作很相似，只是它的复制数目不包括父特征本身。

如图 4-67 所示，在“编辑”操控板中选取“旋转并复制”命令，在工作区中按住 Ctrl 键，单击选择要进行旋转的图元，然后定义旋转中心点，再输入旋转角度及复制数目，即可完成复制旋转的操作。

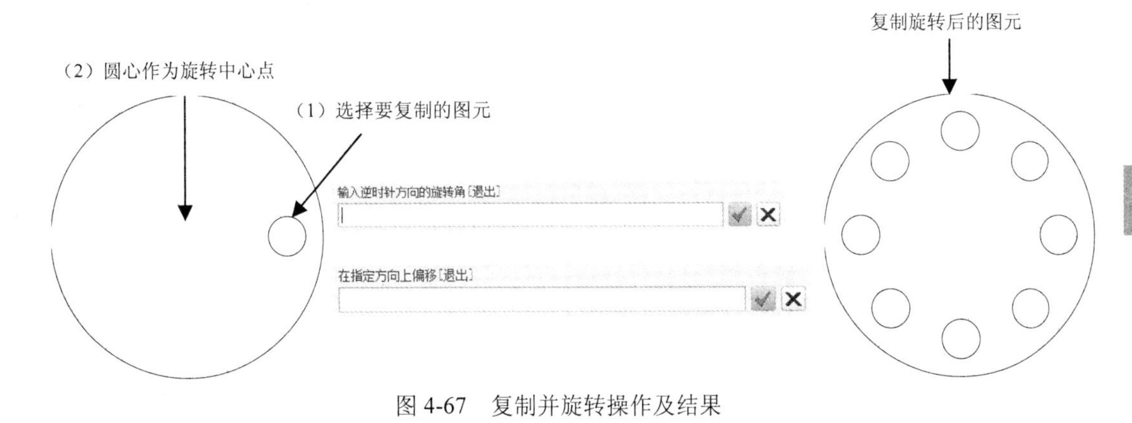

图 4-67　复制并旋转操作及结果

5. 断点

运用“断点”命令可以将选定图元在选定点处打断。

该操作比较简单，在“编辑”操控板中选取“断点”命令，系统弹出“选择点”对话框。选择确定点的方式，并在要打断的图元上单击，即可将其中断。

6. 镜像

镜像可以看作是特殊的复制操作，用于生成关于某一中心线对称的图元。

如图 4-68 所示，在“编辑”操控板中选取“镜像”命令，在工作区中按住 Ctrl 键，单击选择要进行镜像的图元，然后选取镜像中心线，即可完成镜像的操作。

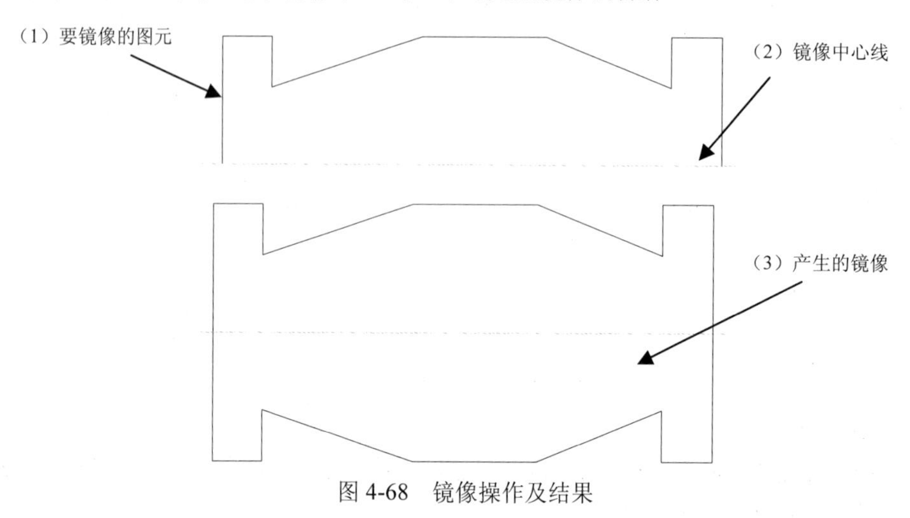

图 4-68　镜像操作及结果

7. 缩放

运用“缩放”命令可以将选定图元进行比例缩放。

如图 4-69 所示，在“编辑”操控板中选取“缩放”命令，在工作区中按住 Ctrl 键，单击要进行缩放的图元，然后定义缩放中心点，再输入缩放比例，即可完成重定比例的操作。

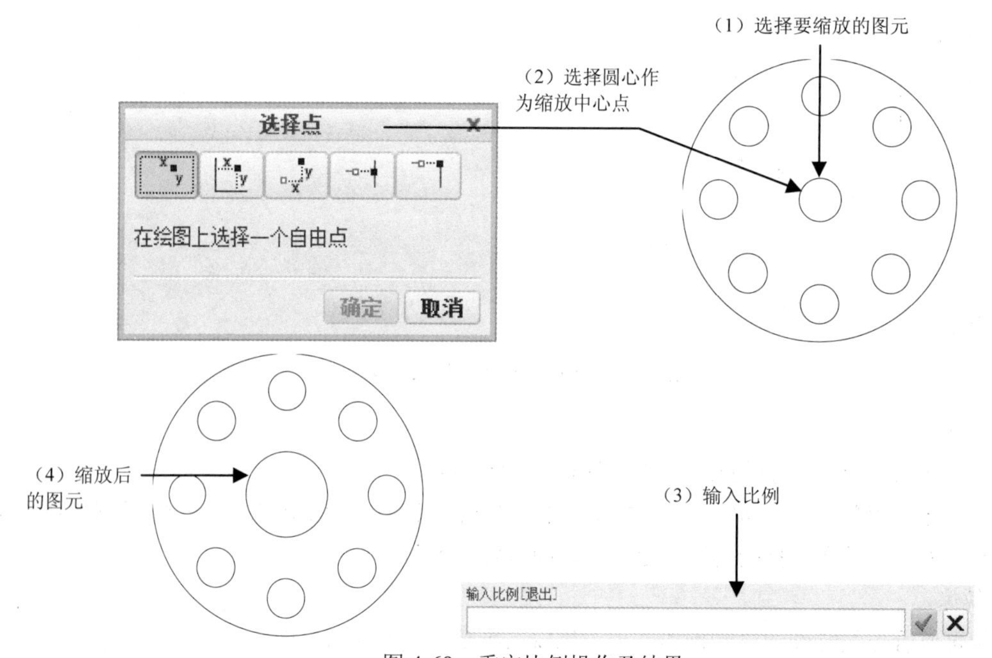

图 4-69　重定比例操作及结果

8. 移动特殊

运用“移动特殊”命令可以将选定图元移动到特定精确位置。

单击要移动的图元，在“编辑”操控板中选取“移动特殊”命令，在图元上单击选择移动参考点，系统弹出如图 4-70 所示的对话框，选择移动方式并输入相应的坐标值即可。如图 4-70 所示选择绝对值方式，则可以将参考点移动到该坐标点处，同时整个图元对象都随之移动。

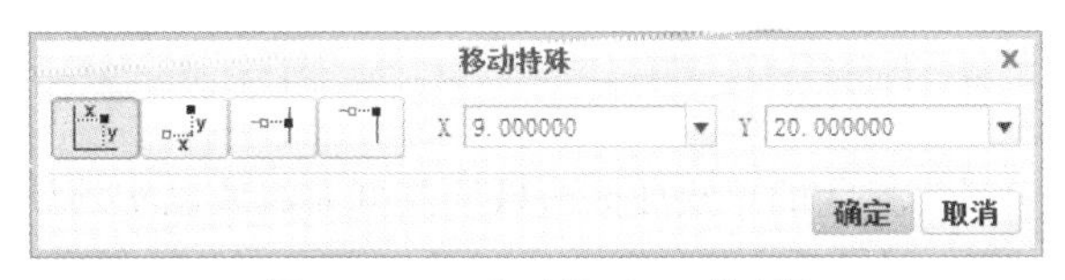

图 4-70 “移动特殊”对话框

4.4.4 图元的线型及样式

在工程图草绘中，系统默认创建的图元线型为黑色细实线。系统允许修改绘制图元的线型，也可修改表栅格、符号、轴和修饰特征等的线型。

如图 4-71 所示，在工作区中选取要设置线型的图元，使用“格式”操控板中的“线造型”命令，系统弹出“修改线造型”对话框，即可进行相应的操作。

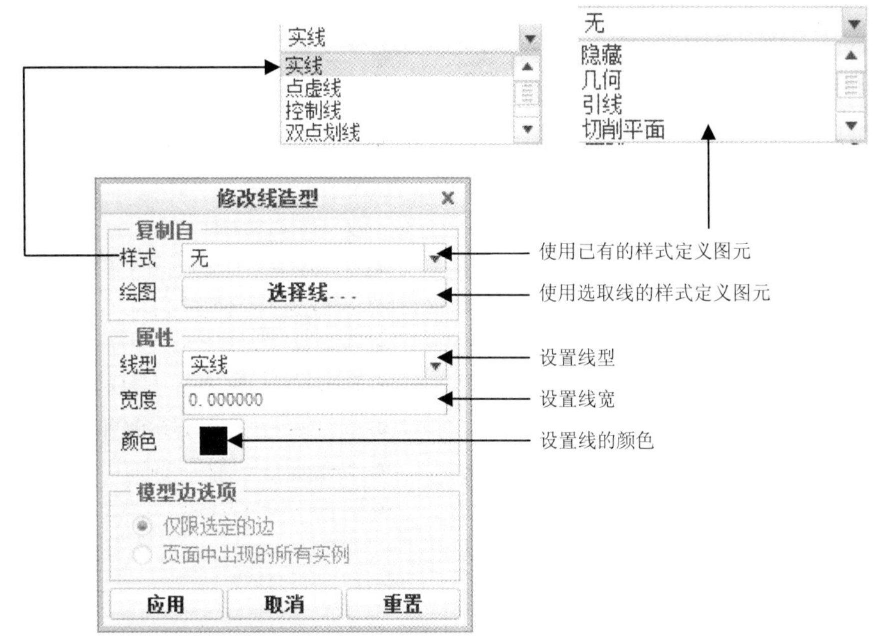

图 4-71 修改线造型

在“修改线造型”对话框中可以进行以下设置：

（1）选择线造型。在“样式”下拉列表框中列出了系统当前已有线型，选择即可。

（2）复制已有图元的线型。单击“选择线”按钮，然后选择已有图元对象即可将其线型复制过来。

（3）设置线型。从“线型”下拉列表框中选择即可。

（4）设置宽度。在“宽度”文本框中输入相应宽度值即可。

（5）设置线条颜色。单击“颜色”按钮，利用颜色编辑器对线型颜色进行设置即可。

4.4.5 填充

在工程图草绘中，可以为封闭的草绘图元区域绘制剖面线或以实体填充。

填充有两种方式：实体填充和剖面线填充。

（1）实体填充。使用实体填充封闭的草绘图元区域。

在工作区中选取一个封闭的草绘图元区域，单击“编辑”操控板中“剖面线/填充”命令，系统要求输入横截面名称，如图 4-72 所示，确定后，系统弹出如图 4-73 所示的菜单，选择“填充”命令，系统以默认设置对该封闭区域进行填充，结果如图 4-74 所示。

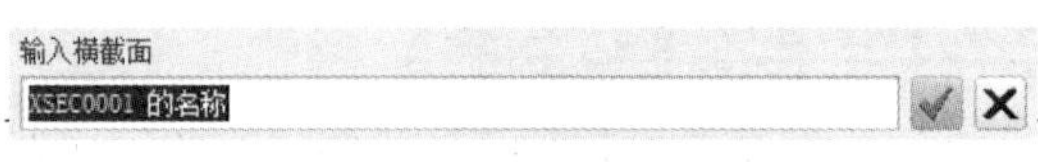

图 4-72 输入横截面名称

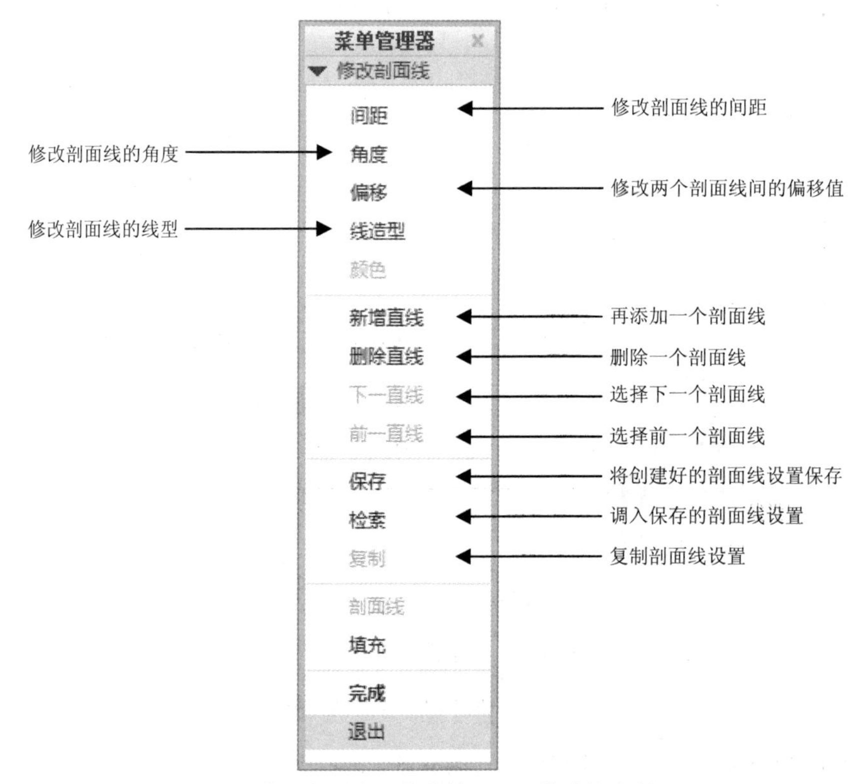

图 4-73 “修改剖面线”菜单管理器及其功能注释

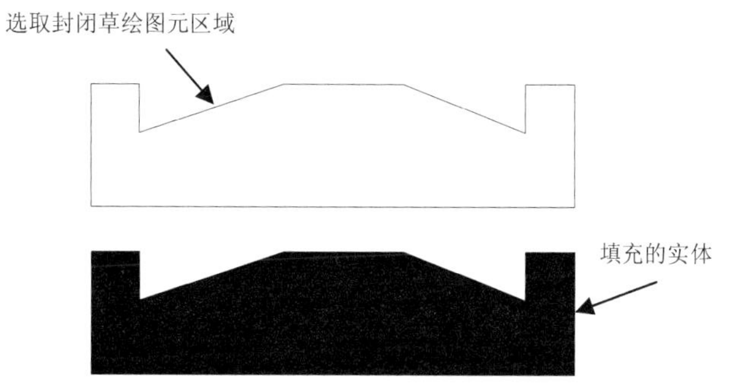

图 4-74 实体填充结果

（2）剖面线填充：使用剖面线填充封闭的草绘图元区域。

在工作区中选取一个封闭的草绘图元区域，单击“编辑”操控板中的“剖面线/填充”命令，系统要求输入横截面名称，如图 4-72 所示，确定后，系统弹出如图 4-73 所示的菜单，直接单击“完成”命令，系统以默认设置对该封闭区域进行填充，如图 4-75 所示。也可以选择需要的具体命令进行填充。

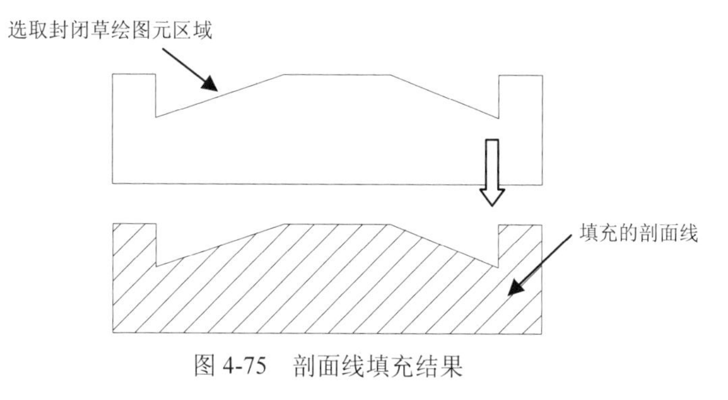

图 4-75 剖面线填充结果

单击选中填充后，使用右键快捷菜单中的“删除”命令，即可删除填充。

单击选中填充后，使用右键快捷菜单中的“剖面线/填充”命令，可打开如图 4-73 所示的“修改剖面线”菜单管理器，可以对填充进行修改操作。

4.4.6 相关视图操作

在上面处理各种图元后，可以将它们与视图绑定在一起，即使其与视图相关。这样在移动视图时就可以一起移动所绘图元了。这样做的前提条件就是将二维图元组成组。

建立视图相关性操作的步骤如图 4-76 所示。

（1）单击“组”操控板中的“绘制组”按钮，系统弹出“绘制组”菜单管理器。

在这个菜单管理器中，所包含的各选项含义如下：

1）创建。建立一个新组。

2）隐含。隐含一个组。

3）恢复。取消组的隐含。

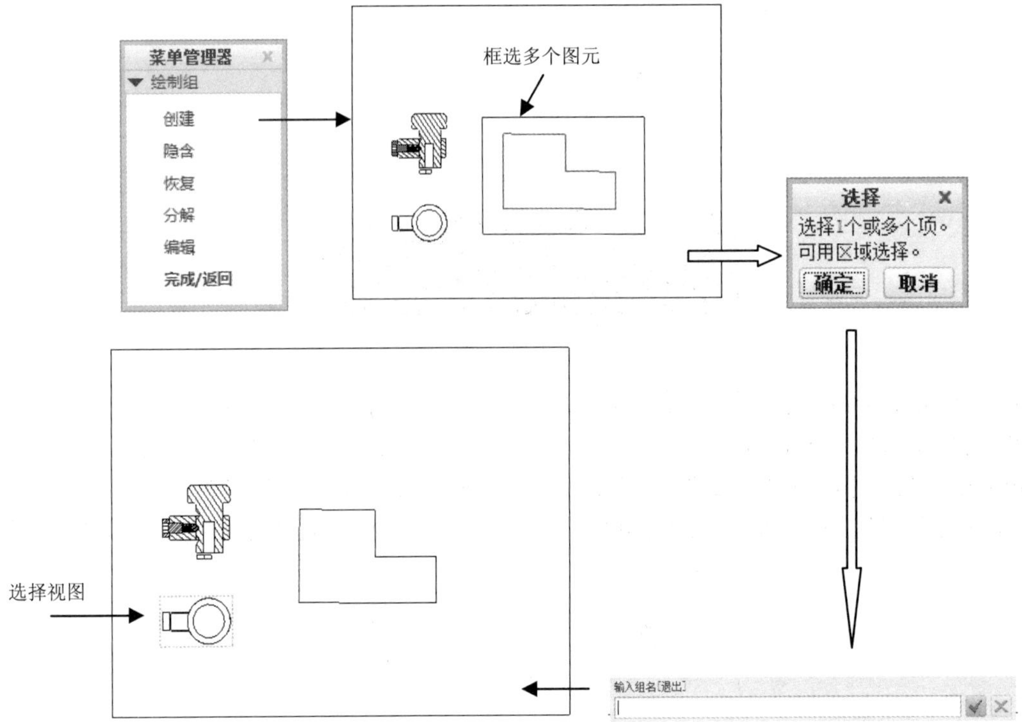

图 4-76 创建图元相关性

4）分解。将组重新分解为单个图元。

5）编辑。向组中添加图元，或者删除图元。

（2）选择“创建”命令，系统要求输入组名。

（3）输入组名并确定，系统要求选择多个绘图对象，可采用框选或者按住 Ctrl 键采用多选方式。

（4）选择对象，选择菜单管理器中“完成/返回”命令，即可完成组的创建。

（5）单击“组”操控板中的“与视图相关”按钮，系统要求选择父视图。

（6）选中并确定即可。

4.5 综合实例练习

本节通过几个实例的讲解，综合应用前面介绍的内容。

4.5.1 综合实例 1

在这个例子中，我们将创建一个如图 4-77 所示的二维图元。从这个图中可以看出，其基本形式为两个同心圆，随后在其上进行阵列（即旋转复制操作）。这个例子比较简单，主要是为了让用户熟悉基本操作。

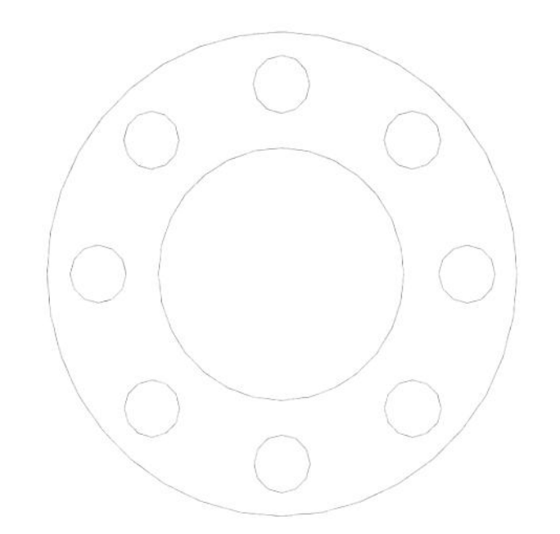

图 4-77　综合实例 1

（1）新建文件 exam01.drw，如图 4-78 所示。

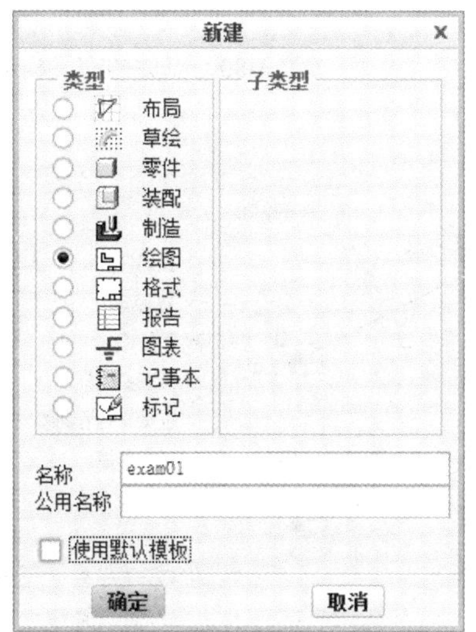

图 4-78　新建文件

单击主工具栏中的“新建”按钮，在弹出的“新建”对话框中选择类型为“绘图”，输入绘图名 exam01，取消“使用默认模板”复选框的勾选，单击“确定”按钮。在“新建绘图”对话框中选中“空”模板，工程图为横向 A4 大小，单击“确定”按钮，进入工程图绘图模式。

（2）进行捕捉状态设置，如图 4-79 所示。

单击“设置”操控板中的“草绘器首选项”按钮，打开“草绘首选项”对话框，在其中设置捕捉水平/竖直状态、顶点和图元，确定即可。

（3）绘制构造线，如图 4-80 所示。

单击“草绘”操控板中的“相交对”按钮，在屏幕绘图区中间合适的位置单击，确定构造线的起始点，水平移动鼠标，当出现水平标志时单击，确定终止点，系统自动生成相互垂直的两条构造线。

（4）绘制基础圆，如图 4-81 所示。

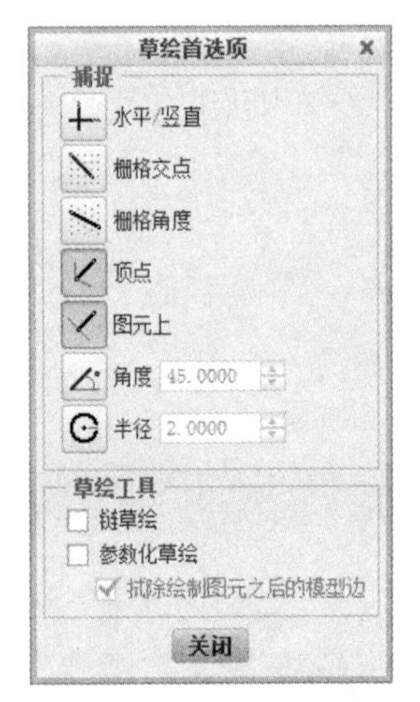

图 4-79　设置草绘首选项

图 4-80　完成的交叉构造线

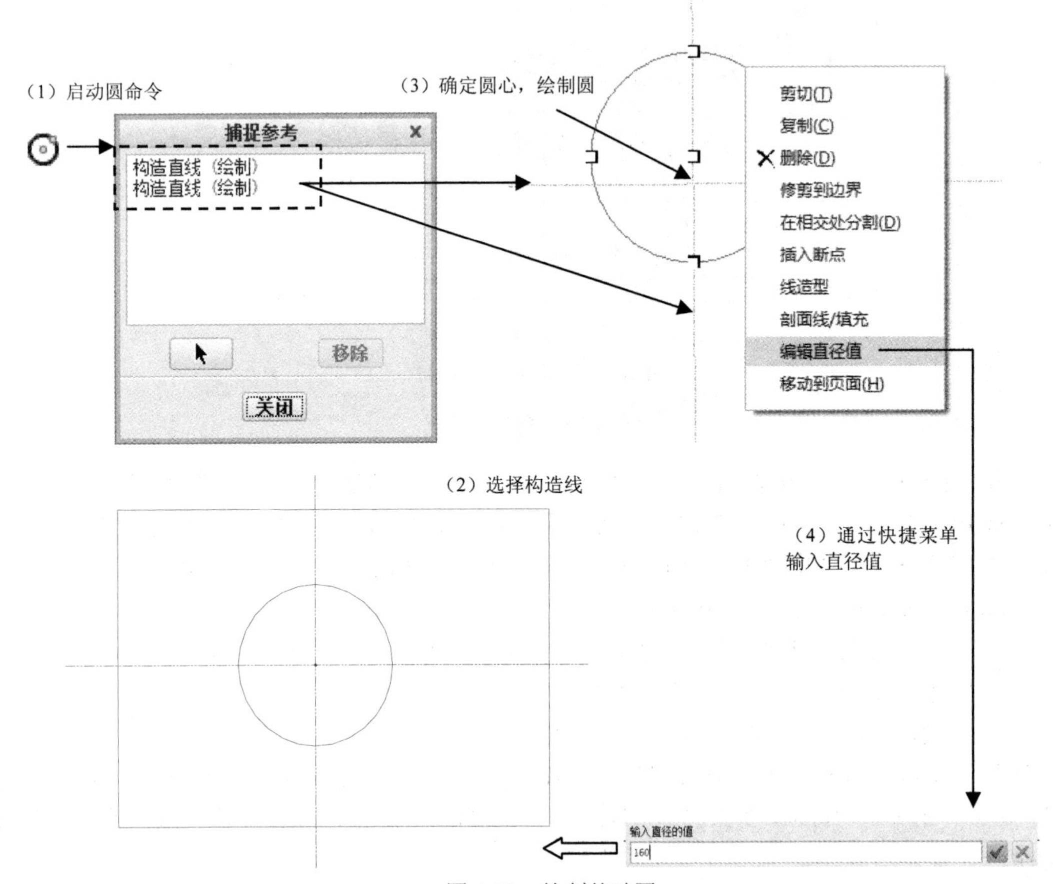

图 4-81　绘制基础圆

1）启动圆命令。单击“草绘”操控板中的“圆”按钮⊙，系统弹出“捕捉参考”对话框。

2）选择参照。单击“选取”按钮，为将要绘制的圆手动添加刚创建的交叉构造线作为参照。

3）在绘图区移动鼠标，靠近交叉构造线的交点，当出现提示光标时，单击以确定圆心。

4）使用圆上快捷菜单中的“编辑直径值”命令，输入圆的直径为 160。完成后系统并没有退出当前的草绘状态。

（5）使用同样的方法，以构造线的交点为圆心，绘制一个半径为 30 的圆。完成后的圆如图 4-82 所示。此时系统并没有退出当前的草绘状态。

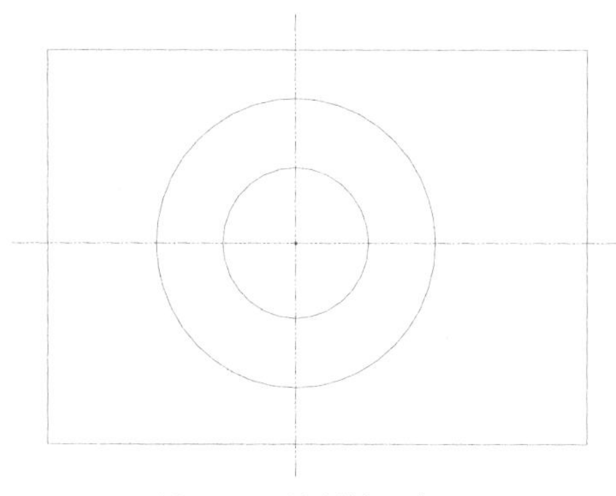

图 4-82　绘制第二个圆

（6）使用同样的方法，在水平构造线上绘制一个半径为 5 的圆。完成后的圆如图 4-83 所示。此时系统并没有退出当前的草绘状态。

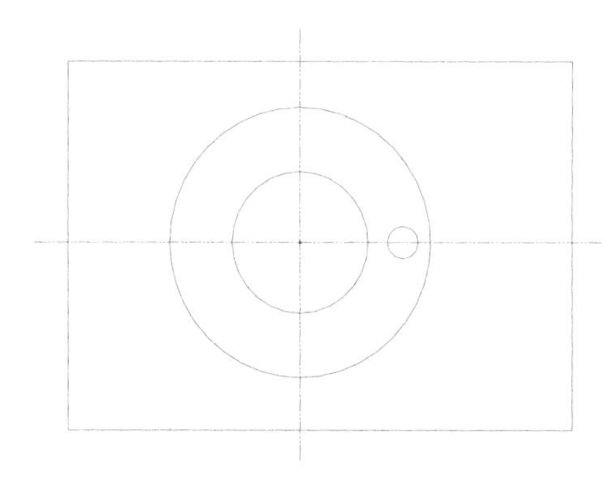

图 4-83　完成的第三个圆

（7）单击鼠标中键，退出草绘状态，此时绘制完成的三个圆处于选中状态，在任意位置单击鼠标左键，取消选中。

（8）进行旋转复制操作，如图 4-84 所示。

1）单击“编辑”操控板中的“旋转并复制”命令，系统提示选取要进行旋转的图元。

2）选取创建的半径为 5 的小圆作为要旋转的图元，在“选取”对话框中单击“确定”按钮，结束选取。

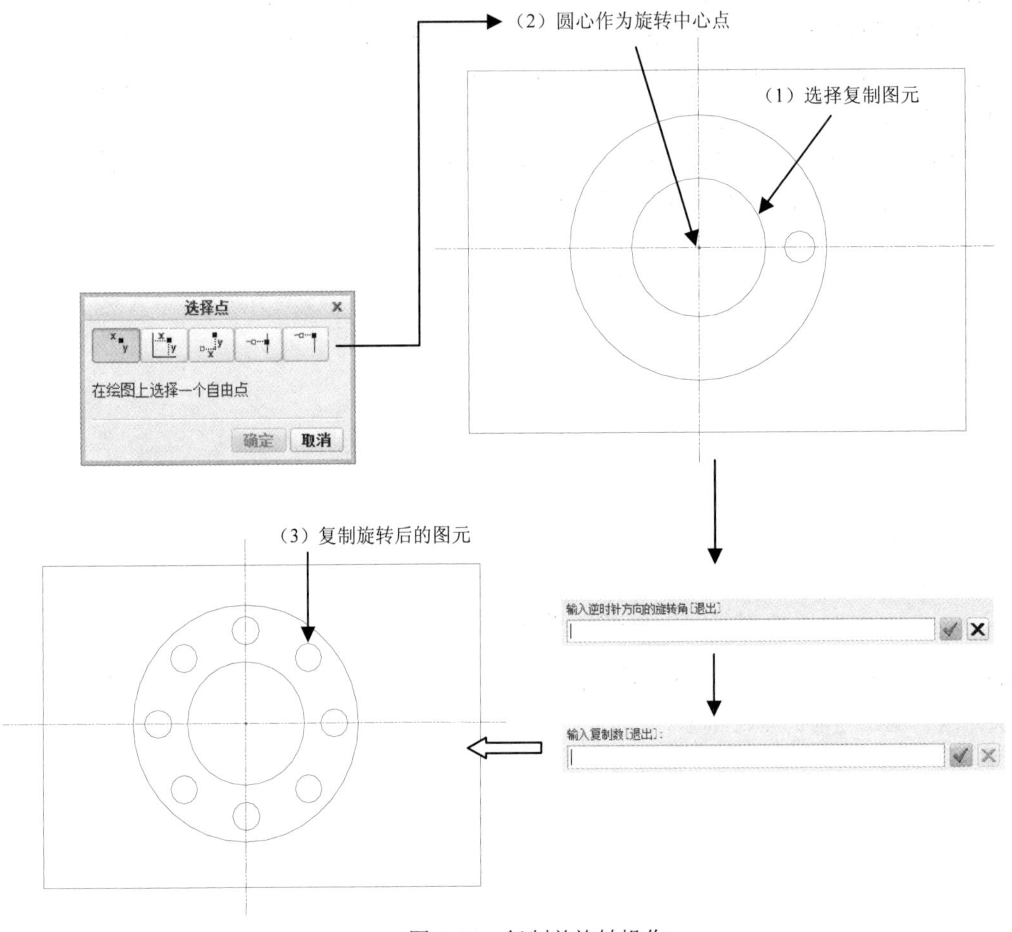

图 4-84　复制并旋转操作

3）系统弹出“选择点”对话框，提示选取旋转中心。选取“顶点”方式，单击半径为 80 的大圆，系统选取圆心作为旋转中心。

4）系统出现信息提示栏，输入旋转角度为 45°并按 Enter 键确定。

5）系统出现信息提示栏，输入复制数目为 7 并按 Enter 键确定，完成复制旋转的操作。

（9）保存文件，完成实例练习。

4.5.2　综合实例 2

在这个例子中，我们将创建一个如图 4-85 所示的二维图元。从这个图中可以看出，首先确定交叉构造线作为主视图圆的圆心参照，完成主视图圆，并绘制外形轮廓矩形，随后确定俯视图轮廓，完成一个孔操作。通过平移复制操作完成另外的圆及孔。最后进行倒角等编辑操作。

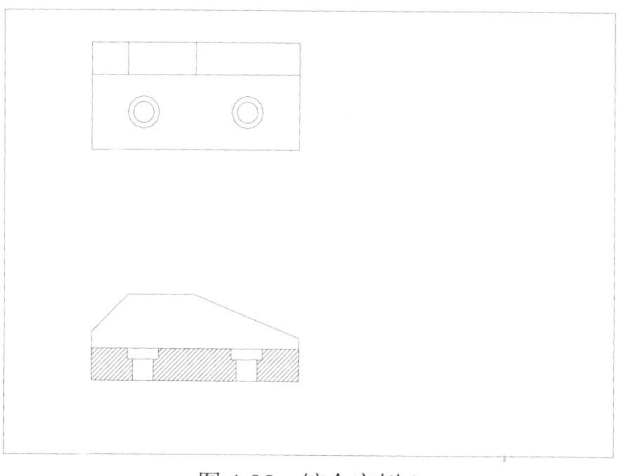

图 4-85 综合实例 2

在这个练习中，我们将练习进行尺寸标注，这是前面内容没有涉及的。

（1）新建文件 exam02.drw，选择工程图为横向 A0 大小，进入工程图绘图模式。

（2）进行捕捉状态设置。

单击“设置”操控板中的“草绘器首选项”命令，打开“草绘首选项”对话框，在其中设置捕捉水平/竖直状态、顶点和图元，选中“链草绘”复选框，确定即可。

（3）绘制俯视图剖面线部分轮廓，如图 4-86 所示。之所以这样画，是因为该区域为封闭区域，如果采用先绘制长线再修剪比较麻烦，所以采用先绘制该区域，然后以该区域轮廓线为基础，绘制其他轮廓线的方式。另外，对于中心线等对象，我们也可以先复制实线再修剪，最后改变线型。

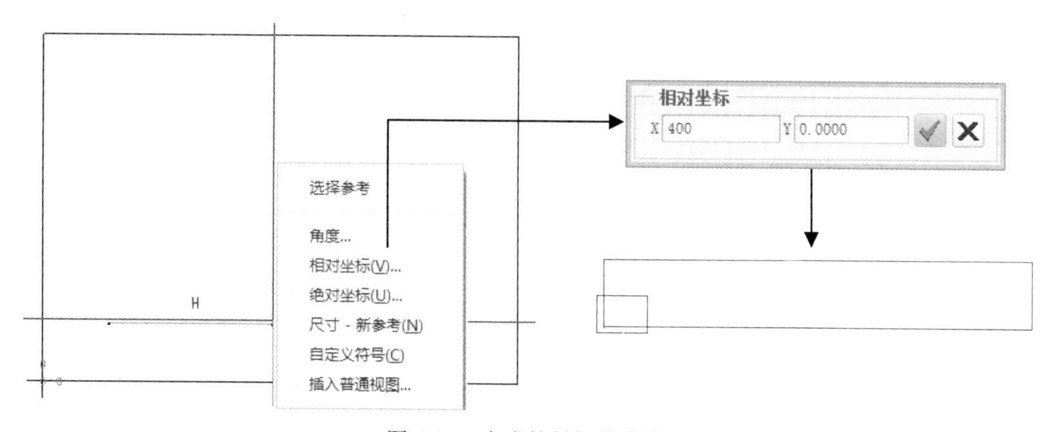

图 4-86 完成的封闭轮廓线

1）单击“草绘”操控板中的“线”按钮＼，在屏幕绘图区中间合适的位置单击，确定直线的起始点。

2）水平移动鼠标并右击，在弹出的快捷菜单中选择“相对坐标”命令，输入 X 为 400，Y 为 0，完成底线设置。

3）继续输入相对坐标值（0,60）、（-400,0）和（-60,0），完成其他 3 条线的设置，这样就形成了一个封闭区间。

提示：此时绘图对象可能远远超出了幅面显示。在此可暂时放一放，后面通过重定比例解决即可。

（4）绘制其他轮廓线和中心线，如图 4-87 所示。其他线条可参照当前完成的封闭轮廓线完成。

1）打开“草绘首选项”对话框，取消选中“链草绘”复选项，确定即可。

2）启动“线”命令，系统打开“捕捉参考”对话框，选择左侧垂直轮廓线作为参照并确定，然后以封闭轮廓线左上角点为起点，绘制一条垂直线，相对坐标为（0,570）。

3）复制线。单击“编辑”操控板中的“平移并复制”按钮，系统提示选择要平移的对象。

4）选择参照。选择刚绘制的垂直线并确定，系统弹出“得到矢量”菜单管理器。

5）选择“水平”命令，系统要求输入偏移值，在此输入 100。

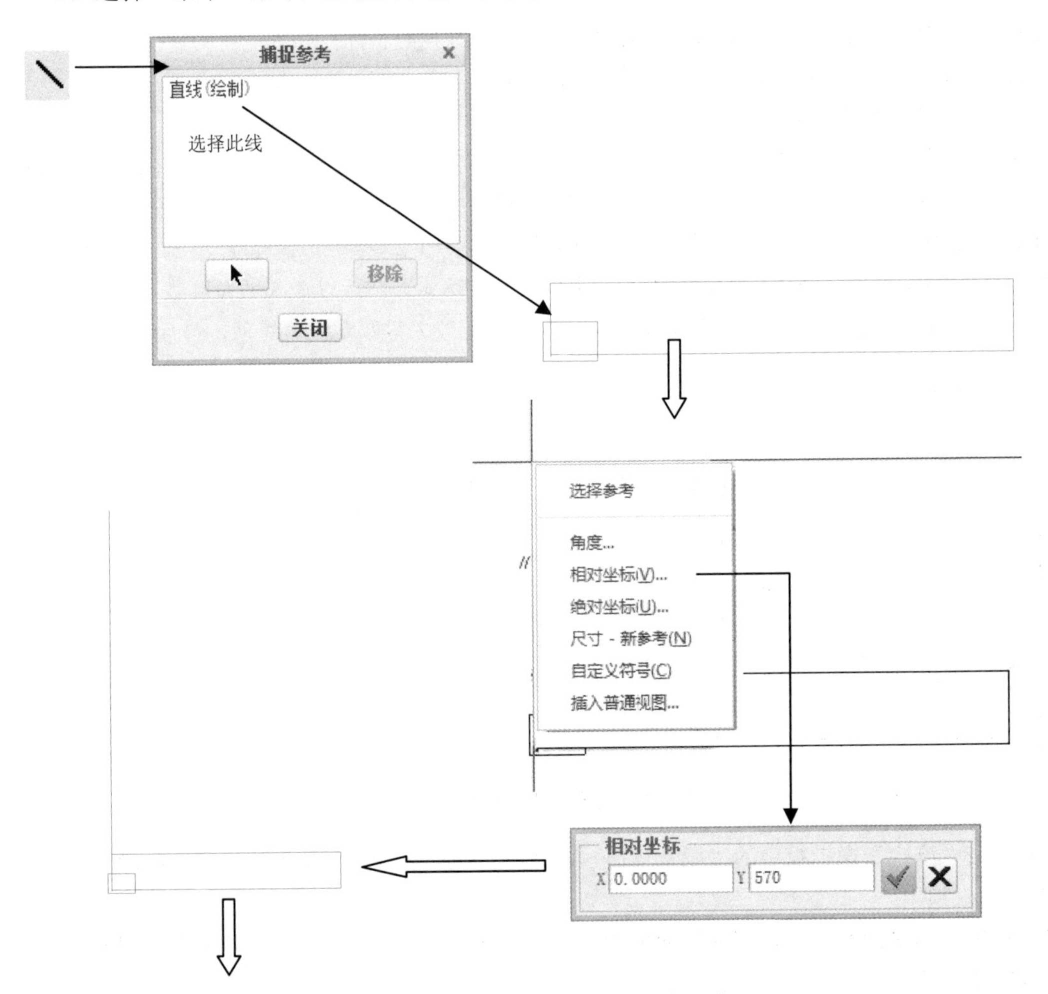

图 4-87　创建垂直轮廓线与中心线

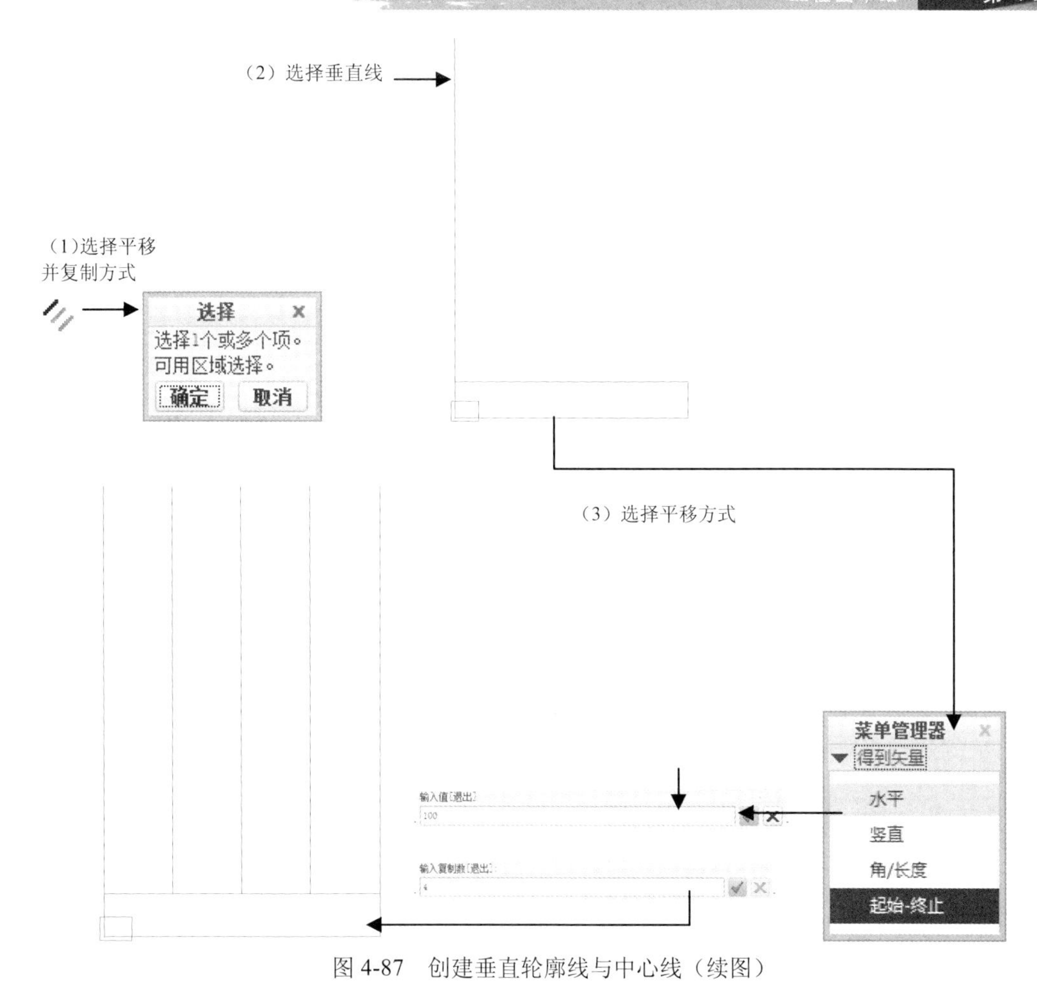

图 4-87　创建垂直轮廓线与中心线（续图）

6）系统继续提示输入复制数目，在此输入 4，确定后得到 4 条垂直线，它们都可以作为轮廓线和中心线。

7）重复上面的步骤（3）～（6），对封闭区域上端水平线进行竖直平移复制。相对该线偏移量分别为 100、370、440、510、570，复制数目都是 1，结果如图 4-88 所示。

（5）对不需要的线条进行处理。当前部分线条多余，必须将其中一部分去掉，可以采用先修剪成多段再删除的方式，如图 4-89 所示。在此我们只以一根线为例。

1）单击“修剪”操控板中的“在相交处分割”命令，系统提示选择要分割的对象。

2）选择左侧垂直线和从上向下第 4 条水平线，此时垂直线被分为两部分。

3）继续选择该垂直线下半部分和从上向下第 5 条水平线，此时下半部分垂直线被分为两部分。

4）选择中间段并按 Delete 键删除，完成删除操作。

重复上面的步骤，将多余线条删除。

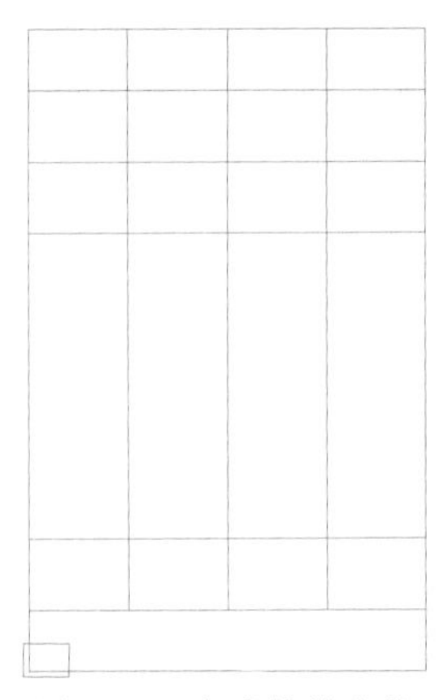

图 4-88　完成的轮廓线

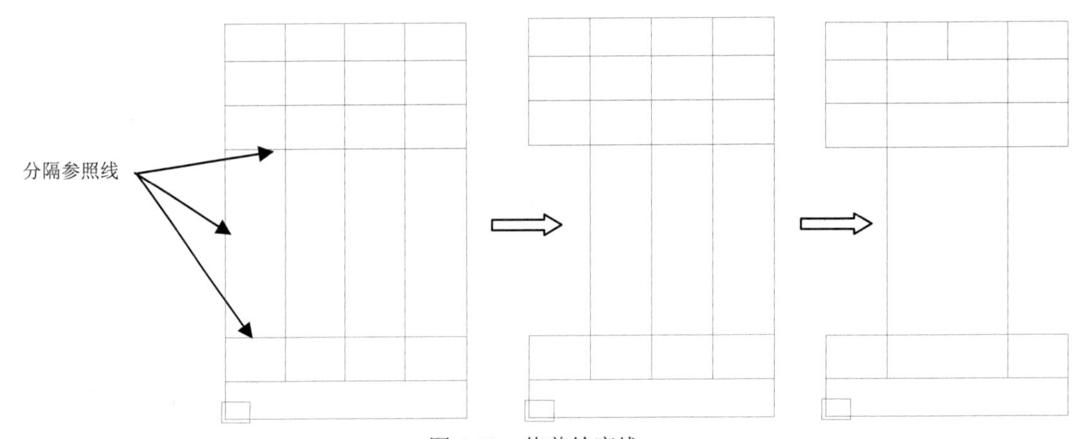

图 4-89　修剪轮廓线

（6）对俯视图进行倒角处理，如图 4-90 所示。

1）单击“草绘”操控板中的“倒角”按钮，系统要求选择倒角对象。

2）按住 Ctrl 键，选择俯视图左上角两条边并确定，系统显示当前倒角状态。

3）右击一根倒角线，在弹出的快捷菜单中选择“属性”命令，系统弹出“倒角属性”对话框。

4）选择 D×D 方式，设 D 为 70。

5）确定后完成倒角。

6）对另一端倒角，采用 D1×D2 方式，分别为 200 和 70。

（7）绘制主视图圆，如图 4-91 所示。

1）启动“圆”命令，系统打开“捕捉参考”对话框。

2）利用“选取”按钮，选择从左向右第 2 根垂直线和从上向下第 3 根水平线并确定。

3）选择两线交点为圆心并单击，拖动鼠标并右击，在弹出的快捷菜单中选择“半径”命令，输入 30 并确定。

4）此时系统以刚完成的圆为参照，以该圆心为参照，继续绘制圆，半径为 20，确定即可。

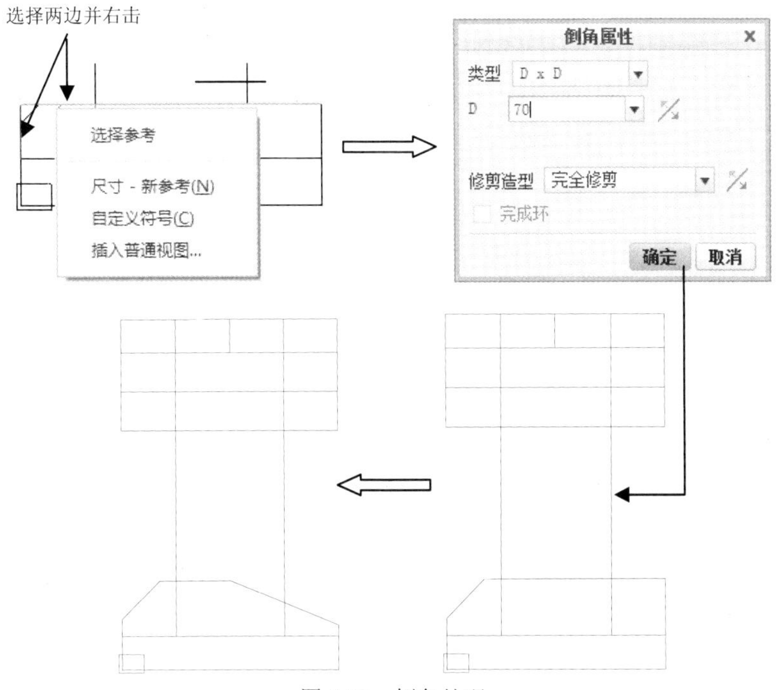

图 4-90　倒角处理

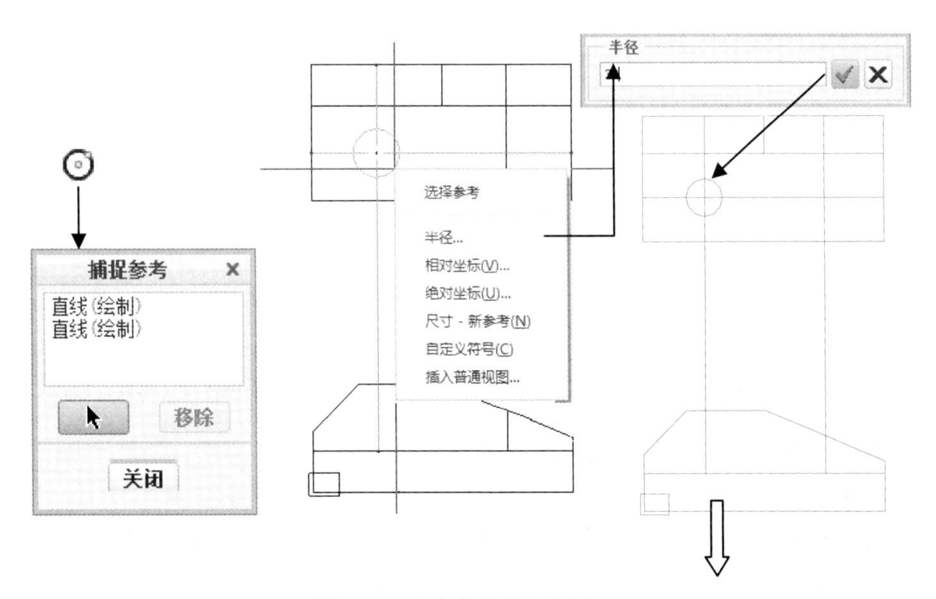

图 4-91　建立主视图左侧圆

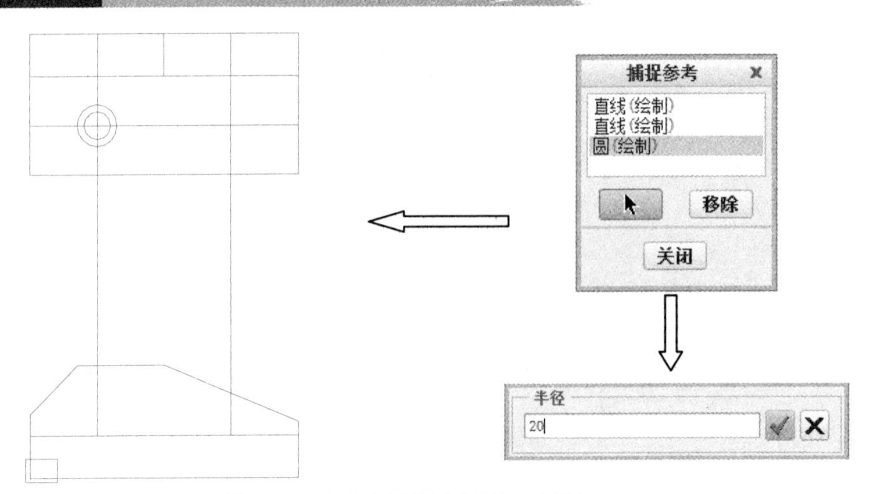

图 4-91　建立主视图左侧圆（续图）

对所绘制的两个圆进行平移复制操作，距离为 200，复制数目为 1；对中间线进行向左平移复制，距离为-130，复制数目为 1，结果如图 4-92 所示。

至此，主视图完成，只剩中心线线型未改。

（8）绘制俯视图左侧孔。仍然沿用上面的复制平移和修剪操作即可。随后通过平移复制完成右侧孔。在此不再赘述，结果如图 4-93 所示。

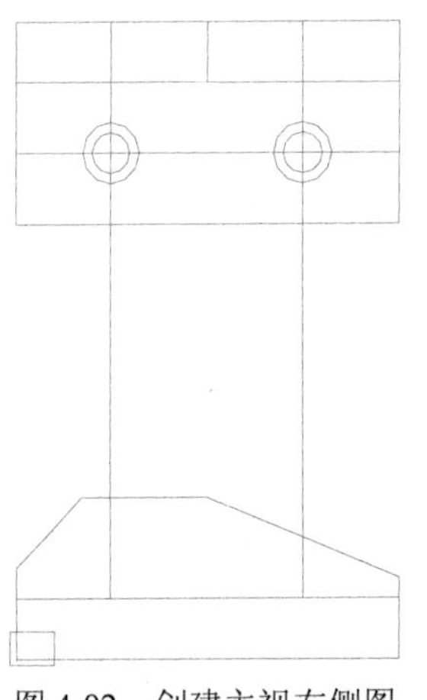

图 4-92　创建主视右侧图

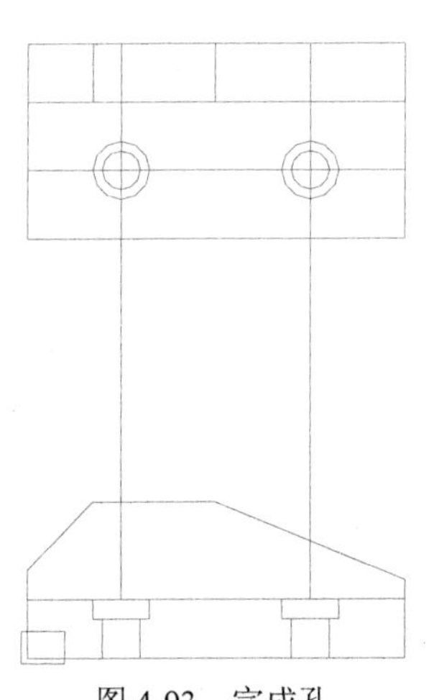

图 4-93　完成孔

（9）对俯视图进行填充操作，如图 4-94 所示。

1）首先框选下面矩形封闭区域。

2）单击“编辑”操控板中的“剖面线/填充”按钮，系统要求输入剖面名。

3）输入 1 并确定，系统弹出“修改剖面线”菜单管理器。

4）调整间距，完成设置。

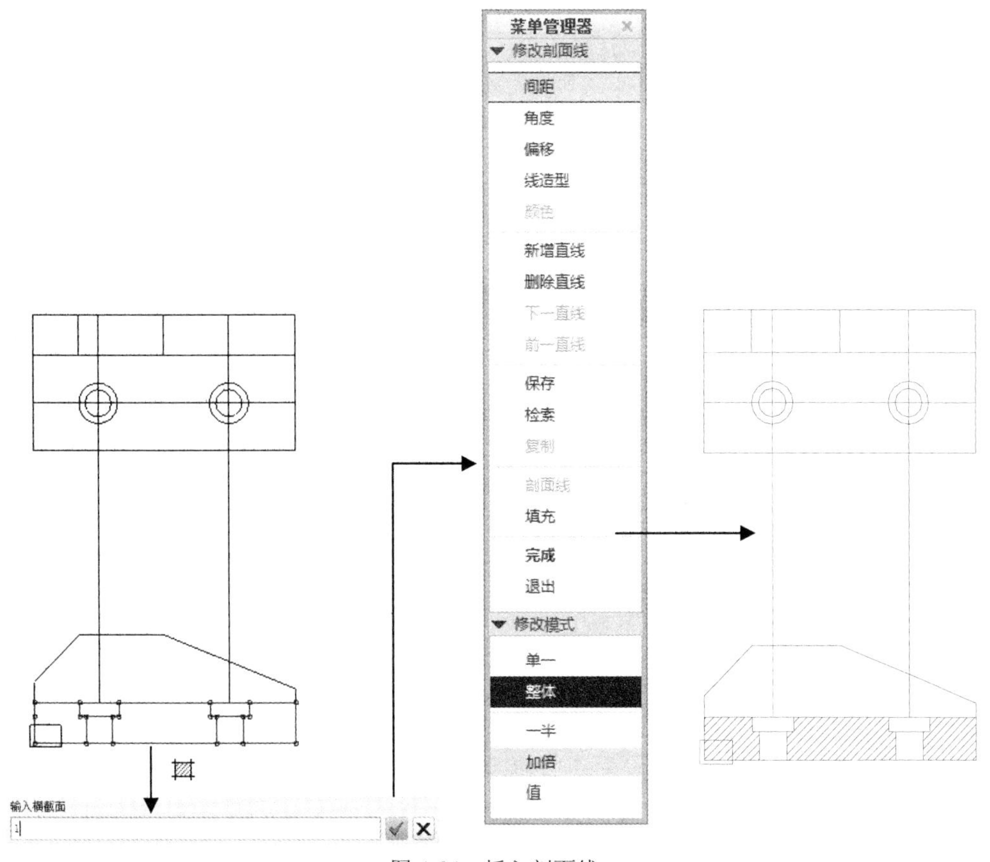

图 4-94　插入剖面线

提示：必须将上下两条水平线修剪成多段方可。

（10）将多余线条删除，完成整个工程图绘制，结果如图 4-95 所示。

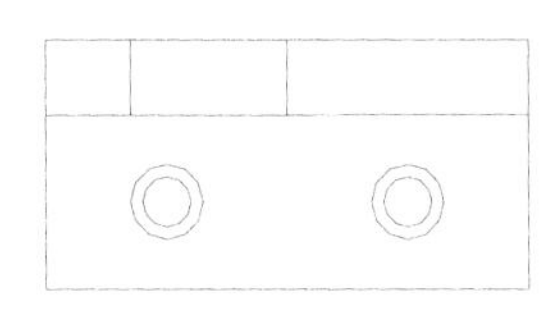

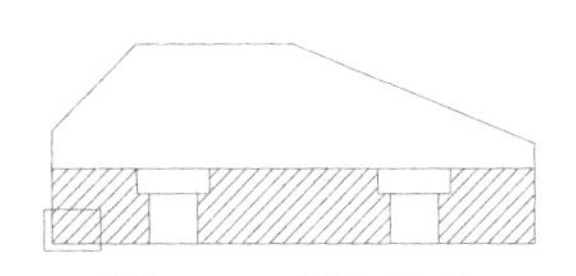

图 4-95　最终结果

（11）对整个视图进行比例缩放，以将其放置在 A0 幅面内，如图 4-96 所示。

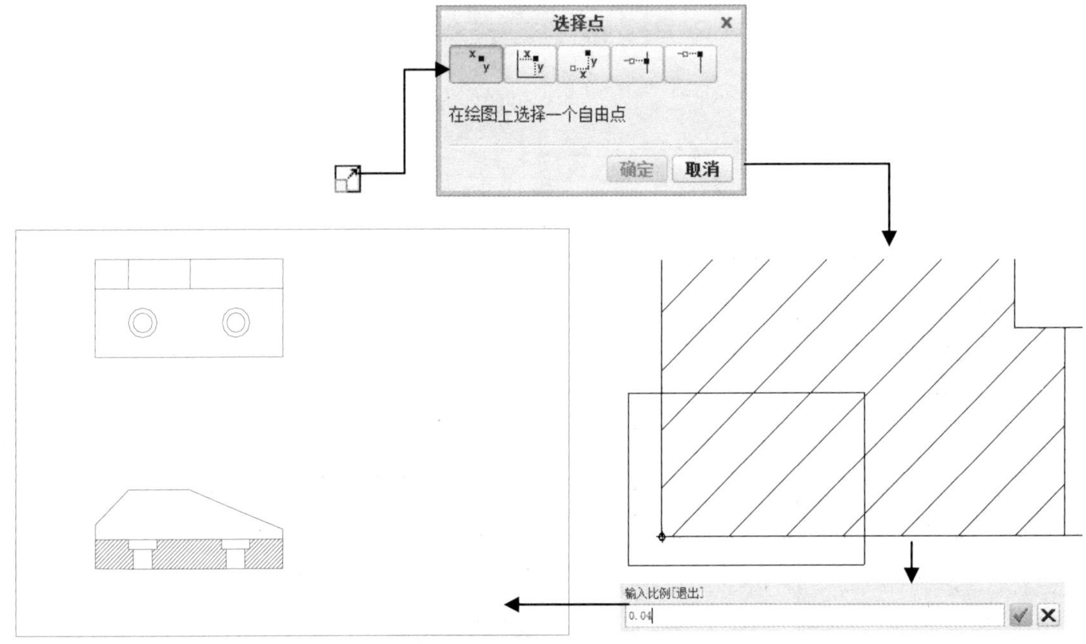

图 4-96　比例缩放

1）单击“编辑”操控板中的“缩放”按钮，系统要求选择缩放对象。

2）框选所有对象并确定，系统要求确定初始点。

3）选择俯视图左下角点，输入新的比例 0.04 并确定即可。

5

工程图中的尺寸标注、注解与球标

在工程图模块中，有两种标注尺寸的方式，一种方式是取自存于零件或组件自身的设计尺寸，这些尺寸称为显示或驱动尺寸，因为用户可以在绘图中使用这些尺寸驱动模型的形状；另一种方式是以手动的方式插入尺寸，这些插入的尺寸称为添加的或从动尺寸，需要注意的是，不能使用这些从动尺寸驱动模型。

在工程图中，注解作为非几何信息存在，可以作为各种标识的载体，绘图中的注解是由文本和符号组成，也可以将参数化的信息加入到注解中。球标可以用在组合图中标识每一零件的数量，也可用来标注每个零件在组合图中的编号。

本章首先对尺寸标注进行概述，在此基础上对 Creo Parametric 工程图尺寸的标注加以讲解，还包括注解和球标的创建。此外，还对文本样式、尺寸线样式的设置进行介绍，最后是自定义符号库。

5.1 尺寸标注概述

5.1.1 尺寸标注的基本规定

工程图样中，视图表达了零部件的形状，其大小是通过标注的尺寸来确定的。标注尺寸是设计过程中非常重要的一环。有关尺寸标注在国家标准中有明确的规定。下面介绍国家标准“尺寸标注”（GB 4458.1—84）中的一些基本规定。

1. 基本规则

零部件的真实大小应以图样上标注的尺寸数值为依据，与图形的大小、绘图的比例及绘图的精确度无关。

图样中（包括技术要求和其他说明）的尺寸以毫米为单位时，不需要标注计量单位的代号或名称，如果采用其他单位，则必须注明相应的计量单位的代号或名称。

图样中所标注的尺寸为该图样的完工尺寸；否则应另加说明。

零部件的每一个尺寸一般只标注一次，并应标注在反映该结构最清楚的图形上。

2. 尺寸要素

完整的尺寸包含以下四个要素，如图 5-1 所示。

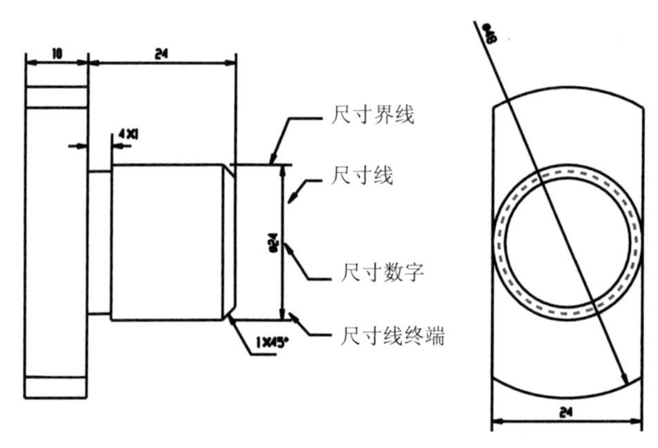

图 5-1　尺寸要素

（1）尺寸界线。尺寸界线标识所注尺寸的起始和终止位置，用细实线绘制，并应由图形的轮廓线、轴线或对称中心线处引出；也可利用轮廓线、轴线或对称中心线作尺寸界线。尺寸界线须超过尺寸线 2～5mm。

（2）尺寸线。尺寸线表示所注尺寸的范围，用细实线绘制，不能用其他图线代替，也不得与其他图线重合或画在其延长线上，并尽量避免尺寸线之间及尺寸线与尺寸界线相交。

标注线性尺寸时，尺寸线必须与所标注的线段平行，相同方向的各尺寸线的间距要均匀，间隔应大于 5mm，以便注写尺寸数字和有关符号。

（3）尺寸线终端。尺寸线终端有两种形式：箭头或细斜线，如图 5-2 所示。箭头适用于各种类型的图线，箭头尖端与尺寸界线接触，不得超出也不得分离。

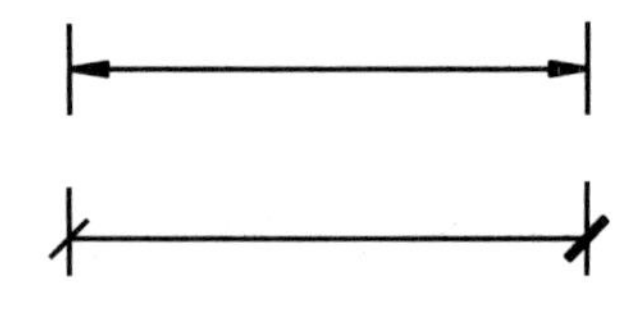

图 5-2　尺寸线终端的表示形式

采用细斜线的方式时，尺寸线与尺寸界线必须垂直，并且同一图样中只能采用一种尺寸线终端形式。

（4）尺寸数字。尺寸数字表示所注尺寸的数值，线性尺寸的数值一般应写在尺寸线上方，也允许注写在尺寸线的中断处。尺寸数字不可被任何图线通过，否则必须将该图线断开。

5.1.2　尺寸基准及其选择

从几何意义上讲，尺寸基准是标注尺寸的起点；从工程意义上讲，基准是指用以确定零件在机械部件中的位置或加工时在机床上的位置的某些面、线、点。用以确定零件在部件中的位置及其几何关系的基准，称为设计基准；在加工、测量时所依据的基准，称为工艺基准。

选择基准的原则如下：

（1）零件的重要尺寸应从设计基准标注，对其余尺寸，考虑到加工、测量的方便，一般应由工艺基准标注。

（2）在零件的 X、Y、Z 三个方向上，应分别确定尺寸基准，同一方向如有几个尺寸基准，其中必有一个设计基准，并且基准之间应有联系尺寸。

（3）选择基准时，应遵循基准重合原则，即尽量使设计基准与工艺基准重合，以减少尺寸误差，便于加工、测量和提高产品质量。

5.1.3　常见尺寸种类及尺寸标注

1. 线性尺寸

尺寸线必须与所注的线段平行，尺寸界线一般应与尺寸线垂直，并超出尺寸线 2～5mm。线性尺寸的数字应按图 5-3 所示的方向注写，应尽可能避免在图示 30°范围内注写尺寸。当无法避免时，按图 5-4 所示的形式注写。

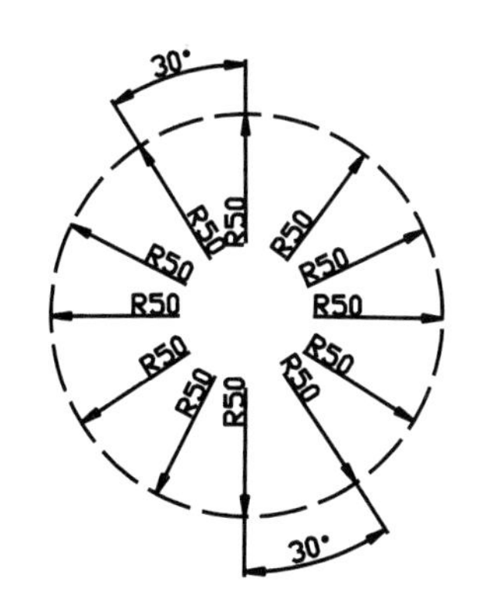

图 5-3　线性尺寸的标注

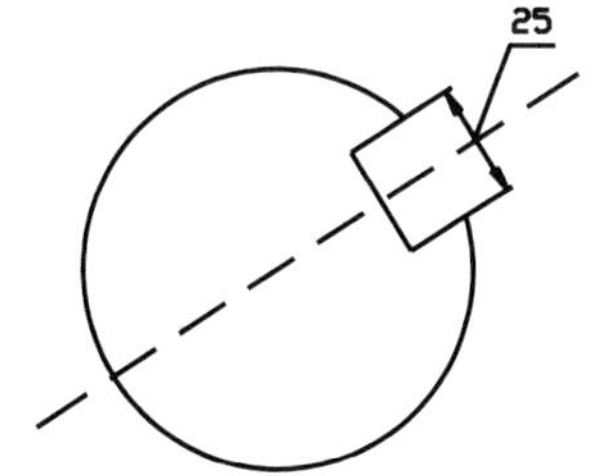

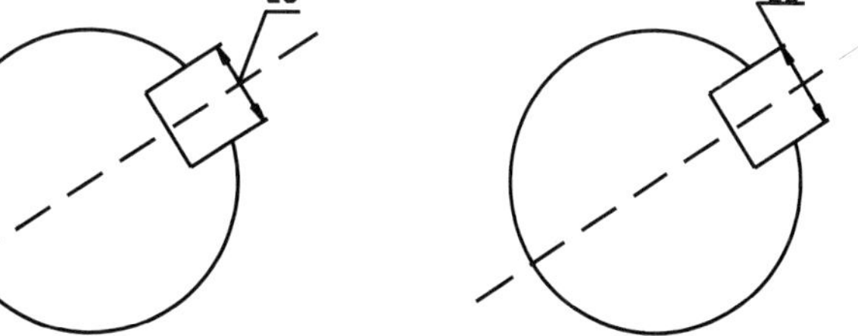

图 5-4　特殊线性尺寸的标注

2. 角度尺寸

标注角度尺寸界线应沿径向引出，尺寸线画成圆弧，圆心是角的顶点，角度的数值一律水平注写，一般注写在尺寸线的中断处，必要时也可注写在尺寸线的上方或外侧，还可以引出标注。角度尺寸必须注出单位。角度尺寸标注如图 5-5 所示。

3. 圆、圆弧及球面尺寸

圆或大于半圆的圆弧应标注其直径，并在数字前面加注“ϕ”，其尺寸线必须通过圆心；等于或小于半圆的圆弧应标注其半径，并在数字前面加注“R”，其尺寸线从圆心开始，箭头指向轮廓，如图 5-6 所示。当圆弧半径过大，在图纸范围内无法标出其圆心时，按图 5-7 所示的形式标注。

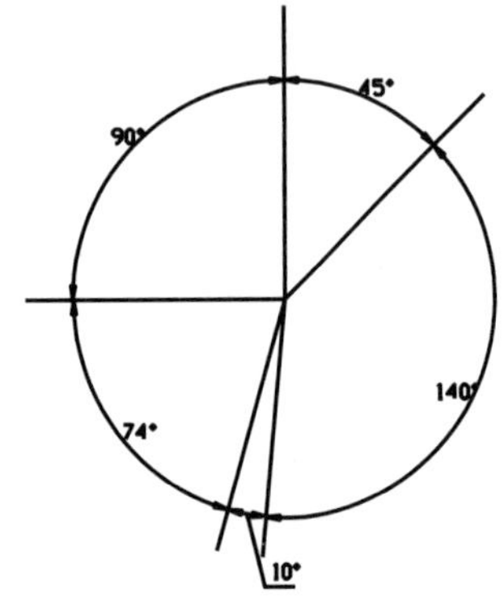

图 5-5　角度尺寸的标注

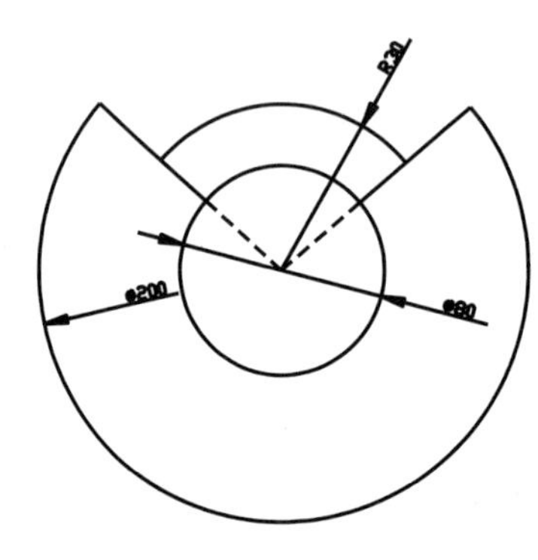

图 5-6　圆/圆弧尺寸的标注

图 5-7　大半径圆弧尺寸的标注

标注球面直径或半径时，应在尺寸数字前面加注符号“$S\phi$”或“SR”，如图 5-8 所示。

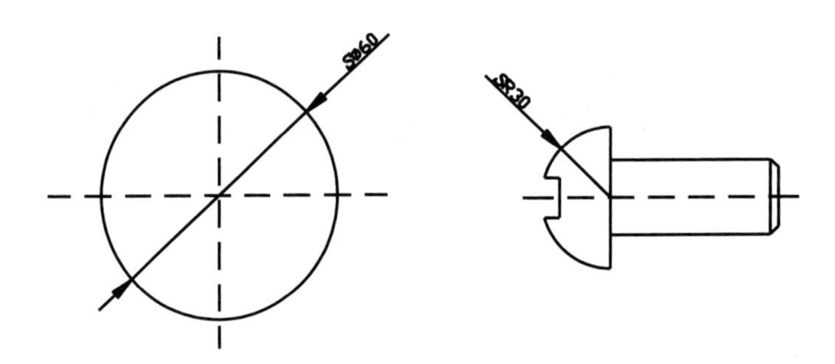

图 5-8　球面直径和球面半径的标注

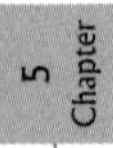

4. 过小尺寸的标注

对于没有足够位置画箭头或标注尺寸数字的情况，可以按图 5-9 所示进行标注。

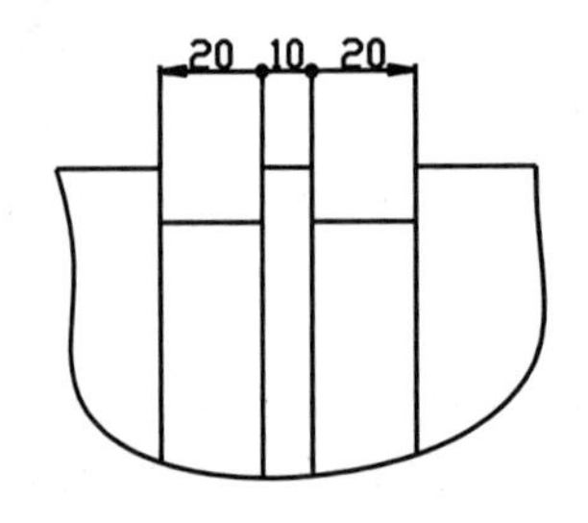

图 5-9　小尺寸的标注

5.1.4 尺寸标注要注意的问题

合理进行尺寸标注应注意以下问题：

（1）零件图上不应出现封闭的尺寸链。封闭尺寸链是指首尾相接、形成整圈的一组尺寸。如图 5-10（a）中的尺寸 a、b、c，由于 $a=b+c$，若尺寸 a 的误差一定，则 b、c 两尺寸的误差就会定得很小，加工同一表面时将受到同一尺寸链中两个尺寸的约束，容易造成加工困难。此时应当在组成封闭尺寸链的三个尺寸中去掉一个不重要的尺寸，如图 5-10（b）和图 5-10（c）所示。

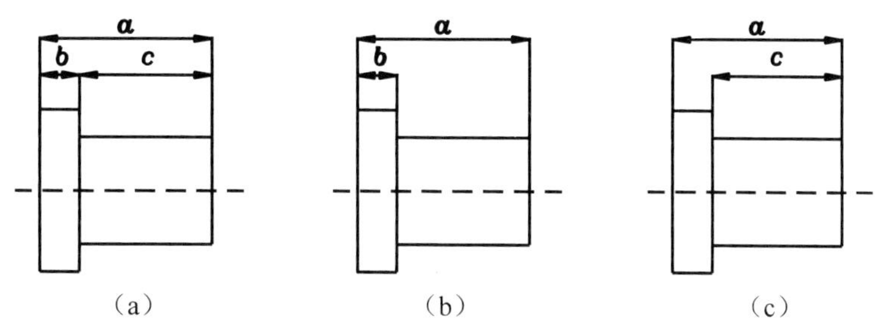

图 5-10 封闭尺寸链及其修正

（2）重要的尺寸必须由设计基准直接标注。所谓重要的尺寸，一般指下列一些尺寸：

- 直接影响零件传动准确性的尺寸。
- 直接影响机械工作性能的尺寸。
- 两零件配合时与配合有关的尺寸。
- 决定零件安装位置的尺寸等。

（3）非重要尺寸要符合加工顺序和便于测量。

（4）为了看图方便，加工面和非加工面的尺寸最好分别列于视图的两侧，在加工面的尺寸中，同一工序的尺寸要适当集中，使不同工序的操作者在加工时容易找齐尺寸。

（5）尺寸既要注全，又不能包含多余的尺寸。尺寸不全，零件无法制造；尺寸多余，则容易产生废品，所以应注意防止。

5.2 Creo Parametric 工程图尺寸的显示/拭除

将 3D 模型导入 2D 绘图中时，3D 尺寸和存储的模型信息会与 3D 模型保持参数化相关性，但在默认情况下它们是不可见的。然后可选择性地选择要在特定视图上显示/拭除 3D 模型信息，这就是显示和拭除的概念。由于已显示的尺寸和 3D 模型具有相关性，所以可用它们驱动绘图环境中的模型尺寸。

在显示和拭除细化项目时，对于每一绘图中的某一特征只能显示一个项目的实例，但可将已显示的 3D 详图项目从一个视图移动到另一个视图，例如可将尺寸从普通视图移动到更为适合它的详图视图。当已显示（驱动）尺寸在其他视图中“用尽”，或者如果需要创建未曾用于定义 3D 几何的尺寸时，要为视图提供尺寸标注，此时可以插入附加（从动）尺寸。本节主要讲解显示/拭除项目，有关插入从动尺寸的操作在下一节讲解。

工程图环境下提供了“注释”操控板，可以进行视图尺寸的显示与控制等，如图 5-11 所示。

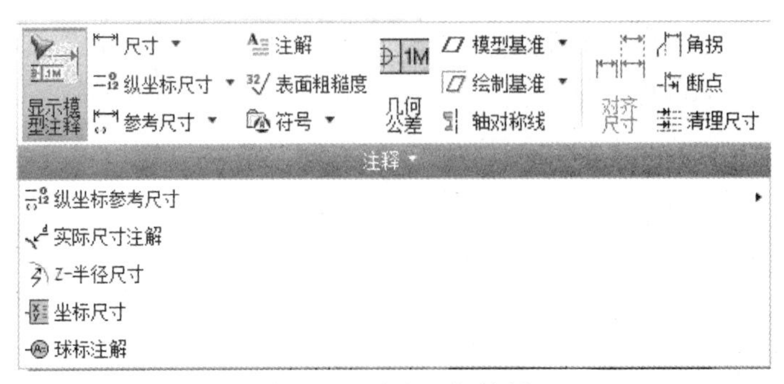

图 5-11 “注释”操控板

单击“显示模型注释”按钮，系统弹出如图 5-12 所示的对话框。默认状态下是不显示尺寸标注的。

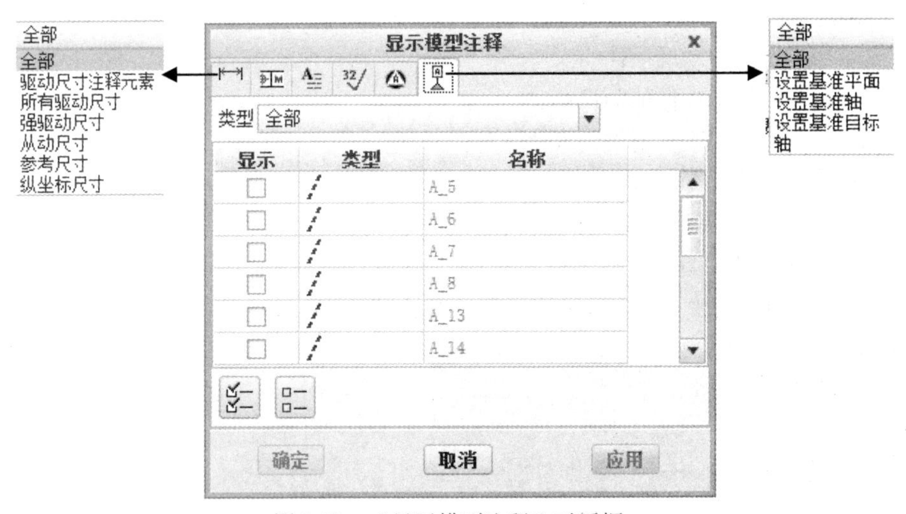

图 5-12 “显示模型注释”对话框

在图 5-12 中，可以控制显示与拭除的对象，共有 6 种类型可以显示，具体说明见表 5-1。

在图 5-12 中首先可以选择注释类型，然后在列表中选择显示的具体对象，确定即可。对于显示方式，可以分别对特征、视图及零件进行显示控制。

- 特征

从视图中选取单一模型特征来显示或拭除项目，如图 5-13 所示。

表 5-1 显示及拭除的类型说明

图标	说明	图标	说明
	显示/拭除尺寸		显示/拭除表面光洁度符号
	显示/拭除几何公差		显示/拭除模型符号
	显示/拭除模型注解		显示/拭除模型基准

提示：还可以在模型树中进行操作，选中特征后单击右键，在弹出的快捷菜单中选择“显示模型注释”命令进行相应的操作，如图 5-14 所示。

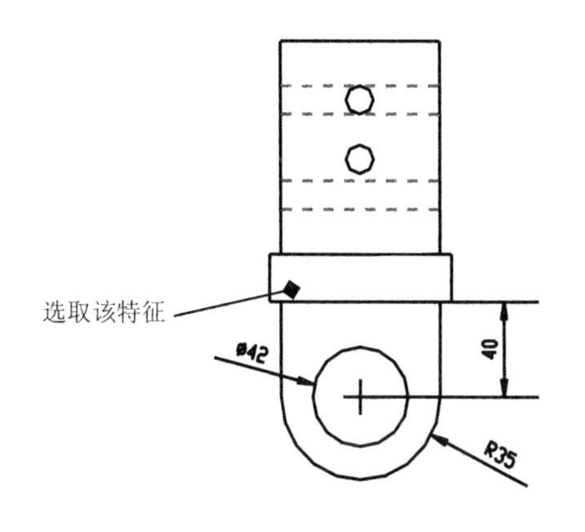

图 5-13 以“特征”方式显示尺寸

图 5-14 在模型树中快捷操作

- 零件

在装配模式下，在模型树列表中直接选取零件模型来显示或拭除项目，如图 5-15 所示。

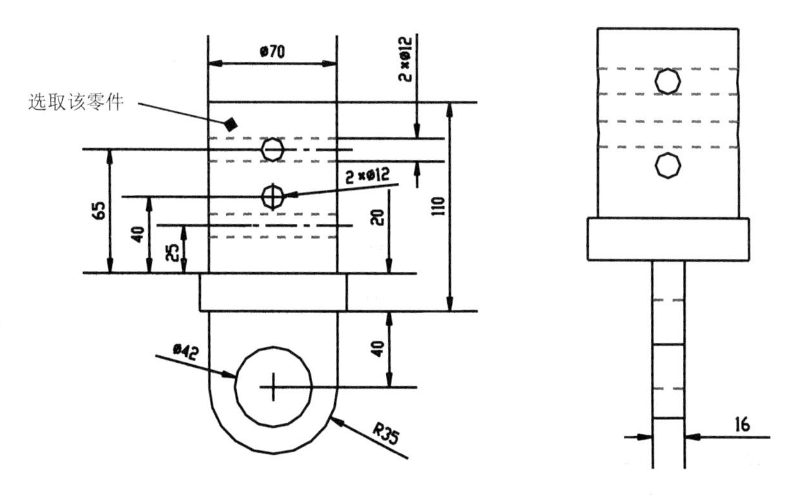

图 5-15 以“零件”方式显示尺寸

- 视图

在指定的视图显示或拭除项目，如图 5-16 所示。

提示：还可以直接对显示的尺寸进行“拭除”操作，首先选中要拭除的尺寸并右击，在弹出的快捷菜单中选择“拭除”命令即可，如图 5-17 所示。

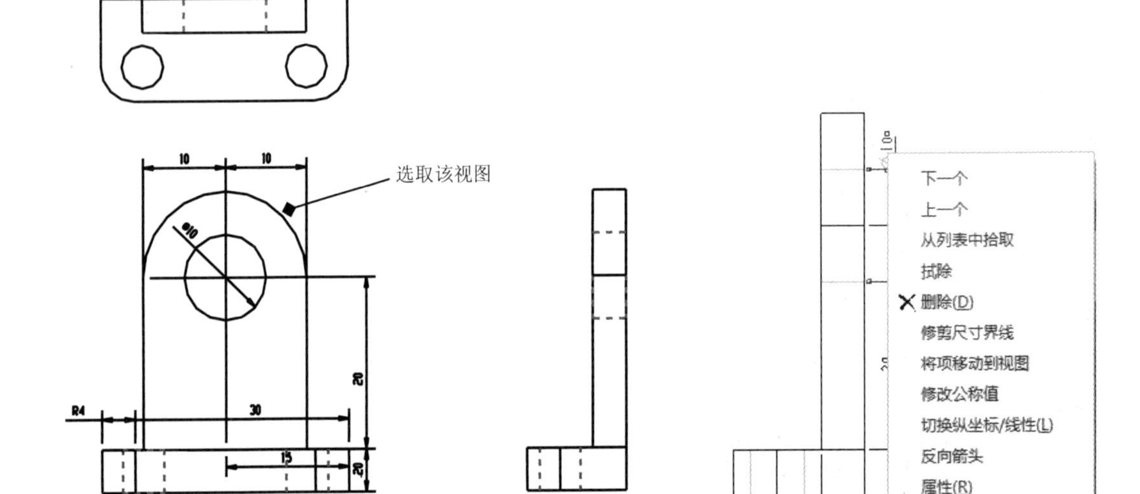

图 5-16　以“视图”方式显示尺寸　　　　图 5-17　拭除尺寸的快捷操作

5.3　手动插入尺寸

除了上一节提到的显示/拭除尺寸的方式，在工程图中还可以以“手动”的方式标注尺寸，如图 5-11 所示，其中，与尺寸有关的命令有“尺寸”、“参考尺寸”和“纵坐标尺寸”。

5.3.1　插入尺寸

1. 新参考

可以直接进行尺寸标注。选择“新参考”命令，弹出如图 5-18 所示的“依附类型”菜单管理器，其中列出 6 种尺寸依附方式。

- 图元上：可以直接选择两个图元进行尺寸标注，操作步骤如图 5-19 所示。
- 在曲面上：可以直接选择一个曲面图元进行尺寸标注，操作步骤如图 5-20 所示。
- 中点：从选取对象的中点进行尺寸标注，如图 5-21 所示。

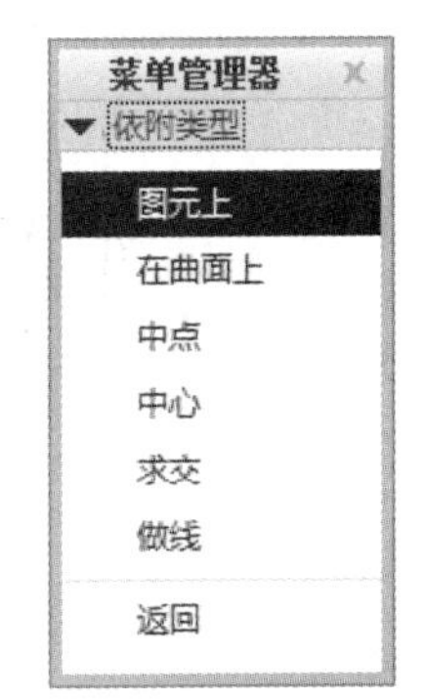

图 5-18　尺寸依附方式

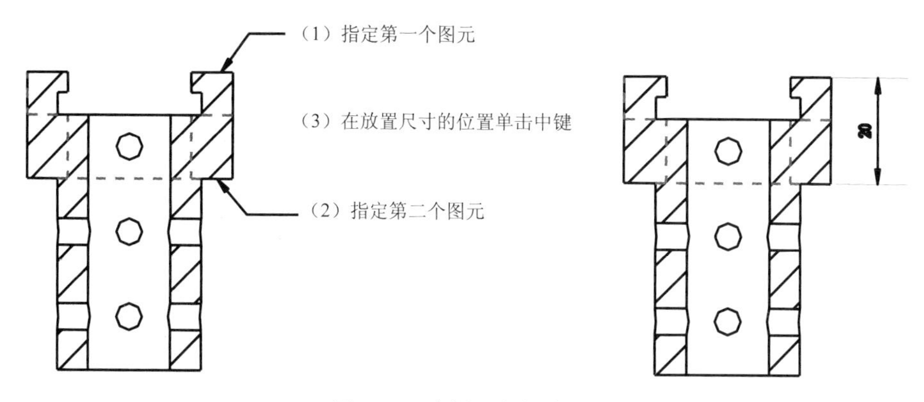

图 5-19　在图元上创建尺寸

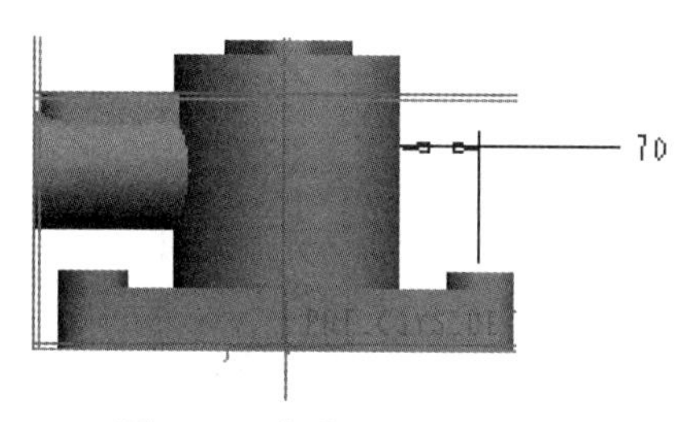

图 5-20　在曲面上创建尺寸

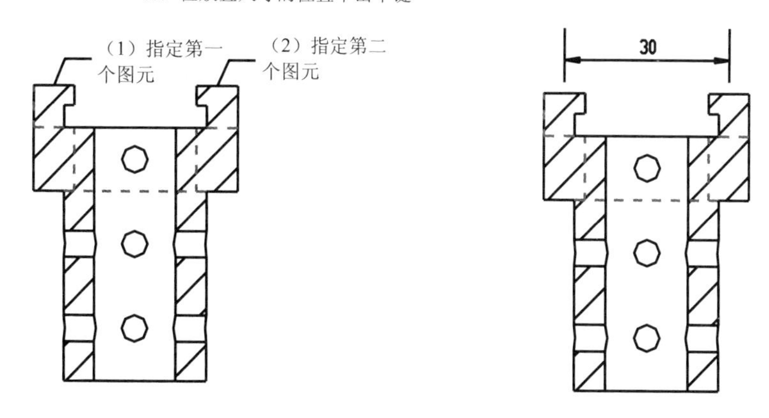

图 5-21　在中点创建尺寸

- 中心：系统会捕捉圆或圆弧的中心进行尺寸标注，如图 5-22 所示。
- 求交：可以指定两个交错的图元，系统会捕捉其交点，指定两个交点后就可以标注尺寸，如图 5-23 所示。

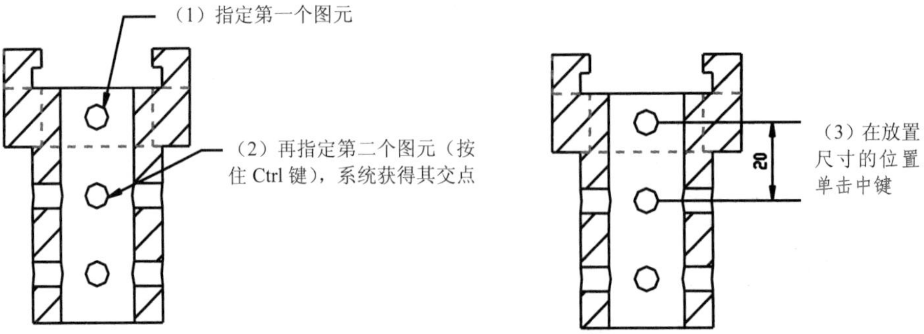

（1）指定第一个图元
（2）再指定第二个图元（按住 Ctrl 键），系统获得其交点
20
（3）在放置尺寸的位置单击中键

图 5-22　在中心创建尺寸

（1）指定两个图元（按住 Ctrl 键），系统获得其交点
（3）在放置尺寸的位置单击中键
40
（2）再指定两个图元（按住 Ctrl 键），系统获得其交点

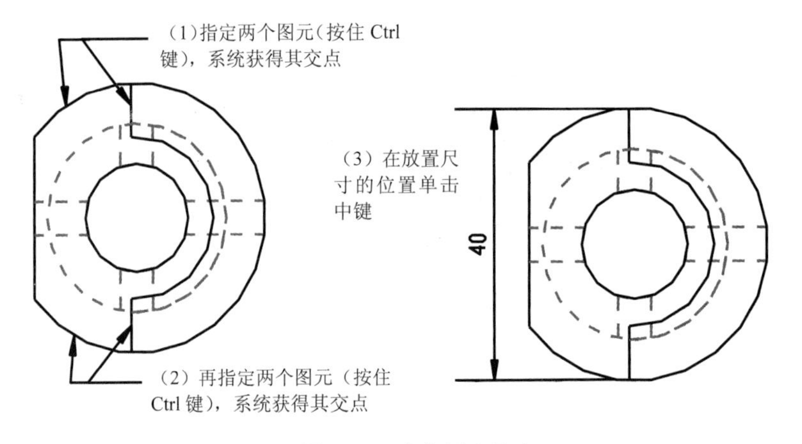

图 5-23　求交创建尺寸

- 做线：选择“2 点”、“水平直线”或“竖直线”来创建“尺寸界线”，操作步骤与“中点”相同。

2. 公共参考

可以以指定的几何为基准进行连续标注。选取“公共参考”，弹出如图 5-18 所示的“依附类型”菜单管理器。选取操作与“插入尺寸”相同。

3. 纵坐标尺寸

可以以纵坐标的方式标注尺寸。选取“纵坐标尺寸”命令，系统提示选取图元作为基线，选择基线后，弹出“依附类型”菜单管理器。选择其中类型进行标注，结果如图 5-24 所示。

提示：可以连续标注多个图元的纵坐标。

4. 自动标注纵坐标

可以为一个或多个相互平行的曲面自动创建纵坐标。操作过程与“纵坐标”类似，所不同的是，要先选择曲面再选择基线，系统即能自动进行纵坐标的标注。

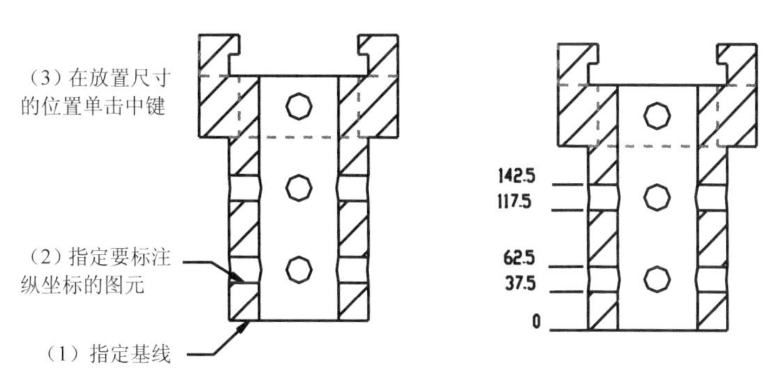

图 5-24 创建纵坐标

5.3.2 插入参考尺寸

选择"注释"操控板中的"参考尺寸"命令，可以创建参照尺寸，创建方式与前面"插入尺寸"相同。不同的是，在所创建的参照尺寸后面会加上"REF"，表示其为参照尺寸，如图 5-25 所示。

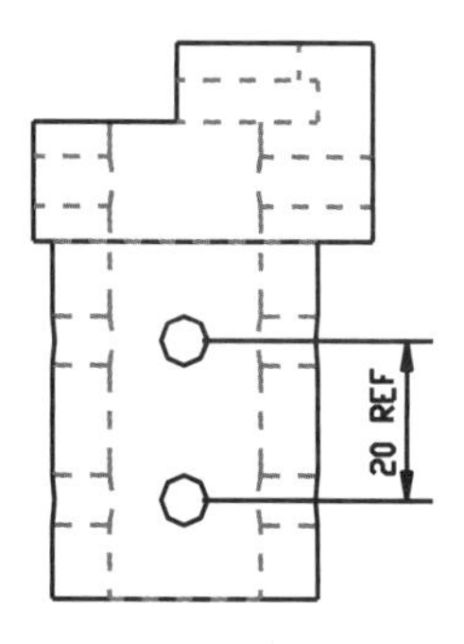

图 5-25 参照尺寸标注

5.3.3 插入坐标尺寸

选择"注释"操控板中的"坐标尺寸"命令，可以创建以坐标的方式表示的尺寸。选取边、基准点、轴心、顶点或修饰图元作为箭头依附的位置，在要放置坐标尺寸的位置单击左键，选取要表示成坐标尺寸的水平方向和垂直方向的尺寸，系统将其自动转换成坐标尺寸，如图 5-26 所示。

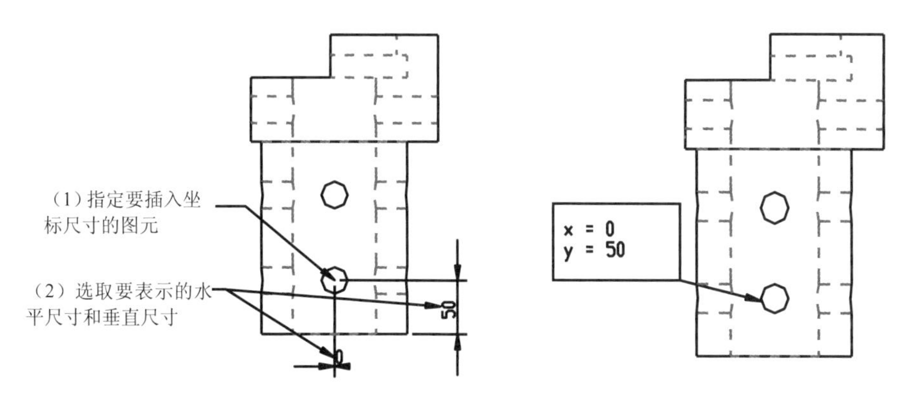

图 5-26 插入坐标尺寸

5.4 尺寸操作

当由系统自动显示的尺寸在工程图上显得杂乱无章，或者当需要对手动插入尺寸加以调整时，就用到尺寸操作。尺寸的操作工具包括创建捕捉线、尺寸（包括尺寸文本）的移动、改变箭头方向、删除、修改尺寸的数值和属性（如尺寸文字高度、尺寸公差、文本样式等）、用于调整尺寸界线的工具（包括插入断点、插入角拐）及基准（包括绘制基准、模型基准）的插入。下面分别对它们加以讲解。

5.4.1 创建捕捉线

图 5-27 “创建捕捉线”菜单管理器

捕捉线能够用于定位尺寸、注释、几何公差、表面精度等。单击“编辑”操控板中“创建捕捉线”按钮，弹出“创建捕捉线”菜单管理器，如图 5-27 所示。有以下两种创建方式：

- 偏移视图

可以指定视图边界（以蓝色的线框出现）作为参照，按住 ctrl 键，一次可以选择多个边界。选择后确定，系统信息提示“输入捕捉线与边界距离”，输入指定的距离后，系统信息提示“输入要创建的捕捉线的数据”，输入要创建的捕捉线条数后，系统信息提示“输入捕捉线的间距”，输入间距值后完成捕捉线的创建。创建过程如图 5-28 所示。

图 5-28 以“偏移视图”创建捕捉线

- 偏移对象

可以指定一个或多个边、基准或是已经存在的捕捉线作为参照。创建步骤与“偏移视图”相同。

5.4.2 整理尺寸

对于杂乱无章的尺寸，Creo Parametric 系统提供了“清理尺寸”这一有力的工具。单击“注释”操控板中的“清理尺寸”按钮，弹出“清除尺寸”对话框，其中包括“放置”和“修饰”两个选项卡，单击选项卡后，分别出现如图 5-29 所示的界面。

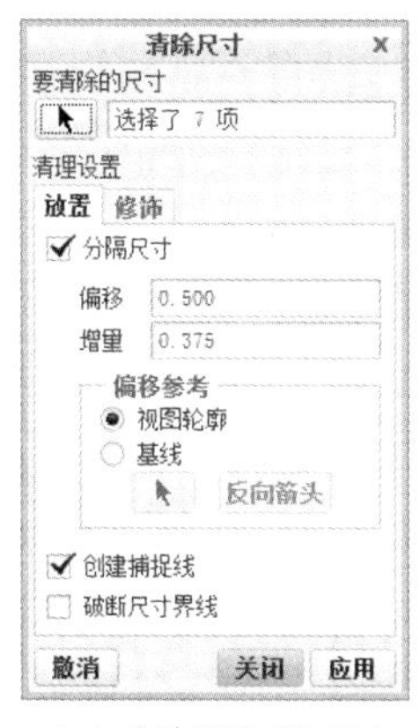

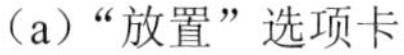
（a）“放置”选项卡

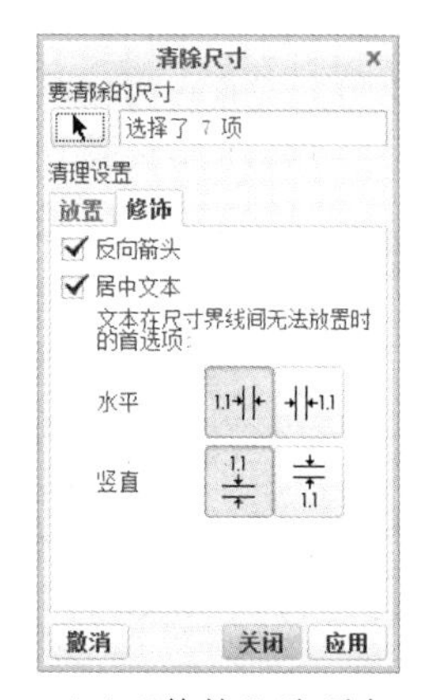

（b）“修饰”选项卡

图 5-29 “清除尺寸”对话框

“放置”选项卡包括以下内容：

- 分隔尺寸

在此项中可以设置“偏移”与“增量”，还可以设置“偏移参考”。“偏移”用来指定第一个尺寸相对于“偏移参考”的位置，“增量”是两个相邻尺寸的间距。在“偏移参考”中选择“视图轮廓”或“基线”作为参照图元。

- 选中“创建捕捉线”复选框，则会在尺寸线的位置创建水平或垂直的虚线。
- 选中“破断尺寸界线”复选框，则在尺寸界线与其他草绘图元相交的位置破断尺寸界线。

“修饰”选项卡包括以下内容：

- 选中“反向箭头”复选框，当尺寸界线内放不下箭头时，该尺寸箭头自动反向到外侧。
- 选中“居中文本”复选框，每个尺寸的文本自动居中。当尺寸界线间放不下尺寸文本时，系统自动按预先指定的水平放置方式和垂直放置方式放置文本。

5.4.3 移动尺寸及尺寸文本

选中要移动的尺寸（尺寸变红）后，此时光标变成“十”字符号、左右箭头或上下箭头形式，按照表 5-2 所示的鼠标箭头符号含义进行操作，操作过程是按住鼠标左键不放并拖动尺寸，到合适的位置后松开左键。

表 5-2 鼠标箭头符号含义

箭头符号	符号含义
✥	尺寸可以自由移动
↔	尺寸只能在水平方向作调整
↕	尺寸只能在垂直方向作调整

5.4.4 对齐尺寸

要对齐同是水平方向或垂直方向的尺寸，可以使用“对齐尺寸”命令。选中多个要对齐的尺寸（尺寸变成红色）后，选择快捷菜单中的“对齐尺寸”命令，系统自动将第一个选中的尺寸作为参照尺寸，并将所有选中的尺寸自动对齐到参照尺寸上，如图 5-30 所示。

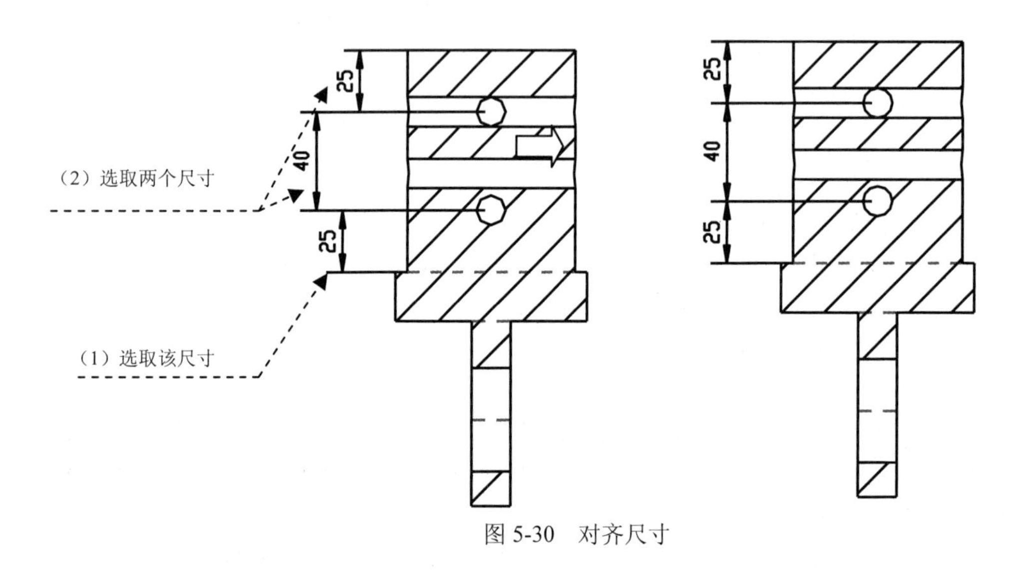

图 5-30 对齐尺寸

5.4.5 改变箭头方向

选中尺寸（尺寸变成红色）后单击鼠标右键，弹出快捷菜单，选择“反向箭头”命令，可以改变箭头方向，如图 5-31 所示。

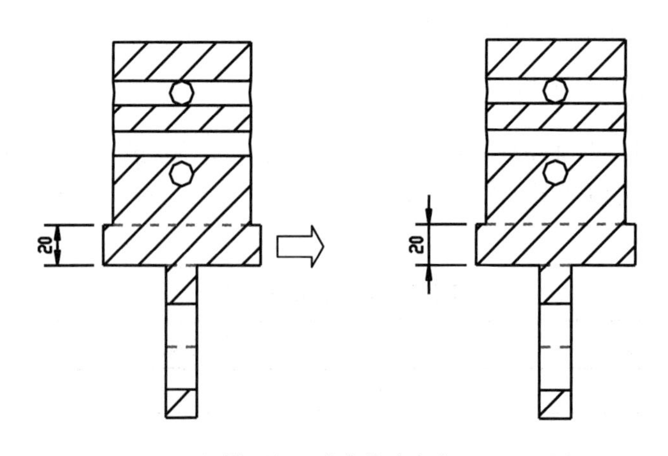

图 5-31 改变箭头方向

5.4.6 属性

右键单击尺寸（尺寸变成红色）后，在弹出的快捷菜单中选择“属性”命令，弹出“尺寸属性”对话框，包含“属性”、“显示”和“文本样式”三个选项卡。下面对三个选项卡分别介绍。

（1）单击“属性”选项卡，打开如图 5-32 所示的对话框，包括以下内容：

图 5-32　文本属性

- 值和显示

该项可以将工程图中的尺寸按只有公称值方式、覆盖值方式和仅限公差值方式显示。

- 公差

用来修改尺寸值（当使用“显示及拭除”方式标注的尺寸时可用）、公差偏差量以及公差表示方式。在修改尺寸值、上下公差后，再生模型自动改变。

- 格式

用来设置尺寸以小数形式还是以分数形式显示、保留几位小数位数、角度单位为度还是弧度。

- 双重尺寸

当标注尺寸是以双重尺寸显示时，可以设置主要尺寸的位置和双重尺寸的小数位数。

（2）单击“显示”选项卡，打开如图 5-33 所示对话框。

可以在“编辑区”中直接输入文字或符号，“编辑区”下方有三个输入框：“名称”输入框用来设定尺寸代号；单击 文本符号... 按钮可以输入一些特殊符号。

- 显示

该项可以让用户将工程图中零件外形轮廓等基础尺寸按“基础”形式显示，而将零件中需要检验的重要尺寸按“检查”形式显示。“前缀”文本框可以输入显示在尺寸文本之前的文字或符号，同样地，“后缀”文本框可以输入在尺寸文本之后显示的文字或符号。在该选项中还可以设置箭头为反向。

图 5-33　“显示”选项卡

● 尺寸界线显示

该项用来控制尺寸界线的显示与拭除。

（3）单击“文本样式”选项卡，打开如图 5-34 所示的对话框，包括以下几部分：

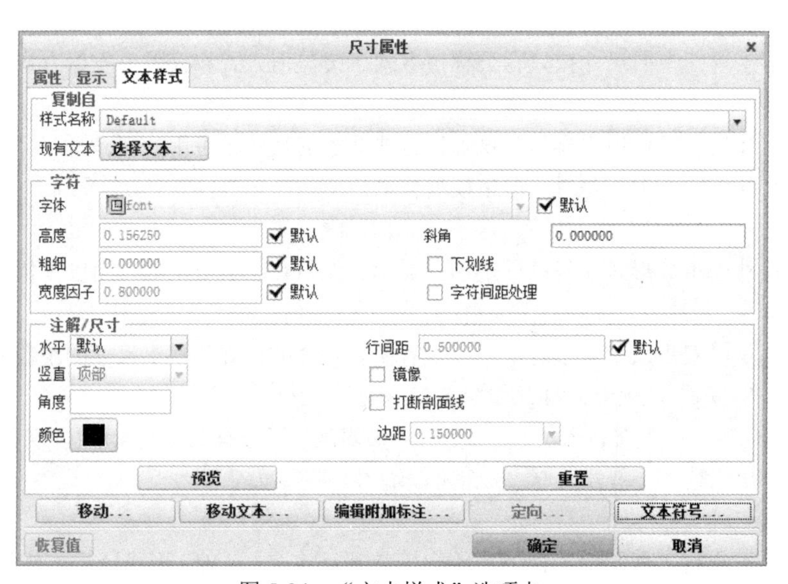

图 5-34　“文本样式”选项卡

- 复制自

从“样式名称”后面的下拉列表框中选定文本的样式；也可以单击 选择文本... 按钮，从现有文本选取文本样式。

- 字符

包括“字体”、“斜角”、“下划线”等选项。去掉勾选“高度”、“粗细”、“宽度因子”等项目后面“默认”复选框，可以自己设定相应的值。

- 注解/尺寸

包括在水平方向、垂直方向文本的对齐方式，角度、颜色等选项，可以选中“镜像”复选框进行文本的镜像，还可以去掉“行间距”后面的“默认”复选框选择，自行设定行间距。

选定各个选项后，单击 预览 按钮，可以进行预览，如果不满意，单击 重置 按钮，可以进行重新设定。

5.4.7 插入断点

“断点”按钮和下面的“角拐”按钮都是用来调整尺寸界线的工具。

插入断点的功能是当尺寸界线与图元相交时，用来断开尺寸界线。单击“断点”按钮，选择要断开的尺寸界线，再在断开处单击左键，如图 5-35 所示。

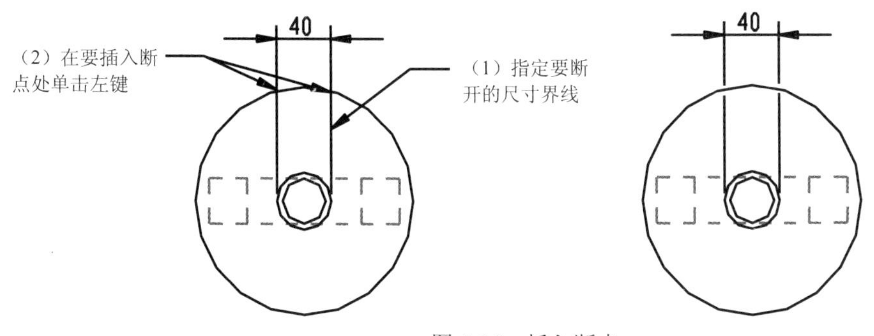

图 5-35　插入断点

5.4.8 插入角拐

插入角拐可以折弯尺寸界线。单击“角拐”按钮，选择尺寸，然后在要折弯的尺寸界线处单击左键，拖动鼠标到合适的位置，如图 5-36 所示。

5.4.9 插入绘制基准

单击“注释”操控板中的“绘制基准”按钮可以插入绘图基准，包括基准平面、基准轴和基准目标。

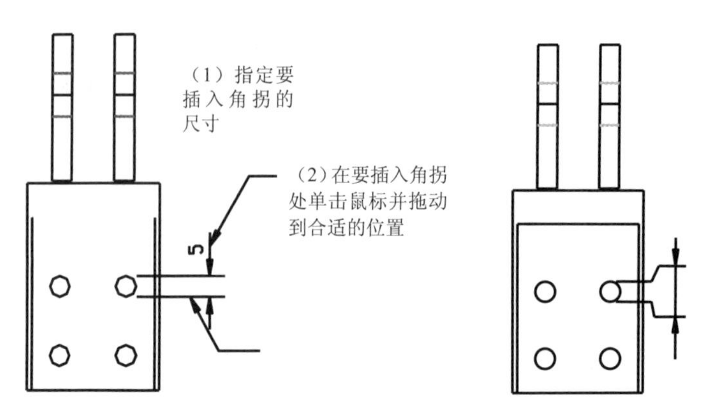

图 5-36　插入角拐

1. 创建绘制基准平面

单击“绘制基准平面”按钮，弹出“选择点”对话框，如图 5-37 所示。

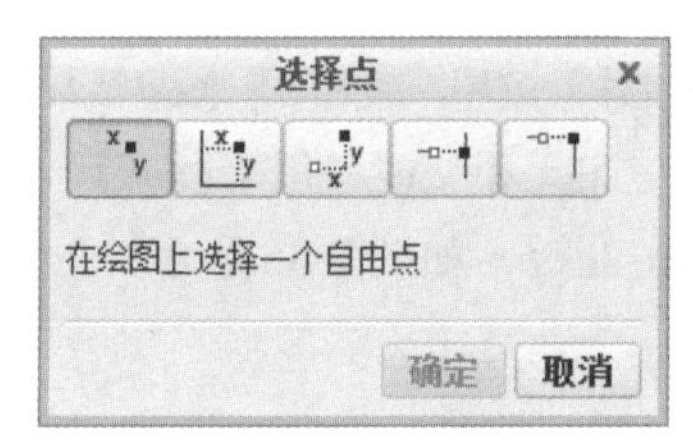

图 5-37　“选择点”对话框

选择其中之一的点获得方式，向适当的方向延伸并通过单击左键来放置端点，输入基准平面的名称，生成基准平面，如图 5-38 所示。

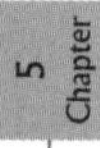

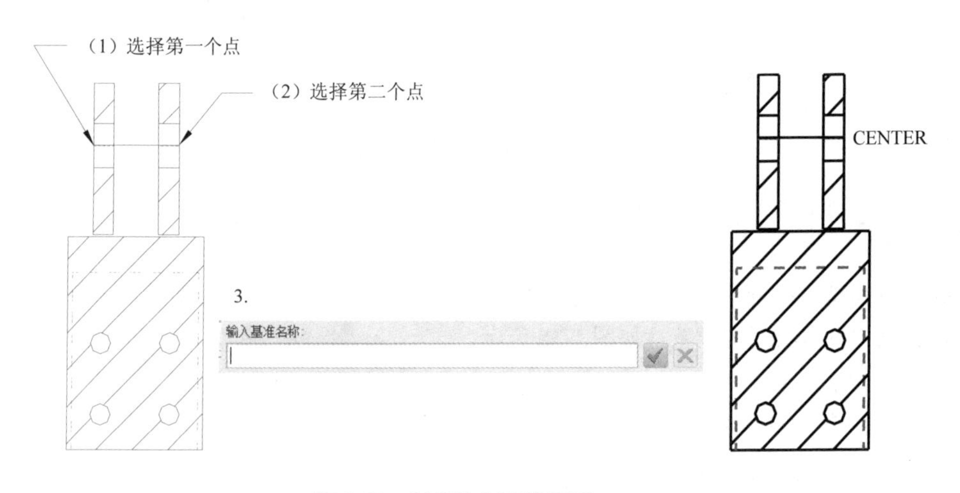

图 5-38　创建绘制基准平面

2. 创建绘制基准轴

单击“绘制基准轴”按钮，弹出“选择点”对话框，选择其中之一获得点，向适当的方向延伸并通过单击左键来放置端点，输入基准轴的名称，生成基准轴。

5.4.10 插入模型基准

“模型基准”工具可以插入“基准平面”和“基准轴”。“模型基准”与“绘制基准”的不同之处在于，插入模型基准平面或轴后保存在模型中，而插入的绘制基准则不保存在模型中。

单击“模型基准平面”按钮，弹出如图 5-39 所示的对话框。包括以下选项：

- 名称：在名称栏中输入基准面名称。
- 定义：定义要放置基准面的位置，包括：
  - 在曲面上：选择一个平面来放置基准面。
  - 定义：自定义基准平面，单击“定义”按钮后，弹出如图 5-40 所示的菜单管理器，其操作过程与零件环境下创建基准平面相同。

图 5-39 插入模型基准平面

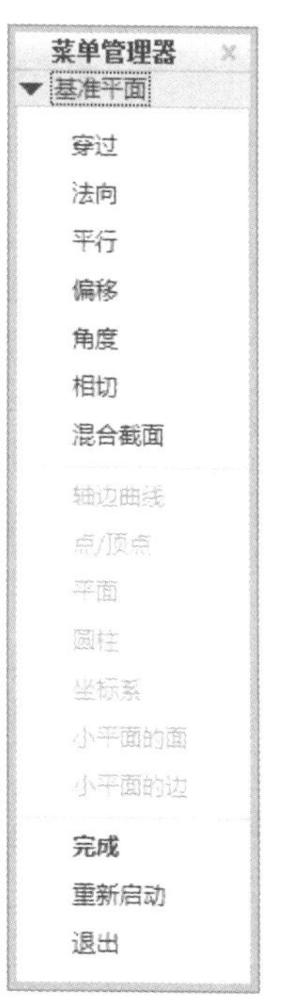

图 5-40 定义基准平面

- 显示：有两种类型，A 和 -A-。单击 -A- 按钮，则“放置”选项可用，进一步确定将基准面放置在“基准上”、“尺寸中”或者“几何上”。

插入“基准轴”的过程与插入“基准平面”类似，不再赘述。

5.5 插入注解与球标

在工程图中，注释是由文本和符号组成的，还可以将参数化的信息加入到注释中。球标用在组合图中标识每一零件的数量，也可用来标注每个零件在组合图中的编号。

创建“注解”与创建“球标”的过程相同，只是设置的选项不同，因此，本节将两者一并讲解。

5.5.1 创建注解或球标

单击“注解”按钮或“球标注解”按钮，弹出如图 5-41 所示的“注解类型”菜单管理器，其中包括以下几部分内容：

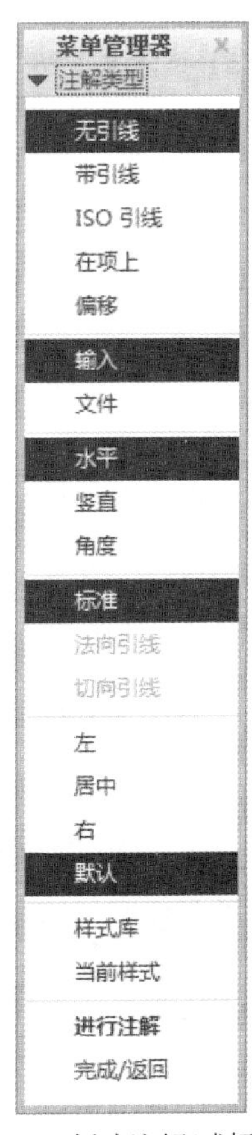

图 5-41 创建注解/球标菜单

（1）引线样式。

为注释或球标指定引线样式。分为以下几种样式：

- 无引线：注解或球标自由放置，没有指引线生成。例如，输入技术要求，输入后可以用鼠标拖动到任意位置。
- 带引线：为注解或球标创建带箭头的指引线。选择该样式后，系统信息提示选取多条边、多个图元、尺寸界线、多个基准点、坐标系、轴心、多个轴线等。
- ISO 引线：与“带引线”样式的创建过程相同，只是为注解创建符合 ISO 标准样式的指引线。

以上三种引线样式参见图 5-42。

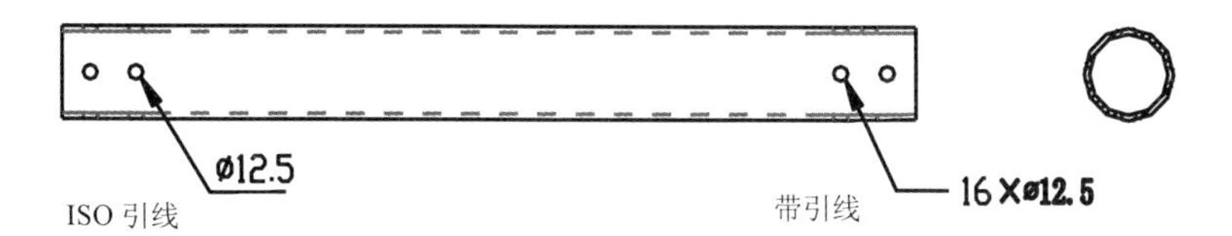

图 5-42　引线样式

- 在项上：将注解或球标依附于图元上。选择该样式后，系统信息提示选取一个边、一个基准点、一坐标系、一条曲线或曲面上的一点等。创建后要移动注解或球标，只能在选定的目标范围内移动。
- 偏移：以一定的距离偏移选取的尺寸、公差、符号等项目来创建注解或球标。选择该样式，系统信息提示选取一个尺寸、尺寸箭头、几何公差、注解、符号实例或参照尺寸。当尺寸被移动或删除时，偏距的注解或球标也随之移动或删除，如图 5-43 所示。

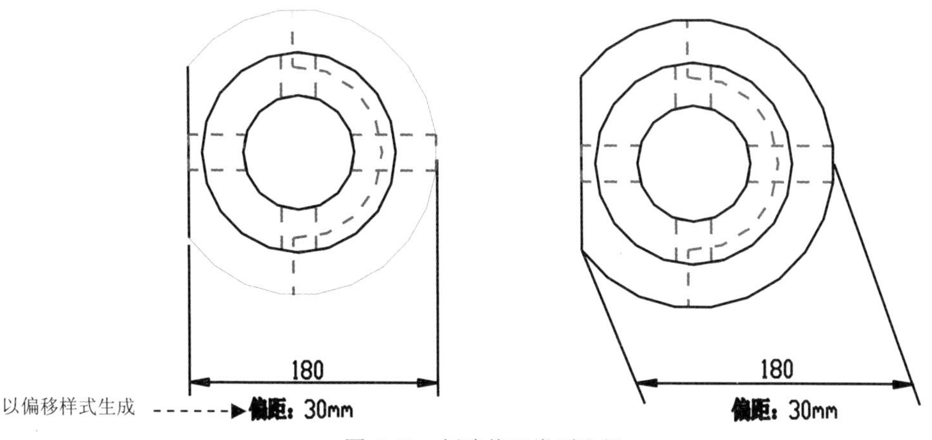

图 5-43　创建偏距类型注解

（2）带引线样式附属类型。

当选择带引线的方式创建注解或球标时，可以指定引线的附属类型，包括“标准”、“法向引线”、“切向引线”，如图 5-44 所示。具体含义如下：

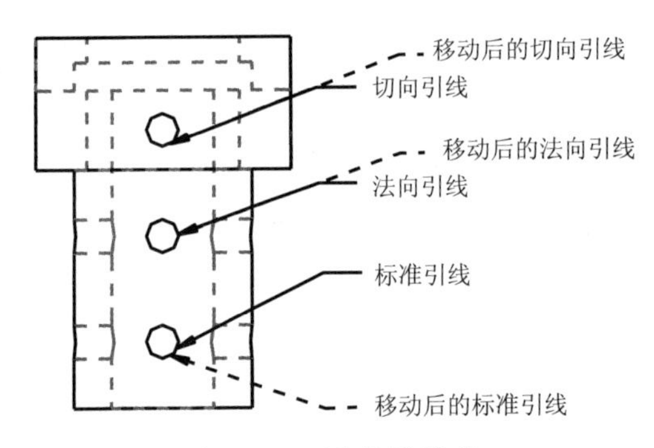

图 5-44　引线依附类型

- 标准：创建后可以用鼠标任意拖动注解，为系统的默认形式。
- 法向引线：创建后只能沿法线方向或沿着弧线的法线方向拖动注解。
- 切向引线：创建后只能沿切线方向或沿着弧线的切线方向拖动注解。

（3）文字内容来源。

注解或球标的文字内容来源有两种：一是“输入”，直接输入文字或插入符号；另一种是“文件”，从选取的文件中读取文字内容，文件以*.TXT 格式保存。

提示：选择“输入”命令时，按 Enter 键进行换行，连续按两次 Enter 键，结束输入。

（4）文字样式。

可以指定注解或球标的文字放置方式，包括“水平”、“竖直”、“角度”三种。角度可以指定文字倾斜的度数，如图 5-45 所示。

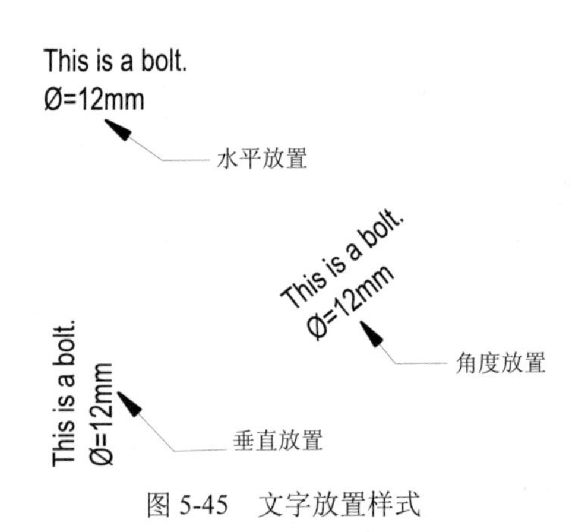

图 5-45　文字放置样式

（5）对齐方式。

只有“注解”时会出现，“球标”中不会出现。以插入点为参照，分为“左”、“居中”、“右”、“默认”四种对齐方式，如图 5-46 所示，图中虚线表示插入点。

图 5-46 对齐方式

（6）文字样式库。

可以以“当前样式”或“样式库”中的样式进行文字样式的指定，关于如何自定义样式库，将在本章最后详细讲述。

5.5.2 注解/球标的显示、拭除和删除

与前面的尺寸显示及拭除类似，可以通过单击“显示模型注释”对话框中的按钮，进行注解或球标的显示或拭除，具体操作过程与显示或拭除尺寸相同，可以参看前面的讲解。

要删除注解或球标，先选中要删除的注解或球标，右击鼠标，在弹出的快捷菜单中选择“删除”命令即可，也可以在选择要删除的注解或球标后直接按 Delete 键。

5.5.3 编辑注解或球标

1. 移动注解或球标

选择注解或球标后（此时注解或球标变成红色），光标变成“十”字形状，此时移动鼠标即可移动注解或球标，也可以拖动注解或球标中的手柄符，如图 5-47 所示，进行平移或缩放。

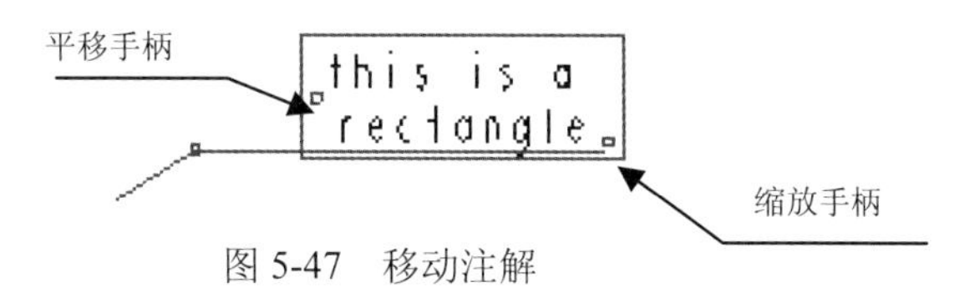

图 5-47 移动注解

2. 修改注解或球标文本内容

双击注解或球标，也可以右击并在弹出的快捷菜单中选择“属性”命令，打开“注解属性”对话框。其中有“文本”和“文本样式”两个选项卡，选择“文本”选项卡，修改其中的文字即可修改注解或球标文本内容。单击“文本符号”按钮，打开“文本符号选择”对话框，如图 5-48 所示。

图 5-48 “文本”选项卡

3. 特殊输入命令

● 创建文字上标与下标

在注解或球标文字前后输入“@+文字@#”格式，可以创建上标文字；如果输入“@-文字@#”格式，则可以创建下标文字。如果要同时创建上下标文字，只需连续输入“@+文字@#@-文字@#”即可，如图 5-49 所示。

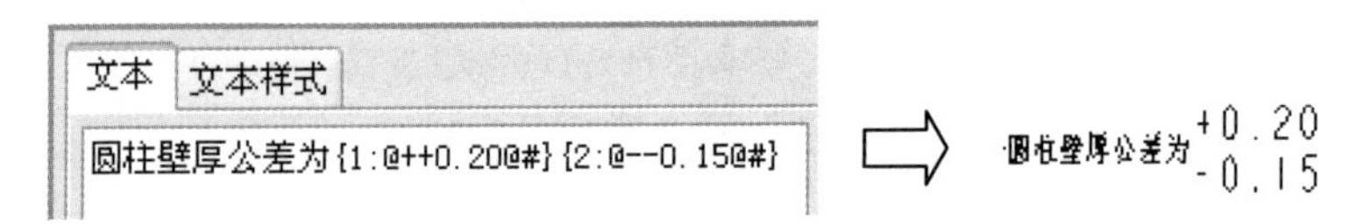

图 5-49 创建上下标

● 创建文字外框

在注解或球标文字前后输入“@[文字@]”，则会为文字加上外框，如图 5-50 所示。

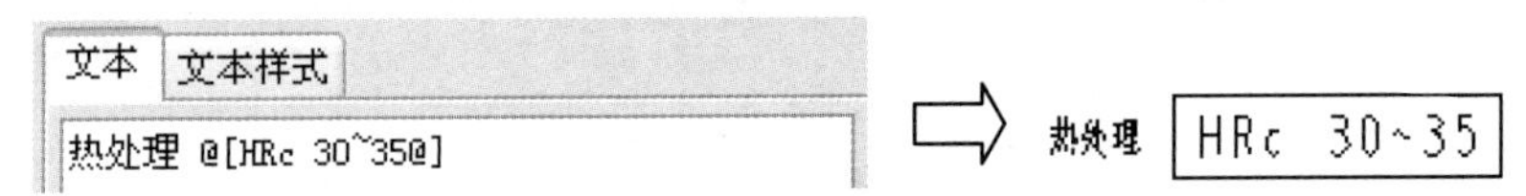

图 5-50 创建文字外框

● 将引线连接至指定的文本行

当注解或球标文字超过一行时，可以将引线连接到其他行中，只需在引线要连接的那行文字前面加入“@O”（英文字母 O）即可，如图 5-51 所示。

● 获取参数或符号

在注解或球标中要获取参数，只需要在参数名称前加上“&”号。例如，尺寸参数的名称为“d1”，在注解中输入“&d1”，系统会自动在注解中显示该参数名称对应的数值，而原先的尺寸自动消失，如图 5-52 所示。

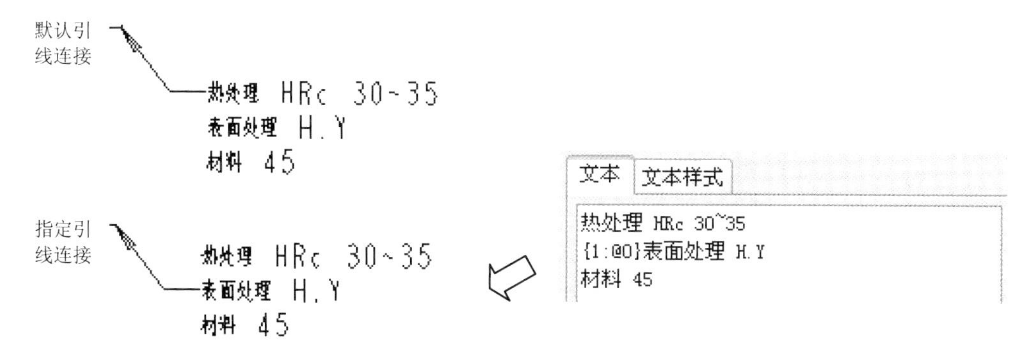

图 5-51 将引线指定至文本行

图 5-52 注解中插入参数

在注解或球标中输入“&sym（symbol_name）”可插入符号。例如，要插入符号名称为“sur_finish_sym”的表面粗糙度符号，只需要输入“&sym（sur_finish_sym）”即可以在注解或球标中显示符号，如图 5-53 所示。

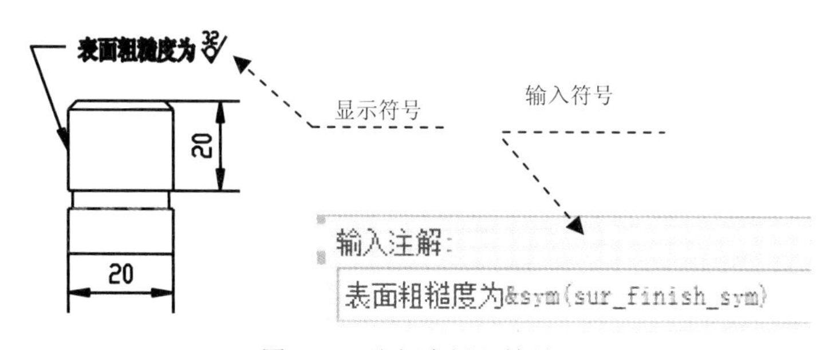

图 5-53 注解中插入符号

4. 修改注解或球标文本格式

在“注解属性”对话框中选择“文本样式”选项卡，如图 5-54 所示，其中各项的含义在前文已经介绍过（参见 5.4.6 小节）。

图 5-54 “文本样式”选项卡

5. 保存注解或球标

在打开的“注解属性”对话框中选择“文本”选项卡，单击其中的保存...按钮，输入文件名，如 text，即可以保存注解或球标。系统会自动加上 txt.1 的扩展名，文件名即为 text.txt.1。保存后的文件会放在启动目录或工作目录下（如果启动目录与工作目录不同的话），如果使用相同的文件名来保存注解或球标，系统会在扩展名后的数字加 1，如 text.txt.2，会自动获取扩展名中数字最大的文件作为注解。

提示：也可以选中注解或球标后，右击鼠标，在弹出的快捷菜单中选择“保存注解”命令。

5.6 文本样式的设置

在“格式”操控板中，可以对表格文字、注释、球标及尺寸文字属性进行设置，还可以对尺寸线样式进行设置，如图 5-55 所示。本节主要讲解文本样式的设置。

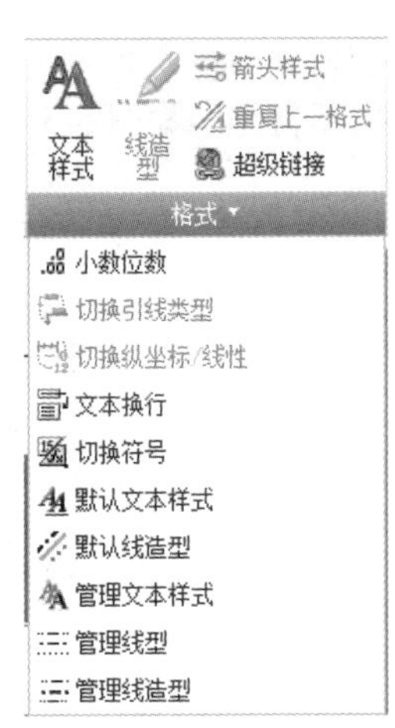

图 5-55 “格式”操控板

（1）设置文本样式。

单击“文本样式”按钮，打开“文本属性”对话框。对话框中各项含义在前面讲解过。

（2）设置小数位数。

单击“小数位数”按钮，可以设置小数点后显示的位数，如图 5-56 所示。

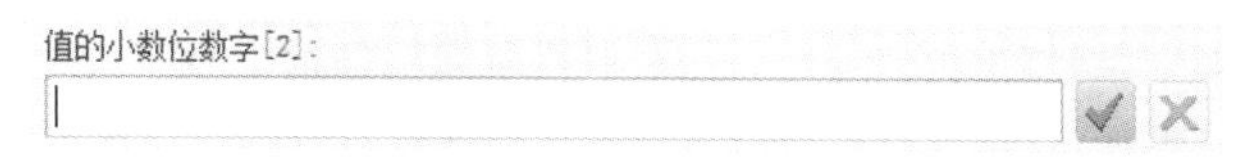

图 5-56 设置小数位数

（3）添加文本样式。

单击“管理文本样式”按钮，弹出“文本样式库”对话框，如图 5-57 所示。

图 5-57 “文本样式库”对话框

其中包括 3 个按钮：

- “新建”：用来建立新的文本样式。
- “修改”：用来修改文本样式。
- “删除”：用来删除文本样式。

单击 新建... 按钮，弹出“新文本样式”对话框，如图 5-58 所示。

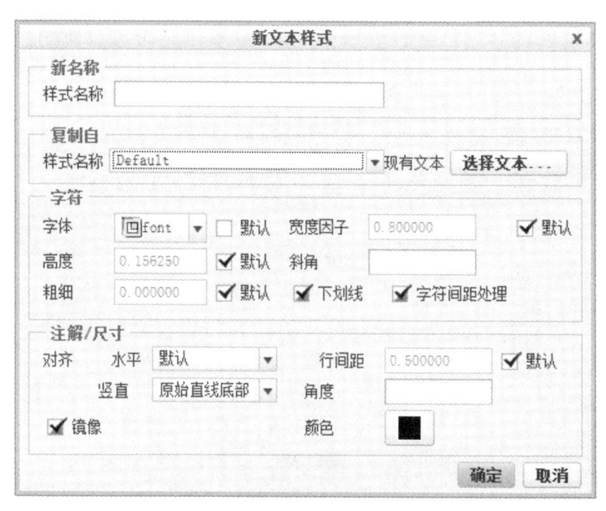

图 5-58 “新文本样式”对话框

在“新名称”中输入自定义的文本样式名称，其余选项与前面设置注解属性的选项意义相同。各项设置完成后，单击“确定”按钮即可生成自定义的文本样式。

单击[修改...]按钮，弹出如图 5-59 所示的对话框，修改其中的选项设置可以对文本样式进行修改。

（4）选择默认文本样式。

单击“默认文本样式”按钮，系统弹出默认的文本样式，自定义的文本样式也会列于其中，可以选择其中之一，将其指定为默认的文本样式，如图 5-59 所示。

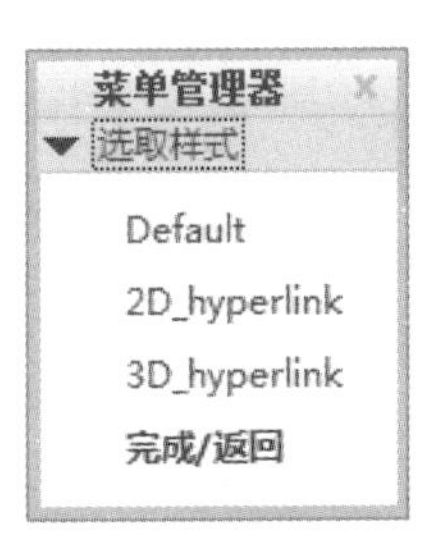

图 5-59　默认文本样式

5.7　尺寸线样式的设置

在“格式”操控板中，可以对箭头样式和线型样式进行自定义。

1. 设置箭头样式

单击“箭头样式”按钮，系统弹出“箭头样式”菜单管理器，如图 5-60 所示。

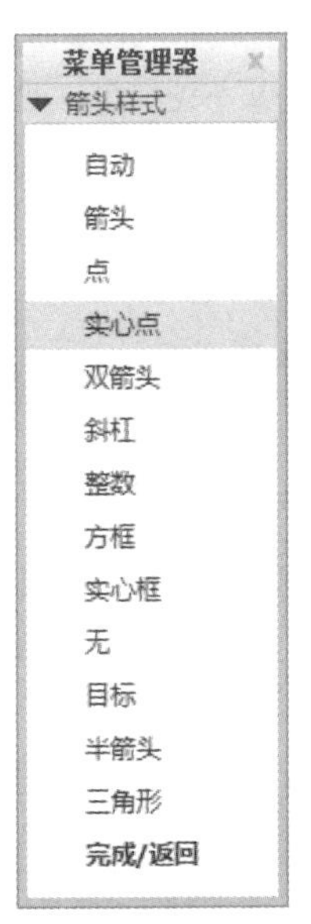

图 5-60　“箭头样式”菜单管理器

各箭头样式见表 5-3。

表 5-3　箭头样式

箭头名称	箭头样式
自动	在屏幕中选择
箭头	
点	
实心点	
双箭头	
斜杠	
整数	
方框	
实心框	
无	不使用箭头
目标	
半箭头	
三角形	

要修改箭头样式，先在“箭头样式”菜单中选择一个样式，再选择要改变样式的箭头。

提示：也可以先选择要改变样式的箭头，再单击右键，在弹出的快捷菜单中选择“箭头样式”命令。

对于带有引线的注释，可以切换引线类型。选中注释后，单击“切换引线类型”按钮，引线类型改变，如图 5-61 所示。

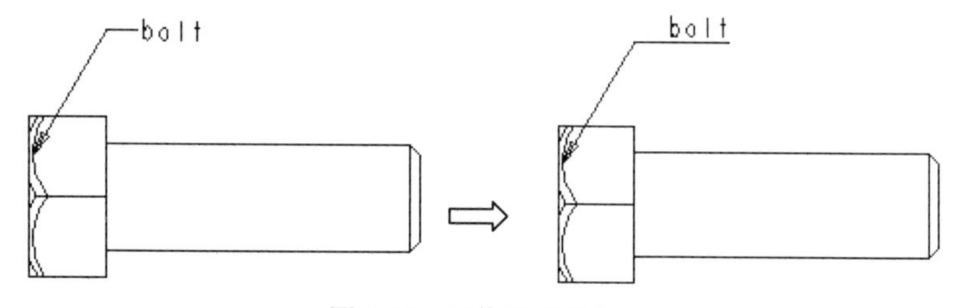

图 5-61　切换引线类型

提示：也可以选中注释后，单击右键，在弹出的快捷菜单中选择“切换引线类型”命令。

2. 设置线型样式

可以添加线型样式，也可以对线型样式进行修改。

（1）添加线型样式。

“格式”操控板下有两个建立新线型的命令，一个是“管理线型”，另一个是“管理线造型”，其中，“管理线造型”是包含在“管理线型”中的。

1）管理线型。

选择“管理线型”→“新建”命令，弹出“新建线型”对话框，如图 5-62 所示。

包括以下三部分内容：

- 线型名：可以输入自定义线型名称。
- 复制自：可以选择已有样式来修改。
- 属性：用来定义新线型的样式，具体包括：
  - 单位长度：输入长度值。
  - 线型图案：利用“短横线‘-’＋空格”来生成线型样式，如“-- - -- - --”。

2）管理线造型。

选择“管理线造型”→“新建”命令，弹出“新建线造型”对话框，如图 5-63 所示。

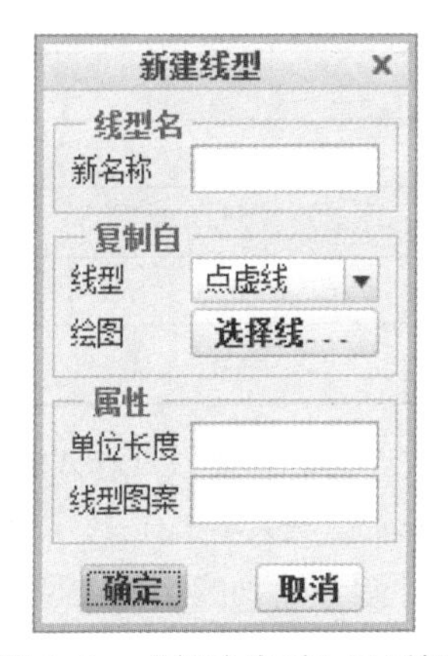

图 5-62 “新建线型”对话框

图 5-63 “新建线造型”对话框

包括以下三部分内容：

- 名称：可以输入自定义的线体名称。
- 复制自：可以选择已有的线体样式来修改。
- 属性：定义新线体的样式，包括：
  - 线型：可以选择线型库中建立的线型。
  - 宽度：可以输入线型宽度。
  - 颜色：可以选择线型颜色。

（2）修改线型样式。

单击“格式”操控板中的“线造型”按钮，弹出如图 5-64 所示的菜单。选择“修改直线”命令，系统提示选择要修改线型的项目，选中要修改线型样式的表格、符号、2D 图元、轴、装饰特征等线条后，系统弹出“修改线造型”对话框，如图 5-65 所示。修改线型样式后，要恢复默认设置，选择“线造型”菜单管理器中的“清除样式”命令即可。

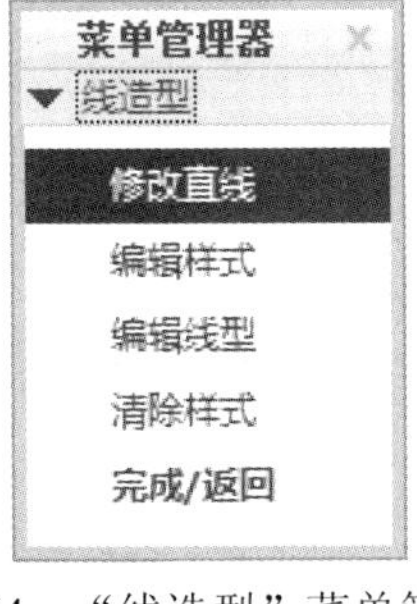

图 5-64　“线造型”菜单管理器

图 5-65　“修改线造型”对话框

5.8 自定义符号库

符号是 2D 图元与文字的集合。符号的来源可以从系统内部的符号库（位置在 Creo Parametric 安装目录下的 Symbol 文件夹）中提取，也可以自定义。在 Creo Parametric 中，符号是以扩展名为“.sym”的文件保存的。

在工程图模块中，在插入注解或球标时，系统会自动弹出“文本符号”表，如图 5-66 所示。

图 5-66　文本符号表

当需要使用的符号在 Creo Parametric 系统内部不存在时，就需要建立自定义符号。自定义符号分为简易型和复杂型。直接使用 2D 图元生成的符号称为简易型，使用“组”概念生成的符号称为复杂型。

5.8.1 简易型的自定义符号

单击“注释”操控板中的“符号库”按钮，弹出如图 5-67 所示的菜单管理器。各命令含义如下：

- 定义：用于建立新符号。
- 重新定义：用于修改已有的符号。
- 删除：删除已有的符号。
- 写入：向磁盘中写入符号。
- 符号目录：设置符号的搜索路径。
- 显示名称：显示符号所在的位置与名称。

选择“定义”命令，在系统信息提示行中输入符号名后按 Enter 键。

系统打开一个新的图形窗口，标题为“SYM_EDIT_符号名”，同时弹出如图 5-68 所示的菜单管理器。各命令的含义如下：

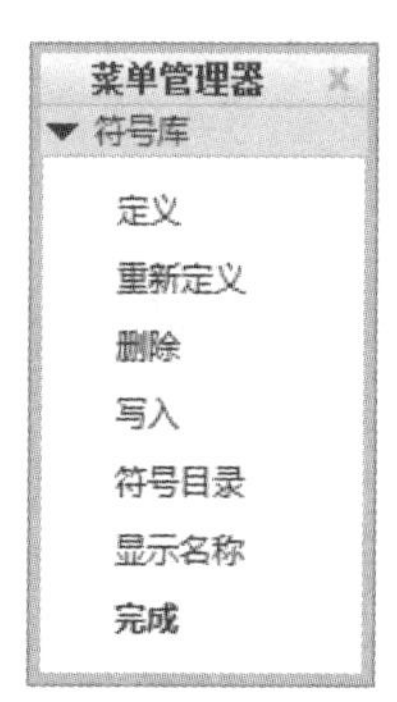

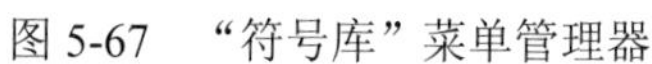
图 5-67 “符号库”菜单管理器

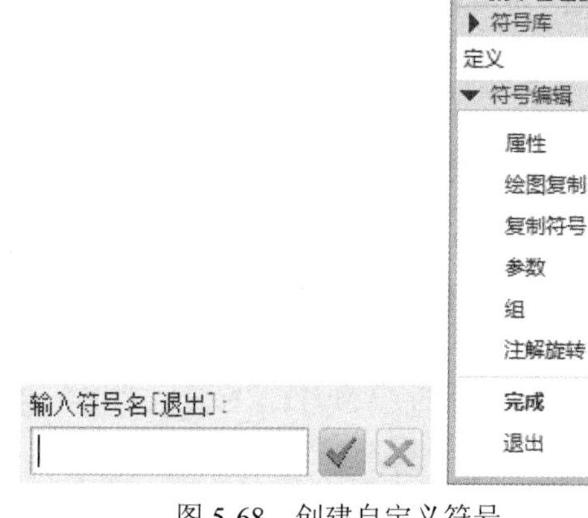

图 5-68 创建自定义符号

- 属性：用于定义符号的放置方式与文字等属性。
- 绘图复制：可以从工程图中选取 2D 图元作为符号。
- 复制符号：可以复制已有的符号样式。
- 参数：定义参数。
- 组：将符号图形分组。关于组的概念，将在下一节“复杂的自定义符号”中详细讲解。
- 注解旋转：用于定义文字是否随符号旋转。

在绘图区中绘制符号（操作过程与特征建模时的草绘截面类似）。符号中的文本通过选择“注释”→“注解”命令来实现。符号中的文本分为“可变文本”和“不可变文本”。“不可变文本”表示在使用该符号时文本不可以修改，“可变文本”则表示在使用符号时可以修改符号中的文本。如果要输入“可变文本”，需在文本前后加上斜线。

符号绘制完成后，单击“属性”命令，系统会弹出“符号定义属性”对话框，其中包括“常规”和“可变文本”两个选项卡。选择“常规”选项卡，打开如图 5-69 所示的对话框，其中可以决定符号放置类型、符号实例高度及属性等选项。

选择“可变文本”选项卡，打开如图 5-70 所示的对话框。

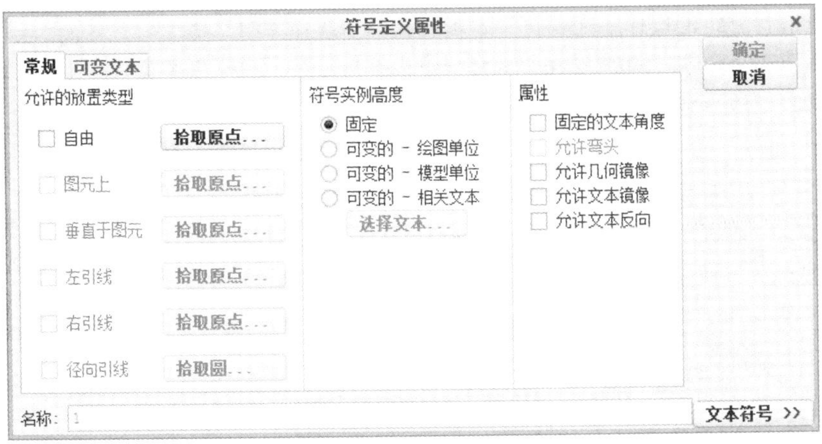

图 5-69 “常规”选项卡

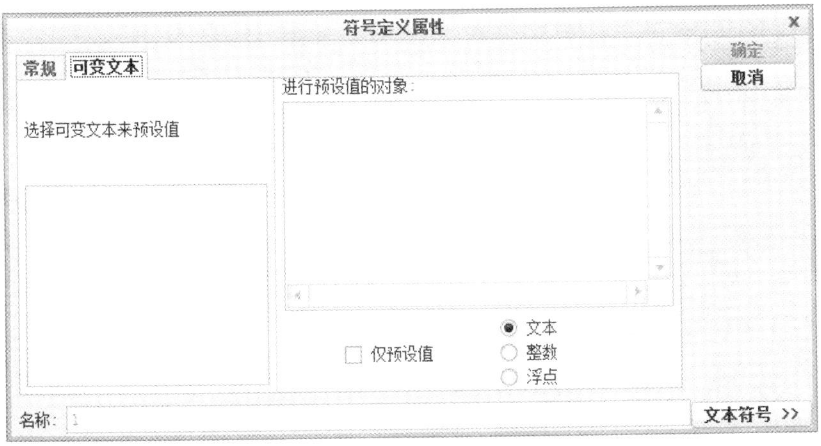

图 5-70 “可变文本”选项卡

在“进行预设值的对象”框中可以预先输入用到的文本。

属性设置完成后，单击“确定”按钮，再选择“写入”命令，将建立的符号保存入磁盘中，便于后面的调用。

5.8.2 复杂的自定义符号

建立符号时，可以将具有相似图形的符号整理成组，以后每次使用时只需选出所需要的图形并组合起来，这种建立方式的好处是无须建立每一个符号，从而加快符号建立的速度。

在组合属性中有“排除”和“独立”两种类型，“排除”的含义是组合间彼此只能分别使用，不能重新组合成新的符号；“独立”的含义是组合间彼此可以单独使用，也可以将这些组合重新组合产生新的符号。建议采用“独立”类型。

建立复杂的自定义符号的初始步骤与建立简单的自定义符号相同，有所区别的是，当符号绘制完成后，首先进行分组的操作。在“符号编辑”菜单中选择“组”命令，弹出如图 5-71 所示的“符号组”菜单，选择“组属性”命令，在弹出的菜单中选择“排除”或“独立”属性。

然后选择“创建”命令，在消息区中输入组名后，系统提示选择一个或多个实体包含于该组中，选取结束后，单击“确定”按钮，完成组的创建。

在“符号组”菜单中还包含以下几个选项：

- “编辑”：对已经建立的组内所包含的实体进行编辑。
- “删除”：删除已经建立的一个组。
- “全部清除”：一次删除所有的组。
- “组属性”：用于改变组的“排除”或“独立”属性。
- “更改级”：如果建立的组分成几级的话，可以用该项更换组所在的级。

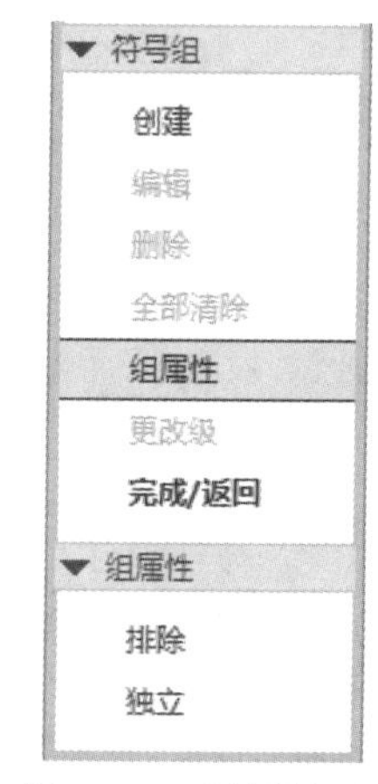

图 5-71 “符号组”菜单

5.8.3 使用自定义符号

要使用自定义的符号，单击“注释”操控板中的“自定义符号”按钮，系统弹出如图 5-72 所示的对话框。其中包括三个选项卡：“常规”、“分组”和“可变文本”。选择自己定义的符号名称后，完成各项设置，在需要插入符号处单击左键，即插入自定义的符号。

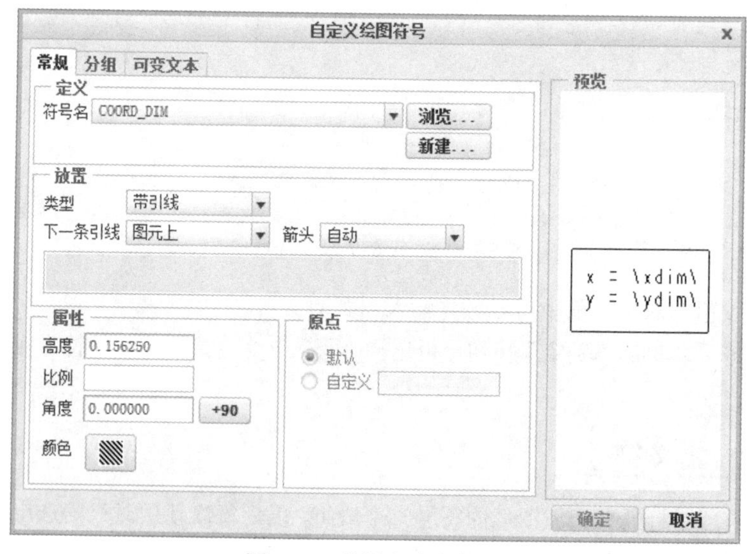

图 5-72 使用自定义符号

5.8.4 从调色板插入符号

Creo Parametric 系统中还提供了符号实例调色板功能，可以直接将一些常用的符号插入到工程图中，也可以将用户自定义的符号添加到调色板中，便于日后使用。

单击“自调色板的符号”按钮，弹出如图 5-73 所示的对话框。

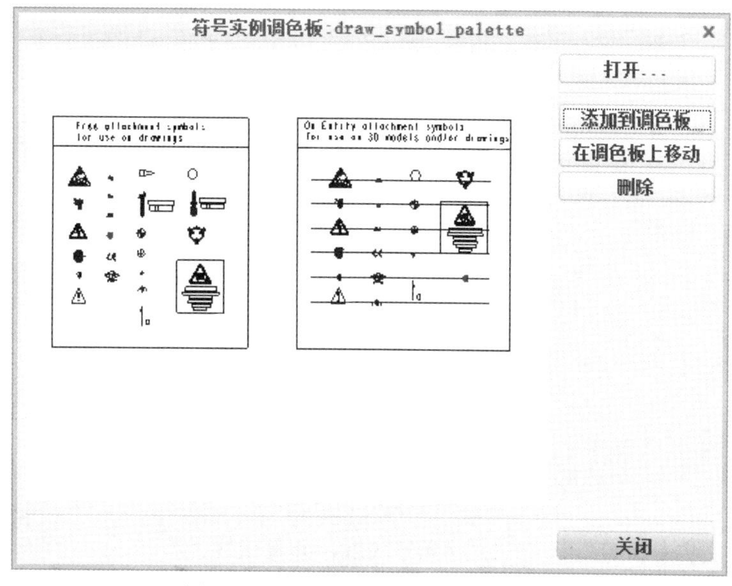

图 5-73 “符号实例调色板”对话框

其中包括以下按钮：

- 打开：可以打开调色板文件，系统默认的放置路径是“安装目录\Symbols\palette”，文件格式为*.drw。
- 添加到调色板：可以将绘图符号添加到调色板中。
- 在调色板上移动：移动调色板上符号的位置。
- 删除：用于删除调色板上的符号。

要使用调色板上的符号，选中符号后，按住鼠标左键不放，拖动鼠标到工程图面需要放置符号的位置，松开左键即可。

5.9 综合实例练习

本节通过几个实例来练习尺寸标注，没有强调在已有三维模型基础上进行，而是有些采用了将 AutoCAD 绘制的图形导入进来后标注，有些采用了三维模型建立的方式。

5.9.1 综合实例 1——支撑底座

如图 5-74 所示，这是一个支撑底座的零件图，由 AutoCAD 绘制完成，我们将在 Creo Parametric 中对其进行标注。

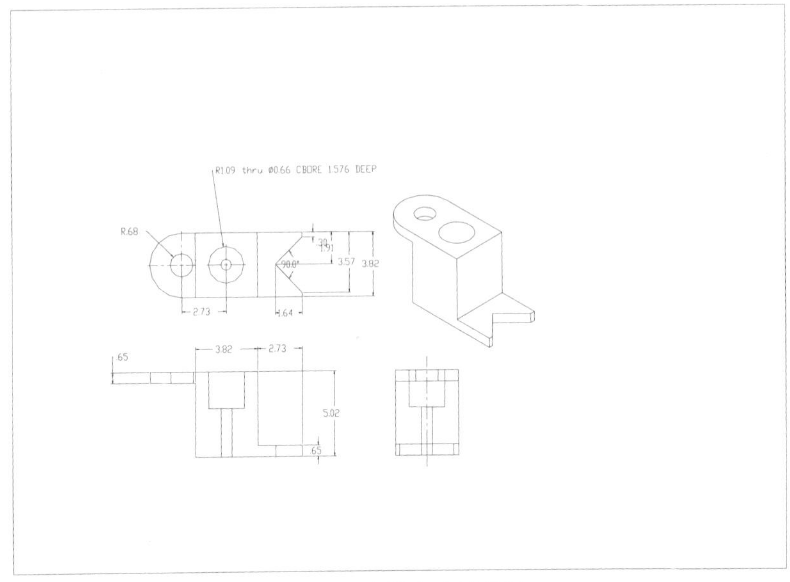

图 5-74　支撑底座零件图

（1）建立新文件 exam03.drw，采用 A0 号图纸，并且横排。

（2）导入零件图文件，如图 5-75 所示。

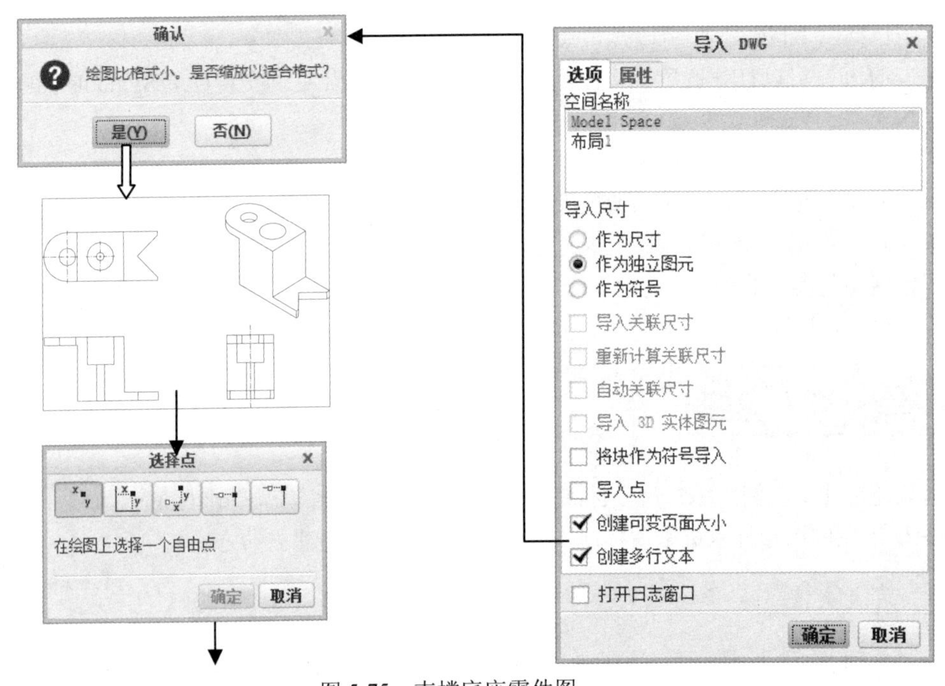

图 5-75　支撑底座零件图

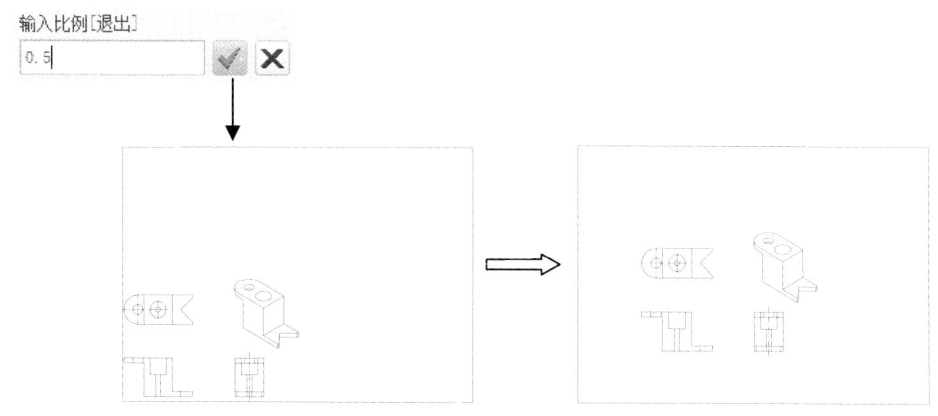

图 5-75 支撑底座零件图（续图）

1）单击“布局”操控板的“插入”面板中的“导入绘图/数据”按钮，系统弹出“打开”对话框。

2）选择文件夹 chap5 中的本书源文件 3views.dwg，系统提示选择导入格式。

3）选中“作为独立图元”单选按钮，其他全部接受默认值，单击“确定”按钮，系统提示是否以合适比例放入当前幅面。

4）单击“是”按钮，图纸最大化被导入到幅面中，尺寸标注空间太小，必须重新配置。

5）依次单击“草绘”→“编辑”→“缩放”按钮，系统要求选择缩放对象。

6）框选所有对象并确定，系统要求选择缩放参照点。

7）选择幅面左下角点，系统要求输入比例。

8）输入比例 0.5 并确定，视图大小较为合适。

9）选中全部图元，直接拖动到图纸中间位置，导入完毕。

（3）标注俯视图线型尺寸，如图 5-76 所示。

1）单击“尺寸标注”按钮，系统弹出“依附类型”菜单管理器。

2）选择“图元上”命令，分别选择俯视图中的左侧两条水平线，然后在图形左侧单击，完成第一个尺寸标注。

3）依此类推，标注俯视图中其他尺寸。如果尺寸位置不合适，可以单击并拖动即可。在标注结果中，可能文本尺寸太小，无法看清，我们将在后面统一修改。

（4）依此类推，标注主视图中右侧线型尺寸，如图 5-77 所示。

（5）标注主视图中的几个特殊尺寸，如图 5-78 所示。

1）标注两条斜边的夹角。启动标注命令，然后选择两条斜边，在适当位置单击即可。

2）标注两圆心之间的中心距。继续选择“依附类型”菜单中的“中心”命令，然后选择两个圆，在适当位置单击，系统要求选择尺寸放置方向，选择“水平”即可。

3）标注斜边水平投影长度。继续选择“依附类型”菜单中的“图元上”命令，然后选择斜边的两个端点，在适当位置单击，系统要求选择尺寸放置方向，选择“水平”即可。

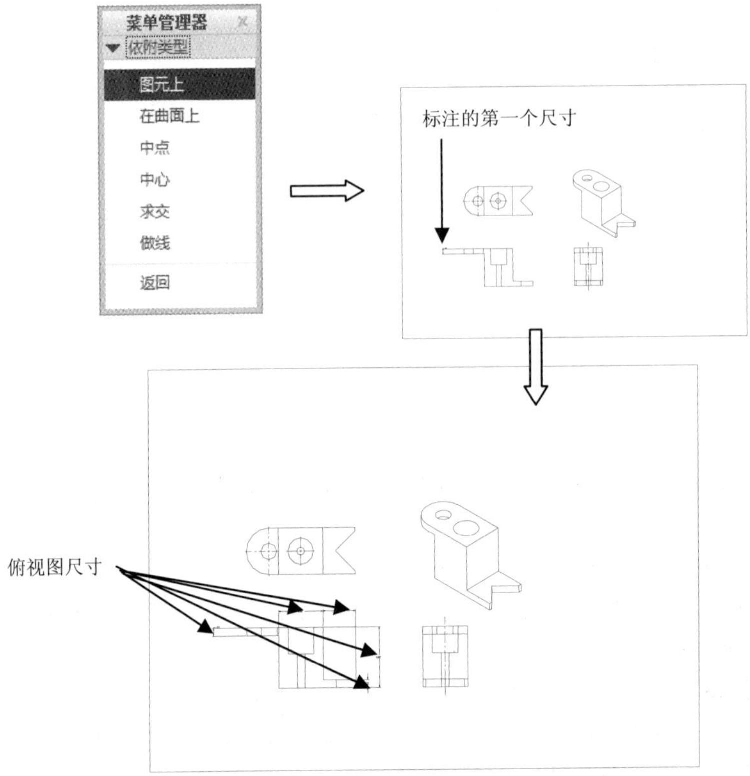

菜单管理器
依附类型
图元上
在曲面上
中点
中心
求交
做线
返回

标注的第一个尺寸

俯视图尺寸

图 5-76　俯视图线型尺寸标注

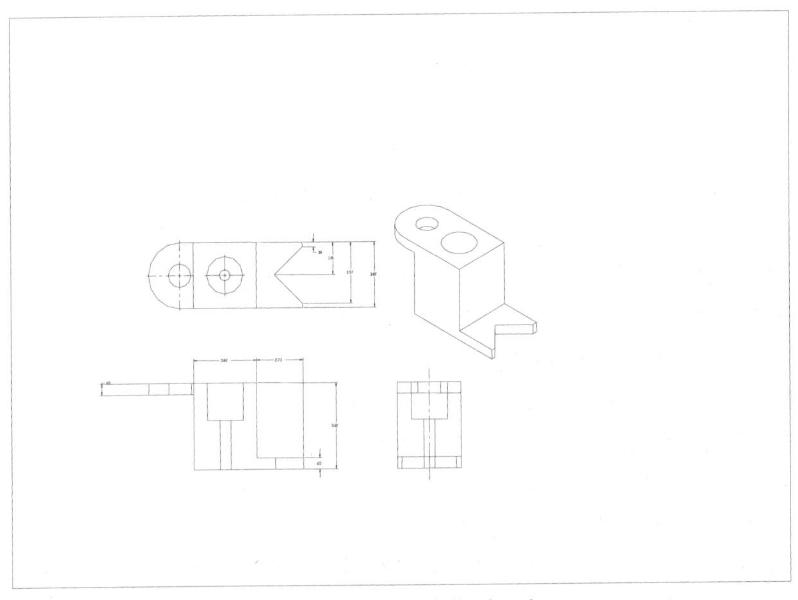

图 5-77　主视图中线型尺寸

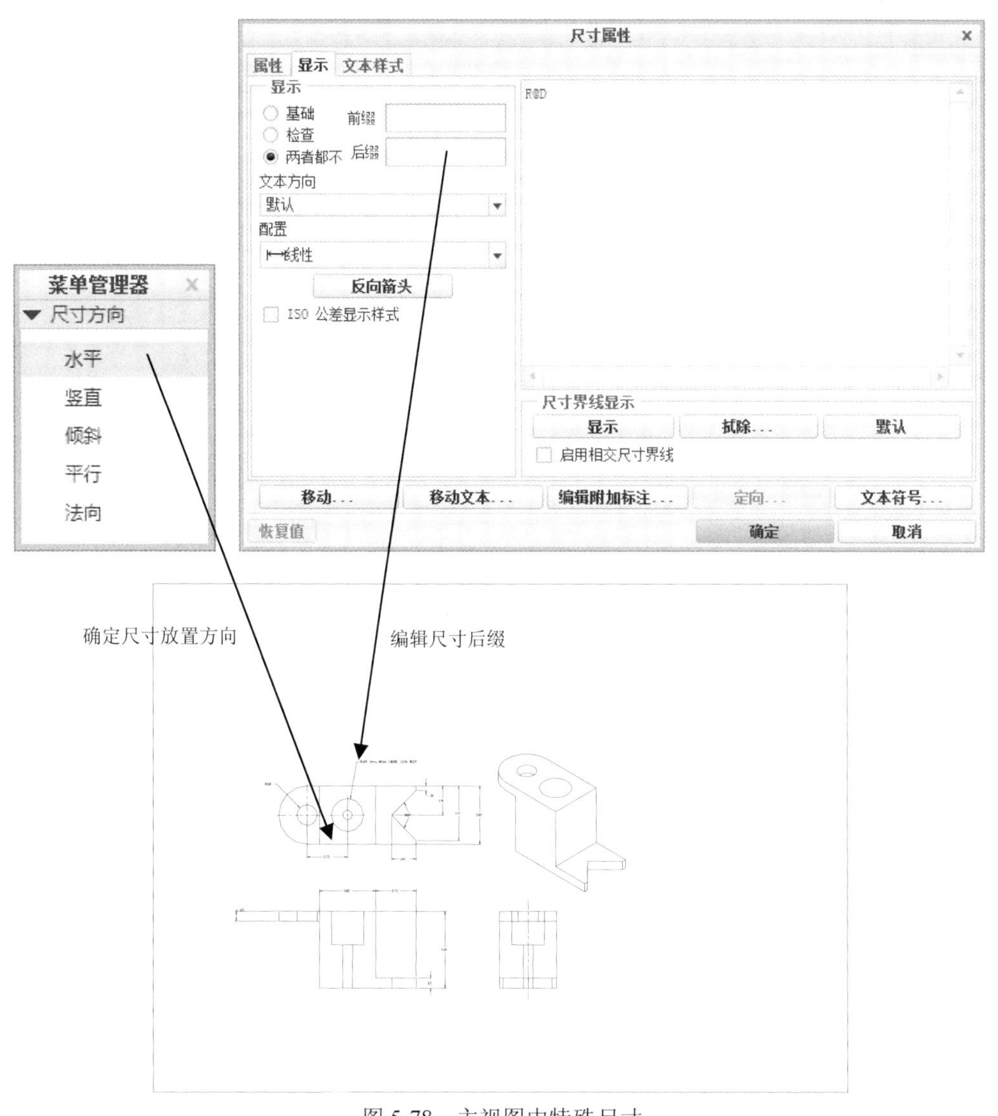

图 5-78 主视图中特殊尺寸

4）标注左侧圆半径。继续选择左侧圆，在适当位置单击即可。

5）标注右侧圆半径。继续选择右侧大圆，在适当位置单击即可。单击鼠标中键，在该尺寸上双击，打开“尺寸属性”对话框。选择“尺寸文本”选项卡，在“后缀”文本框中输入“R1.09 thru ϕ0.66 CBORE 1.576 DEEP”并确定即可。

（6）修改尺寸文本大小，如图 5-79 所示。

至此，所有尺寸都还处于看不清状态。选中这些尺寸，右击并选择“属性”命令，系统弹出“尺寸属性”对话框。选择“文本样式”选项卡，在“高度”文本框后面取消“默认”复选框的勾选，然后输入 0.4 并确定即可。对于位置不合适的，可以通过单击拖动调整。

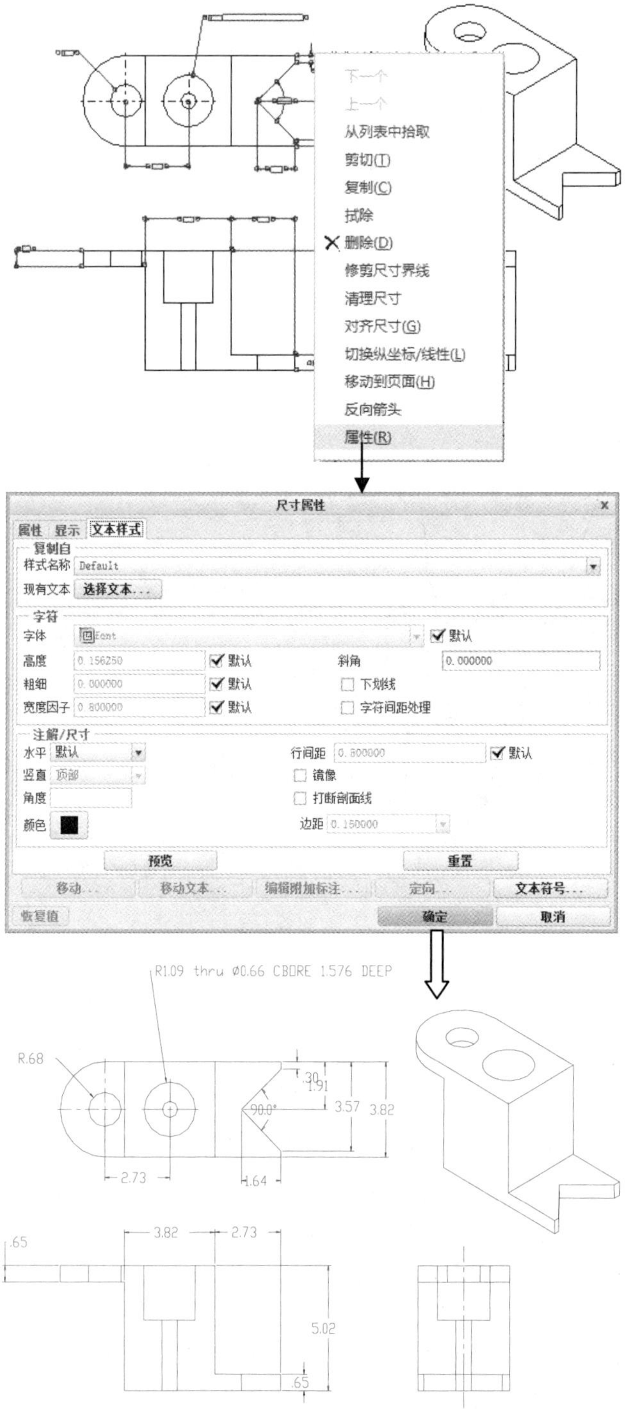

从列表中拾取
剪切(T)
复制(C)
拭除
删除(D)
修剪尺寸界线
清理尺寸
对齐尺寸(G)
切换纵坐标/线性(L)
移动到页面(H)
反向箭头
属性(R)

尺寸属性
属性 显示 文本样式
复制自
样式名称 Default
现有文本 选择文本...
字符
字体 Font 默认
高度 0.156250 默认 斜角 0.000000
粗细 0.000000 默认 下划线
宽度因子 0.800000 默认 字符间距处理
注解/尺寸
水平 默认 行间距 0.800000 默认
竖直 顶部 镜像
角度 打断剖面线
颜色 边距 0.150000
预览 重置
移动... 移动文本... 编辑附加标注... 定向... 文本符号...
恢复值 确定 取消

R1.09 thru Ø0.66 CBORE 1.576 DEEP
R.68
.30
1.91
3.57
3.82
90.0°
2.73
1.64
.65
3.82
2.73
5.02
.65

图 5-79　完成的尺寸标注

5.9.2　综合实例 2

如图 5-80 所示，我们将通过已有实体轴建立工程图并对其进行尺寸标注，以详细练习尺寸整理操作。

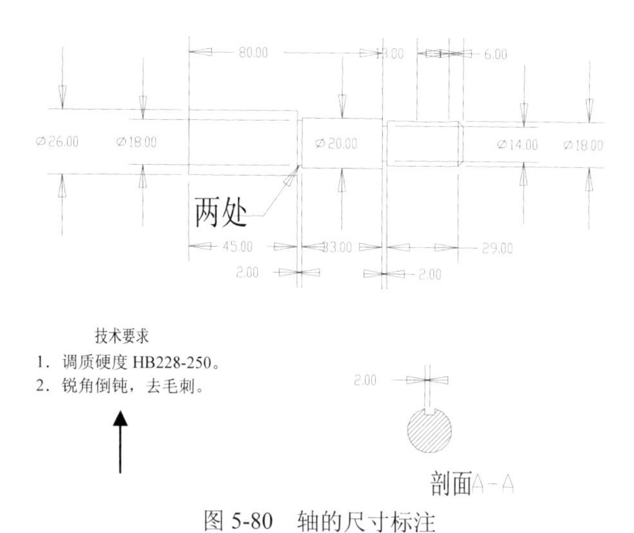

图 5-80　轴的尺寸标注

（1）打开已有本书源文件 zhou.prt 和 zhou.drw，如图 5-81 所示。在这里，轴提供了一个截面图，具体操作内容参见第 3 章。

（2）显示所有尺寸，如图 5-81 所示。单击“显示模型注释”按钮，系统弹出“显示模型注释”对话框。选择轴，然后选择所有尺寸并确定，即可显示轴的全部尺寸。当前视图中尺寸很乱，必须重新调整。

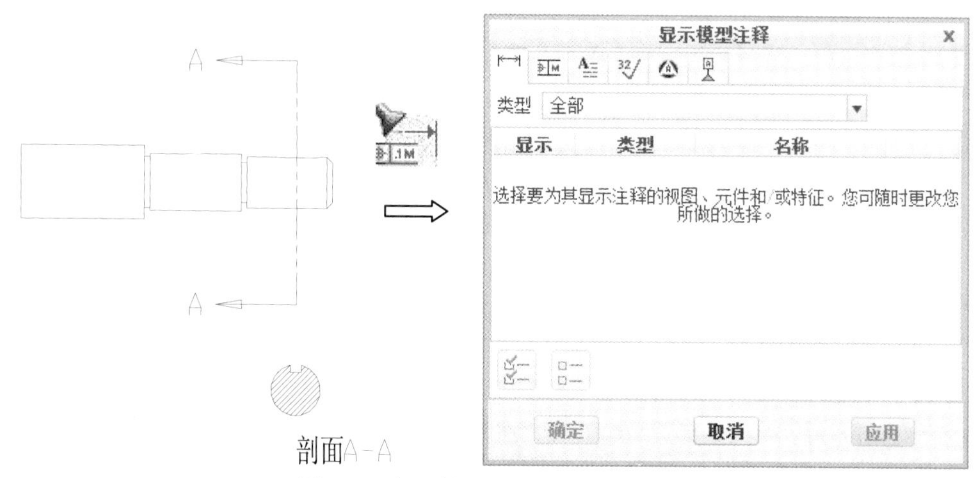

图 5-81　打开的工程图文件及尺寸显示

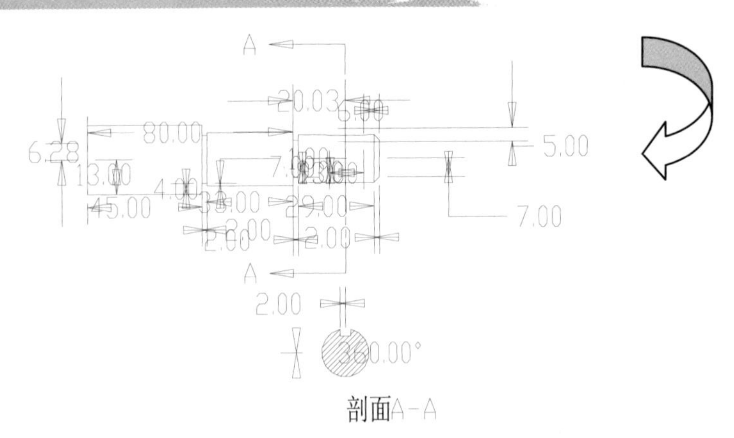

图 5-81　打开的工程图文件及尺寸显示（续图）

（3）视图调整。取消锁定视图，然后选择截面图并向下拖动到适当位置。

（4）所有尺寸文本过大过乱，所以首先要调整文本属性，使其以适当大小显示，如图 5-82 所示。

1）首先在智能过滤器中选中“尺寸”类型。

2）框选所有视图即可选中所有尺寸，右击并选择“属性”命令，系统弹出“尺寸属性”对话框。

3）选择“文本样式”选项卡，在“高度”文本框后面取消“默认”复选框的勾选，然后输入 0.08 并确定即可。对于位置不合适的，可以通过单击拖动调整。

（5）拭除不必要的尺寸。当前视图中，很多尺寸没有必要，是重复的，所以可以通过“显示模型注释”对话框进行拭除，结果如图 5-83 所示，打开“模型注释”对话框并取消视图中不必要的尺寸选择。如果看不清楚，可以通过拖动尺寸到新的位置来观察。

（6）标注所需要的尺寸。由于系统默认标注的尺寸以半径为主，所以需要将其改为直径标注。单击“尺寸”按钮，选择主视图中左侧两条水平线，在适当位置单击鼠标中键，完成尺寸放置。按此方式，将其他有关直径的标注完成，此时所有尺寸均无直径标号。右击左侧直径标注，从弹出的对话框中选择“属性”命令，然后在“尺寸文本”选项卡中单击“文本符号”按钮，打开“文本符号”对话框，选择直径符号并放置在“前缀”文本框中，更改尺寸文本高度为 0.08 并确定。修改其他直径尺寸，如图 5-84 所示。有关倒角引线标注我们将在后面章节中讲解。

（7）调整尺寸文本位置。从当前尺寸可以看出，它们有些实际上可以在尺寸线中间标注。单击这些尺寸，显示控制框后直接拖动尺寸文本到适当位置即可，如图 5-85 所示。

（8）整理尺寸。现在的尺寸有些杂乱，我们可以将它们整齐排列并保持适当距离。另外，可以将一些尺寸对齐。

1）整理直径尺寸，如图 5-86 所示。单击“注释”操控板中的“清理尺寸”按钮，系统弹出“清除尺寸”对话框。选取直径为 26、18、14、18 共 4 个尺寸并确定。输入偏移量为 0.5，增量为 0.55。选择“修饰”选项卡，选择左侧水平方式并确定即可。

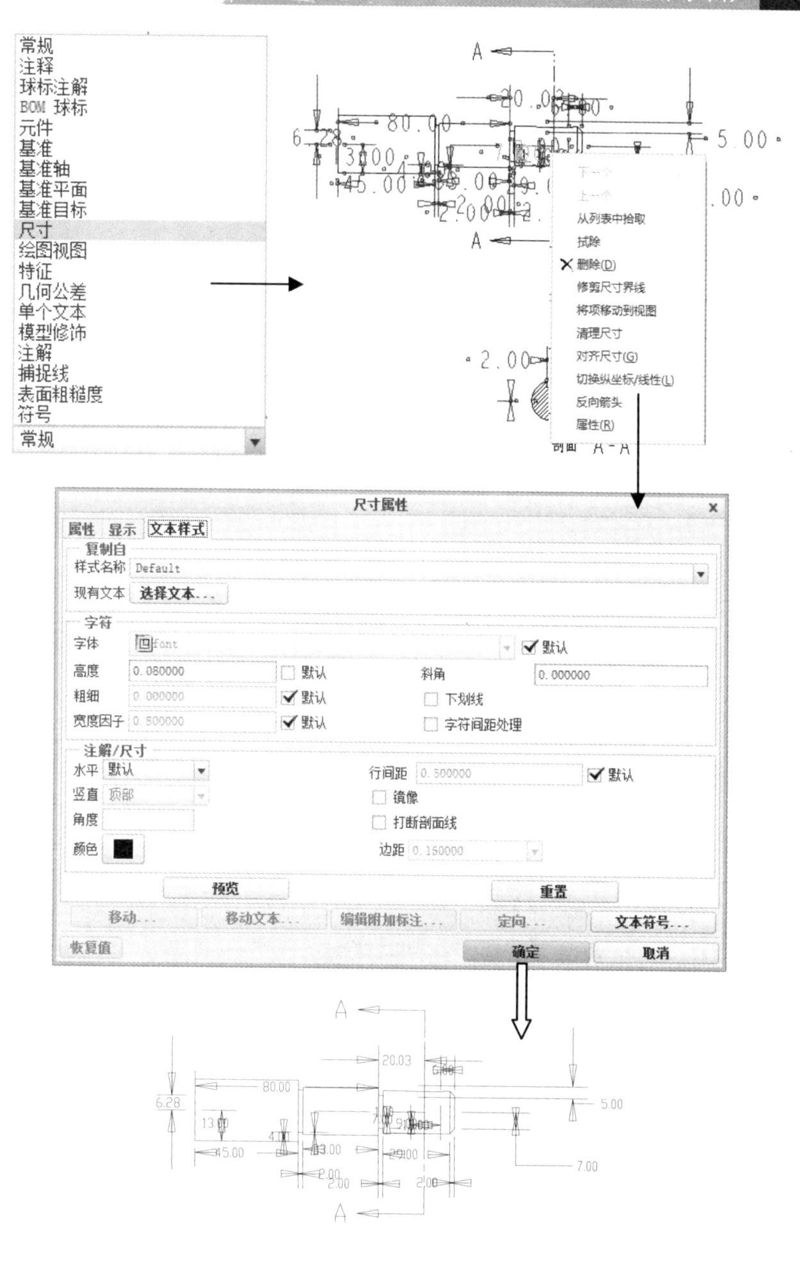

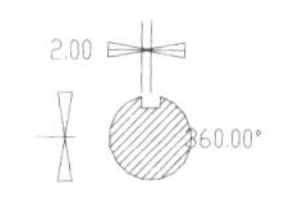

剖面A－A

图 5-82　调整尺寸文本大小

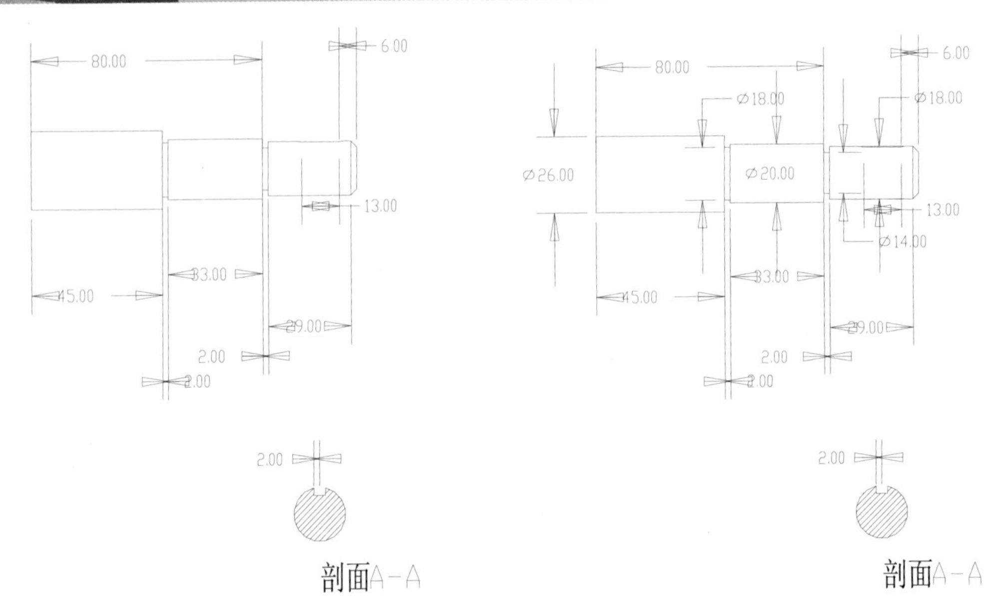

图 5-83　清理尺寸及箭头　　　　图 5-84　重新标注尺寸

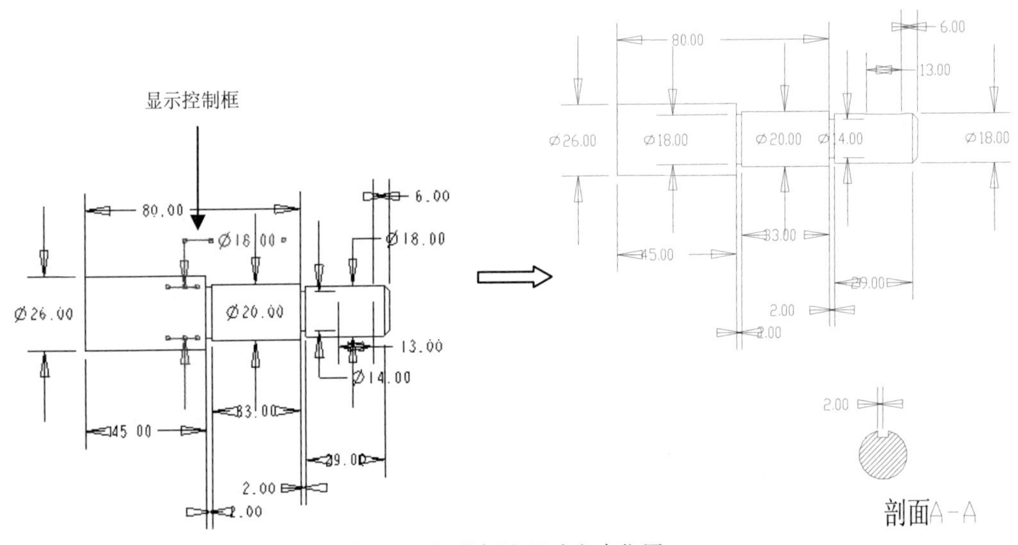

图 5-85　调整标注尺寸文本位置

2）对齐水平长度尺寸，如图 5-87 所示。选择上侧长度尺寸 80、13 和 6 并右击，在弹出的快捷菜单中选择“对齐尺寸”命令即可。同样，将下面的 45、33 和 29 对齐，将两个长度为 2 的尺寸对齐。

最后调整尺寸显示状态，完成尺寸标注。

（9）创建注释，如图 5-88 所示。

1）单击“注释”操控板中的“注解”按钮，系统弹出“注解类型”菜单管理器。

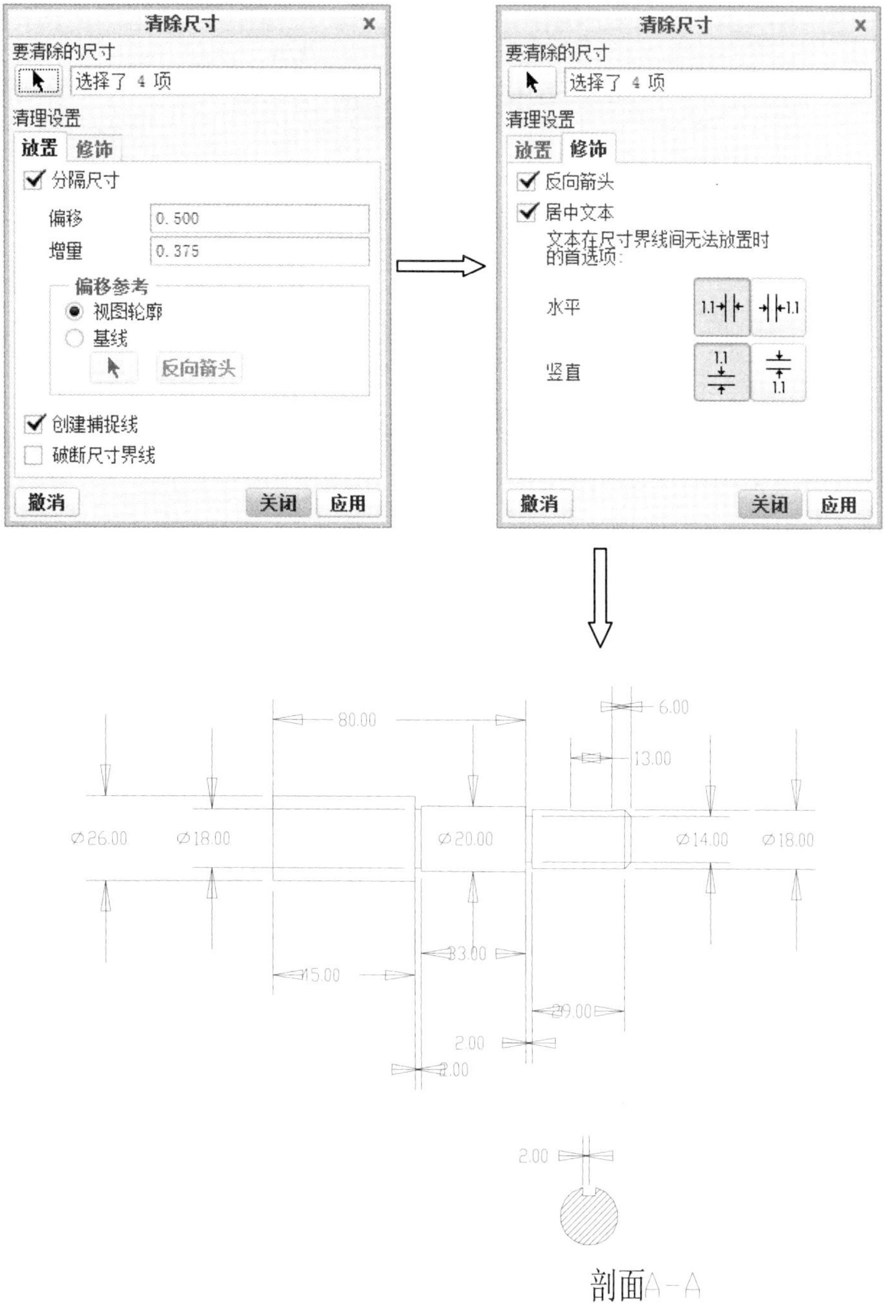

图 5-86　调整标注尺寸文本位置

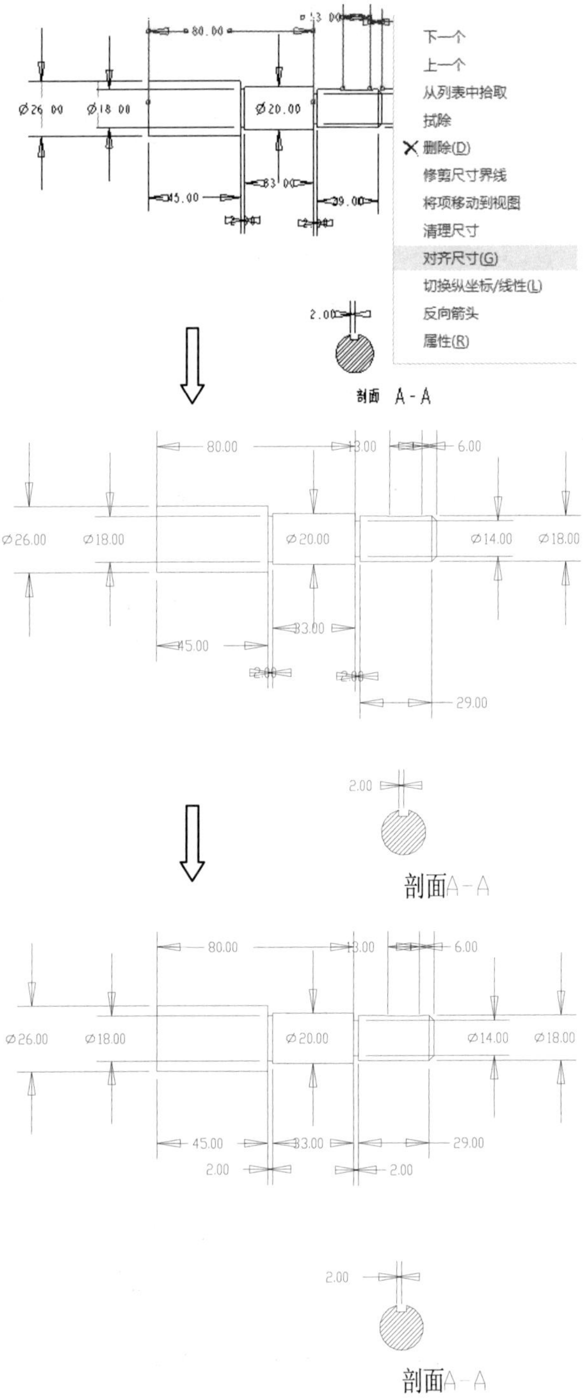

下一个
上一个
从列表中拾取
拭除
删除(D)
修剪尺寸界线
将项移动到视图
清理尺寸
对齐尺寸(G)
切换纵坐标/线性(L)
反向箭头
属性(R)
剖面 A-A
剖面A-A
剖面A-A

图 5-87　完成标注尺寸

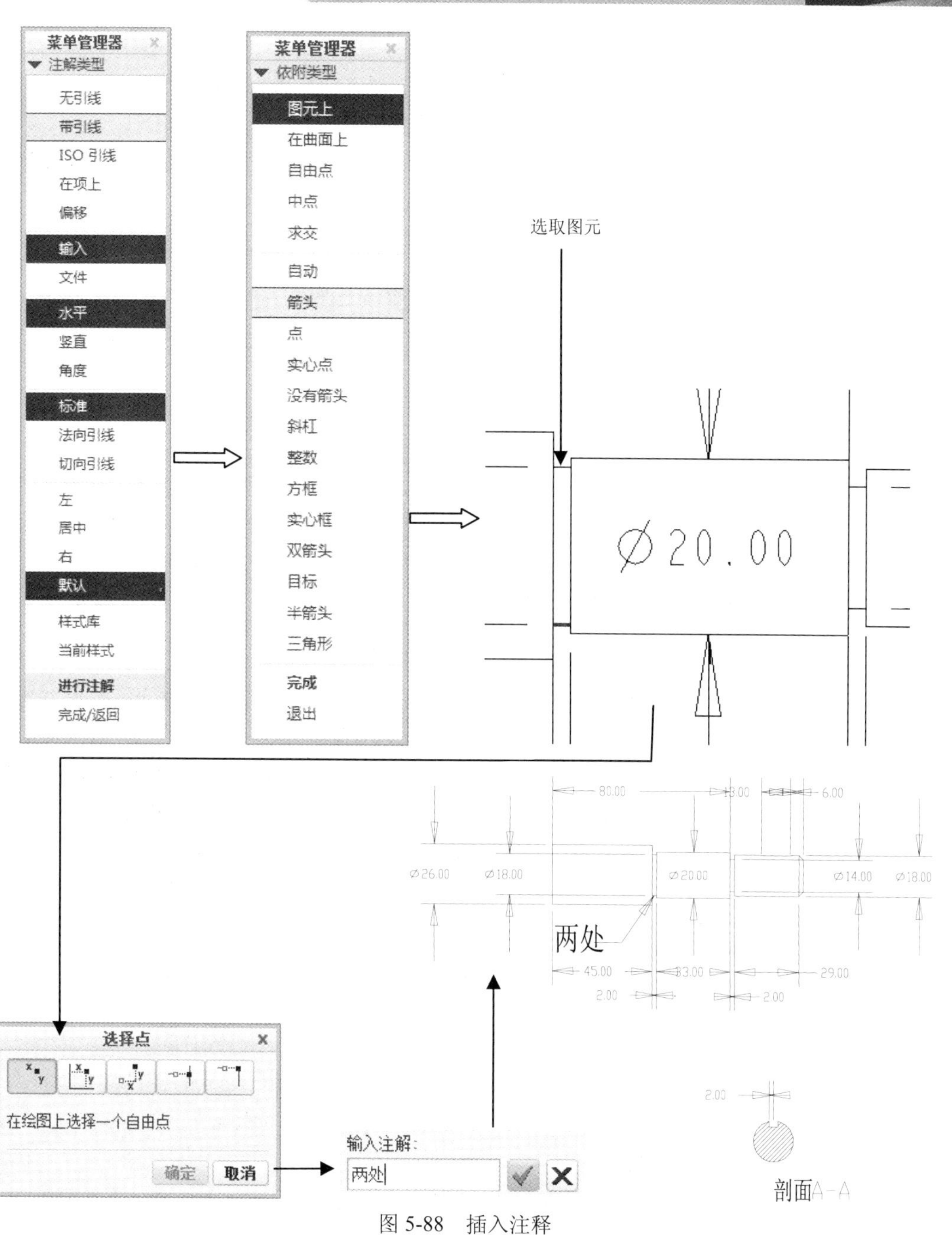

图 5-88 插入注释

2）依次选择“带引线”→“输入”→“水平”→“标准”→“默认”→“进行注解”命令，系统弹出“依附类型”菜单管理器。

3）依次选择“在图元上”→“箭头”命令，选取两个退刀槽处圆柱投影线，单击“确定”按钮，选取“完成”命令，系统弹出“选择点”对话框。

4）在放置注释的位置单击鼠标左键，在信息提示区输入注释内容“两处”。

5）按 Enter 键两次并选择“完成/返回”命令即可。

（10）新建并使用文字样式。接下来要输入必要的技术要求。在此之前必须创建新的文本样式。

1）新建文本样式，如图 5-89 所示。

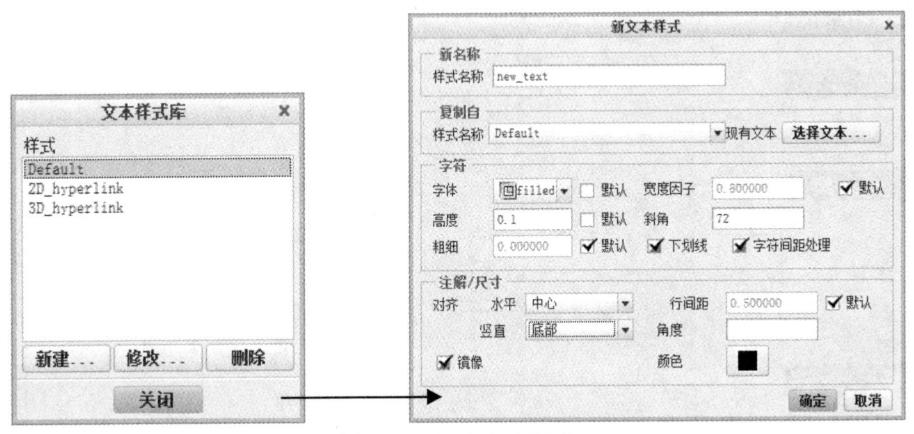

图 5-89　新建文本样式

- 单击“格式”操控板中的“管理文本样式”按钮，系统弹出“文本样式库”对话框。
- 单击“新建”按钮，系统弹出“新文本样式”对话框。
- 在该对话框中设置各项，包括：在“样式名称”文本框中输入新样式名 new_text，在“样式名称”下拉列表框中选择 Default，在“字体”下拉列表框中选择 filled，去掉“高度”后面的“默认”复选框的勾选，输入新高度 0.1，在“斜角”文本框中输入角度 72 或 18，选中“下划线”复选框，在“对齐”栏中的“水平”下拉列表框中选择“中心”选项，在“竖直”下拉列表框中选择“底部”选项，确定即可。

2）改变默认文本样式。单击“格式”操控板中“默认文本样式”按钮，选择 new_text 并确定即可。

3）使用新文本样式，如图 5-90 所示。

- 单击“注释”操控板中“注解”按钮，系统弹出“注解类型”菜单管理器。
- 依次选择“无引线”→“输入”→“水平”→“标准”→“默认”→“进行注解”命令，系统弹出“选择点”对话框。
- 选择“选择自由点”方式，在放置注释的位置单击鼠标左键，在信息提示区输入第一行注释内容“技术要求”。
- 按 Enter 键，输入第二行技术要求“1. 调质硬度 HB228-250。”
- 按 Enter 键，输入第三行技术要求“2. 锐角倒钝，去毛刺。”
- 按 Enter 键两次并选择“完成/返回”命令即可。

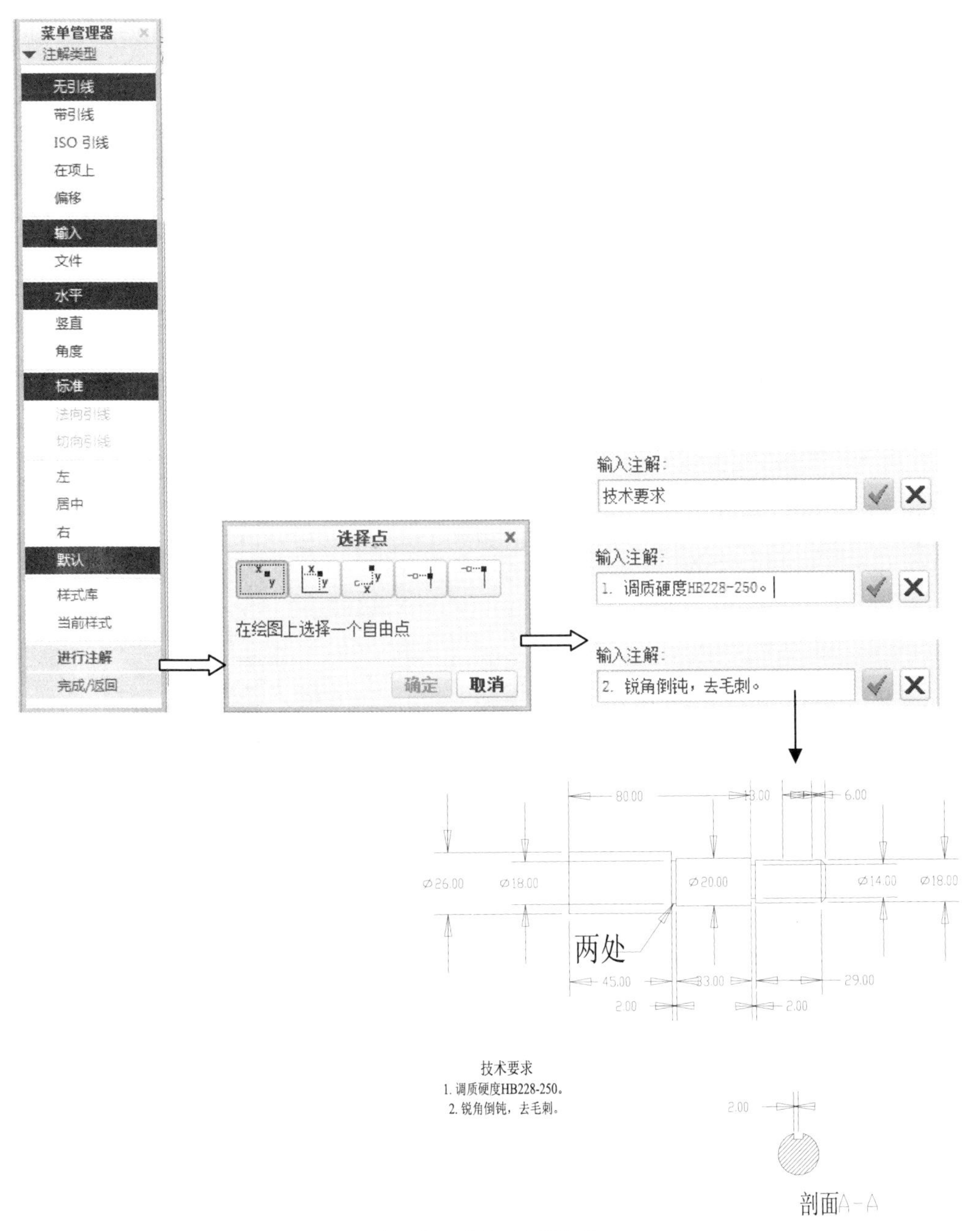

图 5-90　插入技术要求

（11）创建并使用自定义粗糙度符号，将其插入到图形右上角。在此只对该图形进行讲解，而不再占用整个图形。创建复杂自定义符号需要用到“组”功能。

1）创建自定义符号，如图 5-91 所示。

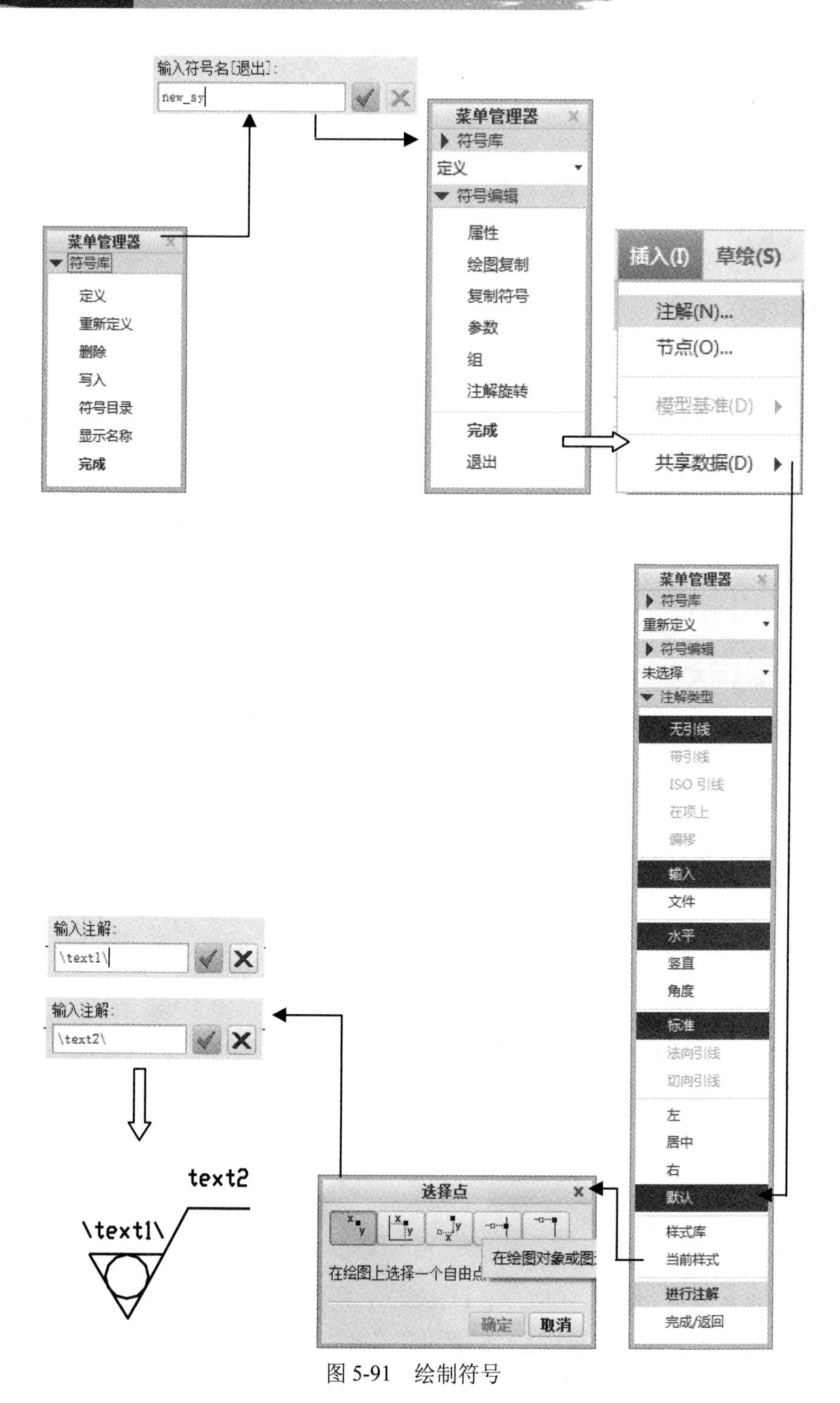
输入符号名[退出]:
new_sy
菜单管理器
符号库
定义
重新定义
删除
写入
符号目录
显示名称
完成
菜单管理器
符号库
定义
符号编辑
属性
绘图复制
复制符号
参数
组
注解旋转
完成
退出
插入(I)
草绘(S)
注解(N)...
节点(O)...
模型基准(D)
共享数据(D)
菜单管理器
符号库
重新定义
符号编辑
未选择
注解类型
无引线
带引线
ISO 引线
在项上
偏移
输入
文件
水平
竖直
角度
标准
法向引线
切向引线
左
居中
右
默认
样式库
当前样式
进行注解
完成/返回
选择点
在绘图上选择一个自由点
在绘图对象或图
确定
取消
输入注解:
\text1\
输入注解:
\text2\
text2
\text1\
图 5-91　绘制符号

- 单击“格式”操控板中的“符号库”按钮，系统弹出“符号库”菜单管理器。
- 选择“定义”命令，并在信息提示区中输入符号名 new_sym 并按 Enter 键。
- 系统弹出“符号编辑”菜单，同时弹出新窗口，在其中绘制符号形状。
- 依次选择主菜单“插入”→“注解”命令，在弹出的“注解类型”菜单中接受默认值，单击“进行注解”命令，在放置文本处单击左键。在信息提示区中输入文本\text1\（表示它是可变文本）。
- 重复上一步过程，进行 text2 的插入。

2）将符号定义为组。

- 如图 5-92 所示，在“符号编辑”菜单中选择“组”命令，继续选择“组属性”→“独立”命令，单击“创建”命令，在信息提示区中输入组名 new_sym1，选取置于该组中的图元并确定。多次单击“创建”命令，完成各个组的创建。

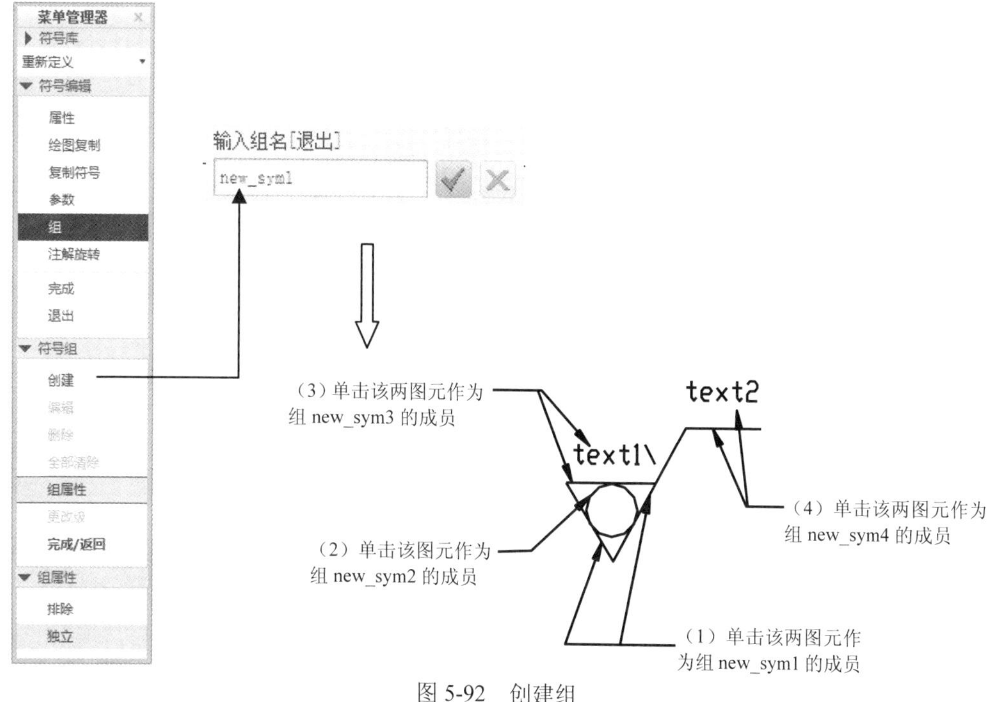

图 5-92　创建组

- 编辑符号放置属性，如图 5-93 所示。在“符号编辑”菜单中选择“属性”命令，在弹出的“符号定义属性”对话框“常规”选项卡中选中“自由”复选框，在符号上单击一点作为放置原点。打开“可变文本”选项卡，预设置可变文本 text1 的值为 32，单击“确定”按钮。

3）插入自定义符号，如图 5-94 所示。

- 单击“注释”操控板中“自定义符号”按钮，系统弹出“自定义绘图符号”对话框，“分组”选项卡列出了 new_sym 组下所有独立的自组。选中 new_sym1 和 new_sym3 复选框，在图面上放置自定义符号的位置单击，完成插入。

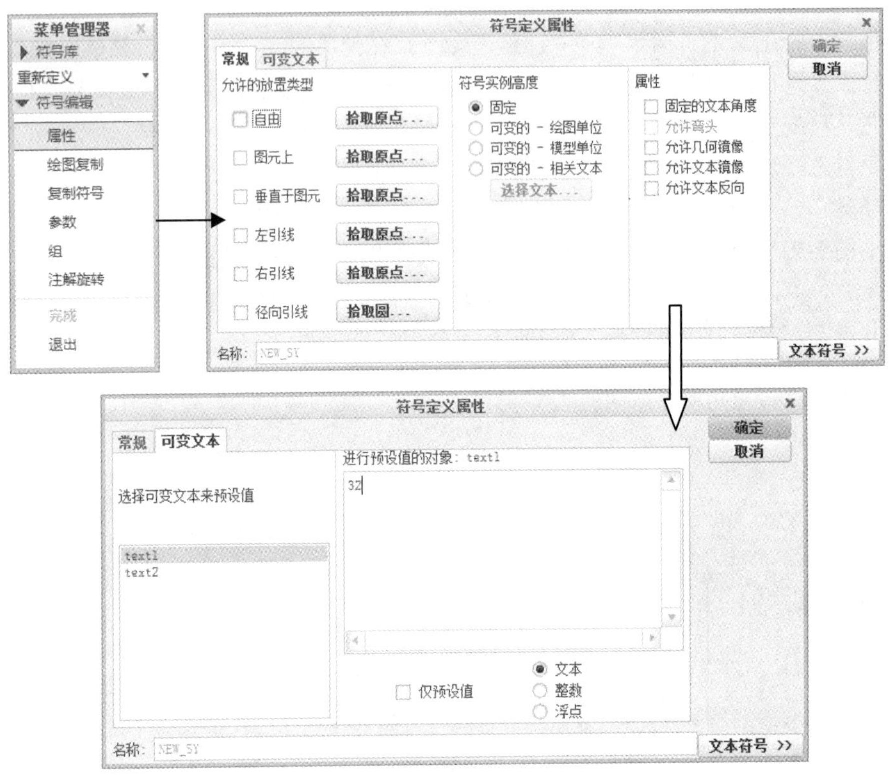

图 5-93　组属性设置

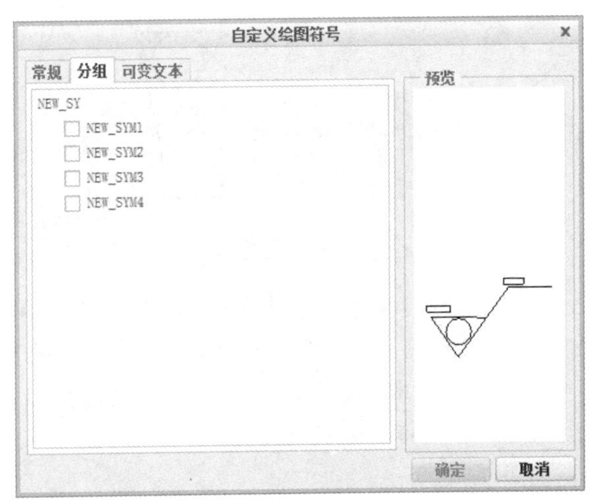

图 5-94　“自定义绘图符号”对话框

6 工程图中的公差

前面讲解的内容都是在尺寸理想的情况下。实际上，由于加工、制造、测量等原因，尺寸并不是精确的，必须通过一定的公差标注来解决实际加工问题。为此，国标规定了线性公差和形位公差。与此对应，Creo Parametric 提供了尺寸公差与几何公差两种操作方式。

由于理论内容较为复杂，所以本章首先用一节来讲解公差基本概念，然后再分别讲解 Creo Parametric 中的公差操作。

6.1 公差概述

为提高劳动生产率，降低生产成本，在工业中均采用零件具有互换性的专业化协作生产，即在机器装配过程中，从同一规格零件中任取一件，不经修配或其他辅助加工，就能顺利地装配到机器上，并能完全达到设计要求。如图 6-1 所示，轴与孔的配合、键与轴上键槽的配合等就是这样。

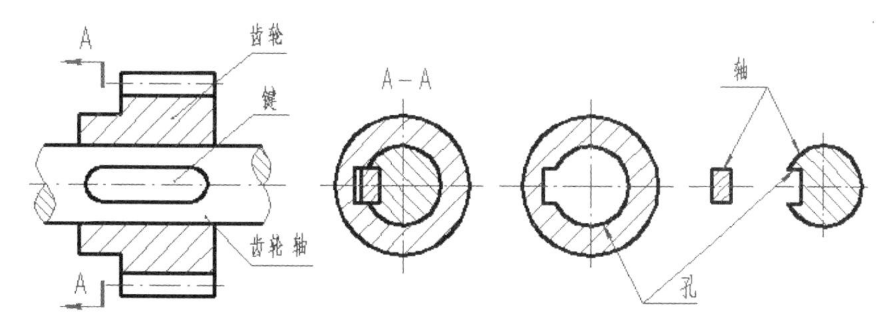

图 6-1 装配要求

为保证零件具有互换性，必须保持相互配合的两零件尺寸的一致性。但是在零件实际生产过程中，不必要也不可能把零件尺寸加工得非常准确，零件的最终尺寸允许有一定的制造误差。为满足互换性要求，必须对零件尺寸的误差规定一个允许范围，零件尺寸的允许变动量就是尺寸公差，简称公差。

在生产实践中，经过加工的零件不但会产生尺寸误差，而且会产生形状和位置误差，如图 6-2 所示，简称为形位公差。

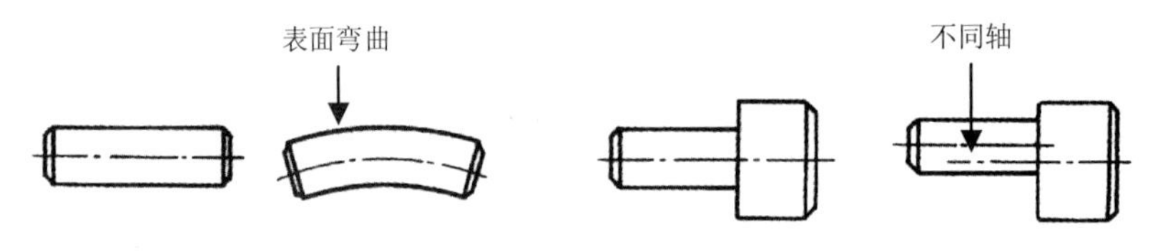

图 6-2　形状发生变化

6.1.1　尺寸公差和配合

尺寸公差用来限制配合范围，所以必须紧密地与装配结合起来。

1. 尺寸公差

尺寸公差也称线性公差，用来表示尺寸的范围，即加工时所允许的尺寸变动量。与尺寸公差相关的专业术语较多，容易混淆，下面结合图 6-3 做讲解。

（1）基本尺寸。设计时给定的尺寸，也可以说是决定尺寸极限的基准、参照尺寸。

（2）实际尺寸。通过测量获得的零件尺寸。

（3）极限尺寸。以基本尺寸为基准，实际尺寸允许变化的两个尺寸极限，包含：

1）最大极限尺寸。尺寸极限值中最大的尺寸。

2）最小极限尺寸。尺寸极限值中最小的尺寸。

（4）尺寸偏差。偏差是指某一尺寸（实际尺寸、极限尺寸等）减去其基本尺寸所得的代数差，包含：

1）上偏差。最大极限尺寸减其基本尺寸所得的代数差（孔用 ES 表示，轴用 es 表示）。

2）下偏差。最小极限尺寸减其基本尺寸所得的代数差（孔用 EI 表示，轴用 ei 表示）。

（5）尺寸公差（简称公差）。最大极限尺寸减去最小极限尺寸之值，或上偏差减去下偏差之值。它是允许尺寸的变动量。尺寸公差是没有符号的绝对值。

（6）零线。零线是指表示基本尺寸的一条直线，以其为基准确定偏差和公差。

（7）公差带。由代表上偏差和下偏差或最大极限尺寸和最小极限尺寸的两条直线所限定的区域，即公差的大小。

（8）标准公差（IT）。标准公差是国家标准极限与配合制中所规定的任一公差。

标准公差等级代号用符号 IT 和数字组成，例如 IT7。当其与代表基本偏差的字母一起组成公差带时，省略 IT 字母，如 h7。极限与配合在基本尺寸至 500mm 内规定了 IT01、IT0、IT1～IT18 共 20 级，在基本尺寸 500～3150mm 内规定了 IT11～IT18 共 18 个标准公差等级。

（9）基本偏差。基本偏差是国家标准极限与配合制中，确定公差带相对零线位置的极限偏差。

可以是上偏差或下偏差，一般为靠近零线的那个偏差。

如图 6-3 所示是孔和轴的基本偏差系列示意图。其中，对孔用大写字母 A、…、ZC 表示基本偏差代号；对轴用小写字母 a、…、zc 表示基本偏差代号，各 28 个。基本偏差 H 代表基准孔；h 代表基准轴。基本尺寸至 1000mm 的轴、孔的基本偏差数值见相关机械设计手册。

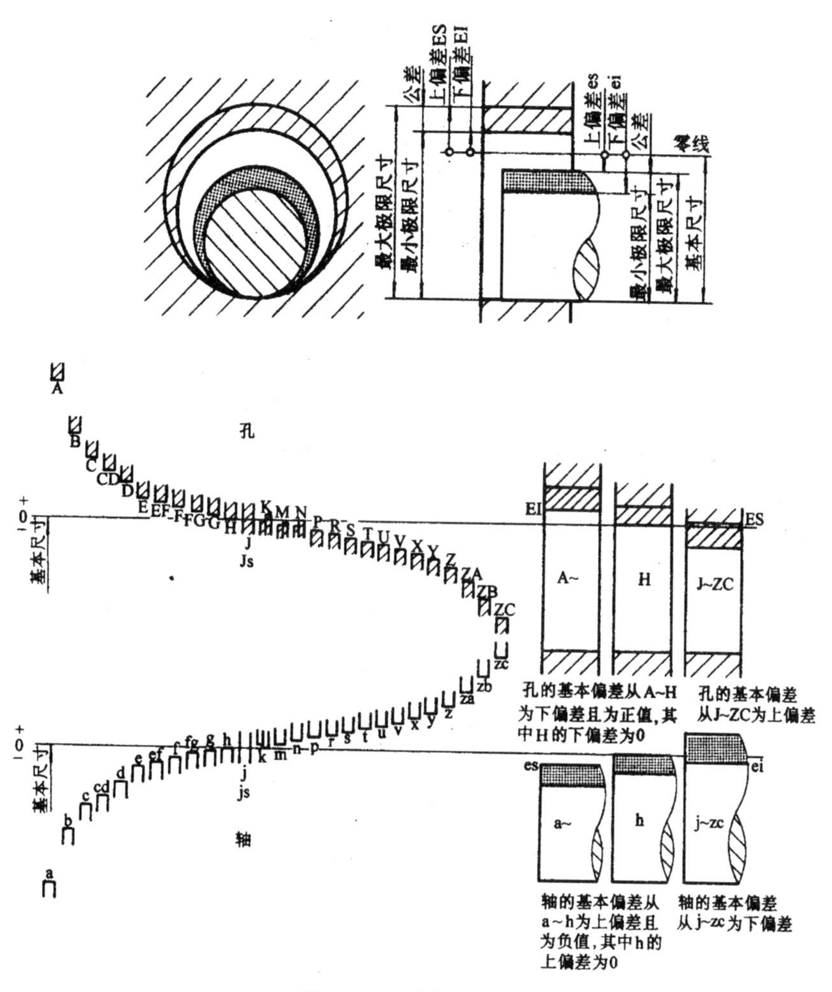

图 6-3　尺寸与公差关系

2. 配合

基本尺寸相同且相互结合的孔与轴公差之间的关系称为配合。配合的前提必须是基本尺寸相同，二者公差带之间的关系确定了孔、轴装配后的配合性质。

（1）国家标准根据零件配合松紧程度的不同要求，将配合分为 3 类。

1）间隙配合。间隙是指孔的尺寸减去相配合的轴的尺寸之差为正，即具有间隙（包括最小间隙等于零）的配合。此时，孔的公差带在轴的公差带之上，如图 6-4 所示。

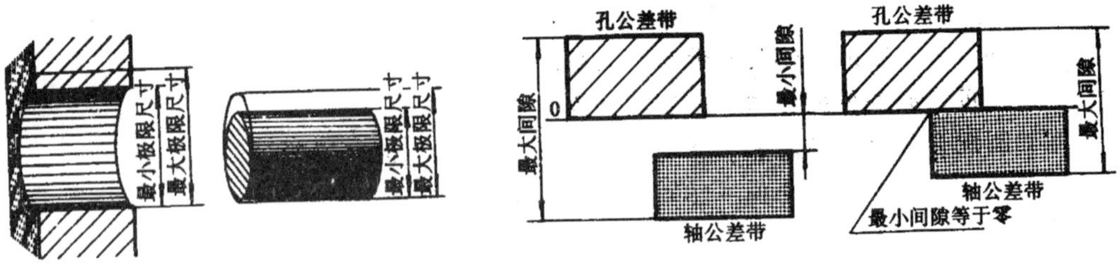

图 6-4　孔和轴的间隙配合

2）过盈配合。过盈是指孔的尺寸减去相配合的轴的尺寸之差为负，即具有过盈（包括最小过盈等于零）的配合。此时，孔的公差带在轴的公差带之下，如图 6-5 所示。

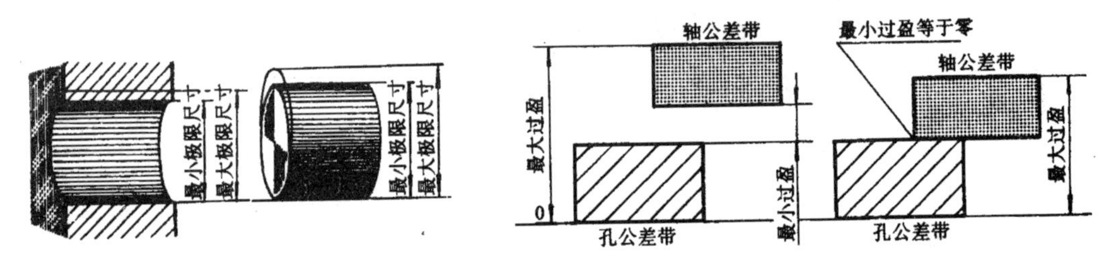

图 6-5　孔和轴的过盈配合

3）过渡配合。可能具有间隙或过盈的配合。此时，孔的公差带与轴的公差带相互交叠，如图 6-6 所示。

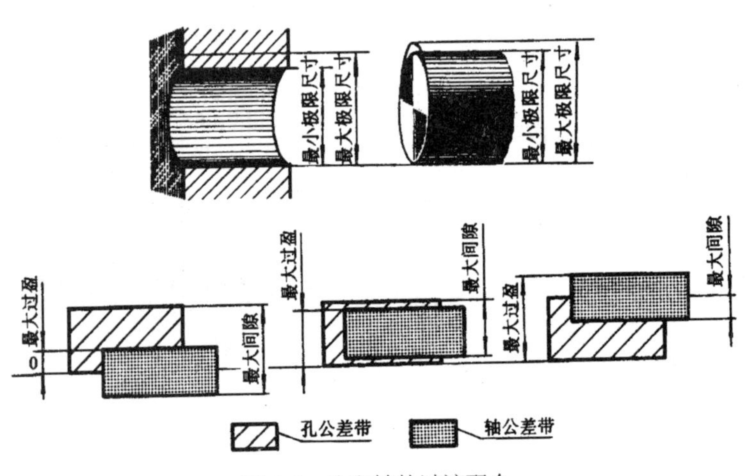

图 6-6　孔和轴的过渡配合

（2）配合制。同一极限制的孔和轴组成的配合关系。国标对配合制规定了以下两种形式：

1）基孔制配合。基本偏差为一定的孔的公差带与不同基本偏差的轴的公差带形成各种的配合关系。基孔制配合的孔为基准孔，代号为 H，国家标准规定基准孔的下偏差为零，如图 6-7 所示。

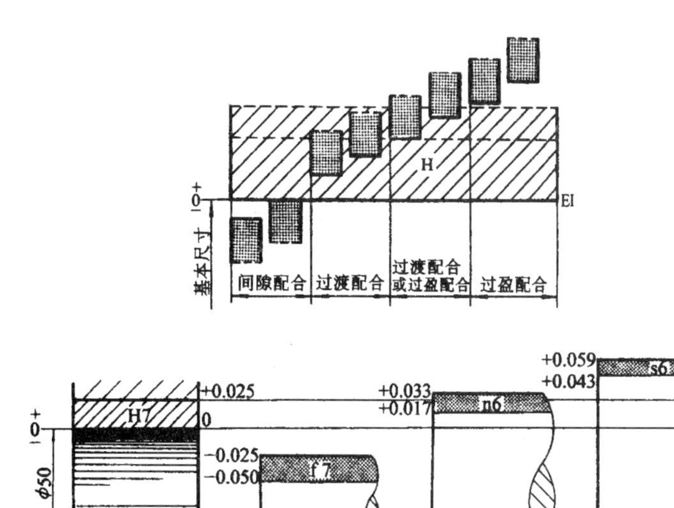

图 6-7　基孔制配合示意图

2）基轴制配合。基本偏差为一定的轴的公差带与不同基本偏差的孔的公差带形成各种的配合关系。基轴制配合的轴为基准轴，代号为 h，国家标准规定基准轴的上偏差为零，如图 6-8 所示。

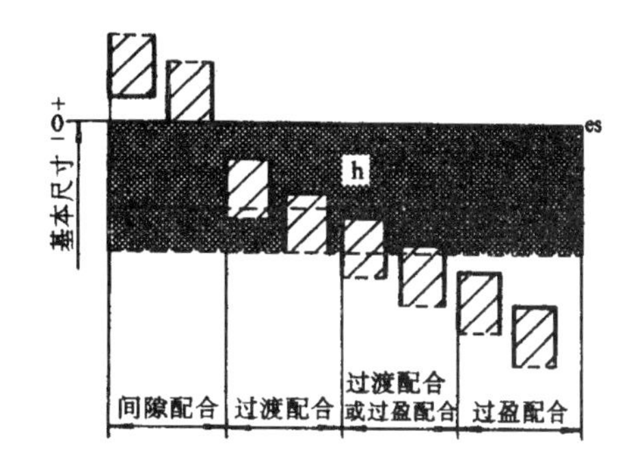

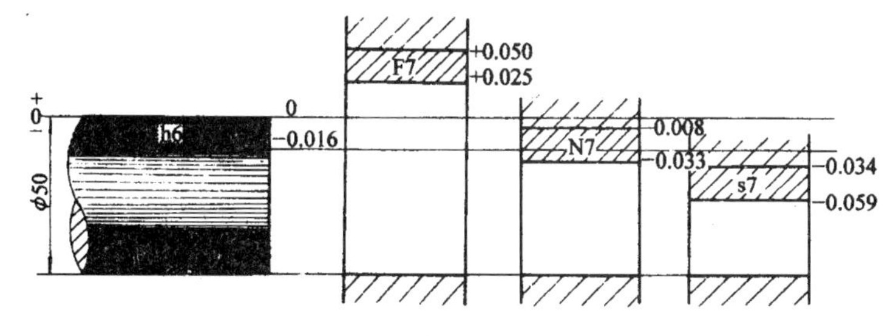

图 6-8　基轴制配合示意图

（3）优先和常用配合。一般情况下，优先选用基孔制配合。如有特殊要求，允许将任一孔、轴公差带组成配合。

标准公差有 20 个等级，基本偏差有 28 种，可组成大量配合。过多的配合既不能发挥标准的作用，也不利于生产，因此，国标规定了优先、常用和一般用途的孔、轴公差带和与之相应的优先和常用配合。基孔制常用配合有 59 种，其中包括优先配合 13 种，如表 6-1 所示；基轴制常用配合有 47 种，其中优先配合 13 种，如表 6-2 所示。

表 6-1　基孔制优先、常用配合

基准孔	轴																				
	a	b	c	d	e	f	g	h	js	k	m	n	p	r	s	t	u	v	x	y	z
	间隙配合								过渡配合			过盈配合									
H6						H6/f5	H6/g5	H6/h5	H6/js5	H6/k5	H6/m5	H6/n5	H6/p5	H6/r5	H6/s5	H6/t5					
H7						H7/f6	**H7/g6**	**H7/h6**	H7/js6	**H7/k6**	H7/m6	**H7/n6**	**H7/p6**	H7/r6	**H7/s6**	H7/t6	**H7/u6**	H7/v6	H7/x6	H7/y6	H7/z6
H8					H8/e7	**H8/f7**	H8/g7	**H8/h7**	H8/js7	H8/k7	H8/m7	H8/n7	H8/p7	H8/r7	H8/s7	H8/t7	H8/u7				
H8				H8/d8	H8/e8	H8/f8		H8/h8													
H9			H9/c9	**H9/d9**	H9/e9	H9/f9		**H9/h9**													
H10			H10/c10	H10/d10				H10/h10													
H11	H11/a11	H11/b11	**H11/c11**	H11/d11				H11/h11													
H12		H12/b12						H12/h12													

注：1. $\frac{H6}{n5}$、$\frac{H7}{p6}$ 在基本尺寸小于或等于 3mm 和 $\frac{H8}{r7}$ 在小于或等于 100mm 时，为过滤配合。

2. 粗线框中的配合为优先配合。

表 6-2　基轴制优先、常用配合

基准轴	孔																				
	A	B	C	D	E	F	G	H	JS	K	M	N	P	R	S	T	U	V	X	Y	Z
	间隙配合								过渡配合			过盈配合									
h5						F6/h5	G6/h5	H6/h5	Js6/h5	K6/h5	M6/h5	N6/h5	P6/h5	R6/h5	S6/h5	T6/h5					
h6						F7/h6	**G7/h6**	**H7/h6**	Js7/h6	**K7/h6**	M7/h6	**N7/h6**	**P7/h6**	R7/h6	**S7/h6**	T7/h6	**U7/h6**				

续表

基准轴	孔																				
	A	B	C	D	E	F	G	H	JS	K	M	N	P	R	S	T	U	V	X	Y	Z
	间隙配合								过渡配合			过盈配合									
h7					E8/h7	F8/h7		H8/h7	Js8/h7	K8/h7	M8/h7	N8/h7									
H8				D8/h8	E8/h8	F8/h8		H8/h8													
h9				D9/h9	E9/h9	F9/h9		H9/h9													
H10				D10/h10				H10/h10													
h11	A11/h11	B11/h11	C11/h11	D11/h11				H11/h11													
h12		B12/h12						H12/h12													

注：粗线框内为优先配合。

6.1.2 尺寸公差与配合的标注

在机械工程图中，尺寸公差与配合的标注应遵照国家标准规定。

1. 零件图中的标注

零件图中标注孔、轴的尺寸公差有下列 3 种形式：

（1）在孔或轴的基本尺寸的右边注出公差带代号，如图 6-9 所示。

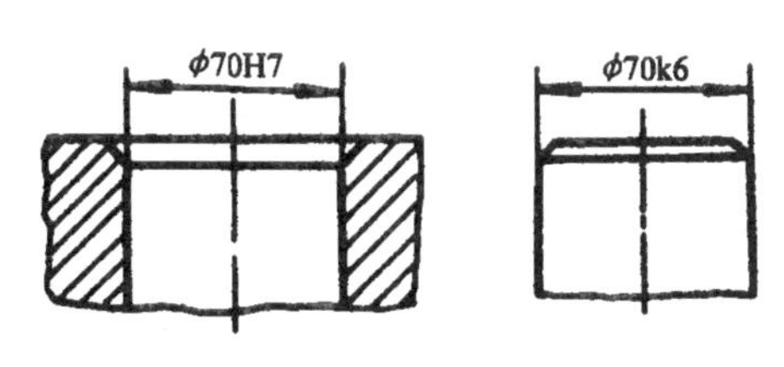

图 6-9　标注公差带代号

孔、轴公差带代号由基本偏差代号与公差等级代号组成，如图 6-10 所示。

（2）在孔或轴的基本尺寸的右边注出该公差带的极限偏差数值，如图 6-11 所示。

上、下偏差的小数点必须对齐，小数点后的位数必须相同；当上偏差或下偏差为零时，要注出数字“0”，并与另一个偏差值小数点前的个位数对齐，如图 6-11（b）所示，这些称为单向公差。

若上、下偏差值相等，符号相反时，偏差数值只写一个，并在偏差值与基本尺寸之间标上“±”符号，且两者数字高度相同，如图 6-11（c）所示，称为双向公差。

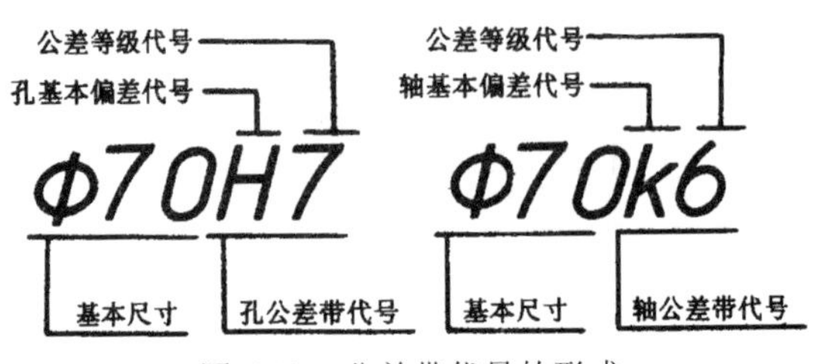

图 6-10　公差带代号的形式

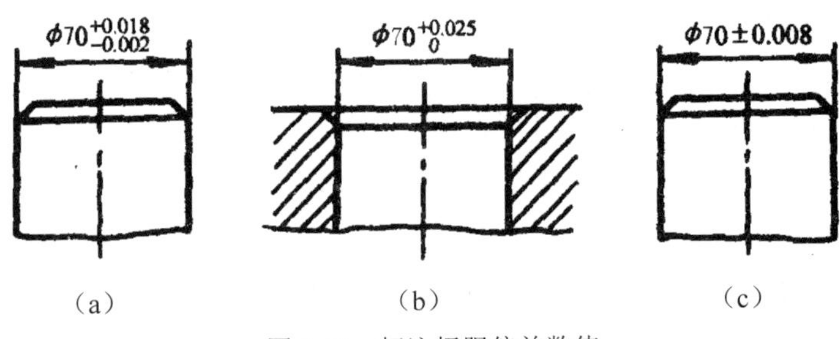

图 6-11　标注极限偏差数值

（3）在孔或轴的基本尺寸的右边同时注出公差带代号和相应的极限偏差数值，此时偏差数值应加上圆括号，如图 6-12 所示。

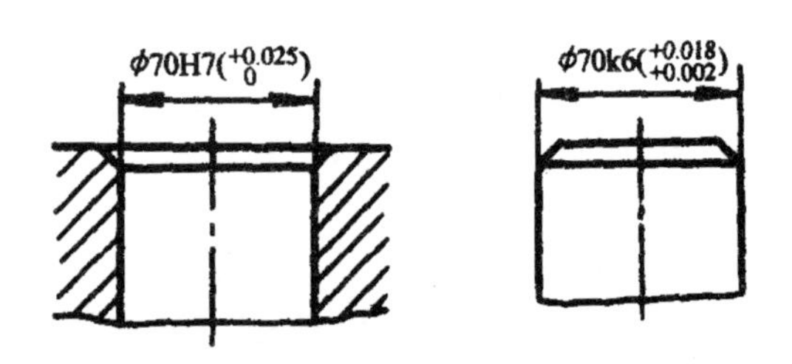

图 6-12　标注公差带代号和极限偏差数值

采用这 3 种标注形式中的任何一种在零件图上标注都可以。而在生产实际中，往往是根据零件生产的批量来选择。

3. 装配图中的标注

在装配图中一般标注配合代号。配合代号由两个相互结合的孔或轴的公差带代号组成，写成分数形式，分子为孔的公差带代号，分母为轴的公差带代号，如图 6-13 所示。

图 6-13 中ϕ70H7/k6 的含义为：基本尺寸为 70mm，基孔制配合，基准孔的基本偏差为 H，等级为 7 级；与其配合的轴基本偏差为 k，公差等级为 6 级；ϕ70F8/h7 是基轴制配合。

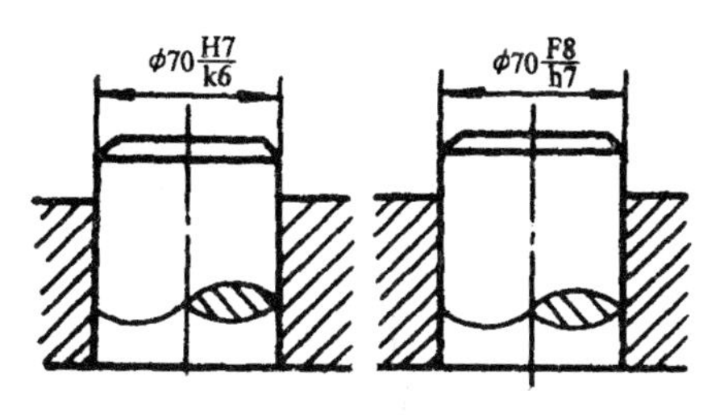

图 6-13 装配图中标注方法

6.1.3 形位公差

零件在加工时，不仅尺寸会产生误差，其构成要素的几何形状以及要素与要素之间的相对位置也会产生误差。线和面的实际形状对其理想形状的变动量称为形状误差。点、线、面的实际方向或位置对其理想的方向或位置的变动量，称为位置误差。

零件的形状和位置误差（简称形位误差）对零件的安装和使用性能有很大的影响，因此对零件的形位误差必须加以限制，即要规定形位公差。形位公差也称几何公差。

国家标准将形状公差分为 4 个项目：直线度、平面度、圆度和圆柱度。将位置公差分为 8 个项目。其中，平行度、垂直度和倾斜度为定向公差，位置度、同轴度和对称度为定位公差，圆跳动和全跳动为跳动公差。线轮廓度和面轮廓度按有无基准要求，分属位置公差和形位公差。形位公差的每个项目都规定了专用符号，如表 6-3 所示。

表 6-3 形位公差符号（摘自 GB/T 1182—1996）

类别	项目	符号	类别	项目	符号
形状公差	直线度	—	位置公差 定位	对称度	⌯
	平面度	⏥		位置度	⌖
	圆度	○	跳动	圆跳动	↗
	圆柱度	⌭		全跳动	⌰
形状或位置公差	线轮廓度	⌒	其他有关符号	最大实体要求	Ⓜ
	面轮廓度	⌓		延伸公差带	Ⓟ
位置公差 定向	平行度	//		包容要求（单一要素）	Ⓔ
	垂直度	⊥		理论正确尺寸	[50]
	倾斜度	∠		基准目标的标注	φ2/A1
定位	同轴（同心度）	◎			

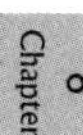

6.1.4 形位公差的标注

对形位公差有包括高、低精度的特殊要求时，均应在图中按国家标准所规定的标注方法进行标注。图中未注出的形位公差应符合国家标准形位公差未注公差的规定。

形位公差要求在由两格或多格组成的矩形框中给出，如图 6-14 所示。框格中的内容必须从左到右分别填写公差特征符号、公差值（如公差带是圆形或圆柱形的，则在公差值前加注“ϕ”，如果是球形的，则加注“$S\phi$”），第三格和以后各格为基准代号的字母和有关符号。公差框格水平或垂直放置。

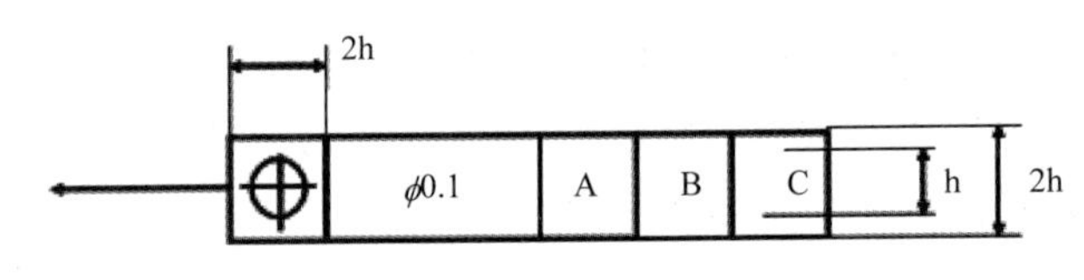

图 6-14 形位公差标注

1. 被测要素的标注

用带箭头的指引线将框格与被测要素相连，按下列方式标注：

（1）当公差涉及线或面时，将箭头垂直指向被测要素轮廓线或其延长线上，且必须与相应尺寸线明显错开，如图 6-15 所示。

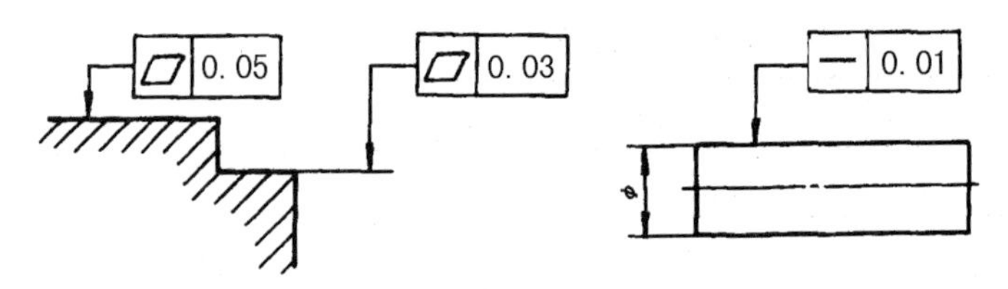

图 6-15 形状公差标注方法 1

（2）当被测要素指向实际表面时，箭头可置于带点的参考线上，该点指在实际表面上，如图 6-16 所示。

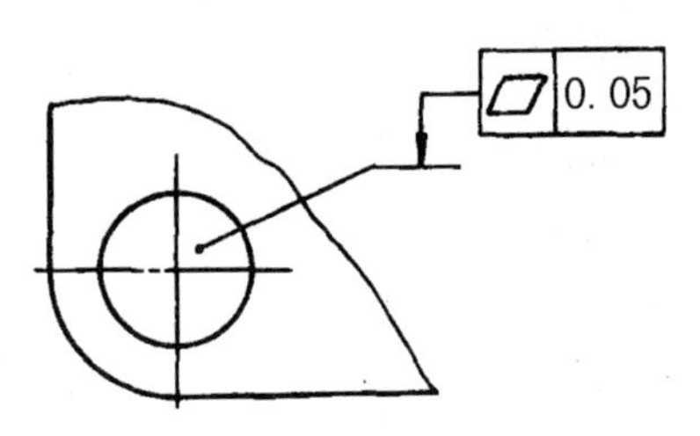

图 6-16 形状公差标注方法 2

（3）当公差涉及轴线、中心平面或由带尺寸要素确定的点时，带箭头的指引线应与尺寸线的延长线重合，如图 6-17 所示。

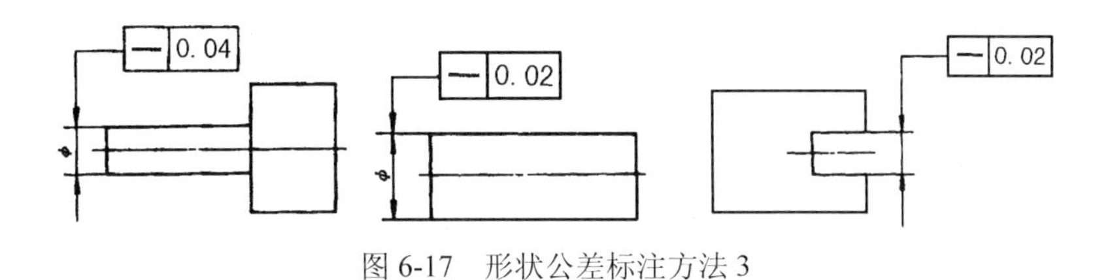

图 6-17 形状公差标注方法 3

（4）对几个表面有同一数值的公差带要求，其表示方法如图 6-18 所示。

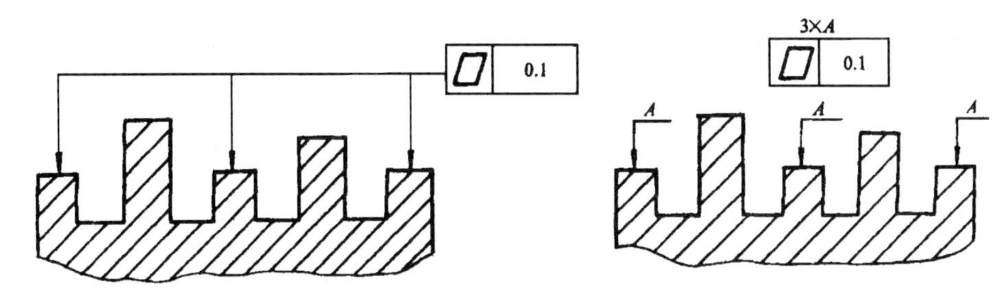

图 6-18 形状公差标注方法 4

（5）用同一个公差带控制几个被测要素时，应在公差框格上注明“共面”、“共线”，如图 6-19 所示。

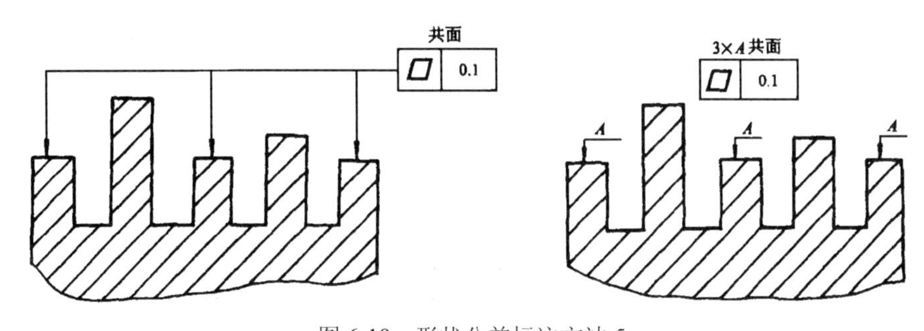

图 6-19 形状公差标注方法 5

2. 基准要素的标注

基准要素用基准字母表示。带小圆圈的大写字母用细实线与粗短划横线相连。表示基准的字母也应注在公差框格内，如图 6-20 所示。

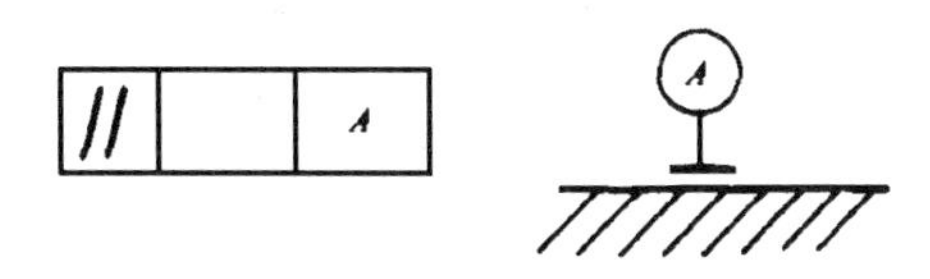

图 6-20 基准要素的表示

（1）当基准要素是轮廓线或表面时，基准符号应放在接近要素的轮廓线上或在它的延长线上，并应与尺寸线明显错开；基准符号还可置于用圆点指向实际表面的参考线上，如图 6-21 所示。

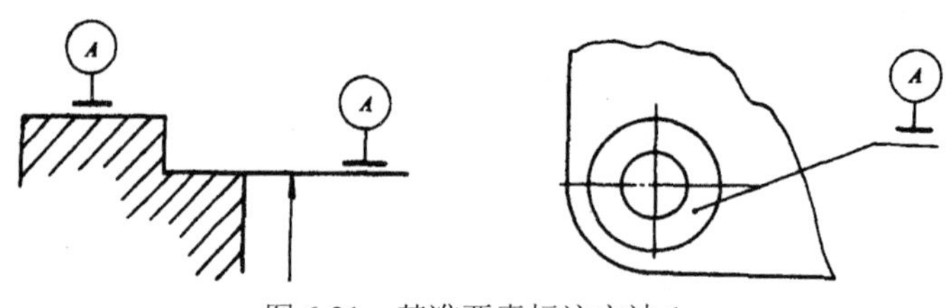

图 6-21　基准要素标注方法 1

（2）当基准要素是轴线、中心平面或带尺寸的要素确定的点时，则基准符号中的粗短划线应与尺寸线对齐，也可代替尺寸线的一个箭头，如图 6-22 所示。

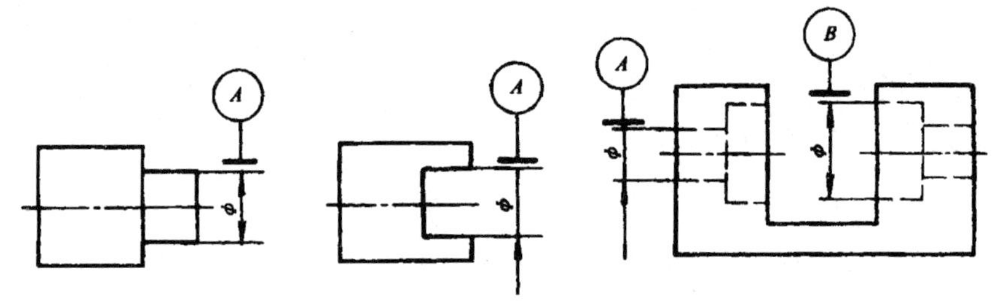

图 6-22　基准要素标注方法 2

（3）单一基准要素用大写字母表示。由两个要素组成的公共基准，用横线隔开的两个大写字母表示，由三个或三个以上要素组成的基准体系，如多基准组合，表示基准的大写字母应按基准的优先次序从左至右分别置于各格中，如图 6-23 所示。为不致引起误解，字母 E、I、J、M、O、F 不用于基准字母。

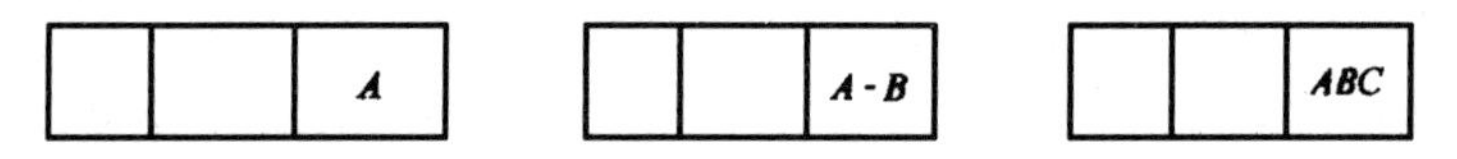

图 6-23　基准要素标注方法 3

（4）任选基准的标注方法如图 6-24 所示。

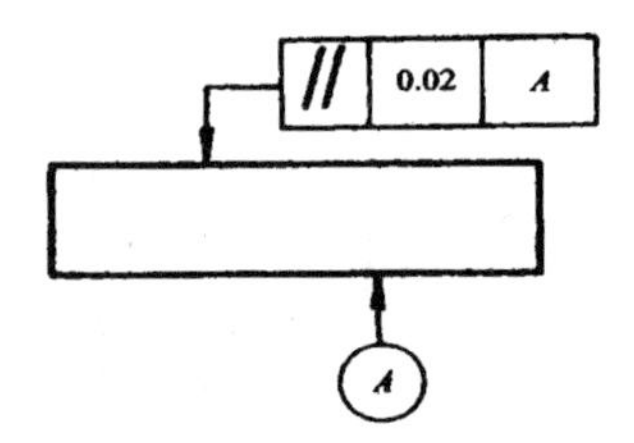

图 6-24　基准要素标注方法 4

（5）全周符号：如果轮廓度公差适用于横截面内整个外轮廓线或整个外轮廓面，应采用全周符号，如图 6-25 所示。

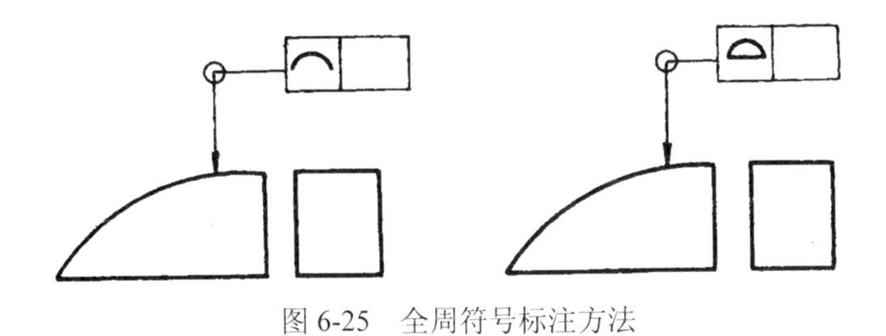

图 6-25　全周符号标注方法

6.1.5　公差原则

公差原则是确定形状、位置公差和尺寸（几何尺寸和角度）公差之间相互关系的规定。它分为独立原则要求和相关原则要求。相关要求又分为包容要求和最大实体要求。

1. 作用尺寸和关联作用尺寸

（1）作用尺寸。

单一要素的作用尺寸，简称为作用尺寸 MS。它是实际尺寸和形状误差的综合结果，即假想在结合面的全长上，与实际孔内接（或与实际轴外接）的最大（或最小）理想轴（或理想孔）的尺寸。轴的作用尺寸用 MSs 表示，孔的作用尺寸用 MSh 表示，如图 6-26 所示。

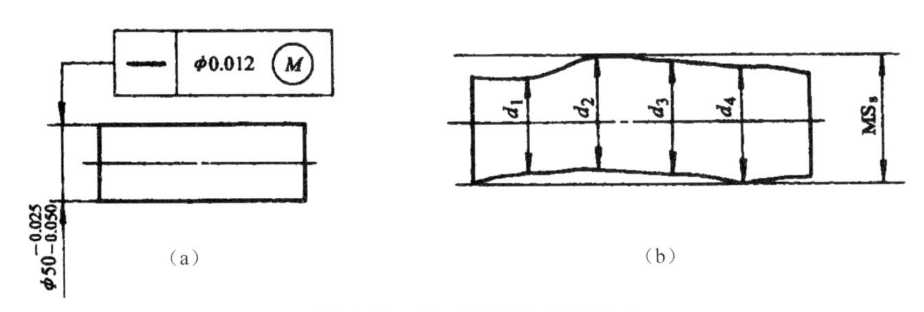

图 6-26　单一要素的作用尺寸

（2）关联作用尺寸。

关联要素的作用尺寸，简称为关联作用尺寸 MS(r)。它是实际尺寸和形位误差的综合结果，即假想在结合的全长上与实际孔内接（或与实际轴外接）的最大（或最小）理想轴（或理想孔）的尺寸，且该理想轴（或理想孔）必须与基准保持图上给定的几何关系。轴的关联作用尺寸用 MS(r)s、孔的关联作用尺寸用 MS(r)h 表示，如图 6-27 所示。

2. 最大、最小实体状态和实效状态

（1）最大和最小实体状态。

最大实体状态 MMC 是指实际要素在尺寸公差范围内，具有材料最多的状态。在最大实体状态时的尺寸称为最大实体尺寸 MMS。对于内表面（孔、槽等），最大实体尺寸等于最小极限尺寸；对于外表面（轴、凸台等），最大实体尺寸等于最大极限尺寸。

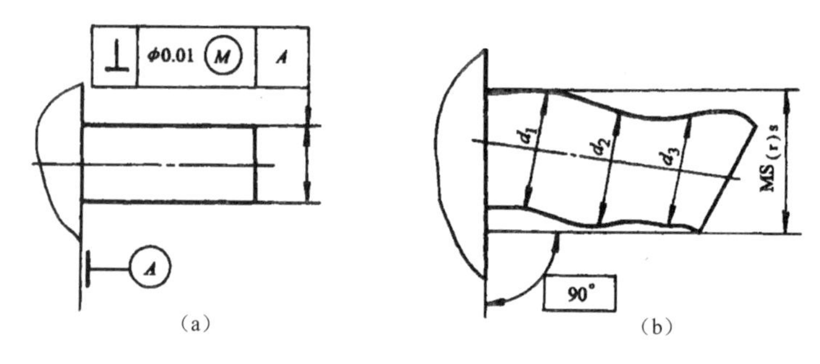

图 6-27　关联要素的作用尺寸

最小实体状态 LMC 是指实际要素在尺寸公差范围内，具有材料量最少的状态。在最小实体状态下的尺寸称为最小实体尺寸 LMS。对于内表面，最小实体尺寸等于最大极限尺寸，对于外表面，最小实体尺寸等于最小极限尺寸。

（2）实效状态。

实效状态 VC 是指实际尺寸达到最大实体尺寸，且形位公差达到给定形位公差值时的极限状态。在实效状态下的尺寸称为实效尺寸 VS。

1）单一要素的实效尺寸等于最大实体尺寸与形状公差的代数和。

- 对于内表面：VSh＝最小极限尺寸–形状公差
- 对于外表面：VSs=最大极限尺寸+形状公差

2）关联要素的实效尺寸等于最大实体尺寸与位置公差的代数和。

- 对于内表面：VSh＝最小极限尺寸–位置公差
- 对于外表面；VSs＝最大极限尺寸+位置公差

（3）理想边界。

理想边界是设计时给定的具有理想形状的极限边界。对于内表面，它的理想边界相当于一个具有理想形状的外表面；对于外表面，它的理想边界相当于具有理想形状的内表面。完工零件所具有的理想形状的实际边界，不得超过理想边界。

理想边界的尺寸等于最大实体尺寸时，该理想边界称为最大实体边界，如图 6-28 所示。

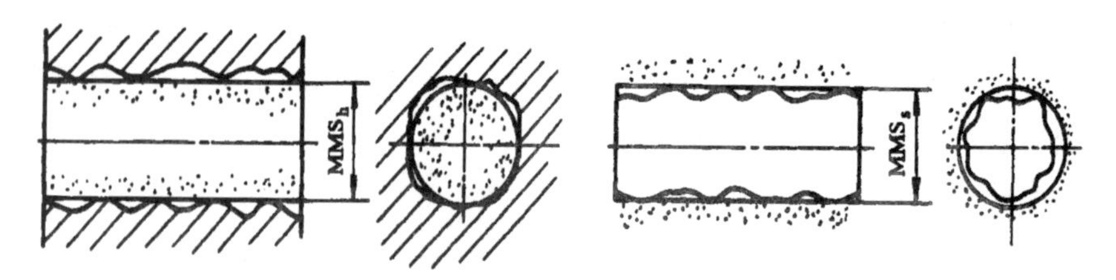

图 6-28　最大实体边界

当理想边界尺寸等于实效尺寸时，该理想边界称为实效边界，如图 6-29 所示，其中左边为单一要素的实效边界，右边为关联要素的实效边界。

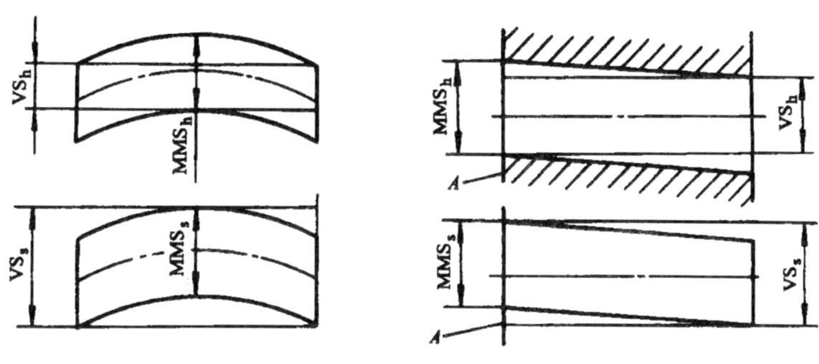

图 6-29　实效边界示例

单一要素的实效边界没有方向或位置的约束，关联要素的实效边界与图样上给定的基准保持正确的几何关系。

3. 独立原则

独立原则是指给出的尺寸公差与形位公差各自独立，分别满足要求的公差原则，它是基本的公差原则。凡是在给定的尺寸公差和形位公差后面未加注其他符号及未注公差，都遵循独立原则。

独立原则确保运动精度、密封性和提高工作效率的要求，可获得最佳的经济效益。独立原则可用于被测要素，也可用于基准要素，既可用于定形尺寸，也可用于定位尺寸。按独立原则，总可以满足零件的功能要求。

4. 包容原则

包容原则是指应用最大实体边界来限定单一要素的实体，要求被测实体不得超越该理想边界的一种公差原则。其特点如下：

（1）要素的作用尺寸 MS 不得超越最大实体尺寸，即孔的作用尺寸 MSh 应不小于孔的最大实体尺寸 MMSh；轴的作用尺寸 MSs 应不大于轴的最大实体尺寸 MMSs。

（2）实际尺寸不得超越最小实体尺寸，即孔的实际尺寸应不大于最小实体尺寸，轴的实际尺寸应不小于最小实体尺寸。

按包容要求给出公差时，其标注形式分别如图 6-30 和图 6-31 所示。

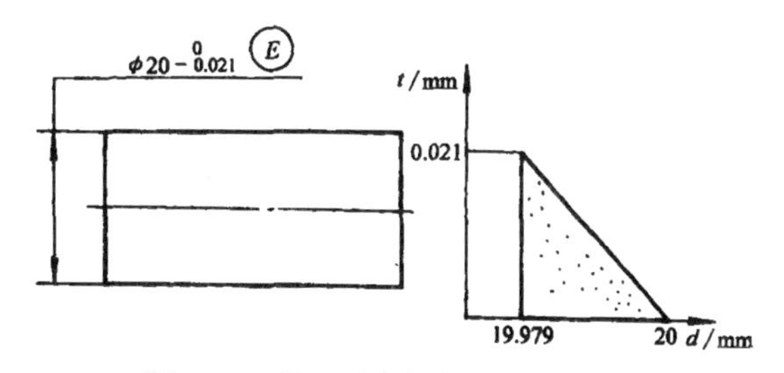

图 6-30　单一要素包容原则应用示例

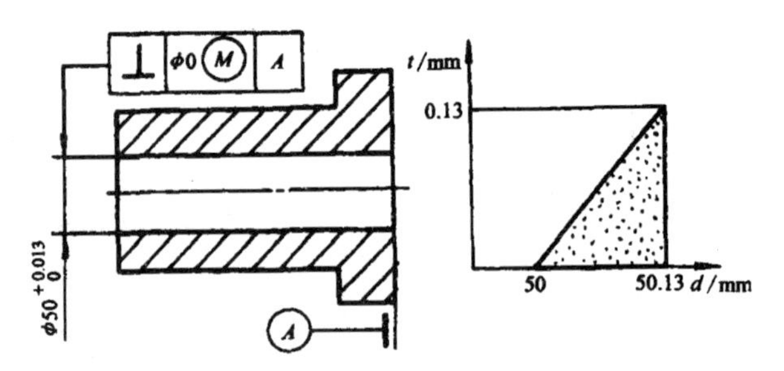

图 6-31　关联要素包容原则应用示例

形位公差值的大小取决于被测要素偏离最大实体状态的程度。

采用包容要求的单一要素或关联要素，图样上给出的尺寸公差具有综合控制被测要素的实际尺寸变动和形位公差的双重职能。尺寸公差总是一部分被实际尺寸占用，余下部分被形状误差占用。

包容要求常用于需要保证国家标准所规定的配合性质的被测要素和基准要素。

5. 最大实体要求

最大实体要求是指被测要素或基准要素的实体不得超越实效边界的一种公差要求。采用此要求，图样上注出形位公差值是在被测要素或基准要素处在最大实体状态或实效状态时给定的，当被测要素或基准要素偏离最大实体状态时，允许其形状误差值超出在最大实体状态下给出的形位公差值。当其形位误差值小于给出的形位公差值时，也允许其实际尺寸超出最大实体尺寸。

采用最大实体要求时，应在公差框格中的形位公差值后和基准字母后加注符号Ⓜ，如 |⊥|φ0.08Ⓜ|A|、|◎|0.04Ⓜ|AⓂ|。

最大实体要求特点如下：

（1）被测要素的作用尺寸或关联作用尺寸不得超越实效尺寸。

（2）被测要素的实际尺寸不得超越极限尺寸。

最大实体要求将形位公差与尺寸公差建立了联系。因此，只有当被测要素或基准要素为中心要素时，才可应用最大实体要求。具体说，对定向、定位和轴线直线度公差项目，被测要素和基准要素均可应用最大实体要求，对于线、面轮廓度项目，当基准要素为轴线或中心平面时，基准要素也可以用最大实体要求。

最大实体要求常用于要求装配有互换性的场合。

独立要求、包容要求和最大实体原则是针对不同设计要求提出来的。公差要求的出现丰富了“工程设计语言”，有可能把自己的设计思想表达得更清楚、更准确、更合理。

6.2　Creo Parametric 尺寸公差

在介绍 Creo Parametric 工程图公差标注等内容之前，先对配置文件及工程图配置文件进行介绍。

如前所述，修改工程图配置文件的操作方法如下：

使用“文件”→“准备”→“绘图属性”菜单命令，可以打开如图 6-32 所示的“绘图属性”对话框，在其中可以决定公差与详细信息选项的设置。单击“详细信息选项”右侧的“更改”按钮，系统打开如图 6-33 所示的“选项”对话框，从中修改设置。这些选项都保存在配置文件中。

绘图属性
特征和几何
公差　ANSI　更改
详细信息选项
详细信息选项　更改
关闭

图 6-32　“绘图属性”对话框

图 6-33　“选项”对话框

使用配置文件可以全局地影响操作环境，即可以定制 Creo Parametric 中所有模式的工作环境及每个相关的绘图工作环境。

在创建工程图时，Creo Parametric 提供了具有默认值的工程图配置文件。与修改 Creo Parametric 中的配置文件不同的是，修改工程图配置文件只会改变当前工程图的工作环境，而不会影响 Creo Parametric 其他模块或工程图。

6.2.1 尺寸公差显示

在默认情况下，Creo Parametric 并不显示尺寸公差，必须进行环境设置方可。

1. 显示尺寸公差

在工程图模式中，可以显示零件或装配件的尺寸公差。具体操作与尺寸显示和拭除操作一样。在“注释”操控板中单击“显示模型注释”按钮，系统弹出“显示模型注释”对话框，单击“公差”按钮，然后选择带有公差的视图，选择要显示或拭除的公差对象即可，结果如图 6-34 所示。

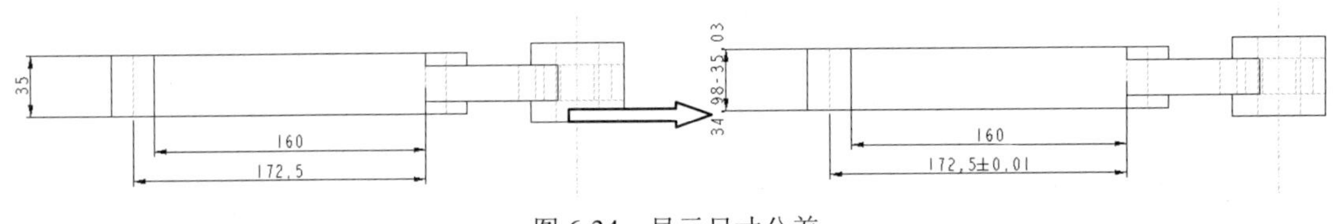

图 6-34　显示尺寸公差

2. 公差标准

在 Creo Parametric 中，可以选择 ANSI 或 ISO/DIN 作为公差显示标准，系统默认选择 ANSI 标准。

在图 6-32 中，单击“公差”右侧的“更改”按钮，系统打开“公差设置”菜单管理器，如图 6-35 所示，选取其中的“标准”命令，选择一个特定的公差标准并单击“完成/返回”命令即可。在配置文件 tolerance_standard 选项中也可以改变默认值。

图 6-35　设置公差标准

6.2.2 修改公差

上节介绍过通过设置 Creo Parametric 配置文件中 tol_mode 选项值，可以设置尺寸公差的默认显示格式。需要注意的是，修改 tol_mode 选项的值后，该值仅会影响新增尺寸。若要修改已有尺寸的显示格式，必须手动逐一修改，修改方法如下：

首先在工程图中选取要修改公差的尺寸，再单击鼠标右键，在弹出的快捷菜单中选取“属性”命令，系统弹出“尺寸属性”对话框，如图 6-36 所示，在其中可以进行修改操作。

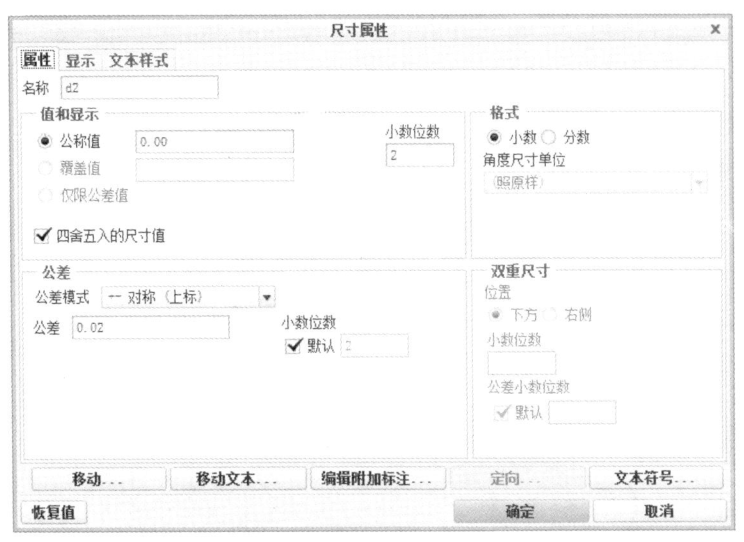

图 6-36　设置尺寸公差

“公差模式”下拉列表框用于设置公差格式，其中有以下 4 种类型：

（1）公称。对应配置文件中 default_tolerance_mode 选项的 nominal、limits，是 Creo Parametric 的默认格式，尺寸不显示公差值，以公称尺寸形式显示，例如 172.5 。

（2）限制（注：汉化有误，应为极限）。对应配置文件中 default_tolerance_mode 选项的 limits，尺寸以最大极限尺寸与最小极限尺寸的形式显示，例如 172.49-172.51 。

（3）正-负。对应配置文件中 default_tolerance_mode 选项的 plusminus，尺寸以带有上、下偏差的公称尺寸的形式显示，例如 172.5 。

（4）+-对称。对应配置文件中 default_tolerance_mode 选项的 plusminissym，系统使上、下偏差数值相同，尺寸以公称尺寸加上正负号再加上偏差数值的形式显示，例如 172.5±0.01 。

（5）+-对称（上标）。同上，只是公差以上标形式显示，对应配置文件中 default_tolerance_mode 选项的 plusminissym_super，例如 .00±.02 。

在工程图中创建尺寸时，系统根据配置文件中与尺寸公差有关的设置，来决定尺寸公差显示的格式，并将这些公差格式应用到所有尺寸上。因此，应该将配置文件中相关选项的值设置成常用的格式，以方便操作。

6.2.3　实例

本节通过一个实例操作来综合应用前面介绍的内容。

如图 6-37 所示是一张曲柄摇摆杆的工程图。这张工程图中已有尺寸，但不完整，因此需要修改。本例只对箭头所示的尺寸 1、尺寸 2 进行修改。

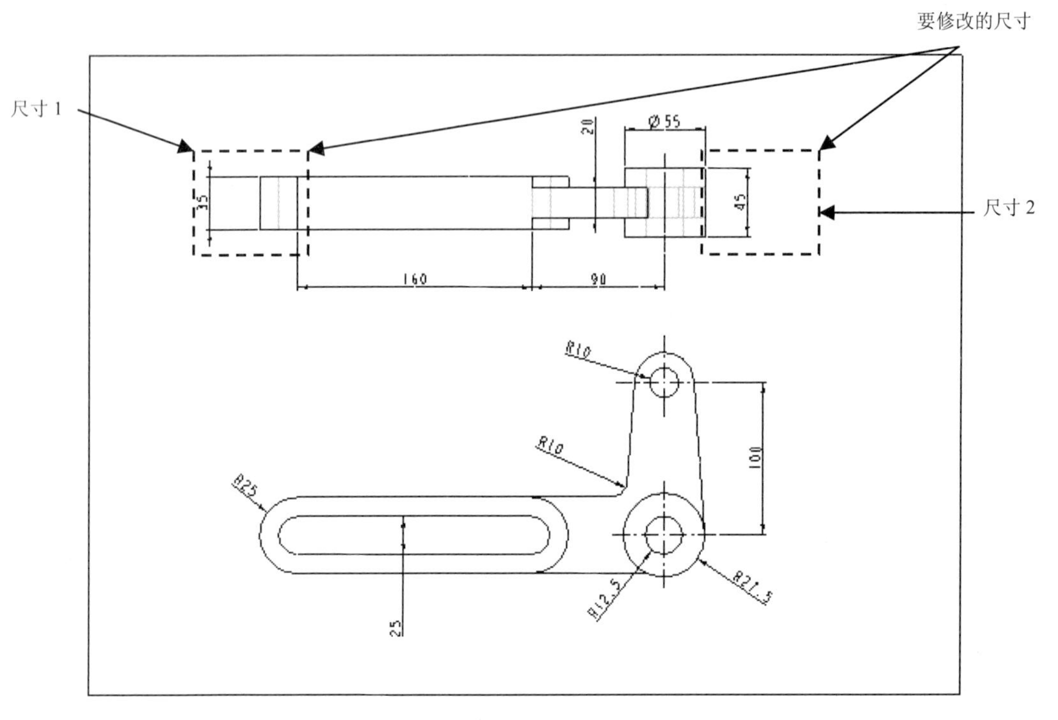

图 6-37　曲柄摇摆杆的工程图

（1）依次选择“文件”→“准备”→“绘图属性”菜单命令，打开“绘图属性”对话框，单击“详细信息选项”选项后面的“更改”按钮，打开“选项”对话框，查看 tol_display 和 default_tolerance_mode 选项的设置。

当前设置为显示尺寸公差，尺寸公差以公称尺寸形式显示。曲柄摇摆杆工程图中要修改的尺寸 1 即是以这种方式创建的。

（2）按照图 6-38 所示次序，在“选项”对话框中进行更改选项值的操作。在选项列表中选中 default_tolerance_mode 选项，其名称和当前值出现在下面的文本栏和下拉列表框中；在“值”下拉列表框中选取 limits 选项；单击添加/更改按钮，确认选项值的更改；单击应用按钮，使选项生效；单击关闭按钮，退出“选项”对话框。

（3）单击“注释”操控板中“参考尺寸-新参考”按钮，重新生成尺寸，如图 6-39 所示，按照 default_tolerance_mode 选项值 limits 生成尺寸，即尺寸以最大极限尺寸与最小极限尺寸的形式显示。

（4）选中尺寸 1，使用快捷菜单中的“删除”命令删除之。

（5）在工程图中，选取刚创建的尺寸，再单击鼠标右键，在弹出的快捷菜单中选取“属性”

命令，打开“尺寸属性”对话框。

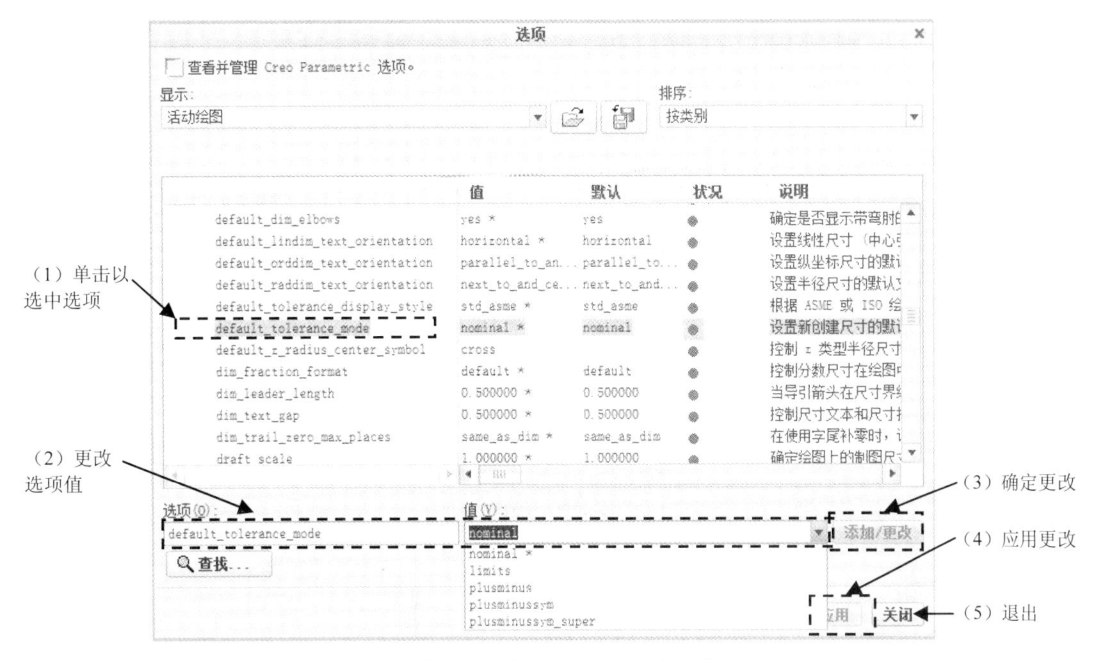

图 6-38　变更 tol_mode 选项值

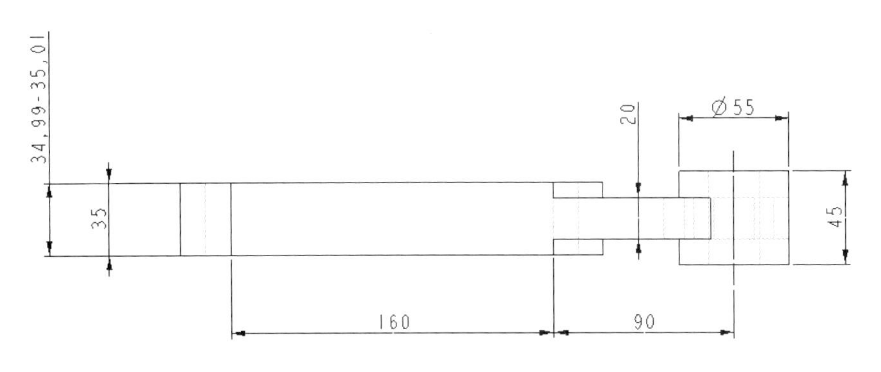

图 6-39　插入新的尺寸

（6）按照图 6-40 所示次序，在“尺寸属性”对话框中进行更改尺寸公差的操作。在“公差模式”下拉列表框中选中“加－减”选项；在“上公差”文本框中输入上偏差为 0.19；在“下公差”文本框中输入下偏差为 0.15；其他保持系统设置值；单击 确定 按钮，退出“尺寸属性”对话框。

（7）修改后的尺寸如图 6-41 所示。

（8）使用同样的方法修改尺寸 2，修改完成后的工程图如图 6-42 所示。

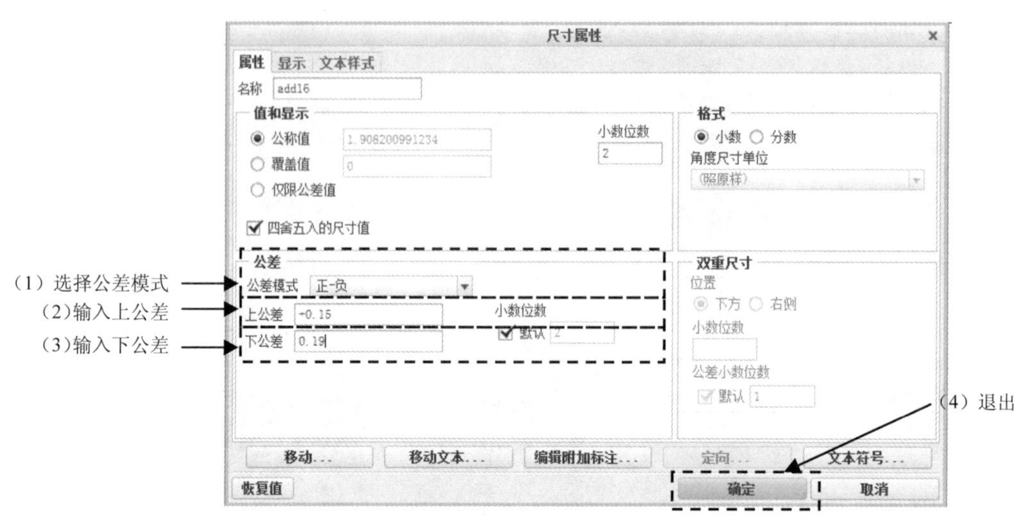

图 6-40　修改尺寸公差

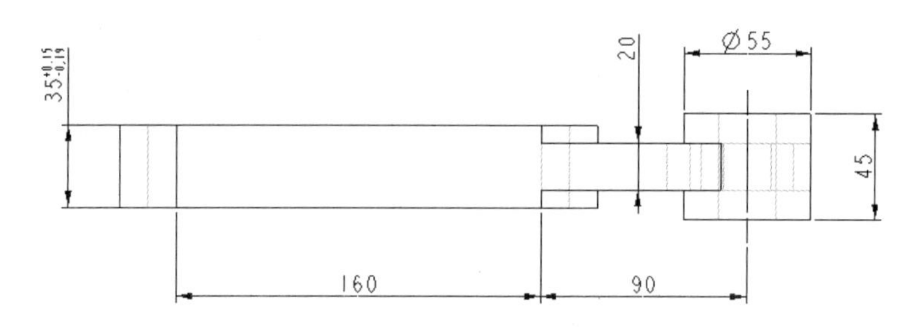

图 6-41　修改后的尺寸

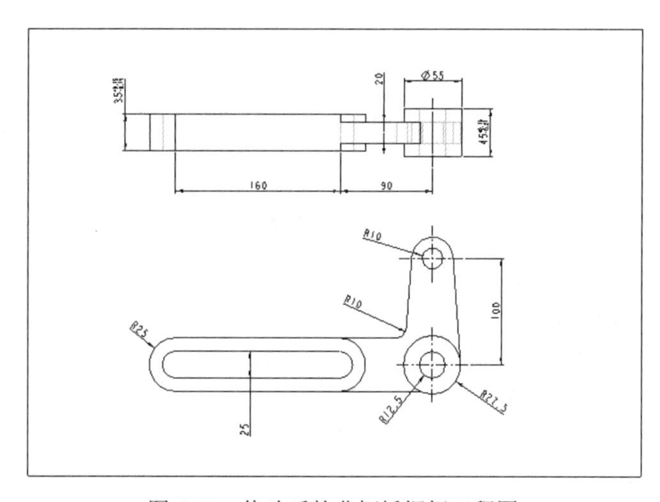

图 6-42　修改后的曲柄摇摆杆工程图

（9）保存文件，完成实例练习。

6.3 Creo Parametric 几何公差

相比之下，几何公差要远远比尺寸公差复杂，必须进行多个元素的设置。

1. 几何公差基本格式

在 Creo Parametric 工程图中标注出的几何公差如图 6-43 所示。几何公差框格是个长方形，里面被划分为若干小格，然后将几何公差的各项值依次填入。框格以细实线绘制，高度约为尺寸数值字高的两倍，宽度根据填入内容变化。

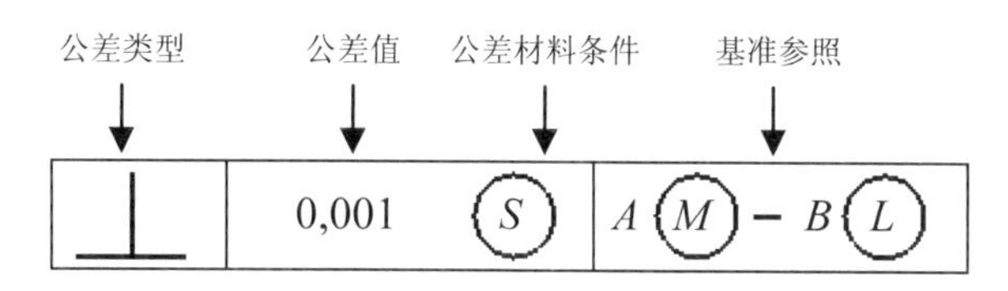

图 6-43 Creo Parametric 工程图中标注的几何公差

（1）公差类型：填入表示几何公差类型的符号。

（2）公差值：填入公差数值。

（3）公差材料条件：填入材料条件，有 4 种可能的状态：最大材料（MMC）、最小材料（LMC）、有标志符号（RFS）以及无标记符号（RFS）。

（4）基准参照：填入以字母表示的基准参照线或基准参照面。

2. 几何公差选项说明

单击“注释”操控板中的“几何公差”按钮 ，打开如图 6-44 所示的“几何公差”对话框，以进行标注几何公差的操作。

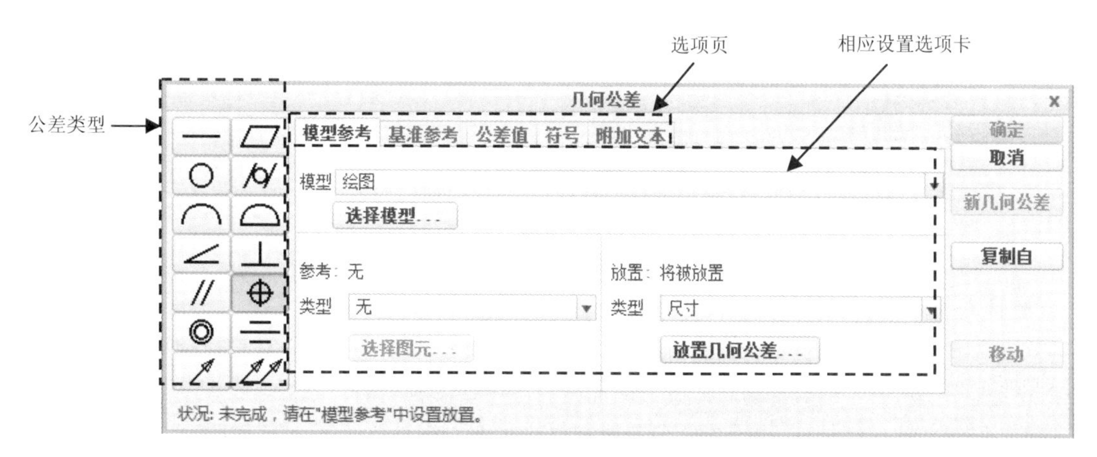

图 6-44 “几何公差”对话框

（1）在“几何公差”对话框左侧选取几何公差的类型，共有 14 种，Creo Parametric 中公差类型符号与国家标准规定的完全相同。

（2）“模型参考”选项卡：用于指定要在其中添加几何公差的模型和参照图元，以及在工程图中如何放置几何公差，详见图 6-45 中的说明。

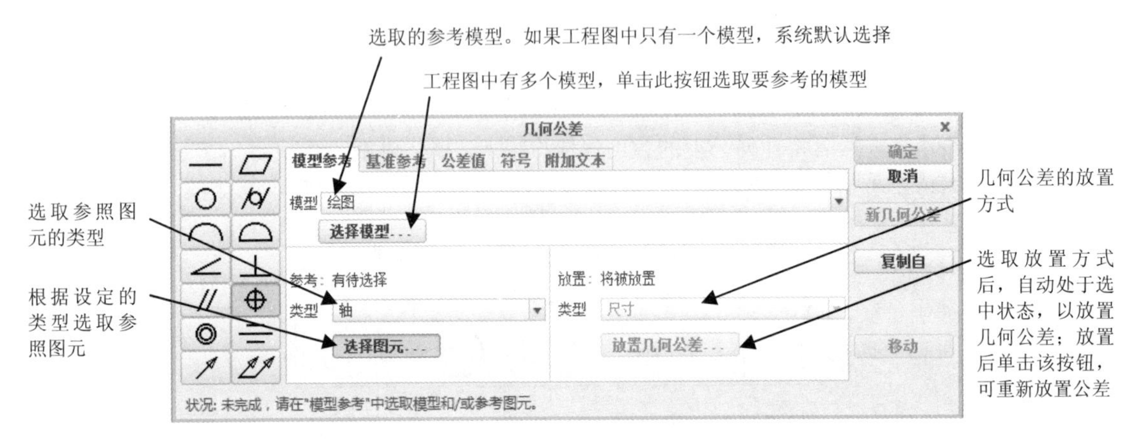

图 6-45 “模型参考”选项卡及功能注释

（3）“基准参考”选项卡：用于指定几何公差的参照基准和材料状态，以及复合公差的值和参照基准，详见图 6-46 中的说明。

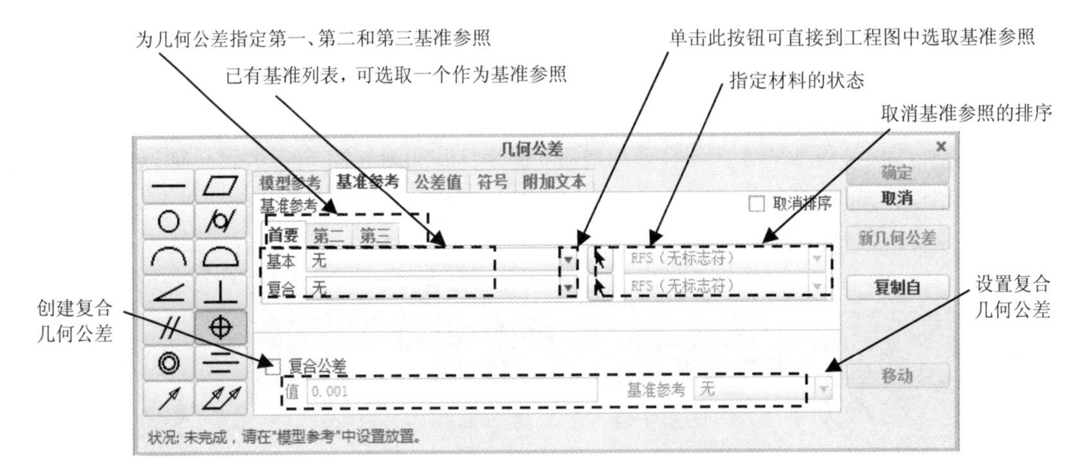

图 6-46 “基准参考”选项卡及功能注释

需要补充的内容如下：

1）当选择几何公差的类型为面轮廓度和位置度时，复合几何公差部分才可以使用。

2）当选择几何公差的类型为直线度、平面度、圆度、圆柱度时，不需要设置基准参照。

（4）“公差值”选项卡：用于指定公差值和材料状态，详见图 6-47 中的说明。

（5）“符号”选项卡：详见图 6-48 中的说明。

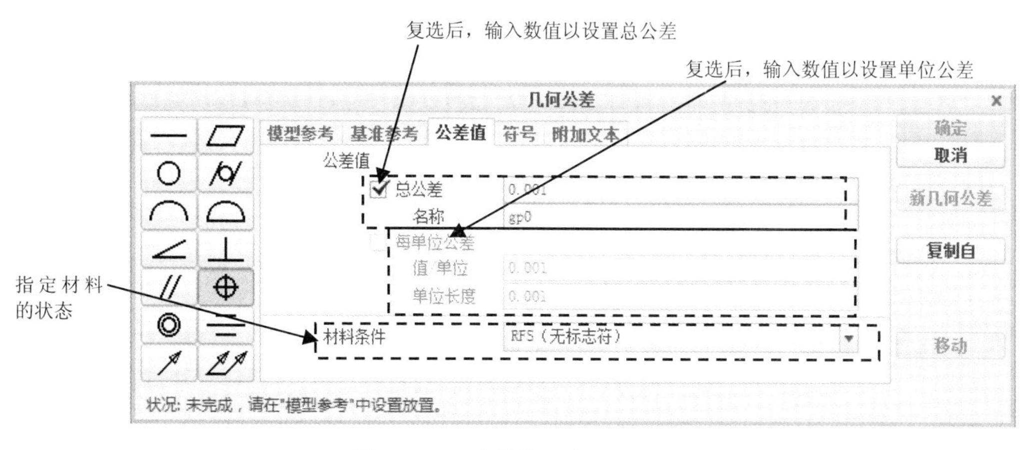

图 6-47　“公差值”选项卡及功能注释

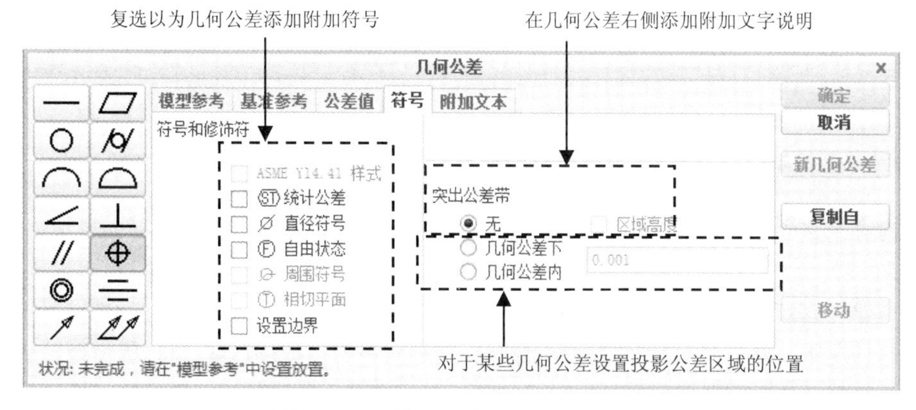

图 6-48　“符号”选项卡及功能注释

（6）“附加文本”选项卡：详见图 6-49 中的说明。

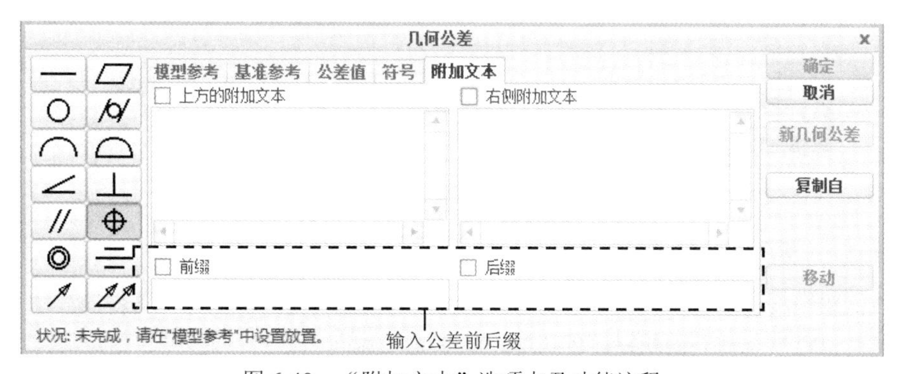

图 6-49　“附加文本”选项卡及功能注释

7

表面粗糙度与焊接符号

在工程图标注中，除了尺寸标注、几何公差之外，表面粗糙度也是重要内容，它直接决定着零件的表面加工质量。另外，对于从事焊接工作的人员来说，焊接符号的识别与标定也是不可或缺的，而有关这方面的内容又是常见的机械制图等方面的书籍所缺少的。本章将讲解 Creo Parametric 中如何对这二者进行标注。

7.1 表面粗糙度概述

本节内容来自于互换性内容，只就常见概念内容作讲解。

7.1.1 表面粗糙度的基本概念

在理想情况下，我们所期望的零件表面都是光滑整齐的，如图 7-1（a）所示。但实际上，经过加工后的机器零件，其表面状态是比较复杂的。若将其截面放大来看，零件的表面总是凹凸不平的，是由一些微小间距和微小峰谷组成的，如图 7-1（b）所示。我们将这种微观几何形状特征称为表面粗糙度。这是由切削过程中刀具和零件表面的摩擦、切屑分裂时工件表面金属的塑性变形以及加工系统的高频振动或锻压、冲压、铸造等系统本身的粗糙度影响造成的。

（a）　　　　（b）

图 7-1　表面粗糙度的比较

零件表面粗糙度对零件的使用性能和使用寿命影响很大。因此，在保证零件的尺寸、形状和位置精度的同时，不能忽视表面粗糙度的影响，特别是转速高、密封性能要求好的部件要格外重视。

表面粗糙度是指零件加工表面具有较小的间距和峰谷所组成的微观几何形状不平的程度。在 Creo Parametric 中，仍然翻译为光洁度有所不妥，在操作过程中需要注意。

不同的加工方法可以得到不同的表面粗糙度，光滑的表面不仅会增加零件的美观、密封，而且会增加零件的耐磨性和耐腐蚀性。但是提高零件的表面光滑程度，就会增加它的加工工序和加工成本。因此在保证零件使用要求的前提下，应为零件表面规定适当的粗糙度。

国家标准（GB/T1031—1995）规定了三项粗糙度参数，即轮廓算术平均偏差 R_a、微观不平度十点高度 R_z 和轮廓最大高度 R_y。最常用的粗糙度表示为轮廓算术平均偏差 R_a。如图 7-2 所示，就是该偏差的来历。其中，y_i 为每个测量点的高度值，$y(x)$是曲线函数。该值越大，表示测量表面越粗糙。

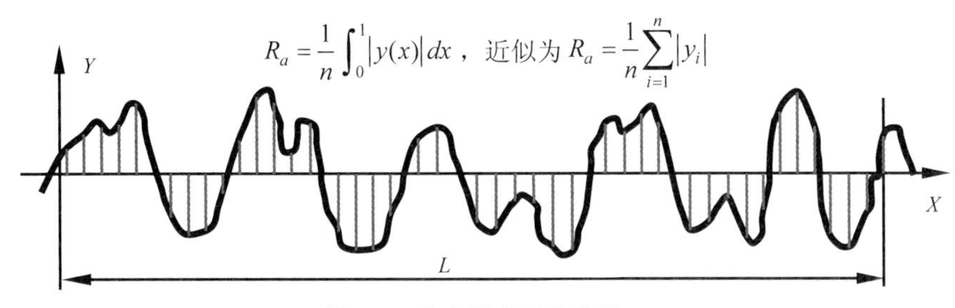

图 7-2　轮廓算术平均偏差 R_a

7.1.2　表面粗糙度在图样上的标注(GB/T 131–93)

零件的每一个表面都应该有粗糙度要求，并且应在图样上用代（符）号标注出来。

1. 表面粗糙度的符号和代号

表面粗糙度的基本符号如图 7-3 所示。表面粗糙度的全部符号都是在基本符号基础上变化而得，如表 7-1 所示。

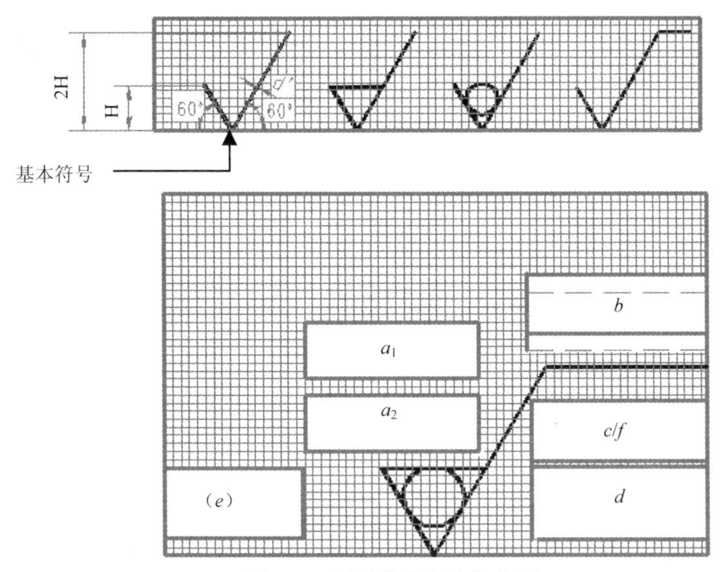

图 7-3　表面粗糙度符号表示

表 7-1 表面粗糙度符号及含义（GB/T 131—1993）

符号	意义及说明
	基本符号，表示表面可以用任何方法获得。当不加注粗糙度参数值或有关说明（如表面处理、局部热处理状况等）时，仅适用于简化代号标注（单独使用无意义）
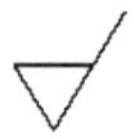	基本符号加一短画，表示表面是用去除材料的方法获得，如车、铣、钻、磨、剪切、抛光、腐蚀、电火花加工、气割等
	基本符号加一小圆，表示表面是用去除材料的方法获得，如铸、锻、冲压变形、热轧、冷轧、粉末冶金等；或者是用于保持原供应状况的表面（包括保持上道工序的状况）
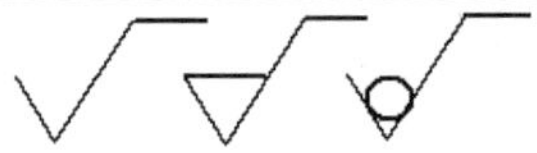	在上述 3 个符号的长边上均可加一横线，用于标注有关参数和说明
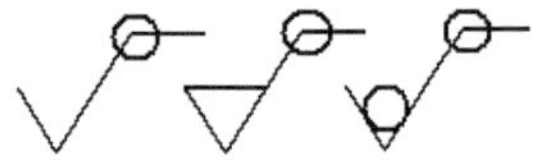	在上述 3 个符号的长边上均可加一小圆，表示所有表面具有相同的表面粗糙要求

在表面粗糙度符号中注写上粗糙度的高度参数及其他有关参数后便组成表面粗糙度代号，如图 7-3 所示。图中 a_1、a_2 为粗糙度高度参数代号及其数值；b 为加工要求、镀覆、涂覆、表面处理或其他说明。c 为取样长度或波纹度，单位为毫米；d 为加工纹理方向符号；f 为粗糙度间距参数值或轮廓支承长度率；d' 为符号、数字和字母的线宽。具体使用时根据需要标注。

如果以 h 表示图样中数字或者字母的高度，则一般而言，$H_1 \approx 1.4h$，$H_2=2H_1$。当然，也可以查表求得。图 7-3 中 d'、h、b、H_1、H_2 的尺寸如表 7-2 所示。

表 7-2 粗糙度符号中各尺寸表

尺寸元素	尺寸高度值						
数字与字母高度 h	2.5	3.5	5	7	10	14	20
符号、数字和字母笔画线宽 d'	0.25	0.35	0.5	0.7	1	1.4	2
高度 H_1	3.5	5	7	10	14	20	28
高度 H_2	8	11	15	21	30	42	60

表面粗糙度代号中的标注规定如下：

表面粗糙度高度参数轮廓算术平均偏差 R_a 值的标注形式及意义如表 7-3 所示。参数值的单位为 μm。只注一个值时，表示为上限值；注两个值时，表示为上限值和下限值。参数代号 R_a 省略不注。

当允许在表面粗糙度参数的所有实测值中超过规定值的个数少于总数的 16%时，应在图样上标注表面粗糙度参数的上限值或下限值，当要求在表面粗糙度参数的所有实测值中不得超过规定值时，应在图样上标注表面粗糙度参数的最大值和最小值，见表 7-3 中示例。

表 7-3　轮廓算术平均偏差 R_a 值的代号及意义

代号	意义	代号	意义
3.2	用任何方法获得的表面粗糙度，R_a 的上限值为 3.2μm	3.2max	用任何方法获得的表面粗糙度，R_a 的最大值为 3.2μm
3.2	用去除材料的方法获得的表面粗糙度，R_a 的上限值为 3.2μm	3.2max	用去除材料的方法获得的表面粗糙度，R_a 的最大值为 3.2μm
3.2	用不去除材料的方法获得的表面粗糙度，R_a 的上限值为 3.2μm	3.2max	用不去除材料的方法获得的表面粗糙度，R_a 的最大值为 3.2μm
3.2 1.6	用去除材料的方法获得的表面粗糙度，R_a 的上限值为 3.2μm，R_a 的下限值为 1.6μm	3.2max 1.6min	用去除材料的方法获得的表面粗糙度，R_a 的最大值为 3.2μm，R_a 的最小值为 1.6μm

2. 表面粗糙度代号、符号在图样上的标注

零件图上所标注的表面粗糙度代（符）号是指该表面完工后的要求。

（1）标注规则。

表面粗糙度符号、代号一般注在可见轮廓线、尺寸界线、引出线或它们的延长线上。符号的尖端必须从材料外指向表面，如图 7-4 所示。

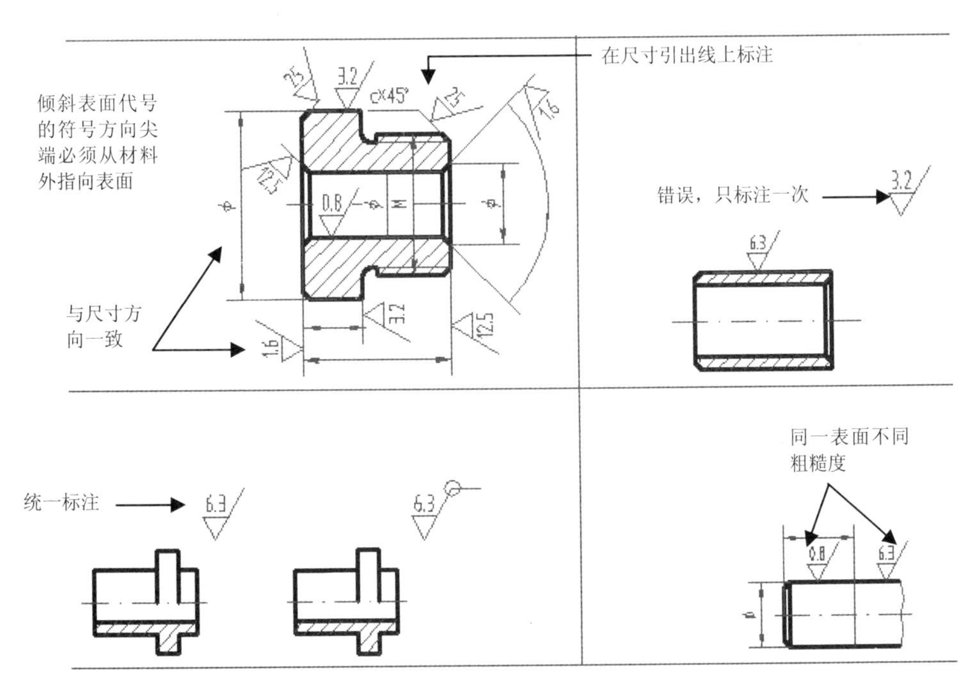

图 7-4　表面粗糙度示例 1

表面粗糙度代号中数字及符号的方向必须与尺寸数字的方向一致，如图 7-4 所示。一般而言，表面粗糙度的标注方向以向上和向左为原则。如果表面粗糙度只含有表面粗糙度或基准长度，则可

以画在任何方向上，但数值必须朝上或朝左。而对于曲面而言，则可以选择一个合适的位置标注。

带有横线的表面粗糙度符号应按图 7-4 所示的规定标注。

在同一图样上，每一表面一般只标注一次符号、代号，并尽可能靠近有关的尺寸线。当地方狭小或不便标注时，符号、代号可以引出标注，如图 7-4 所示。

（2）统一和简化标注。

当零件所有表面具有相同的表面粗糙度要求时，其符号、代号可在图样的右上角统一标注，如图 7-5 所示。

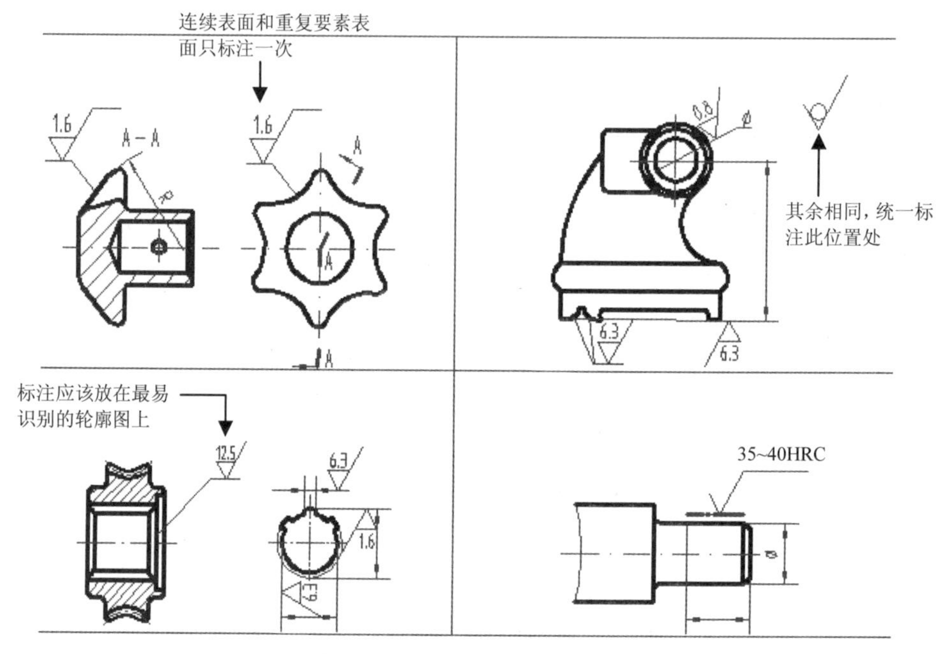

图 7-5　表面粗糙度示例 2

当零件的大部分表面具有相同的表面粗糙度要求时，对其中使用最多的一种符号、代号可以统一注在图样的右上角，并注“其余”两字，如图 7-6 所示。

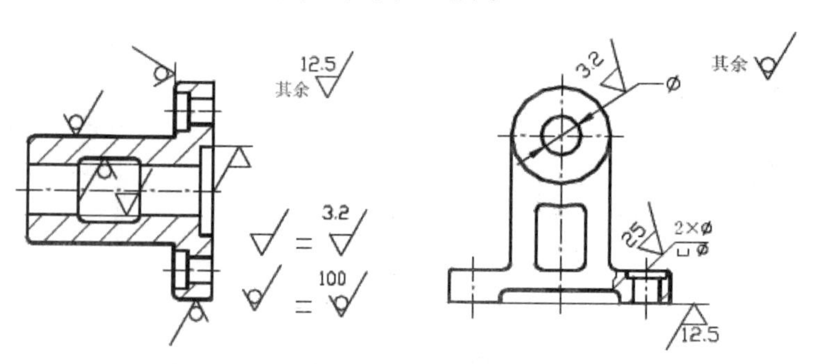

图 7-6　统一标注方式和简化方式

当为了简化标注方法或者标注位置受到限制时，可以标注简化代号。也可采用省略的注法，但应在标题栏附近说明这些简化符号、代号的意义，如图7-6所示。

中心孔的工作表面、键槽工作面、倒角、圆角的表面粗糙度代号可以简化标注，如图7-6所示。

（3）其他规定注法。

零件上连续表面及重复要素（孔、槽、齿等）的表面和用细实线连接不连续的同一表面，其表面粗糙度符号、代号只标注一次，如图7-5所示。

同一表面上有不同的表面粗糙度要求时，须用细实线画出其分界线，并注出相应的表面粗糙度代号和尺寸，如图7-5所示。

如果绘出了螺纹轮廓，则其螺纹的表面粗糙度应该标注在螺纹的节线或其延伸线上。如果螺纹以常见方式表示，则应该标注在外螺纹的大径线或内螺纹的小径线上，如图7-6所示。

齿轮、渐开线花键、螺纹等工作表面没有画出齿（牙）形时，其表面粗糙度代号可标注在节圆、节线或其延伸线上。

7.2 Creo Parametric的表面粗糙度

在Creo Parametric中，可以通过两种方式来插入粗糙度符号：零件模块和绘图模块。这些符号都保存在工程图符号库中。在零件模块下建立的粗糙度符号，在绘图模块中可以显示；而在绘图模块中插入的粗糙度符号则必须通过再生模型才能在零件模块中显示。

表面粗糙度是度量零件曲面与其标准值的偏差。在Creo Parametric中，可以微米或微英寸为单位来指定曲面的粗糙度（范围为0.001～2000）。表面粗糙度可应用于任何模型曲面。表面粗糙度符号只有注释意义，不影响模型的几何性质。可将表面粗糙度符号包括在“注释”特征中。

与前面讲解的理论知识不同的是，在Creo Parametric中，一个曲面只能有一个与之相关的表面粗糙度公差，而不能分段处理。

可使用“详细绘图”中提供的标准表面粗糙度符号将表面粗糙度符号添加到模型中，也可以创建用户自己的表面粗糙度符号。如果有“详细绘图”许可证，可在零件中定义表面粗糙度符号，这些符号将在相关的零件绘图中显示，反之亦然。

也可以访问获得一组可以附着到边界和尺寸的标准表面粗糙度符号。在“装配”模式中，可以用组件特征（孔、切口和槽）在曲面上创建表面粗糙度符号。

下面将就两种方式来分别讲解。

7.2.1 在零件模块中插入表面粗糙度符号

本小节将结合具体实例来讲解。所打开的文件为本书源文件bocha.prt，如图7-7所示。

具体的操作过程如下：

（1）打开零件文件，进入零件模式。

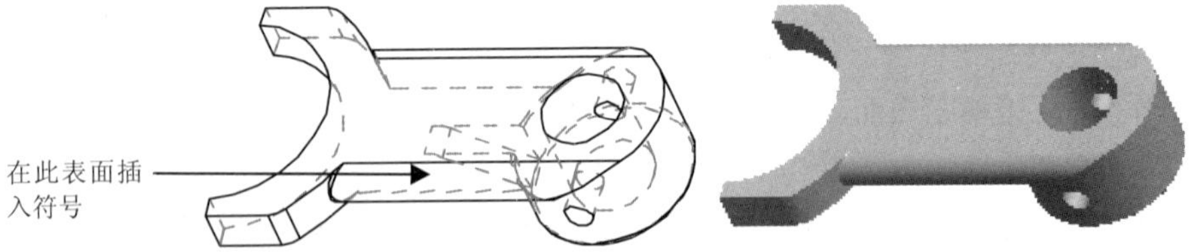

图 7-7　拨叉文件

（2）单击“注释”操控板中的“表面粗糙度”按钮，系统弹出级联菜单“曲面精加工”。在此可以创建新的粗糙度符号，也可以删除，并修改所选择的名称。

（3）系统默认选择“创建”选项，同时显示“表面粗糙度”对话框，如图 7-8 所示，从中可以选择需要的粗糙度符号并进行设置。

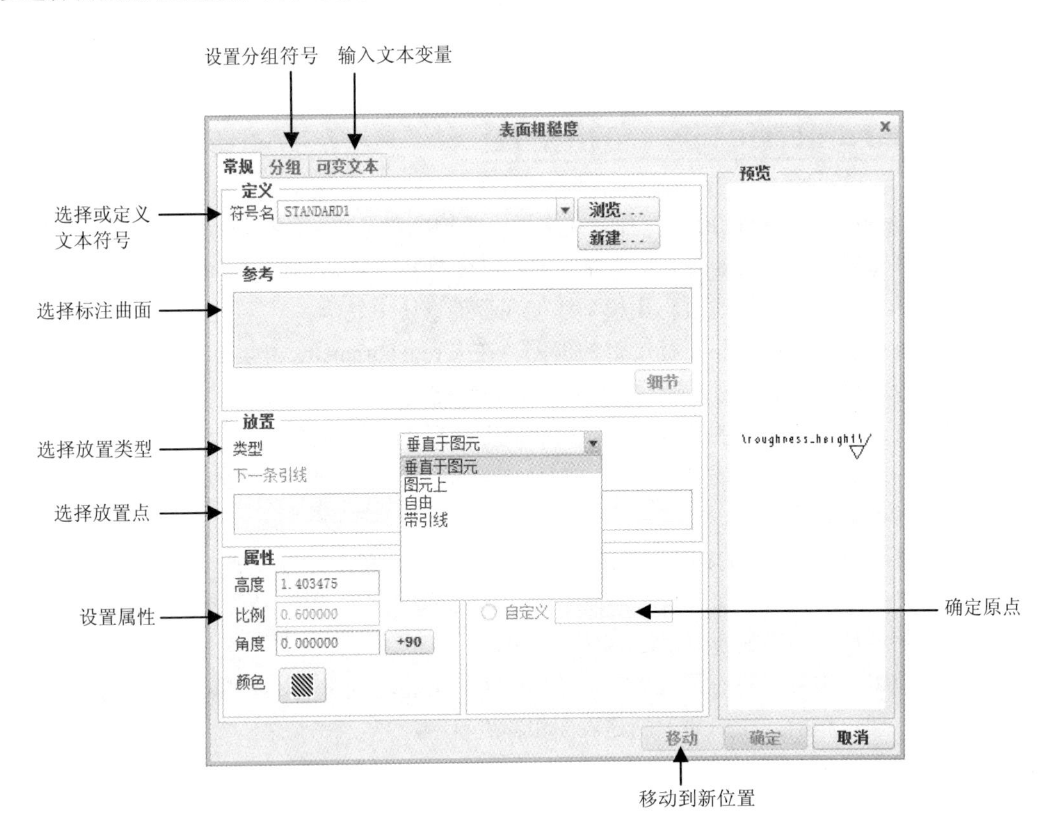

图 7-8　粗糙度符号的选择及设置

1）选择粗糙度符号。

单击“浏览”按钮，打开“打开”对话框，选择需要的符号文件*.sym。在 Creo Parametric 中，粗糙度符号都放置在安装目录的\symbols\surffins 中，如图 7-9 所示。

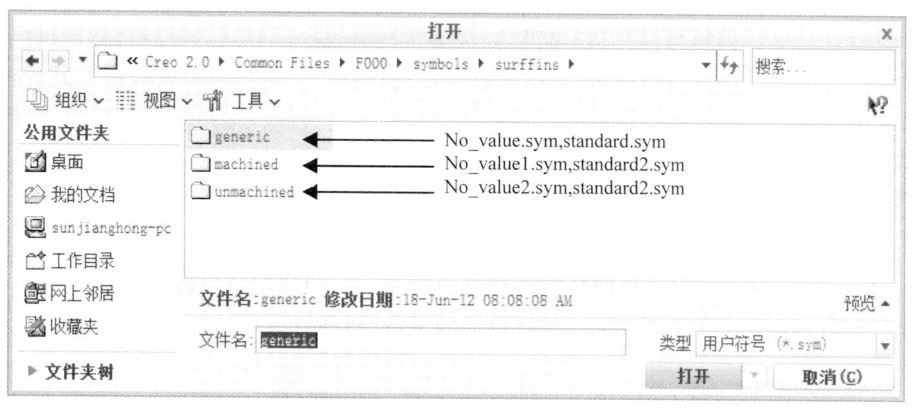

图 7-9　表面粗糙度符号文件路径

各符号文件的显示情况如表 7-4 所示。

表 7-4　表面粗糙度符号显示

项目	generic（一般）	machined（去除材料）	unmachined（不去除材料）
no_valueX.sym（无值）			
standardX.sym（标准，有值）			

2）选择粗糙度符号指向的参照面。在“参考”列表框中单击，然后在要标注的零件模型曲面上单击，该表面将高亮显示。

3）设置放置类型。在“类型”下拉列表框中包括以下 4 种类型：

- 垂直于图元。选取此项可直接将符号连接到模型的曲面，使其垂直于曲面，如图 7-10 所示。

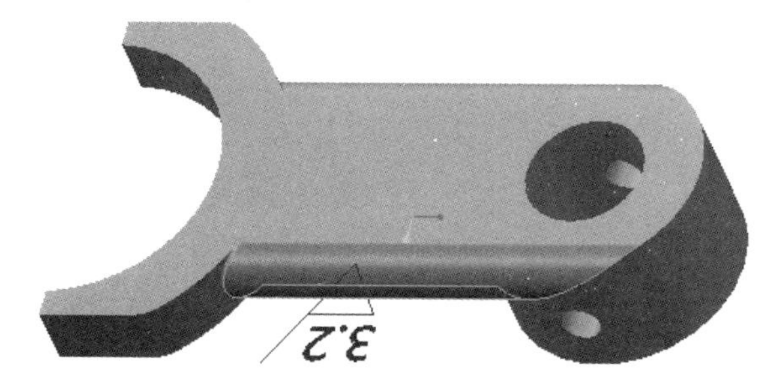

图 7-10　放置结果

- 图元上。选取此项可直接将符号连接到模型的曲面。
- 自由。选取此项可在放置符号时不将其连接到模型几何。

- 带引线。选取此项可使用引线将符号连接到模型曲面。

选择放置类型后，在模型上选择需要的附加参照，即放置点的位置。当要选择多个放置位置时，按下 Ctrl 键并选择即可。它们都将显示在列表中。

4）设置符号显示特性。

在“属性”组合框中包括高度、比例、角度和颜色属性。高度指符号高度。比例指符号宽度相对于高度的比值。角度指符号相对于所选择的参照平面的旋转角度，可以输入任意值；如果单击“+90”按钮，则每次相对前面的角度旋转 90°。如果单击“颜色”按钮▒，则打开“颜色”对话框，如图 7-11 所示，从中选择需要的颜色，或者设置为固定颜色。

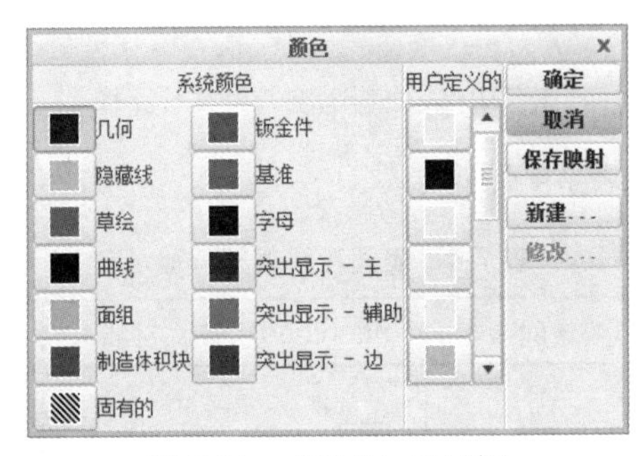

图 7-11　“颜色”对话框

如果要改变当前标注位置，单击“移动”按钮，然后移动，并在需要的位置处单击即可。

（4）输入需要的粗糙度值。单击“可变文本”选项卡，如图 7-12 所示，输入即可。

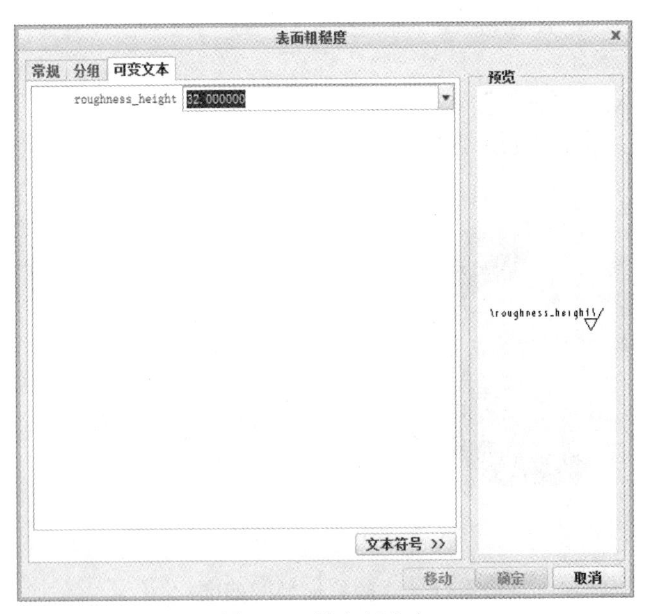

图 7-12　输入新文本

（5）如果最终确定，单击鼠标中键，再单击“确定”按钮即可。

最终的粗糙度符号标注结果如图 7-13 所示。

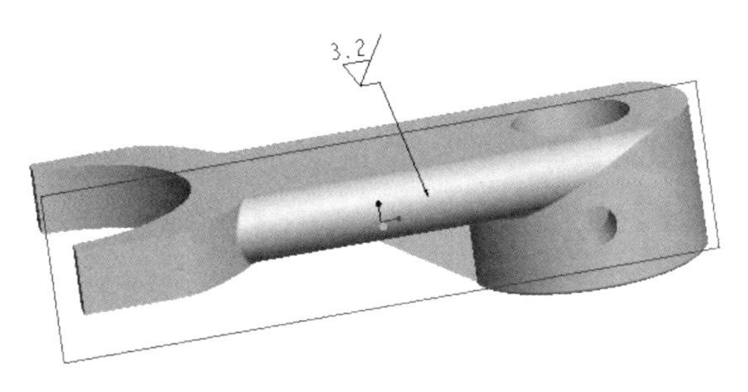

图 7-13　标注结果

除了选择粗糙度符号之外，还可以建立新的标注符号。具体操作步骤如下：

1）在图 7-8 中单击“新建”按钮，系统要求输入新的粗糙度符号名称，如图 7-14 所示。

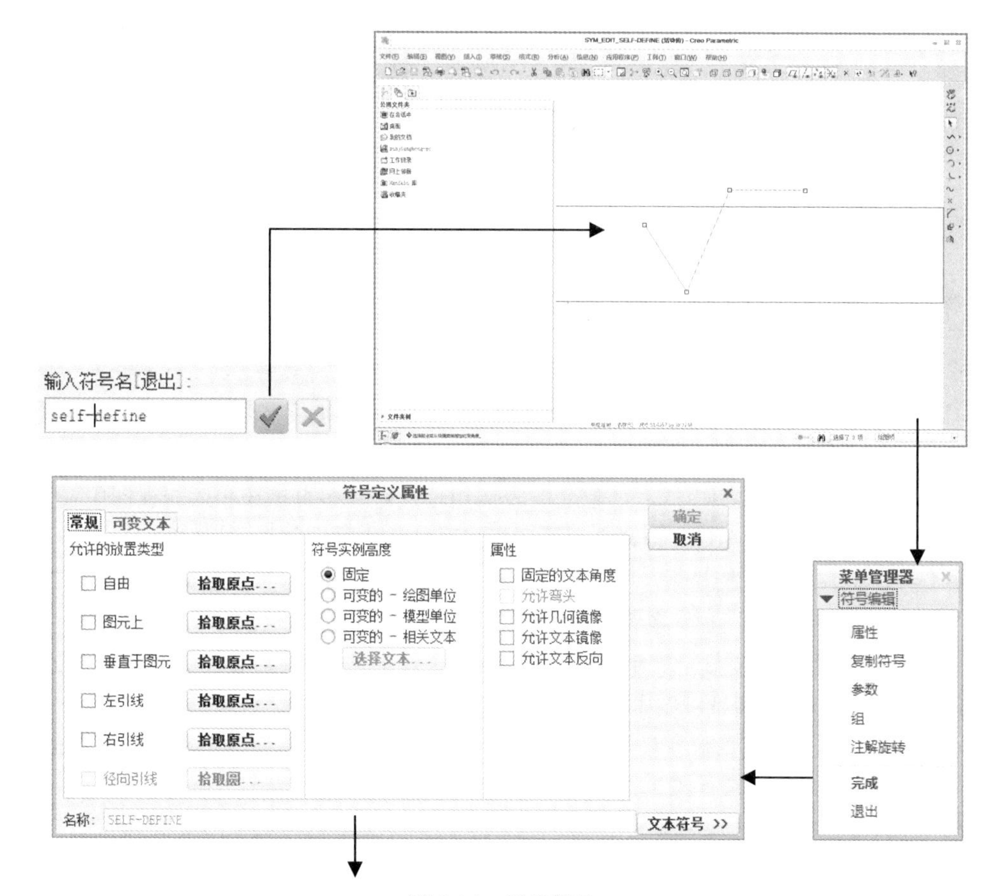

图 7-14　新建符号

图 7-14　新建符号（续图）

2）输入名称后单击“确定”按钮☑，系统弹出“符号编辑”菜单管理器，同时进入工程图环境。

3）绘制需要的粗糙度符号，单击“完成”命令，完成符号建立。

提示：此时可以输入需要的注释内容，但是文本前后添加“\”则可以成为可变文本。

4）此时系统弹出如图 7-14 所示的“符号定义属性”对话框。从中可以选择放置类型所参照的原点。单击“拾取原点”按钮，然后在符号中选择原点即可。单击“可变文本”选项卡，输入新的提示即可，也可以接受默认值。

5）单击“确定”按钮，完成符号定义。

6）参照前面放置符号的操作完成标注即可。

7.2.2　在工程图模式下插入表面粗糙度符号

在零件模式下建立的表面粗糙度符号，将直接显示在工程图模式中。而在工程图模式下，也可以单独插入该符号。同尺寸标注一样，在工程图模式下的表面粗糙度符号也可以控制其显示。所以本节包括两方面内容，即表面粗糙度符号显示控制和插入。

当从零件模式进入工程图模式后，建立的表面粗糙度符号将直接在相应的视图中显示，如图 7-15 所示。由于选择的是平行于 FRONT 平面，所以只能在主视图中显示该符号。

如果要控制粗糙度符号的显示，可以通过“显示模型注释”对话框来完成。单击“注释”操控板中的“显示模型注释”按钮，系统弹出“显示模型注释”对话框。单击“表面粗糙度”按钮，在“显示”列表中可以选择要显示的粗糙度符号；如果未选上，则暂时不显示该对象的粗糙度符号。在图 7-15 中，将可以控制所选视图中的粗糙度符号的显示。

在工程图中插入表面粗糙度符号的方法比较适合于我们习惯的平面绘图方式，如 AutoCAD 的标注方式。但是，其操作与零件模式下的操作有所不同，它主要依靠的就是菜单管理器。下面将详细讲解。

（1）单击“注释”操控板中的“表面粗糙度”按钮，如图 7-16 所示，系统将弹出“得到符号”菜单管理器。

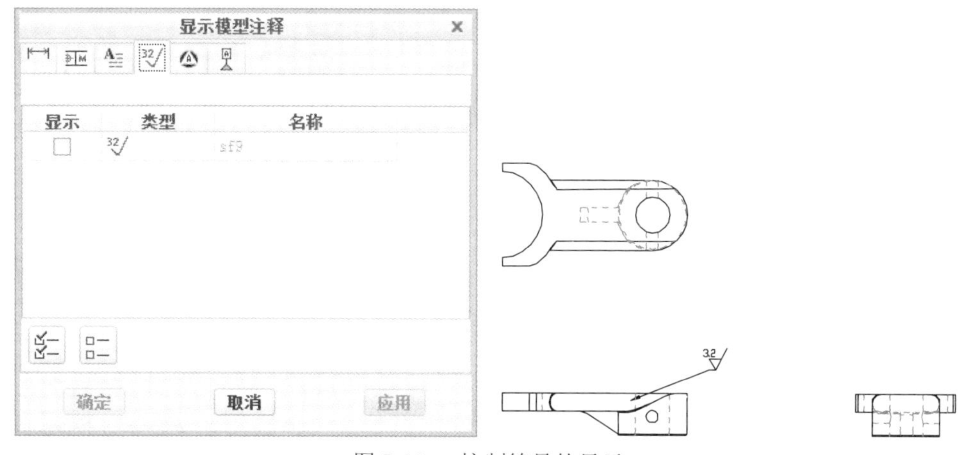

图 7-15　控制符号的显示

在这个菜单中，包括 3 个操作命令：

1）名称。从名称列表中选择符号名称。选择该命令，将显示当前工程图中所有的表面粗糙度符号名称。选择一个即可。当第一次建立粗糙度符号时，此时弹出的名称为 VIEW_TEMPLATE_SYMBOL。如果选择，则不显示粗糙度符号。

2）选出实例。即选择当前视图中的表面粗糙度符号作为符号类型。

3）检索。直接选择粗糙度符号所在的文件及其路径。第一次建立符号时必须选择该命令标注。在此选择该命令。

（2）系统将弹出“打开”对话框，从中选择需要的符号即可。

（3）确定后系统将弹出“实例依附”菜单管理器，如图 7-16 所示。

该菜单中包括以下命令：

1）引线。使用引线连接符号。在“实例依附”菜单选取可用选项以放置符号。出现提示时，输入一个介于 0.001～2000 之间的表面粗糙度值。中键单击完成符号的放置。

2）图元。将符号连接到边或图元。选取一个图元以放置符号。

3）法向。连接一个垂直于边或图元的符号。选取一个图元以放置符号。

4）无引线。放置一个不带引线的符号并与图元分离。

5）偏移。放置一个与图元相关的无引线实例。选取一个绘制图元，后跟要放置符号的位置。中键单击以完成符号的放置。

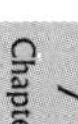

（4）单击“完成”命令，返回“实例依附”菜单，继续放置新的表面粗糙度符号。在完成了表面粗糙度符号的放置后，单击“完成/返回”命令即可。

“引线”方式的具体操作步骤和各方式结果如图 7-16 所示。

在标注过程中，需要注意的是，对同一个曲面而言，只能在一个视图中标注；否则，新建立的粗糙度符号将代替原来的符号。

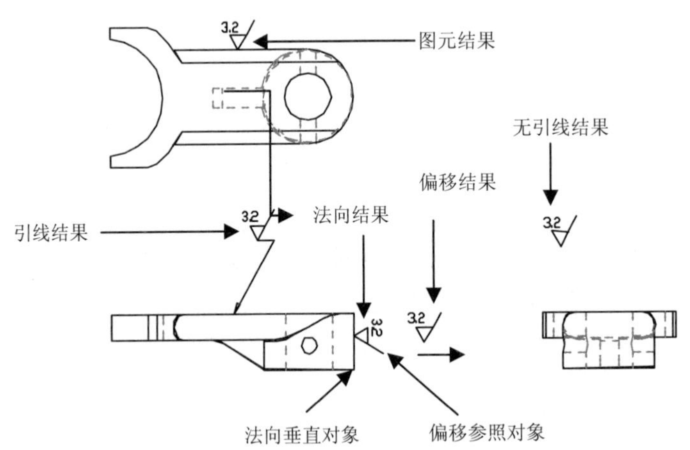

图 7-16 操作步骤与结果

与零件模式下粗糙度符号的操作不同，在工程图中更加灵活。在零件模式下，粗糙度符号只能创建、删除和修改名称。其移动和大小操作等只能在建立时进行设置，之后就无法修改。而对于工程图操作来说，则可以随时修改。

如果要修改符号位置，在符号上单击，此时符号将显示句柄，如图 7-17 所示。如果光标呈 4 向箭头形状，就可以移动；如果将光标放置在大小句柄上，就可以拖动来修改符号大小；如果将光标放置在箭头所在的句柄上，可以移动箭头位置。

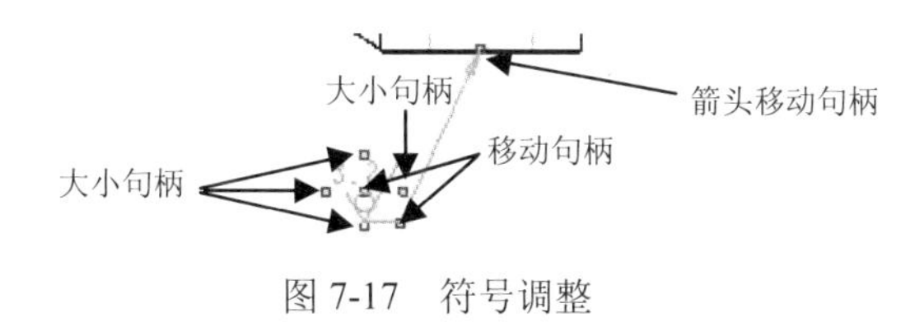

图 7-17 符号调整

如果要修改符号属性，在符号上双击，打开“表面粗糙度”对话框，从中可以进行属性设置。

7.3 焊接概述

由于焊接专业性强、实践性强，所以在现在的普通工程制图书中都不详细讲述。所以，我们在日常的培训工作中经常遇到一些技术人员和学员询问有关内容。本节将结合 GB 324—88 对其进行简要介绍。

焊接是利用局部加热、加压，使两个或两个以上金属件在连接处形成原子或分子间的结合，构成的不可拆连接。这些金属件称为焊接件，二者之间的缝隙称为焊缝。焊接实际上就是将焊接料填充在缝隙内。这种材料一般呈条状，所以又称其为焊条。

焊接具有强度高、紧密性好、工艺简单、操作方便、重量轻和劳动强度低等优点，广泛用于金属构架、壳体及机架等结构的制造。用于焊接的工程图称为焊接图。

《焊缝符号表示法》（GB/T 324—1988）和《技术制图 焊缝符号的尺寸、比例及简化表示法》（GB/T 12212—1990）是绘制焊接图样的基础通用标准，其内容不仅涉及机械设计，而且涉及焊接术语及专业知识。

在焊接图图样上，焊缝有两种表示方法：符号法和图示法。在 GB/T 12212 中规定：“在技术图样中，一般用 GB/T 324—1988 规定的焊缝符号表示焊缝，也可按《机械制图 图样画法》（GB/T 4458.1）和《机械制图 轴测图》（GB/T 4458.3）规定的制图方法表示焊缝”。在 GB/T 324 中也规定：“为了简化图样上的焊缝，一般采用本标准规定的焊缝符号表示，但也可采用技术制图方法表示”。这两种表示方法中首推符号法表示，在必要时需要辅以图示法。如在需要表示焊缝剖面形状时，可按机械制图方法绘制焊缝局部剖视图或放大图。本书主要讲解符号法。

7.3.1 焊接的方法和种类

焊接方法可以归纳为三个基本类型：熔化焊、压力焊和钎焊。熔化焊是最基本的焊接工艺方法，在焊接生产中占主导地位。压力焊及钎焊具有成本低、易于实现机械化自动化操作等特点。熔化焊又分为电弧焊、电渣焊、气焊等，在机械制造中最常用的是电弧焊。

根据被焊件在空间的相互位置，焊接接头基本上可分为对接接头、搭接接头和正交接头（T 型和 L 型）三种类型。最常见的一些焊接方法如表 7-5 所示。

表 7-5 焊缝的式样

接头式样	图样表示	
对接		
搭接	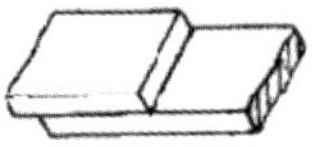	 填角
		 切口
		 塞型
正交	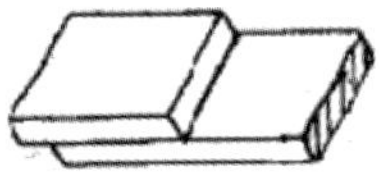	 双面填角
		 单面 V 型、K 型填角
		 V 型填角
	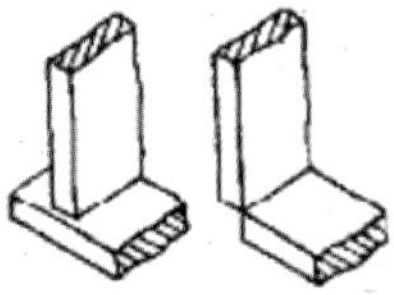	 双面填角
		 单面 V 型填角
		 K 型填角
		 填角
		 V 型填角

对于焊接符号的表示基本上可以按照 GB/T 324—1988 规定的总则进行：

（1）焊缝符号应明确地表示所要说明的焊缝，而且不使图样增加过多的注解。

（2）焊缝符号一般由基本符号与指引线组成。必要时还可以加上辅助符号、补充符号和焊缝尺寸符号。图形符号的比例、尺寸和在图样上的标注方法，按技术制图有关规定执行。

（3）为了方便，允许制定专门的说明书或技术条件，用以说明焊缝尺寸和焊接工艺等内容。必要时也可在焊缝符号中表示这些内容。

焊接的种类多种多样，按照 GB/T 324—1988 的规定，如表 7-6 所示。

表 7-6 焊接种类

序号	名称	示意图	符号
1	卷边焊缝（卷边完全熔化）		八
2	I 型焊缝		‖
3	V 型焊缝		V
4	单边 V 型焊缝		V
5	带钝边 V 型焊缝		Y
6	带钝边单边 V 型焊缝		Y
7	带钝边 U 型焊缝		 Y
8	带钝边 J 型焊缝		 Y
9	封底焊缝		◡
10	角焊缝		◺
11	塞焊缝或槽焊缝		⊓
12	点焊缝	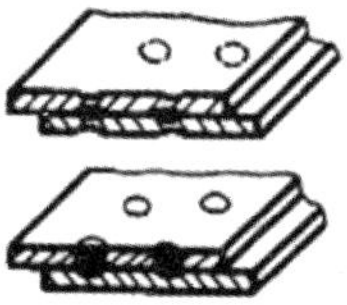	○
13	缝焊缝	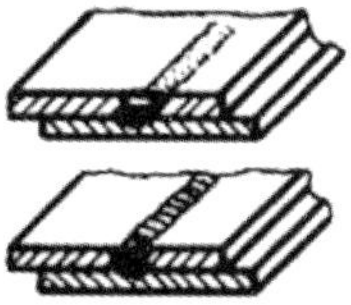	⊖

7.3.2 焊接的符号标注法

焊缝符号标注中有许多要素，其中焊缝基本符号和指引线构成了焊缝的基本要素。焊缝基本要素传达了焊缝基本信息。焊缝基本要素属必须标注的内容。除焊缝基本要素外，在必要时还应加注其他辅助要素，如辅助符号、补充符号、焊缝尺寸及焊接工艺等内容。

1. 符号

焊缝符号是指“在图样上标注焊接方法、焊缝形式和焊缝尺寸等技术内容的符号”（《焊接术语》GB/T 3375—1994）。焊缝符号有基本符号、辅助符号、补充符号和特殊符号共 26 个。

（1）基本符号。焊缝基本符号是表示焊缝横断面形状的符号，共有 13 个，如表 7-6 所示。

标注焊缝基本符号时应注意，焊缝基本符号相对基准线的方位是固定的，不随焊缝图形方位的变化而改变其方位。

注意：对于卷边接头的两种焊缝符号来说，仅当完全熔化的卷边焊缝时方采用卷边焊缝符号表示。对不完全熔化卷边的焊缝，应采用 I 型焊缝符号表示，并加注焊缝有效厚度 *S*。

（2）辅助符号。辅助符号是表示焊缝表面形状特征的符号。不需要确切说明焊缝的表面形状时，可以不加注辅助符号。辅助符号配置在基本符号的固定位置。

辅助符号有 3 个，如表 7-7 所示。

表 7-7　辅助符号

序号	名称	示意图	符号	说明
1	平面符号		—	焊缝表面平齐（一般通过加工）
2	凹面符号		⌣	焊缝表面凹陷
3	凸面符号		⌢	焊缝表面凸起

辅助符号的应用示例如表 7-8 所示。

表 7-8　辅助符号的应用示例

名称	示意图	符号
平面 V 型对接焊缝		
凸面 X 型对接焊缝		
凹面角焊缝		
平面封底 V 型焊缝		

（3）补充符号。补充符号是为了补充说明焊缝的某些特征而采用的符号，一共有6个，如表7-9所示。

表7-9　补充符号

序号	名称	示意图	符号	说明
1	带垫板符号			表示焊缝底部有垫板
2	三面焊缝符号	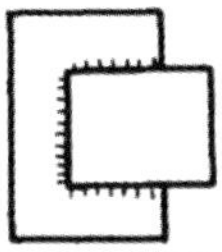		表示三面带有焊缝
3	周围焊缝符号	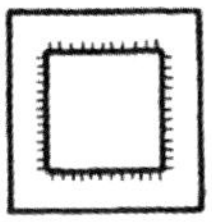		表示环绕工件周围焊缝
4	现场符号			表示在现场或工地上进行焊接
5	尾部符号			可以参照GB 5185标注焊接工艺方法等内容

其中，三面焊缝符号表示工件三面带有焊缝，是不封闭的焊缝。三面焊缝符号的开口方向固定向右，该符号无指示焊缝开口方向的功能，它不随焊缝开口方向变化。

其中周围焊缝符号表示沿筒形焊件分布的头尾相接的封闭焊缝。焊件可以是圆柱体或多棱体。

其中现场符号表示焊接构件在工地安装后就地进行的焊接，又称现场焊接。车间里焊接不标注现场符号，因为车间里焊接不属于现场焊接。

补充符号的应用示例如表7-10所示。

表7-10　补充符号应用示例

示意图	标注示例	说明
	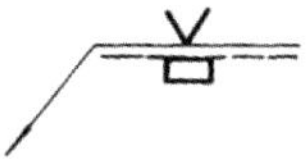	表示V型焊缝的背面底部有垫板
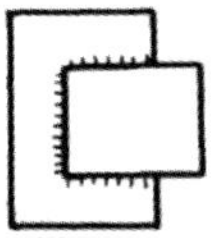		工件三面带有焊缝，焊接方法为手工电弧焊
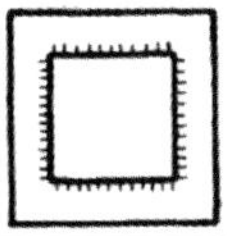		表示在现场沿工件周围施焊

（4）特殊型号。特殊符号是为了满足某些特殊情况而规定的焊缝符号，共有 4 个，如表 7-11 所示。

表 7-11　特殊符号

名称	符号	示意图	图示法	标注方法
喇叭形焊缝				
单边喇叭形焊缝				
堆焊缝				
锁边焊缝				

注意：卷边焊缝的熔焊区是在焊件端部卷边处，而喇叭形焊缝的熔焊区是在卷边的根部喇叭口处。

2. 焊接符号的表示

完整的焊缝表示方法除了上述基本符号、辅助符号、补充符号和特殊符号外，还包括指引线、一些尺寸符号及数据。其基本的表示方法如图 7-18 所示。

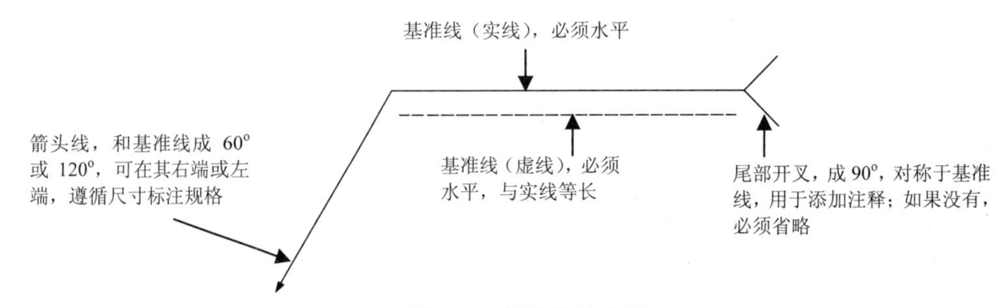

图 7-18　焊接符号表示

指引线一般由带有箭头的指引线（简称箭头线）和两条基准线（一条为实线，另一条为虚线）两部分组成。

基准线含有实线基准线和虚线基准线。虚线基准线可画在实线基准线的上方或下方。焊缝符号标注在实线基准线上说明焊缝在箭头侧，焊缝符号标注在虚线基准线上说明焊缝在非箭头侧，如图 7-19 和图 7-20 所示。

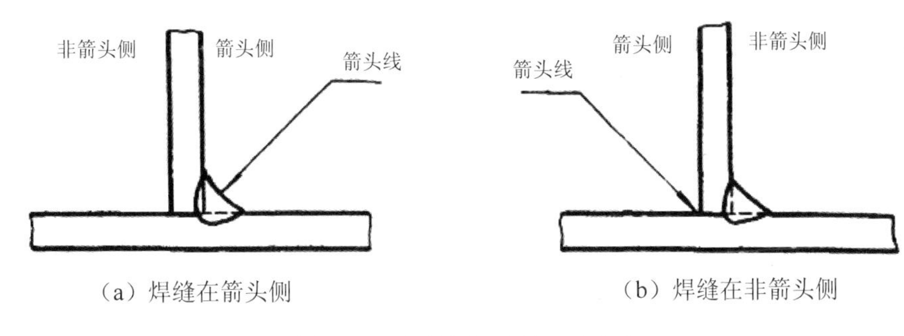

图 7-19 带单角焊缝的 T 形接头

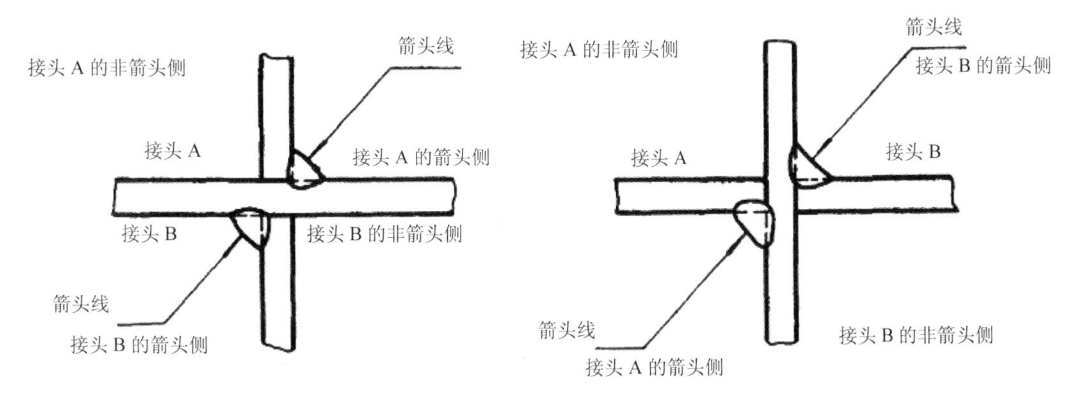

图 7-20 双角焊缝十字接头

箭头线可由接头的焊缝侧引出，也可由接头的非焊缝侧引出。箭头线可由基准线的左端引出，也可由基准线的右端引出。当标注位置受到限制时，箭头线允许弯折一次，如图 7-21 所示。箭头线相对焊缝坡口的位置一般是没有特殊要求的，但对一侧接头是直坡口而对另一侧接头是斜坡口的单边焊缝，箭头线应指向带有坡口一侧的工件，如图 7-22 所示。

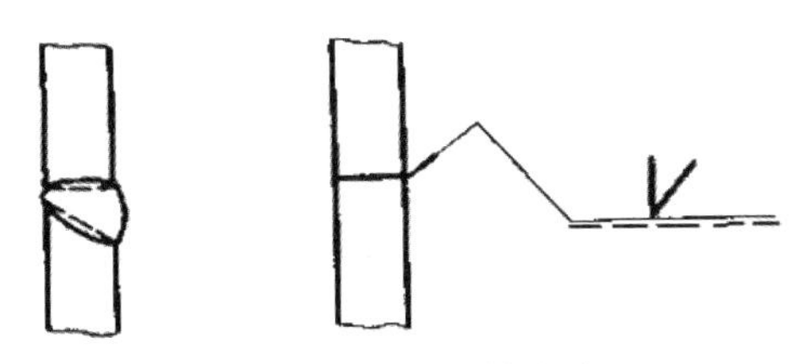

图 7-21 弯折的箭头线

基准线的虚线可以画在基准线的实线下侧或上侧。基准线一般应与图样的底边相平行，但在特殊条件下亦可与底边相垂直。如果焊缝在接头的箭头侧，则将基本符号标在基准线的实线侧，如图 7-23（a）所示；如果焊缝在接头的非箭头侧，则将基本符号标在基准线的虚线侧，如图 7-23（b）所示；标对称焊缝及双面焊缝时，可不加虚线，如图 7-23（c）、（d）所示。

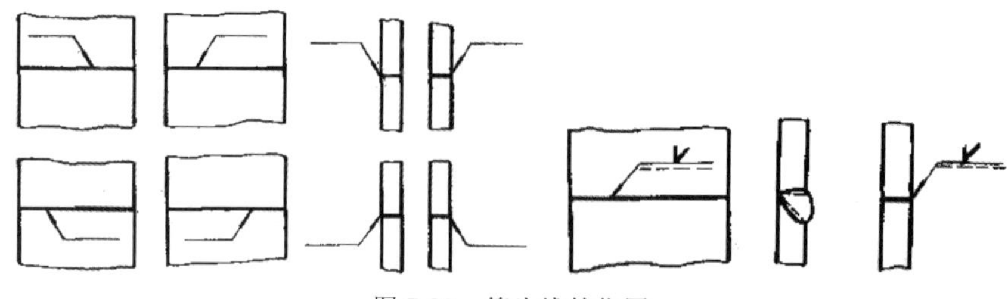

图 7-22　箭头线的位置

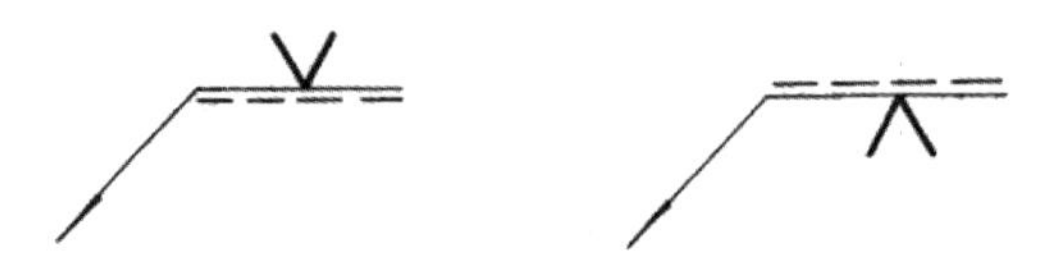

（a）焊接在接头的箭头侧

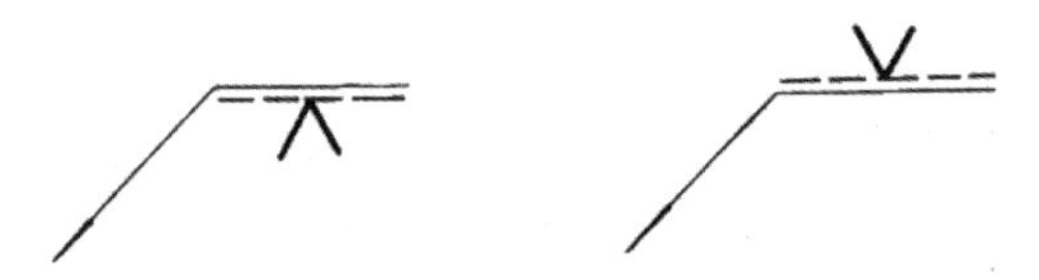

（b）焊接在接头的非箭头侧

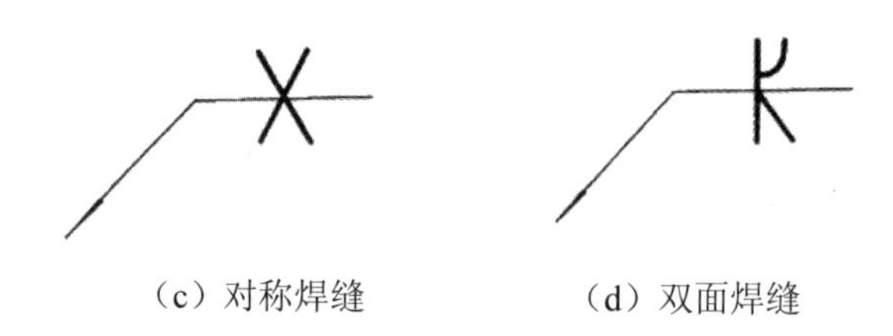

（c）对称焊缝　　　（d）双面焊缝

图 7-23　基本符号相对基准线的位置

3. 焊缝尺寸符号及在图样上的位置

焊缝符号必要时可附带有尺寸符号及数据，这些尺寸符号如表 7-12 所示。

表 7-12　尺寸符号

符号	名称	示意图	符号	名称	示意图
δ	工件厚度		e	焊缝间距	
α	坡口角度		K	焊角尺寸	

续表

符号	名称	示意图	符号	名称	示意图
b	根部间隙		d	熔核直径	
p	钝边		S	焊缝有效厚度	
c	焊缝宽度		N	相同焊缝数量符号	
R	根部半径		H	坡口深度	
l	焊缝长度		h	余高	
n	焊缝段数		β	坡口面角度	

焊缝尺寸符号及数据的位置如图 7-24 所示。

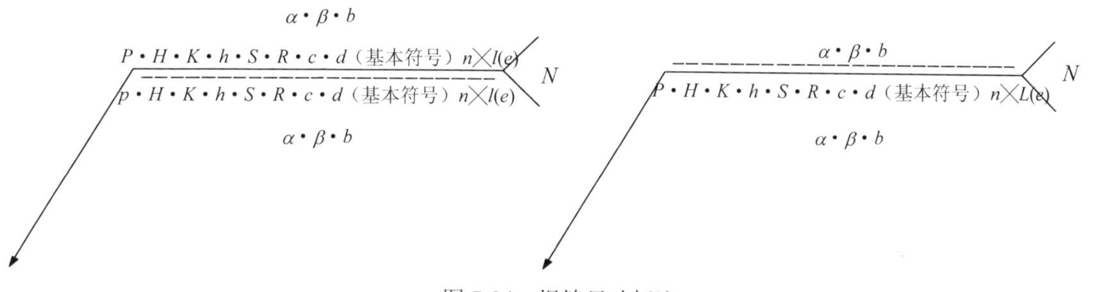

图 7-24 焊缝尺寸标注

基本的标注原则如下：

（1）焊缝横截面上的尺寸标在基本符号的左侧。

（2）焊缝长度方向尺寸标在基本符号的右侧。

（3）坡口角度、坡口面角度、根部间隙等尺寸标在基本符号的上侧或下侧。

（4）相同焊缝数量符号标在尾部。

（5）当需要标注的尺寸数据较多又不易分辨时，可在数据前面增加相应的尺寸符号。

当箭头线方向变化时，上述原则不变。

焊缝尺寸的标注示例如表 7-13 所示。

表 7-13　焊缝尺寸的标注示例

序号	名称	示意图	焊缝尺寸符号	示例
1	对接焊缝	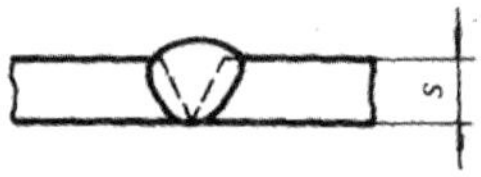	S：焊缝有限厚度	 s V s ‖ s Y
2	卷边焊缝	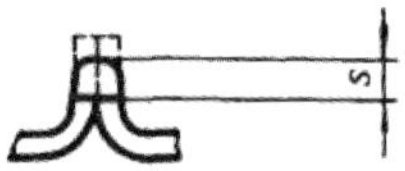	S：焊缝有限厚度	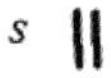 s ‖ s 八
3	连续角焊缝	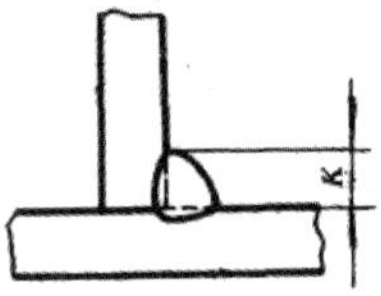	K：焊角尺寸	 K
4	断续角焊缝	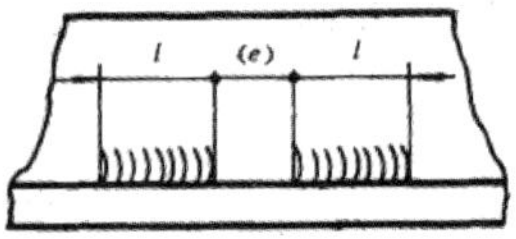	l：焊缝长度（不计弧坑） e：焊缝间距 n：焊缝段数	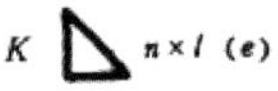 K n×l (e)
5	交错断续角焊缝	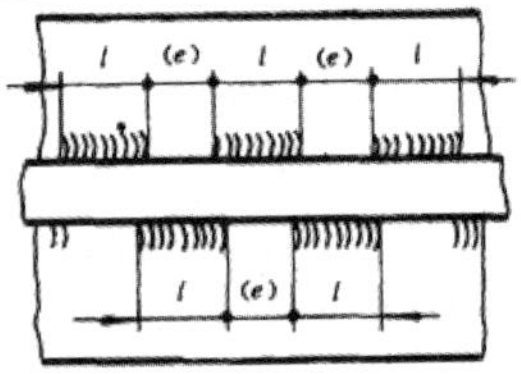	l、e、n 见序号 4 K 见序号 3	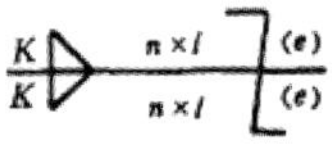 K n×l (e) K n×l (e)
6	塞焊缝或槽焊缝	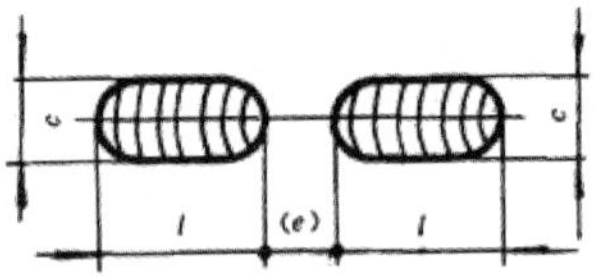	l、e、n 见序号 4 c 槽宽	 c n×l (e)
		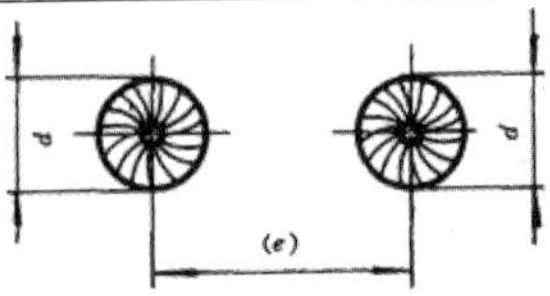	e、n 见序号 4 d：孔的直径	 d n× (e)

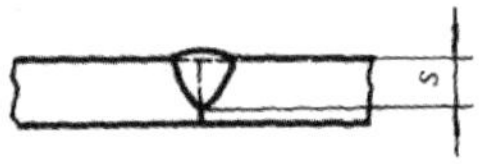

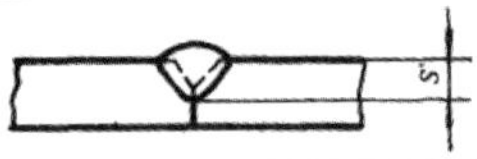

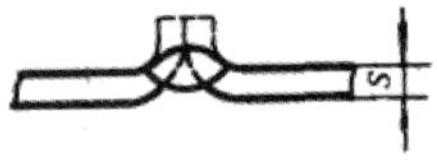

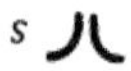

续表

序号	名称	示意图	焊缝尺寸符号	示例
7	缝焊缝		l、e、n 见序号 4 c 焊缝宽度	c n×l (e)
8	点焊缝		n：见序号 4 e：间距 d：焊点直径	d n× (e)

关于尺寸符号的说明如下：

（1）确定焊缝位置的尺寸不在焊缝符号中给出，而是将其标注在图样上。

（2）在基本符号的右侧无任何标注且又无其他说明时，意味着焊缝在工件的整个长度上是连续的。

（3）在基本符号的左侧无任何标注且又无其他说明时，表示对接焊缝要完全焊透。

（4）塞焊缝、槽焊缝带有斜边时，应该标注孔底部的尺寸。

7.4 Creo Parametric 的焊接符号标注

在 Creo Parametric 中，可以通过两种方式来插入焊接符号：零件模块和绘图模块。这些符号都保存在工程图符号库中。在零件模块下建立的焊接符号，在绘图模块中可以显示。在绘图模块中插入的焊接符号，必须通过“重新生成”操作才能在零件模块中显示。

Creo Parametric 焊接符号库提供了常用的 ANSI 和 ISO 标准焊接符号。库符号为默认符号，可轻松定制和创建新的焊接符号以满足任何符号参照的需要。

Creo Parametric 在绘图中放置焊接符号时，仅识别存储在标准 Creo Parametric 焊接符号库中的焊接符号名称。如果要创建一个新焊接符号，则必须用它来替代焊接符号库中的某个现有符号。通常，建议对现有焊接符号加以重定义。

定制焊接符号时，可执行以下操作：

- 添加任意多个可变文本的副本。
- 改变可变文本的默认值。
- 添加和删除任意多个注释和图元，并将新建的注释和图元放置在任何组中（或根本不放在组中）。
- 重定义现有注释和图元的修饰。
- 移动“左引线”和“右引线”的原点位置，或添加其他引线类型。
- 将参数添加到符号定义。

可用 ANSI 或 ISO 焊缝符号标准标记焊接特征。“绘图”模块中的 weld_symbol_standard 配置选项可用于设置绘图的符号支持。

在 ISO 中支持以下焊缝符号：

- 无坡口。角焊、塞焊、槽焊和点焊。
- 坡口。I 型坡口、斜坡口、V 型、U 型和 J 型坡口。

注意：对于斜坡口和 V 型符号，如果 root_open 大于零，则使用“尖”型符号。如果 prep_depth 小于材料厚度，则使用宽型符号。

下面将就两种方式来分别讲解。

7.4.1 在零件模块中插入焊接符号

本小节将结合具体实例来讲解。仍然打开前面的本书源文件 bocha.prt，如图 7-25 所示。

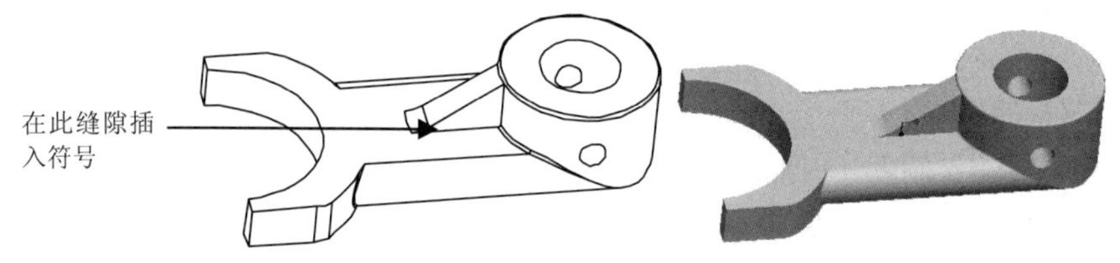

图 7-25 拨叉文件

具体的操作过程如下：

（1）打开零件文件，进入零件模式。

（2）在“注释”操控板中单击“表面粗糙度”按钮，系统弹出“表面粗糙度”对话框。

（3）单击“浏览”按钮，打开“打开”对话框，选择需要的符号文件*.sym，如图 7-26 所示。在 Creo Parametric 中，焊接符号都放置在安装目录的\symbols\library_syms\weldsymlib 中，如图 7-27 所示。包括 ANSI 标准和 ISO 标准，图 7-27 中列出的是 ISO 标准符号。

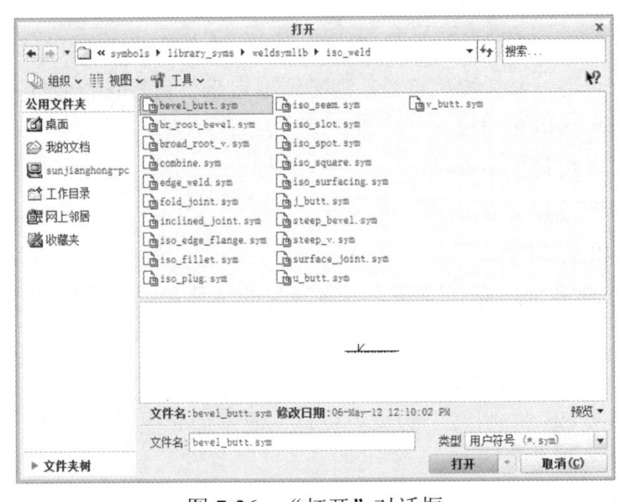

图 7-26 “打开”对话框

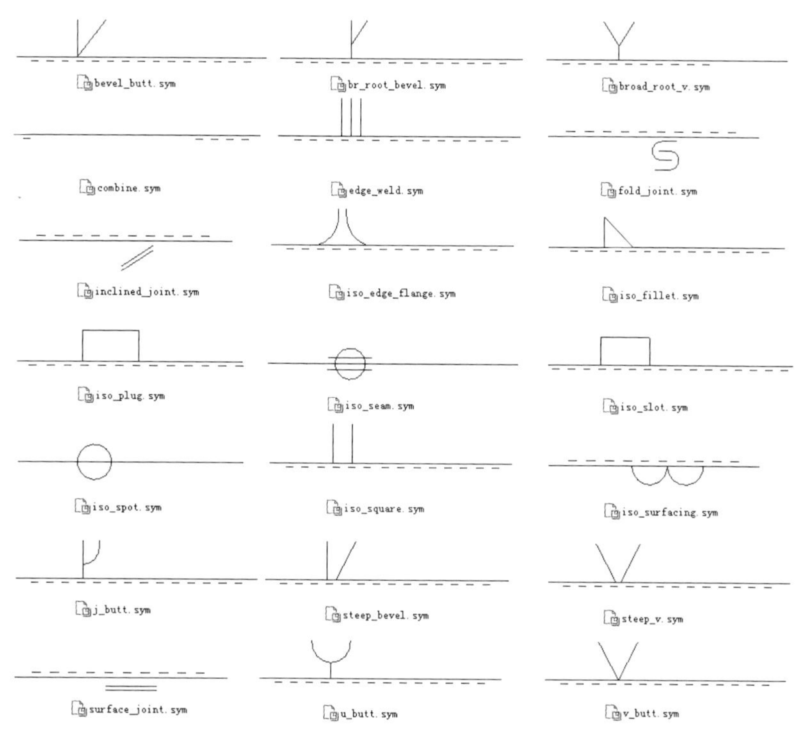

图 7-27　焊接符号文件路径及符号

（4）按照上一节内容进行符号设置即可。

（5）选择分组信息。单击对话框中的“分组”选项卡，如图 7-28 所示。从中可以选择希望显示的信息内容。

图 7-28　分组信息设置

（6）输入需要的粗糙度值。单击“可变文本”选项卡，如图 7-29 所示，输入即可。当然，如果所选择的选项没有文本信息，该选项卡为空。

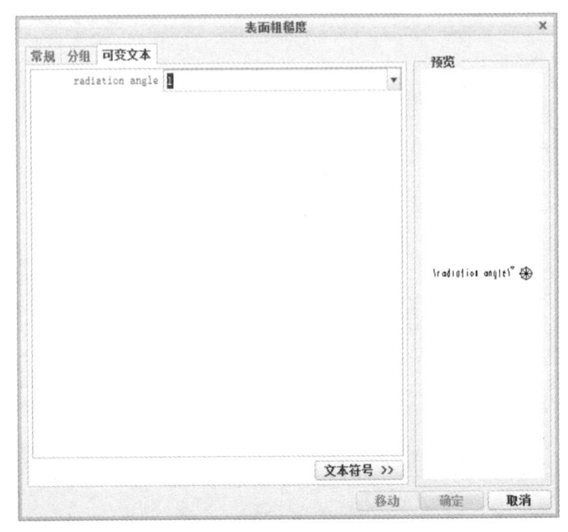

图 7-29　输入新文本

（7）单击鼠标中键确定放置位置，再单击“确定”按钮即可。

最终的焊接符号标注结果如图 7-30 所示。

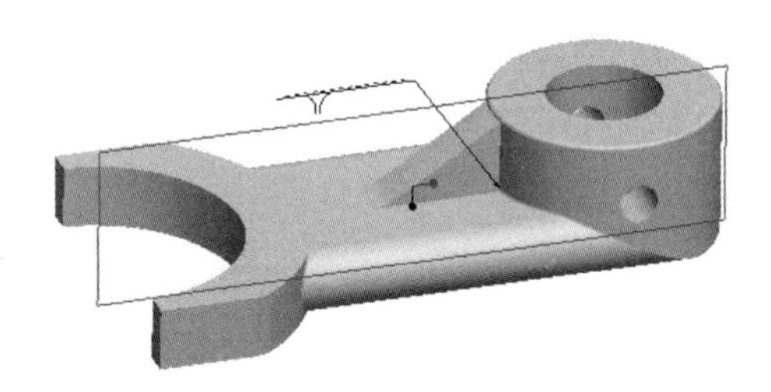

图 7-30　标注结果

7.4.2　在工程图模式下插入焊接符号

在零件模式下建立的焊接符号，将直接显示在工程图模式中。而在工程图模式下，也可以单独插入该符号。同尺寸标注一样，在工程图模式下的焊接符号也可以控制其显示。

在工程图中插入焊接符号的方法比较适合于我们习惯的平面绘图方式，如在 AutoCAD 中的标注方式。但是，其操作与零件模式下的操作有所不同，下面将详细讲解。

单击“注释”→“自定义符号”按钮，系统将直接弹出“自定义绘图符号”对话框，如图 7-31 所示。其基本操作与零件模块下的对话框操作一致，不再赘述。

相对于零件模块下的“定制绘图符号”对话框而言，由于在平面视图条件下，很多图元位置很明确，所以符号的放置也更加准确。

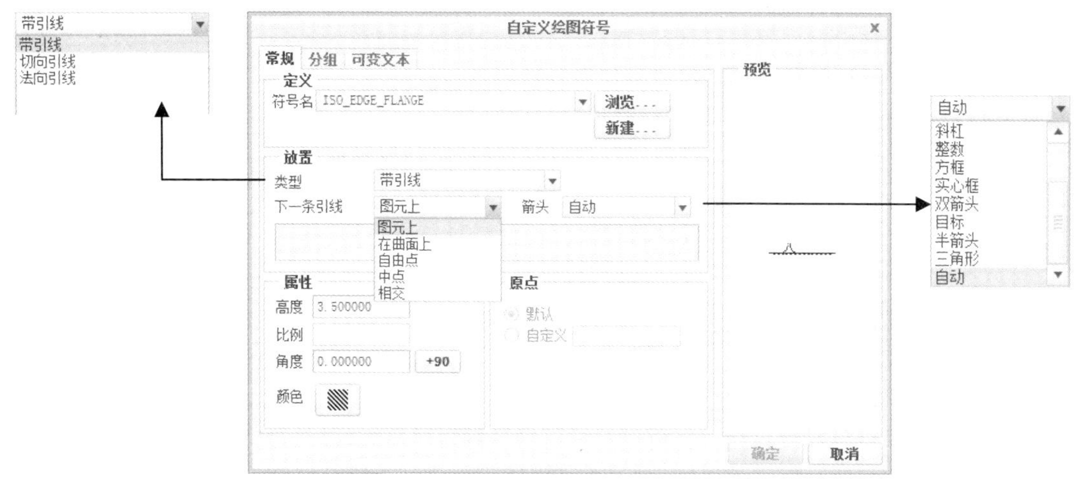

图 7-31 选择焊接符号过程

符号的放置类型包括以下3种：

（1）带引线。放置的符号带有附加到参照的引线。

（2）切向引线。放置的符号带有与参照相切的引线。

（3）法向引线。放置的符号带有与参照垂直的引线。

如图7-32所示为3种类型的放置结果。

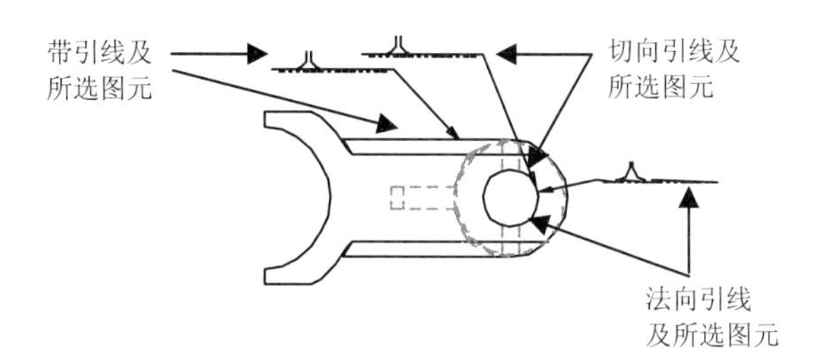

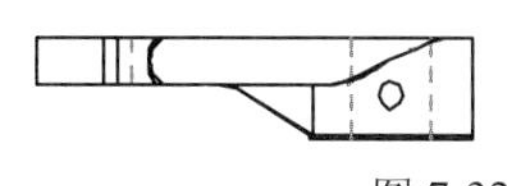

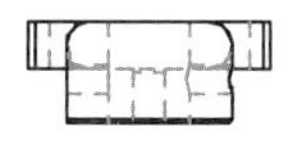

图 7-32 放置类型

在“新引线”列表中包括5种类型，增加了“自由点”类型，即可以任意摆放箭头所在位置，操作更加灵活，而不必选择参照图元。

箭头的形式多种多样，可以参照图7-31进行选择，只是表现形式不同而已。

8 表格处理

在机械制图中，有些目的是无法只通过图形元素来表达的，还必须通过注释等来表达，而表格就是其中的重要手段。绘制的表格主要分为三种，即标题栏、明细表和技术参数说明，如图 8-1 所示。另外，在一些零件模型处理过程中，还包括孔表、族表等，我们也归纳在一起说明。

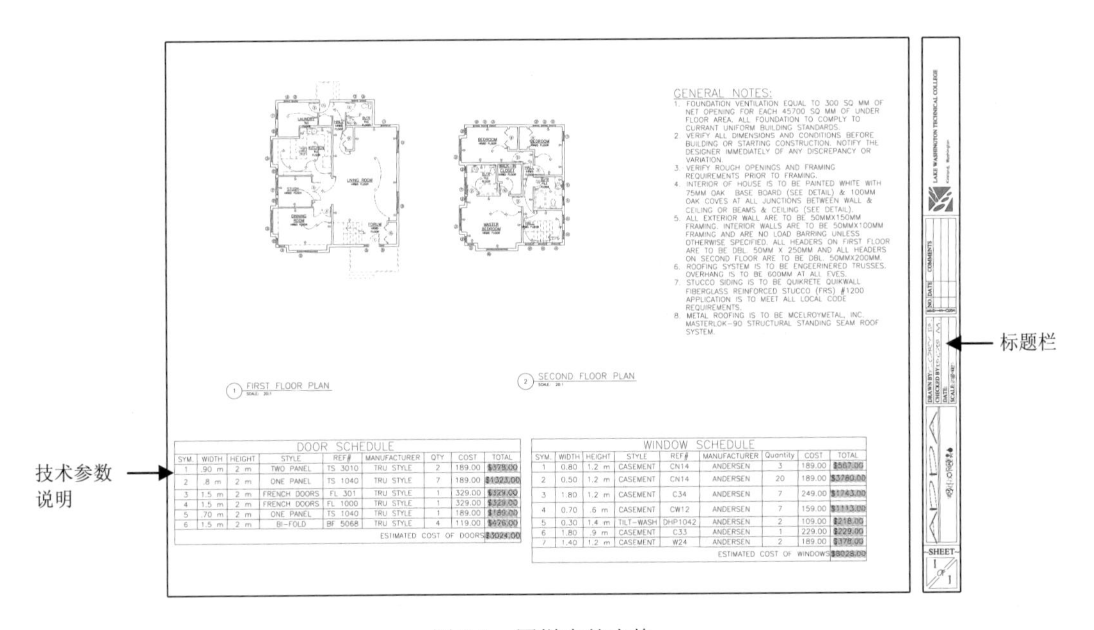

DOOR SCHEDULE								
SYM.	WIDTH	HEIGHT	STYLE	REF#	MANUFACTURER	QTY	COST	TOTAL
1	.90 m	2 m	TWO PANEL	TS 3010	TRU STYLE	2	189.00	$378.00
2	.8 m	2 m	ONE PANEL	TS 1040	TRU STYLE	7	189.00	$1323.00
3	1.5 m	2 m	FRENCH DOORS	FL 301	TRU STYLE	1	329.00	$329.00
4	1.5 m	2 m	FRENCH DOORS	FL 1000	TRU STYLE	1	329.00	$329.00
5	.70 m	2 m	ONE PANEL	TS 1040	TRU STYLE	1	189.00	$189.00
6	1.5 m	2 m	BI-FOLD	BF 5068	TRU STYLE	4	119.00	$476.00
ESTIMATED COST OF DOORS								$3024.00

WINDOW SCHEDULE								
SYM.	WIDTH	HEIGHT	STYLE	REF#	MANUFACTURER	Quantity	COST	TOTAL
1	0.80	1.2 m	CASEMENT	CN14	ANDERSEN	3	189.00	$567.00
2	0.50	1.2 m	CASEMENT	CN14	ANDERSEN	20	189.00	$3780.00
3	1.80	1.2 m	CASEMENT	C34	ANDERSEN	7	249.00	$1743.00
4	0.70	.6 m	CASEMENT	CW12	ANDERSEN	7	159.00	$1113.00
5	0.30	1.4 m	TILT-WASH	DHP1042	ANDERSEN	2	109.00	$218.00
6	1.80	.9 m	CASEMENT	C33	ANDERSEN	1	229.00	$229.00
7	1.40	1.2 m	CASEMENT	W24	ANDERSEN	2	189.00	$378.00
ESTIMATED COST OF WINDOWS								$8028.00

图 8-1　图样中的表格

在 Creo Parametric 绘图模块中，表格的处理由“表”操控板处理按钮来完成，其功能如图 8-2 所示。其中列出了明细表、页眉页脚等复杂操作，其他为常规操作，类似于 Microsoft Excel。而对于孔表等，则需要专门的工具。

图 8-2 表工具

8.1 创建与编辑表格

表格的创建方式比较多，可以直接创建，也可以在已有表格基础上插入新的列、行；建立好的表格则可以进行单元格合并、拆分、删除，高度和宽度设置及输入文本等。

8.1.1 创建表格

“表”操控板中可以选择表的建立方式，共有 4 种，如图 8-3 所示，分别是按默认值插入表格、自定义表格、从文件读取表格及从表模板中选择。

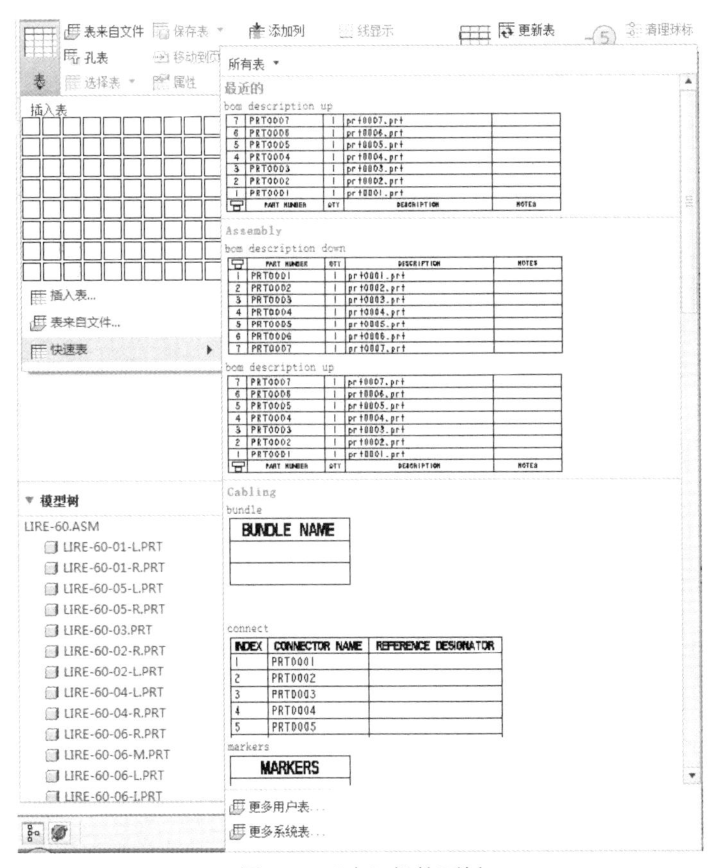

图 8-3 “表”操控面板

1. 按默认值插入新表

如图 8-3 所示，在表格阵列中移动光标，确定插入的阵列行数和列数。随后在图形窗口所需位置单击即可完成表格放置。

2. 自定义表格

在“表”功能面板中单击“插入表”选项，系统弹出如图 8-4 所示的对话框。

图 8-4　“插入表”对话框

在这个对话框中，用户可以定义表的创建方式和选择起始点的方式。

（1）表格的创建方向。有 4 个方向，分别是“向右且向下”、“向左且向下”、“向右且向上”及“向左且向上”。

（2）表格单元格个数确定。分别在“行数”和“列数”数值框中输入或选择数字即可决定行数和列数，单元格数目为行数与列数之积。

（3）确定单元格大小。

有两种方式决定表格的行高和列宽：字符数和宽度值。分别在文本框中输入即可。

3. 表来自文件

选择该选项后，将打开“打开”对话框，选择需要的表文件*.tbl 即可，系统将弹出如图 8-5 所示的“选择点”对话框来确定表的起始点。单击选择点后即可放置。如图 8-6 所示，就是选择了顶点后的放置效果。

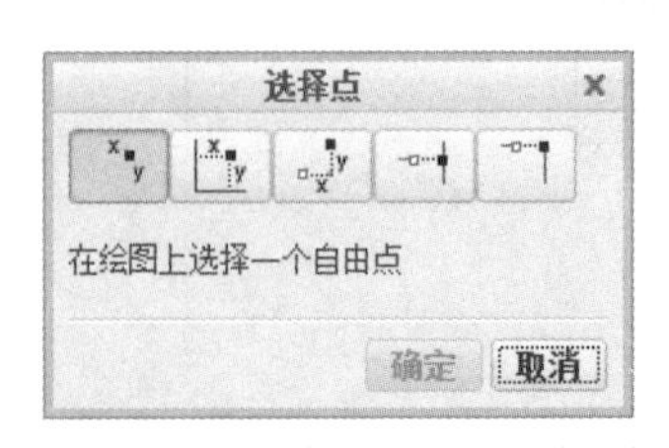

图 8-5　“选择点”对话框

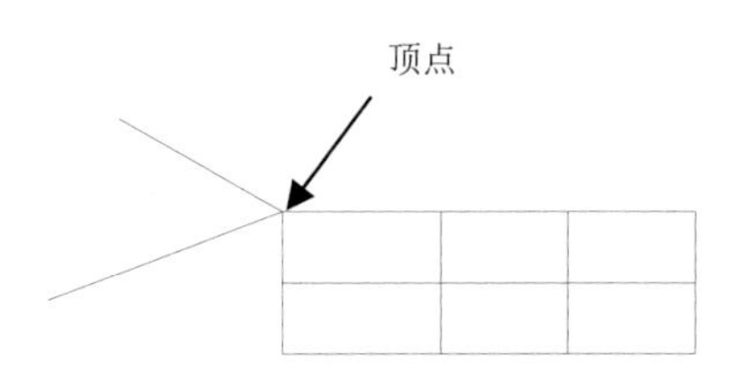

图 8-6　获取点放置表格

4. 从模板中插入表格

选择“快速表”选项，将显示已有表格模板列表，从中选择并确定表格顶点即可。

8.1.2　文本处理

当建立了表格之后，就可以随时在单元格内输入文本内容。具体操作很简单，直接在需要的单元格上双击，系统弹出如图 8-7 所示的“注解属性”对话框，在其中输入需要的文本即可。当输入的文本过长时，将会自动延伸到右侧单元格中，单元格却并不更改大小，如图 8-7 所示。要实现换行，可以在该单元格上右击，选择快捷菜单中的“文本换行”命令，则实现了文本的换行，自动适应单元格的宽度和宽度。有关“注解属性”对话框的内容请参见第 5 章。

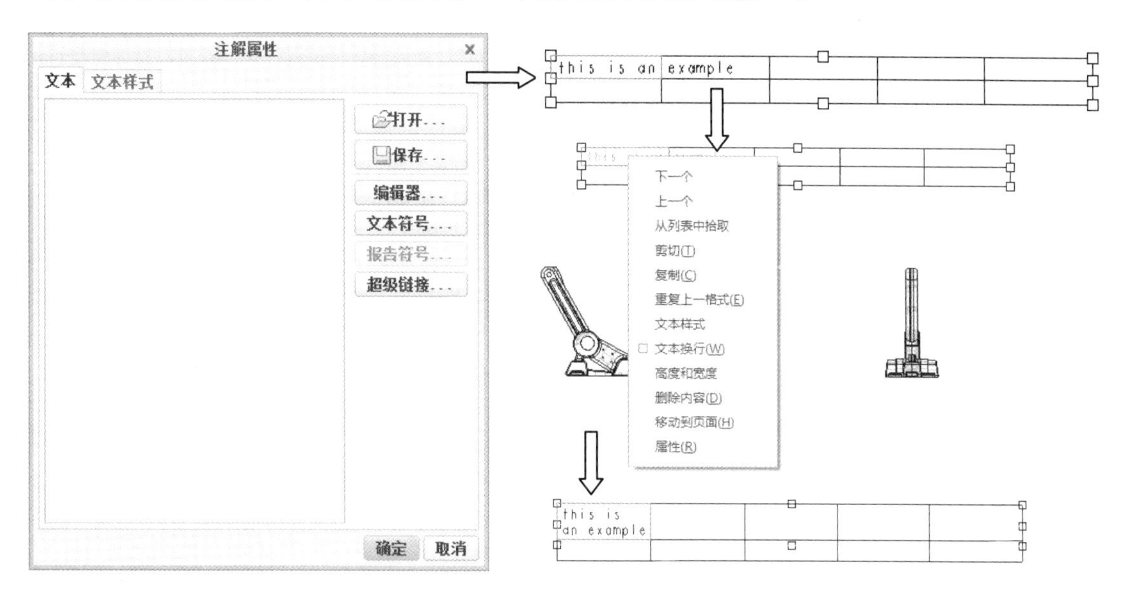

图 8-7　输入文本内容并换行

当要更改单元格内容时，可以双击打开“注解属性”对话框，然后输入需要的内容即可。如果要删除单元格内容，可以单击“数据”功能面板中的“删除内容”按钮即可。

8.1.3　表格的选择与修改

对于建立好的表格，可以进行单元格的合并、表格旋转以及表格线的显示控制等。

1. 表格的选取

对于表格的选取来说，可以选择表、列和行，也可以选择多个单独的单元格。其方式如图 8-8 所示。

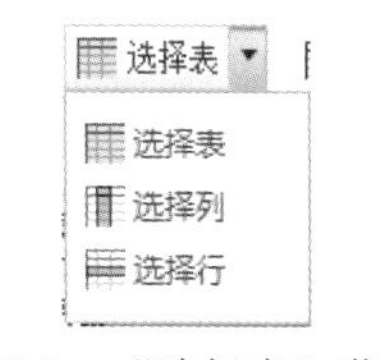

图 8-8　“选择表”菜单

在表格的某个单元格上单击，然后选择“选择表”选项，则可以选择单元格所在的整个表格。这相对于多个表格而言非常重要。或者可以通过鼠标拖动覆盖整个表格来完成。

在表格的某个单元格上单击，然后选择“选择行”选项，可以选择单元格所在的整个行。

在表格的某个单元格上单击，然后选择“选择列”选项，可以选择单元格所在的整个列。

按下 Ctrl 键，然后分别选择需要的单元格，可以选择多个独立的单元格。

2. 复制表格内容

选择了表或单元格后，即可以对其复制来生成新的表格。右击单元格，选择快捷菜单中的“复制”命令。在需要的单元格处右击，选择快捷菜单中的“粘贴”命令即可。

3. 表格的删除

除了表格内容可以删除外，表格本身也可以删除。

选择行、列或者整个表格后，右击，在弹出的快捷菜单中选择“删除”命令即可。这种操作是可恢复的，按下 Ctrl+Z 组合键即可。

4. 单元格的合并

表格中的单元格可以实现合并。这些单元格既可以连续也可以断续。选择要合并的单元格，然后单击“行和列”功能面板中的“合并单元格”按钮，就可以实现合并。其合并效果如图 8-9 所示。

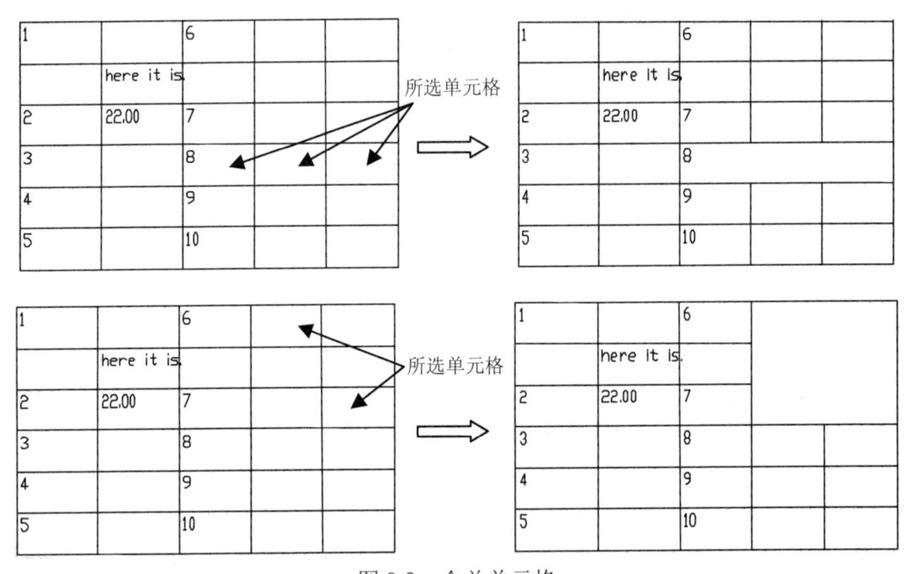

图 8-9　合并单元格

在合并的过程中，所选单元格只能有一个含有文本信息，否则无法合并。合并后的单元格可以继续合并。

如果先单击“合并单元格”按钮，则系统弹出如图 8-10 所示的菜单管理器。如果选择“行”命令，则将所选单元格合并成一行，同时列数不变；如果选择“列”命令，则将所选单元格合并成一列，同时行数不变；如果选择“行&列”命令，则将所选单元格合并成一个单元格。这 3 种效果如图 8-10 所示。

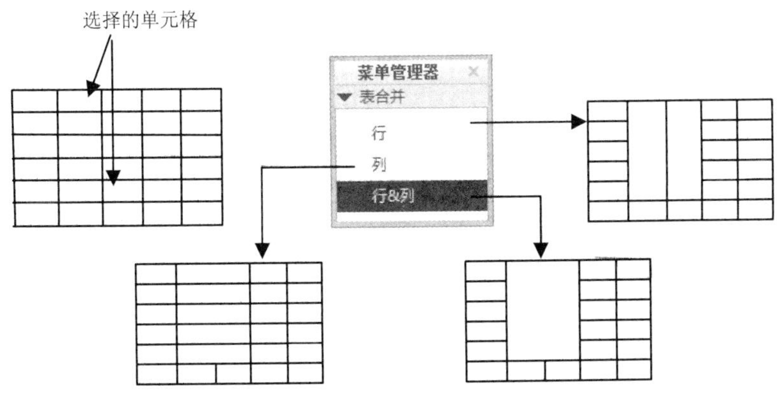

图 8-10 菜单合并效果

要取消合并单元格，可以先选中合并后的单元格，然后依次选择“表”→“取消合并单元格”菜单命令即可。

5. 插入行

只有在建立表后才能插入行。选择某个行，在“行和列”功能面板中单击“添加行”按钮，然后单击要插入行的位置线，如图 8-11 所示，将在该线下方添加行。

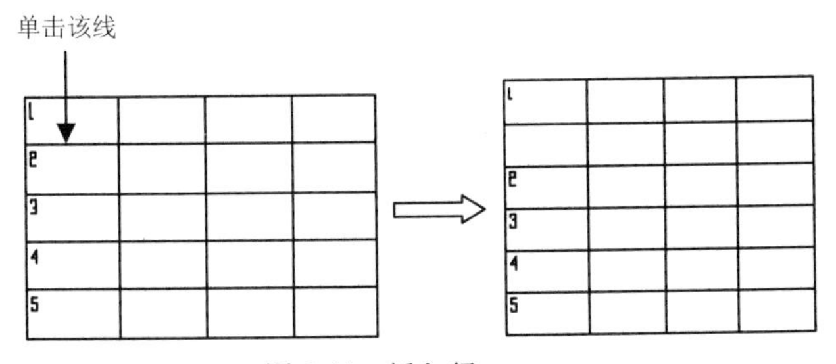

图 8-11 插入行

6. 插入列

只有在建立表后才能插入列。选择某个行，在“行和列”功能面板中单击“添加列”按钮，然后单击要插入列的位置线，将在该线右侧添加列，如图 8-12 所示。

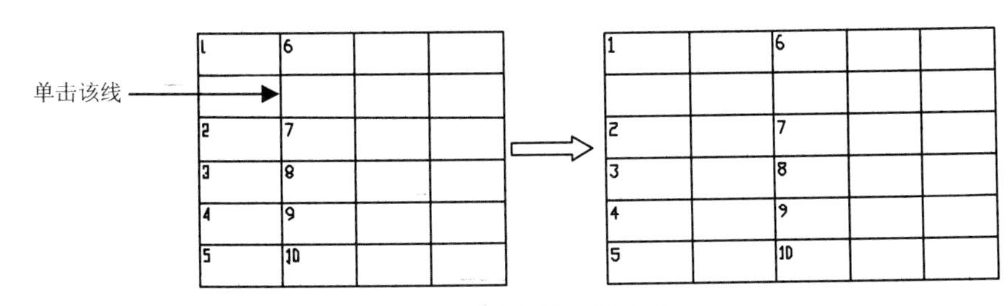

图 8-12 插入列

7. 表格的旋转

建立的表格可以实现旋转，每次均相对于原点逆时针旋转 90°。因此，这就涉及一个表格旋转原点的确定问题。“表”菜单中提供了这个功能。但是要注意的是，原点只能是表格的 4 个角点之一。

首先选择表格，然后单击“表”功能面板中的“设置旋转原点”按钮，系统要求选择原点，选择后确定即可确定原点。

选择表格，然后单击“表”功能面板中的“旋转”按钮，表格逆时针方向旋转 90°，如图 8-13 所示。

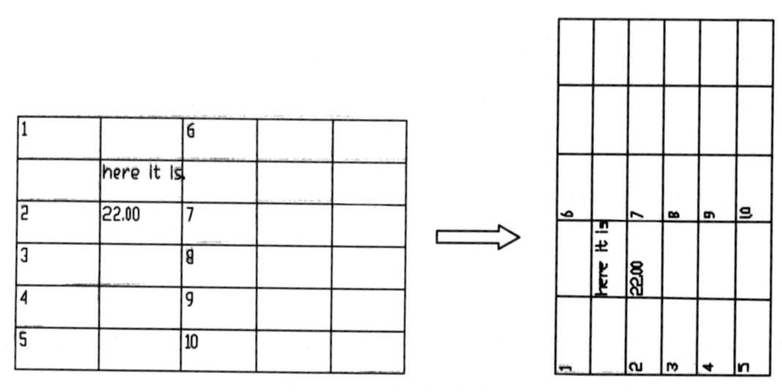

图 8-13　旋转结果

8. 单元格大小设置

选择一个或多个单元格后，单击“行和列”中的“高度和宽度”按钮，系统弹出如图 8-14 所示的对话框，在其中输入高度和宽度值并确定，比较结果参见该图。

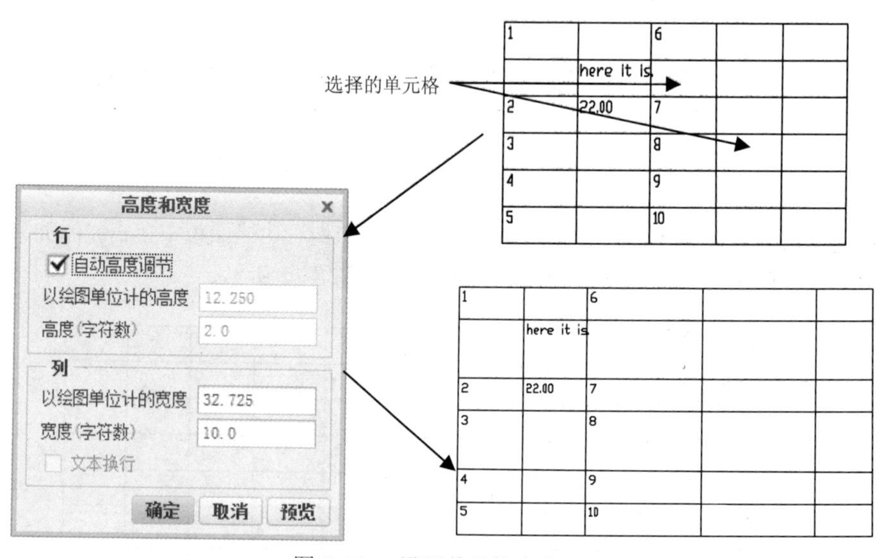

图 8-14　设置单元格大小

9. 表格线的显示

在“行和列”功能面板中有一个选项“线显示”。选择表后选择该选项，系统将弹出如图 8-15 所示的菜单管理器。选择“遮蔽”命令，然后选择要隐藏的线段，实现需要的效果。其比较结果参见图 8-15。如果要取消，可以选择“取消遮蔽”命令，然后单击隐藏线条的地方即可。选择“撤消遮蔽所有”命令将全部恢复。完成后单击鼠标中键结束。

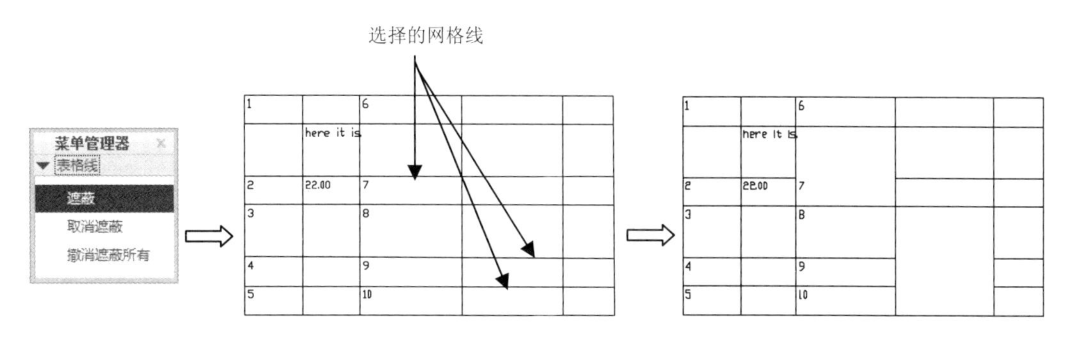

图 8-15　遮蔽效果

10. 表的移动

选择表格后，将光标移动到表格的 4 个角点上，将变为 4 向光标，单击并拖动到适当位置松开即可。

8.1.4　实例——标题栏

为便于查找零件，装配图中每一种零部件均应编一序号，并将其零件名称图号、材料、数量等情况填写在明细表和标题栏的规定栏目中，同时要填写好标题栏，便于生产图样的管理。

常见标题栏内容如图 8-16 所示，本小节讲解其制作的基本过程。

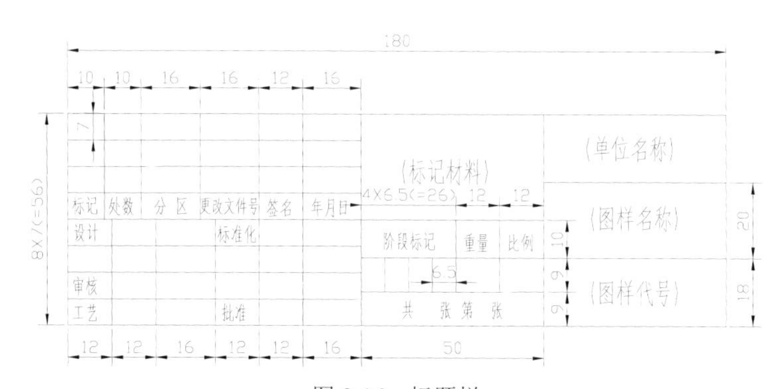

图 8-16　标题栏

这个标题栏的单元格很多，绘制相对比较复杂。读者在建立的过程中首先要设置单位为公制，或者选择国标或 ISO 标准，然后将表格从右至左分为三部分：第一部分只有 3 个单元格，其绘制要点为表格右下角对齐图框右下角；第二部分要注意单元格列数要与最多的列数行对应，必须采用单元格合并操作即可；第三部分可以直接插入两个 7×4 的表格。其中第二部分和第三部分的第 1 个表格的起始点均以前一部分表格左下角点为准。第三部分的第 2 个表格的起始点以第 1 个表格右上角为准。

下面详细讲解其制作过程。我们选择 Gb a3 模板。

1. 插入第一部分表格

具体操作步骤如下：

（1）单击“表”功能面板的“插入表”按钮，系统弹出如图 8-17 所示的“插入表”对话框。

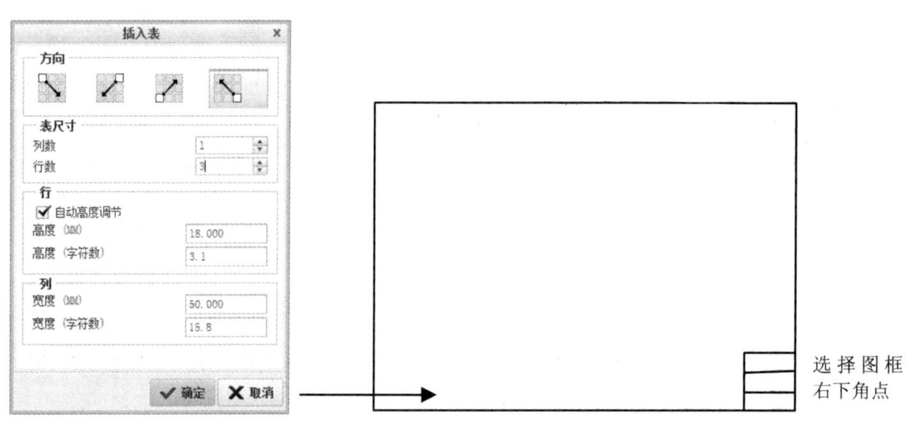

图 8-17 插入第一部分表格

（2）单击“向左且向上”按钮，输入列宽 50 和行宽 18，确定后在绘图窗口中选择图框右下角点为起始点，如图 8-17 所示。

（3）在第二个单元格上单击，单击“高度和宽度”按钮，系统弹出如图 8-18 所示的对话框，确定高度为 20 即可。

图 8-18 调节单元格高度和宽度

2. 插入第二部分表格

重复上述步骤，插入 4 行 6 列新表，采用“向左且向上”方式，初始列宽为 12，行高为 9，在绘图窗口中选择第一部分表格左下角点为起始点，然后将左侧 4 个列宽改为 6.5，最上端行高改为 28，其下面行行高改为 10，结果如图 8-19 所示。

选择需要的单元格，然后单击“合并单元格”按钮，结果如图 8-19 所示。

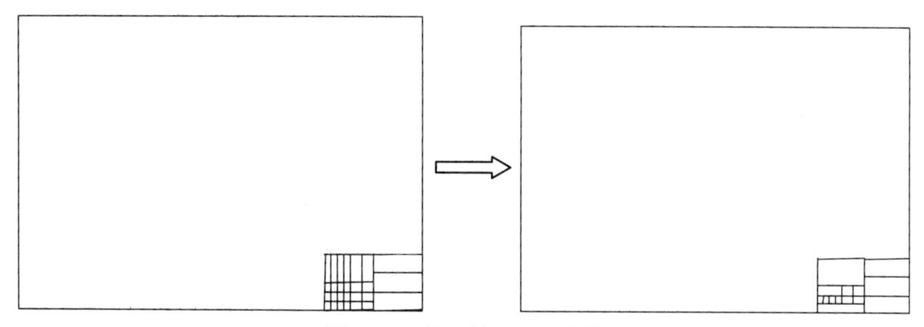

图 8-19　插入第二部分表格

3. 插入第三部分表格

重复上面的步骤，插入 4 行 6 列表格，采用“向左且向上”方式，在绘图窗口中选择第二部分表格左下角点为起始点。4 个行宽均为 7，列宽从左到右分别为 16、12、12、16、12、12，结果如图 8-20 所示。

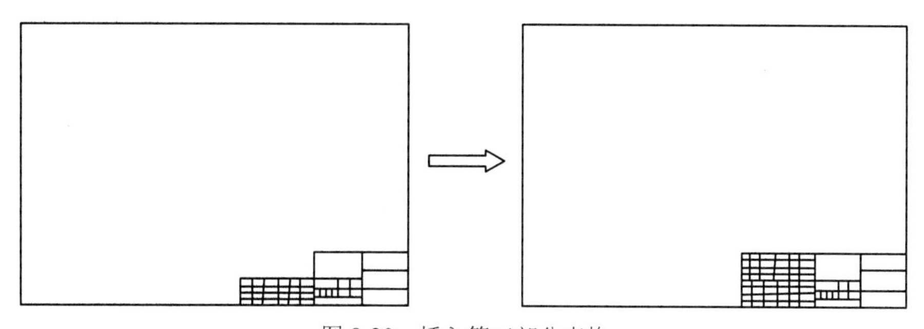

图 8-20　插入第三部分表格

重复前 3 个步骤，选择上一个表格的右上角点为起始点，插入列宽分别为 16、12、16、16、10、10，4 个行宽为 7 的表格，最终结果如图 8-20 所示。

8.2　表格复杂操作

表格的复杂操作包括制作明细表和编页处理。另外，可以将建立好的表格保存起来，也可以通过数据共享的方式插入 AutoCAD 等其他格式的表格。

8.2.1　制作明细表

明细表是装配图中全部零件的详细目录，一般绘制在标题栏上方，如图 8-21 所示。零件的序号自下而上填写。如果位置不够，可将明细表分段画在标题栏的左方，若零件过多，在图面上画不下时，可在另一张图纸上单独编写。其格式和要求参看国标 GB10609.2—89。

2						
1						
序号	名　称		数量	材料	备　注	
			比例			
			件数			
制图		(日期)	重量		共 张	第 张
描图		(日期)				
审核		(日期)				

图 8-21　明细表

Creo Parametric 中的明细表插入是在单独的模块报表中完成的。本节将介绍如何通过报表模块建立一张装配体工程图。除了装配体视图，还需要创建一张材料和零件序号注释清单。Creo Parametric 通过报告模块，可以把诸如材料清单等的报表添加到一张工程图中。本节将在报表区内创建一张材料清单表。报表区允许扩展一张表，以集成装配体所有的元件列表。

1. 进入报表环境

具体操作步骤如下：

（1）新建一个报告对象文件，命名为 Assembly，如图 8-22 所示。

选择"文件"→"新建"菜单命令，然后在弹出的对话框中选中"报告"单选按钮，输入"Assembly"作为文件名称，单击"确定"按钮。

（2）在"新报告"对话框上，进行如图 8-22 所示的选择。

选择装配体文件 lire-60.asm 作为默认模型。选中"格式为空"单选按钮，然后单击"浏览"按钮查找 C 尺寸格式。选择 C 尺寸格式，工程图纸将被设置为 C 型号大小的图纸。

（3）单击"确定"按钮，接受"新报告"对话框中的选择，结果如图 8-22 所示。

单击"确定"按钮后，Creo Parametric 将弹出一个新报表进程。注意报表模块中的选项类似于绘图模块中的选项。

2. 建立明细表基本表格

创建装配体工程图的第一步是定义材料表清单和报表区，所以必须建立表格区域。

具体操作步骤如下：

（1）单击"表"工具栏上的"插入"→"表"命令，系统弹出如图 8-23 所示的对话框。

（2）选择"向左且向上"选项，插入两行三列的表格，每行的高度为 1 个字符，每列的宽度为 4 个字符，选择标题栏右上角为起点。

（3）分别修改中间栏宽度为 20 个字符，右侧第一栏为 5 个字符。结果如图 8-23 所示。

在工作区里，选择数字符号 4 作为第 1 栏，然后选择数字符号 20 作为第 2 栏，选择数字符号 5 作为第 3 栏。单击鼠标中键结束。

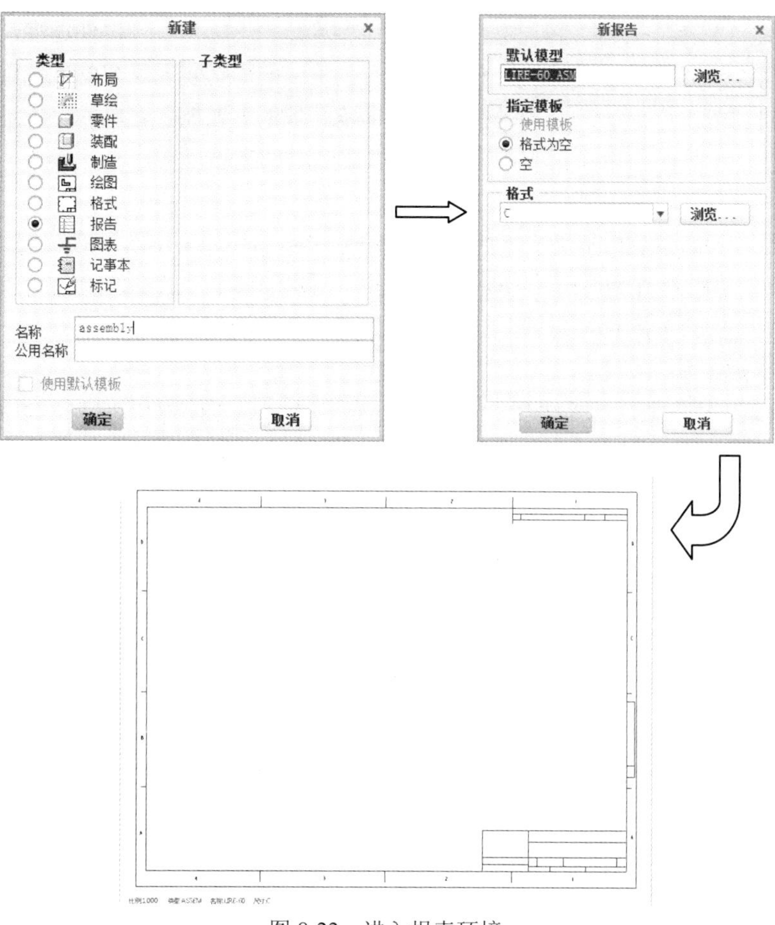

图 8-22　进入报表环境

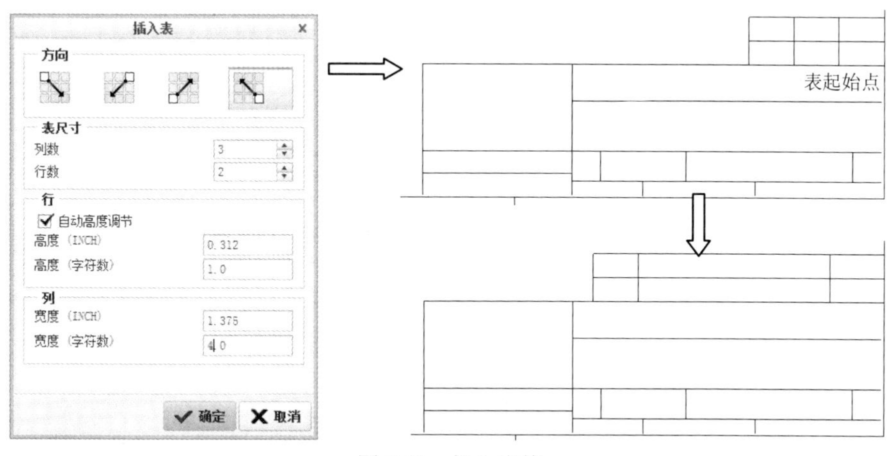

图 8-23　插入表格

3. 定义重复区域

明细表的每个单元都是重复操作，使用“表”菜单中的“重复区域”功能，可以自动提取零件信息，包括材料等。这个动态报表是在被称作重复区域的“智能”表单元格原理的基础上建立的。重复区域是一个表中由用户指定的部分，该表会展开或收缩以适应相关模型当前拥有数据量的大小。

重复区域所包含的信息由基于文本的报告符号所决定，它们以文本的形式输入到区域内的各个单元格中。例如，如果一个组件具有 20 个零件，并在重复区域内的单元格中输入 asm.mbr.name，则在更新该表时，它会扩展开，为每个零件名称添加一个相应单元格。

具体操作步骤如下：

（1）在主菜单栏中依次选择“表”→“重复区域”命令，系统弹出如图 8-24 所示的“表域”菜单管理器。在这个菜单中可以建立域表、删除域表、项目关系设置等。

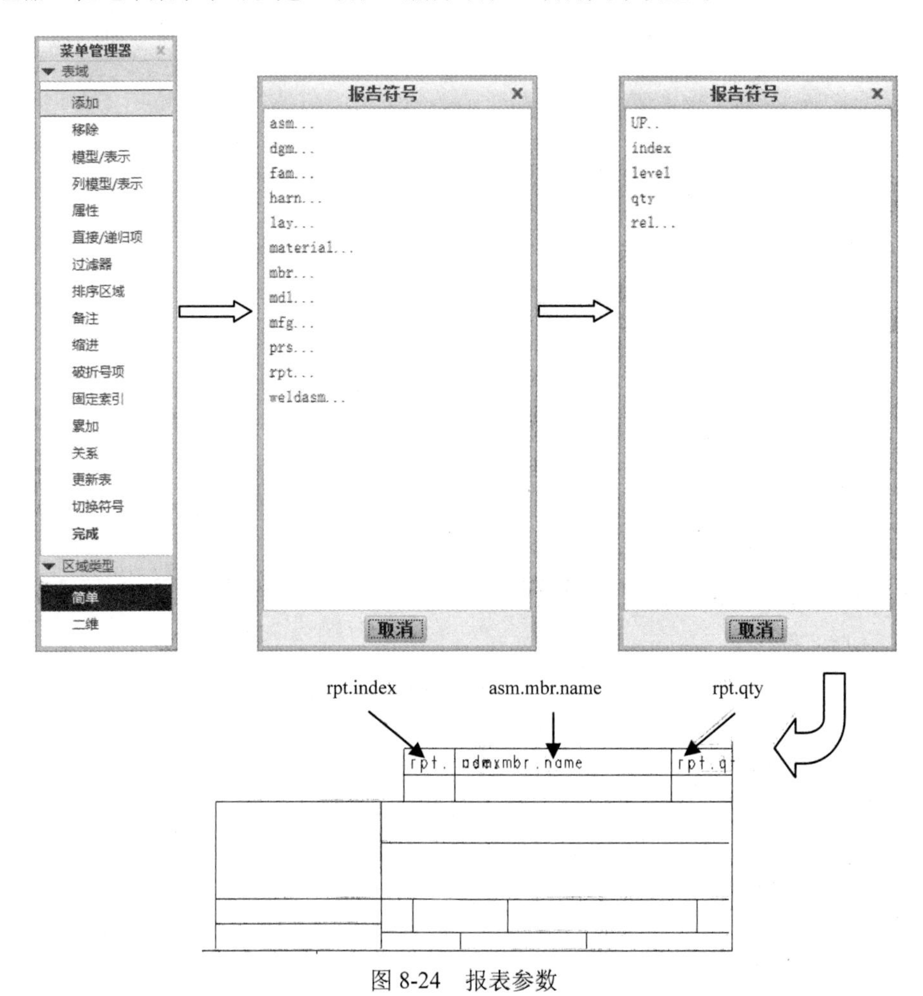

图 8-24 报表参数

各选项的含义如下：

1）添加。在表中添加一个重复区域。

2）移除。在表中删除一个重复区域。

3）模型/表示。选择不同的模型或简化表示来定义一个区域。

4）列模型/表示。设置模型或简化表示来驱动数据列。

5）属性。设置重复区域属性。

6）直接/递归项。按照项目设置搜索类型。

7）过滤器。设置重复区域的过滤器类型。

8）排序区域。用关键词对区域排序。

9）备注。增加、修改或者删除重复区域的注释项目。

10）缩进。设置包含递归符号的重复区域单元格缩进。

11）破折号项。设置或者清除报告符号 rpt.index 和 rpt.qty 的破折号。

12）固定索引。固定重复区域的索引。

13）累加。增加或者删除重复区域的累加参数。

14）关系。对关系参数进行增加、修改、排序、显示和删除。

15）更新表。对表进行更新显示。

16）切换符号。在符号或者报表文本实际值之间切换。

（2）在“表域”菜单中选择“添加”命令，弹出展开菜单。选择重复区域的开始单元（上数第一行最左侧单元）和结束单元（最右侧单元），如图 8-24 所示。

（3）在工作区双击 ITEM 标题上方单元以打开“报告符号”对话框，如图 8-24 所示。

Creo Parametric 的报表模块使用报表参数为表单元指定相关的数据，其中以缩写的形式给出了相关参数名称，如 asm（组件）、dgm（布线图）、fam（族）、harn（线束）和 rpt **（报告）**。在这个实例中，将指定定义每个元件项目编号（&rpt.index）、描述（&asm.mbr.name）和数量（&rpt.qty）的参数。可以直接从菜单上输入每个参数，该菜单通过双击单个单元打开。系统提供了 3 层项目。

（4）在“报告符号”对话框中选择 RPT，然后选择 INDEX。

这两个选择将添加&rpt.index 参数到明细表的第 1 行的第 1 个单元格中。注意如何在工作区中添加这个参数，不必担心参数会写到旁边单元格里。

（5）在工作区双击 DESCRIPTION 标题栏上方的单元格，输入装配体成员的名称参数 asm.mbr.name。

（6）在 QTY 标题栏的上方单元格内输入元件数量 RPT.QTY。

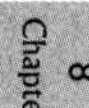

4. 插入装配图

明细表服务于装配体图，所以需要插入装配图。

具体操作步骤如下：

（1）在工具栏上依次单击“插入”→“绘图”→“常规”命令，系统弹出如图 8-25 所示的对话框。

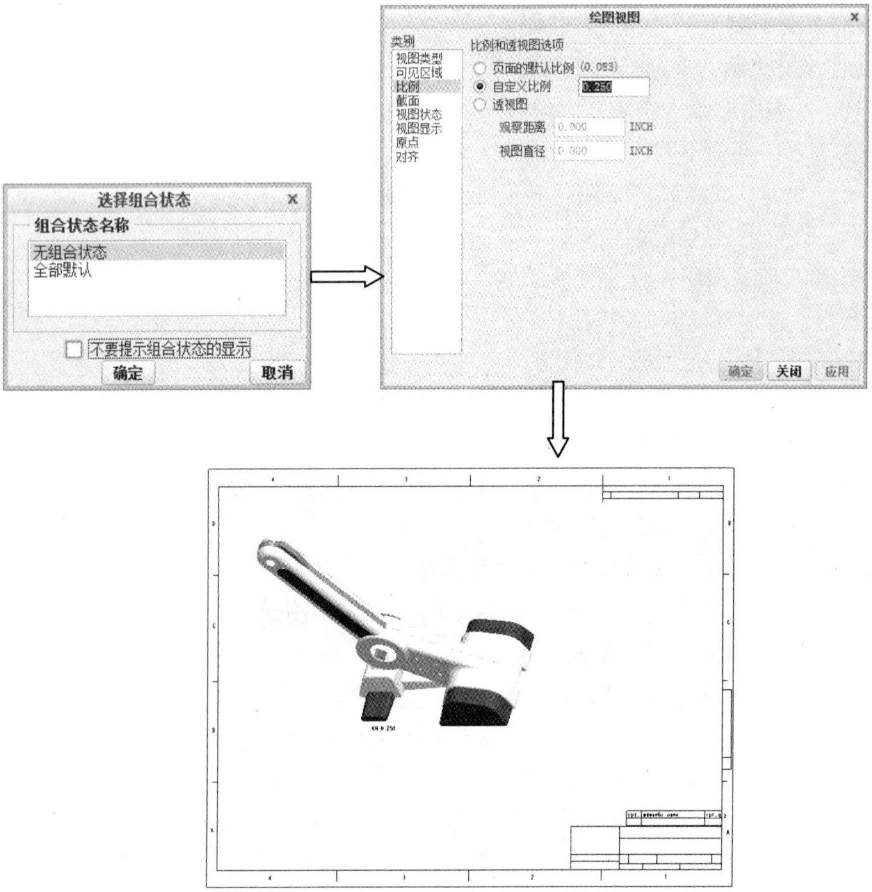

图 8-25　插入视图

（2）接受默认设置，在工作区里选择视图放置的位置，系统弹出“绘图视图”对话框。

（3）选择放置的状态，任何定义的分解状态都可以放置到工程图中。

（4）选择“比例”类别，然后输入恰当的比例，在此输入 0.25 作为视图比例，如图 8-26 所示。

（5）单击“关闭”按钮。

放置视图后，注意工作区上包括了所有的装配体元件。现在，明细表在单独行上显示每个元件，即使它是复制件也是如此。下一步将更改它。

5. 定义明细表

具体操作步骤如下：

（1）选择菜单栏上的“表”→“重复区域”命令。

（2）选择“属性”命令，然后在工作区中选择重复区表，如图 8-26 所示。

（3）选择“无多重记录”→“完成/返回”命令，结果如图 8-26 所示。

“无多重记录”命令不会在模型树上复制元件。选择“完成/返回”命令，注意明细表包括了所有的装配体元件。剩下的几步将添加材料零件序号清单。一旦添加零件序号注释后，材料明细表将对每个元件进行更新。

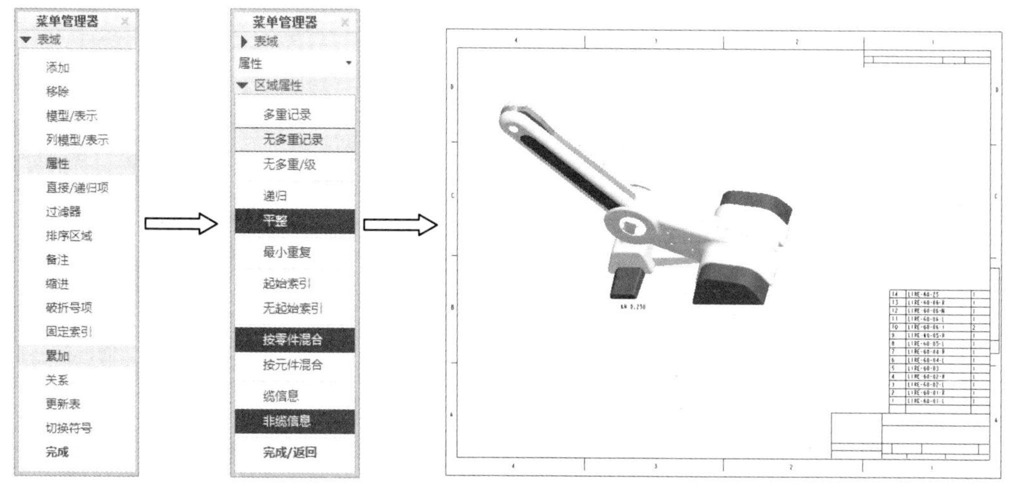

图 8-26　定义明细表

（4）在菜单栏上选择“表”→“BOM 球标”命令，如图 8-27 所示，然后在工作区中选择重复区域表。

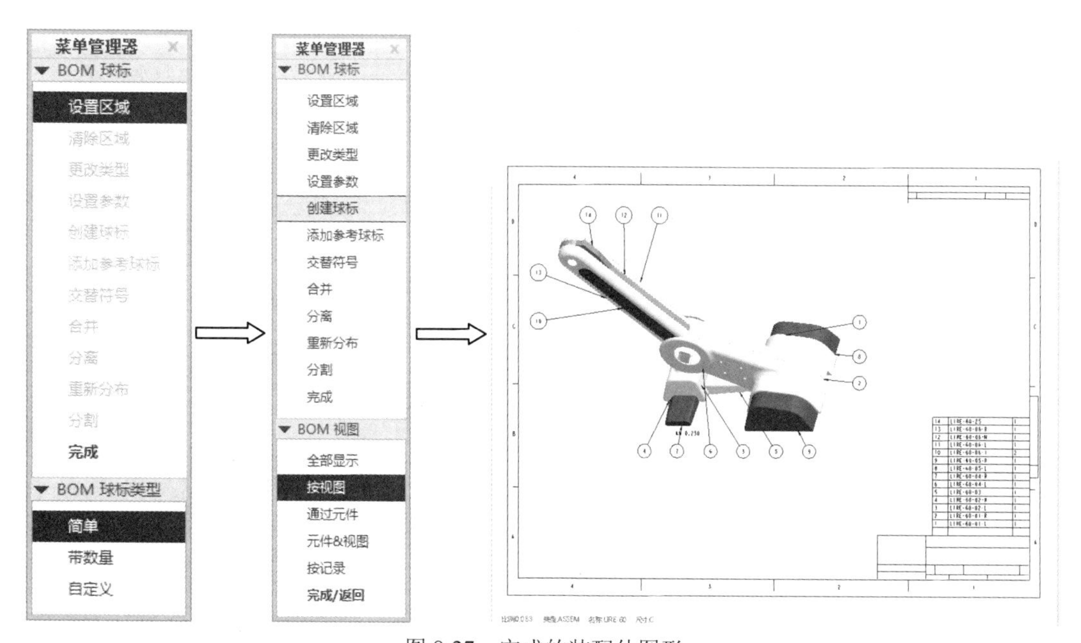

图 8-27　完成的装配体图形

在这个菜单中，包括以下几个命令：

1）设置区域。允许选择区域带有明细表球标注释。

2）清除区域。清除选择区域中的明细表球标注释。

3）更改类型。更改明细表球标类型。

4）设置参数。设置球标中显示的参数。

5）创建球标。在重复区域中建立与球标对应的各种参数。

6）添加参考球标。在所选择的元件上添加球标。

7）交替符号。用不同的用户定义符号显示选取的球标。

8）合并。将两个球标合并起来。

9）分离。分离一个带数量的球标。

10）重新分布。重新分配球标的数量。

11）分割。将带有数量的球标分割为两个。

选择区域后，校对在信息区内添加到重复区中的零件序号属性。

（5）在“BOM 球标”菜单中选择“创建球标”→“全部显示”命令。

（6）选择“完成”命令退出菜单。

（7）保存报表对象。

最终的报表工程图如图 8-27 所示。

6. 球标的处理

插入球标后，可以更改其显示类型。在“BOM 球标”菜单中选择“更改类型”命令，然后选择要更改的球标所在区域，如图 8-28 所示。

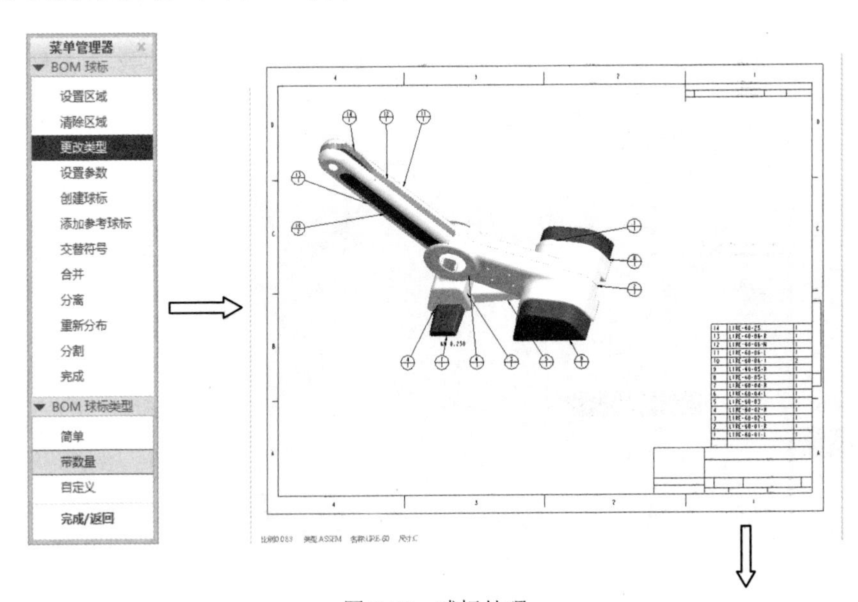

图 8-28　球标处理

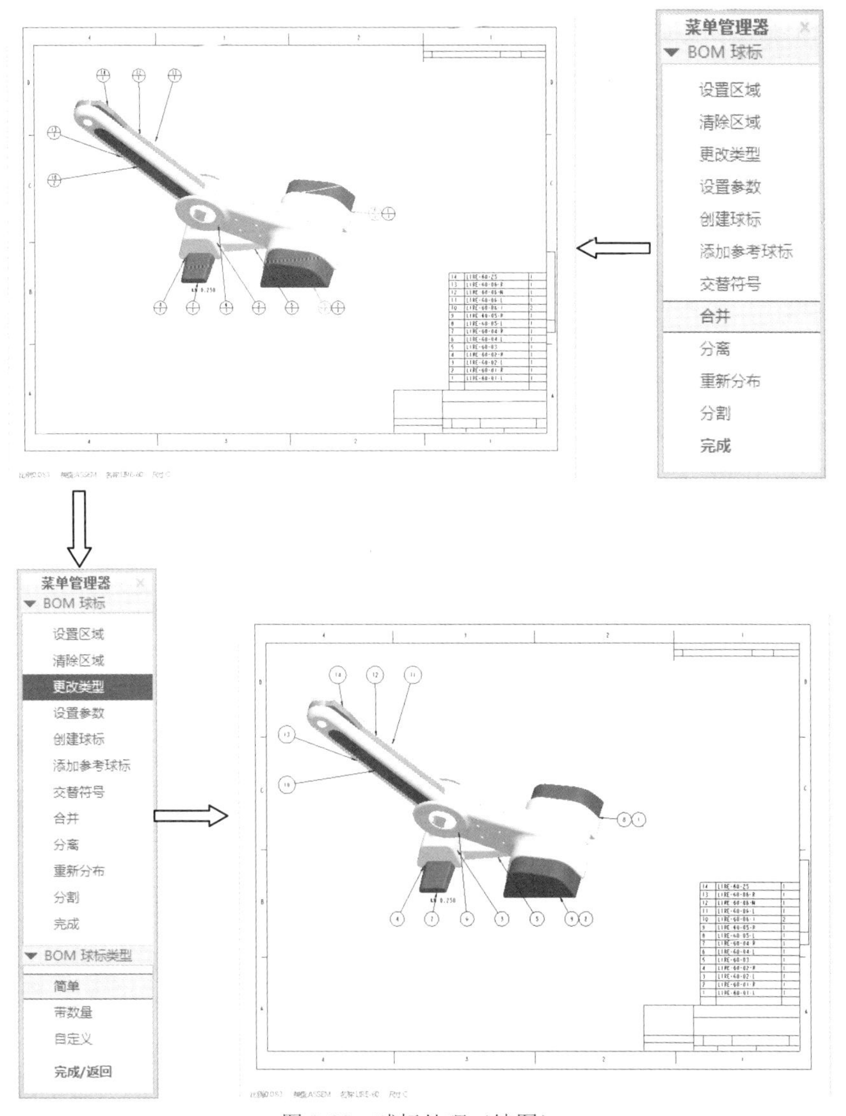

图 8-28　球标处理（续图）

选择“带数量”命令，则球标显示数量。此时可以将其合并起来，选择“合并”命令，然后选择需要的球标，结果如图 8-28 所示。合并后的球标将作为一个来处理。如果此时更改球标类型，则只显示左侧球标，而不会自动恢复到原来的状态。如果要恢复到原来的状态，则必须首先对合并球标进行分离，然后再改变类型。另外，通过“分割”命令可以将一个球标分割为两部分。

7. 球标的符号修改

球标建立以后，往往有一些特殊要求无法满足，必须进行专门定义，包括两方面：符号修改和尺寸控制。

修改符号的具体步骤如下：

（1）在要修改的球标符号上单击，使其处于激活状态，即显示句柄。

（2）右击符号并在弹出的快捷菜单中选择“编辑连接”命令，如图 8-29 所示。从中选择需要的箭头类型和依附类型。

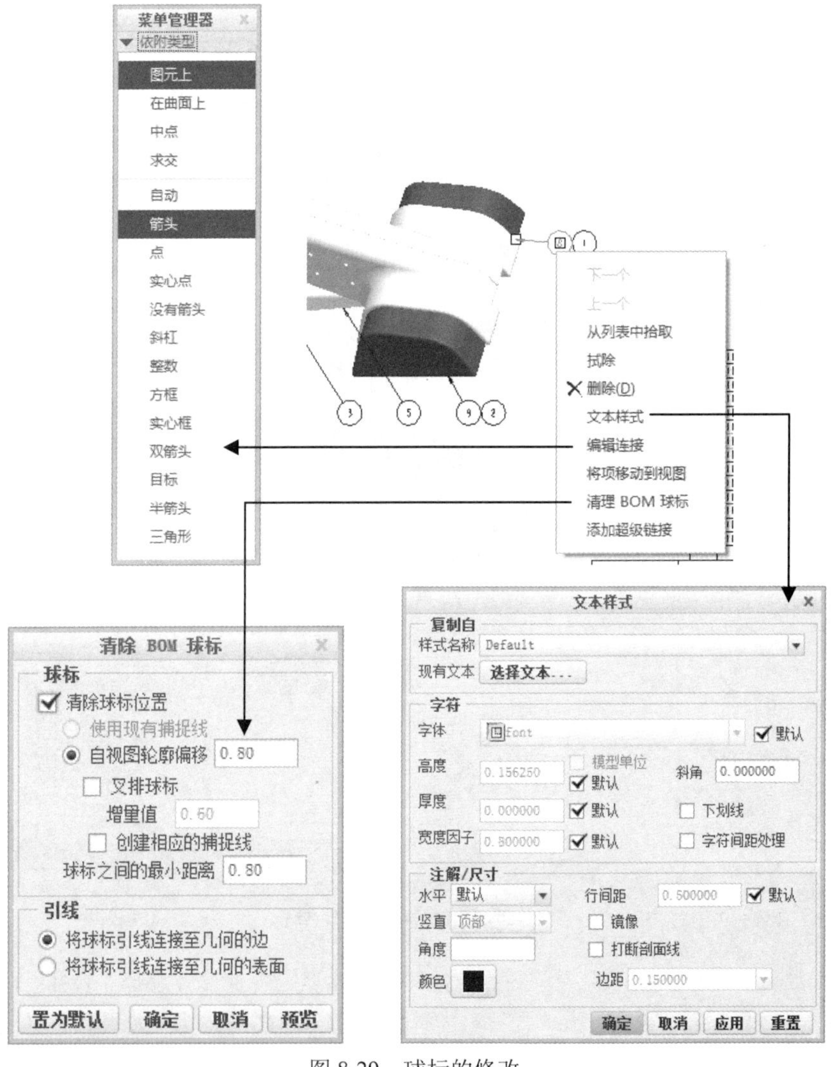

图 8-29　球标的修改

（3）右击符号并在弹出的快捷菜单中选择“清理 BOM 球标”命令，如图 8-29 所示，从中可以设置球标的位置和箭头类型。

（4）右击符号并在弹出的快捷菜单中选择“文本样式”命令，如图 8-29 所示，从中设置文本大小等。

8. 输入明细表栏名称

在下面一行单元格中单击，分别输入如图 8-30 所示的列标题 ITEM（项目）、DESCRIPTION（说明）和 QTY（数量）。若所放置的位置不合适，可以通过输入空格更改其位置。

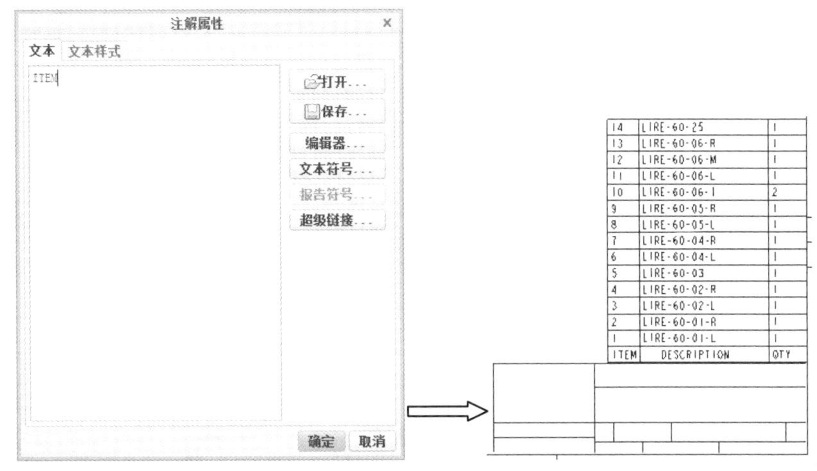

图 8-30　插入列标题

8.2.2　表格的保存与插入

当建立表格后，就可以对其进行保存处理，以备后用，操作对象既可以是整个表格，也可以是其中的一部分。另外，还可以导入其他处理软件建立的表格，如 AutoCAD。

1. 表格的保存

具体的操作过程如下：

（1）选择要保存的整个表格或局部表格。

（2）依次选择主菜单中的“表”→“保存表”命令，如图 8-31 所示。

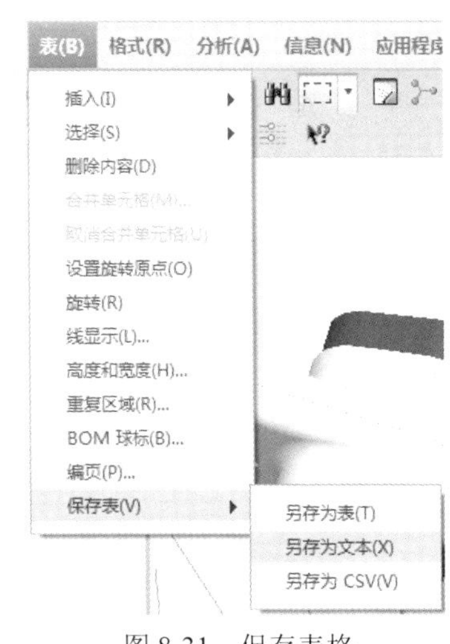

图 8-31　保存表格

其中包括 3 个子命令：

1）另存为表。系统将弹出“保存绘图表”对话框，可以把表保存为 Creo Parametric 中自带格式的表文件*.tbl。

2）另存为文本。系统将弹出“保存绘图表”对话框，可以把表保存为文本文件，只不过对象是表中的文字。

3）另存为 CSV。系统将弹出“保存绘图表”对话框，可以把表保存为 CSV 文件。

这 3 个保存对话框相似，只是保存类型不同。

（3）选择保存方式并确定即可。

2. 表格的插入

表格的插入有两种方式：一种是直接插入 Creo Parametric 的表格文件，即从“插入”子菜单中选择“表来自文件”命令实现；另一种是通过共享方式插入表格文件。本节将讲解后一种方式。

具体操作步骤如下：

（1）依次选择主菜单中的“插入”→“共享数据”→“自文件”命令，系统弹出“打开”对话框，如图 8-32 所示。

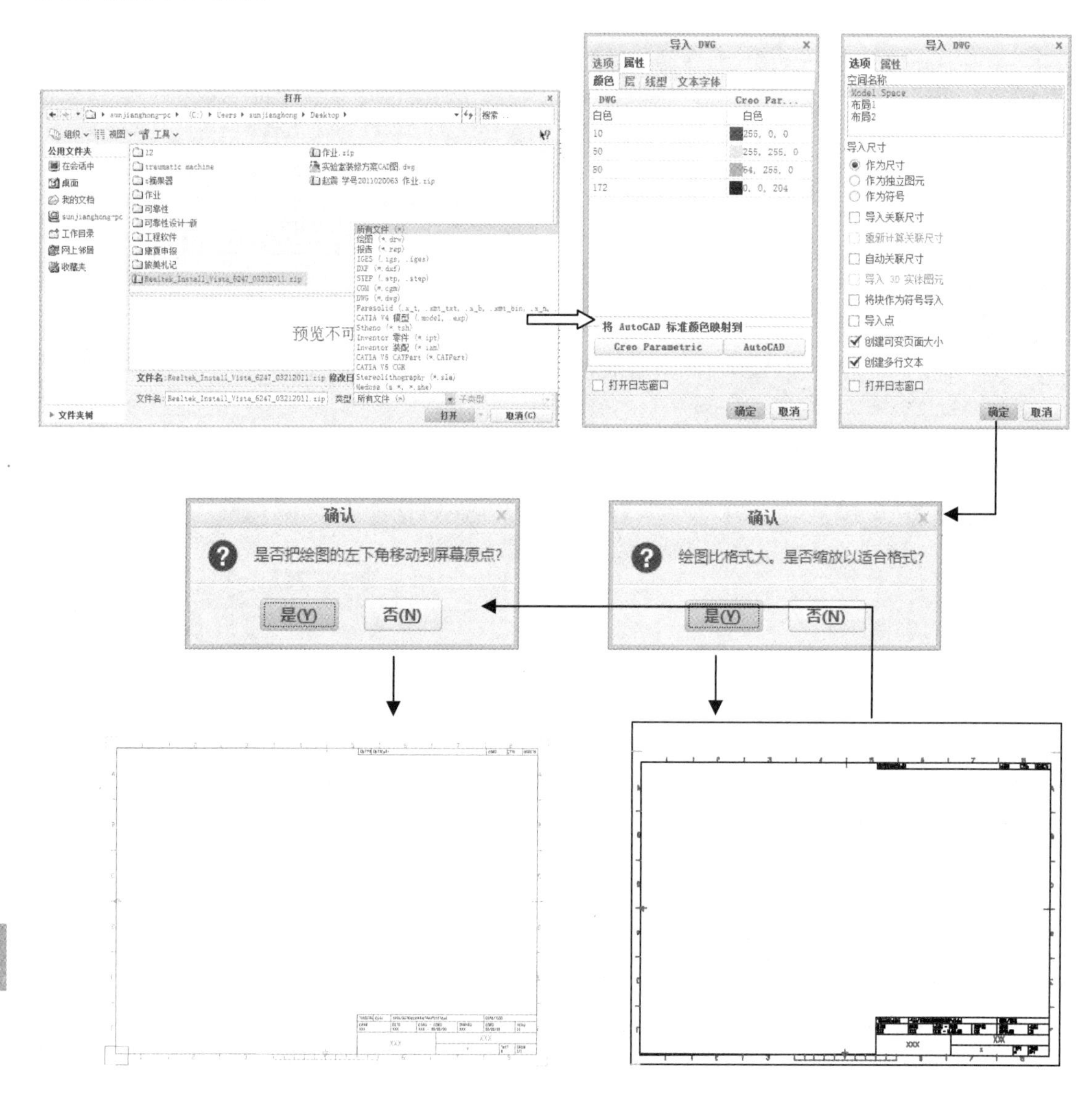

图 8-32　插入 AutoCAD 创建的表格

图 8-32 插入 AutoCAD 创建的表格（续图）

（2）在“类型”下拉列表框中列出了可以插入的格式文档，我们将主要介绍 AutoCAD 建立的表格文件。在 Creo Parametric 中，目前可以导入的文件格式为 AutoCAD 2010 及以下版本。

（3）选择需要的 dwg 或 dxf 文件后，系统将弹出“导入”对话框。在这个对话框中，包含两个选项卡：“选项”和“属性”。

在“选项”选项卡中主要包括以下内容：

1）空间名称。从中可以选择 AutoCAD 中的两种空间：模型空间（Model Space）和图纸空间（Paper Space）。可以根据 AutoCAD 环境中表格所在页面而定。

2）导入尺寸。可以对文件中的尺寸进行转换定义。

在“属性”选项卡中可以决定相应的格式字体转换。

（4）设置完成后单击“确定”按钮，系统提示大小不合适，是否更改比例。如果单击“是”按钮，则自动将视图调整后使其适应 Creo Parametric 的绘图环境。如果单击“否”按钮，则要求确定绘图原点是否放在屏幕原点，确定后则按照原 AutoCAD 大小放置；否则按照默认位置放置。

在很多情况下，尤其是在文字垂直排列的时候，插入的文字将出现乱码，此时可以双击文字弹出“注释属性”对话框，重新输入即可。

8.3 高级表操作

在 Creo Parametric 中，有时需要对零件上的加工孔进行统计，另外，对零件族表中的衍生零件也可以以表格的形式生成。

8.3.1 孔表

孔表的操作是一个广泛的概念，不仅限制在孔操作上。实际上，它可以对孔、基准点和基准轴进行统计。这类孔只能是采用孔特征命令建立的，而不是通过旋转、拉伸等切减操作建立的孔。同明细表一样，系统将自动建立一个表格，默认情况下是 4 列，包括名称、平面坐标和直径等。

在生成孔表时，首先必须指定一个参照坐标系，然后确定表格的起始点。参照坐标系的 XY 平面必须与孔的放置平面共面，而且孔表一次只能生成一个面上的孔表格。

1. 孔表操作选项

同前面所讲的表格操作不同，孔表是一个特殊工具，不在“表”菜单中。具体的操作步骤和选项内容如下：

（1）依次选择主菜单中的“工具”→“孔表”命令，如图 8-33 所示，系统将弹出“孔表”对话框。

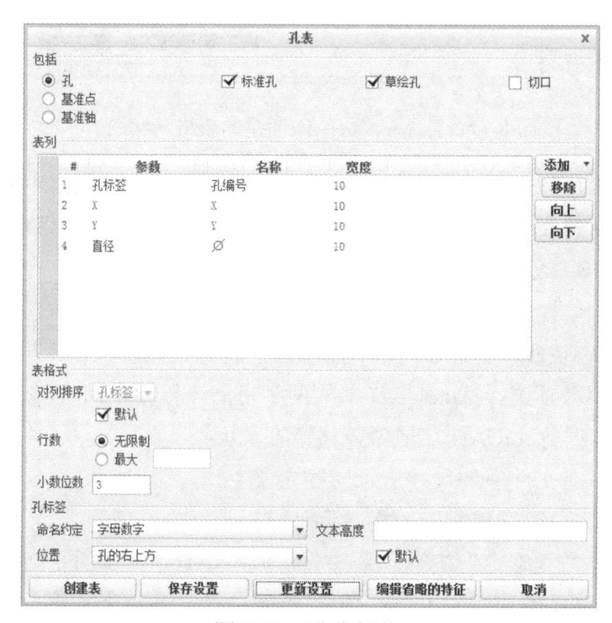

图 8-33　孔表操作

在这个对话框中，包括以下几项操作：

1）创建。决定孔表所表达的对象，包括孔、基准点和基准轴，如图 8-33 所示。

- 孔。生成孔表格，其中包含孔心相对于指定坐标系的 X、Y 坐标及孔径。
- 基准点。生成基准点表格，其中包含基准点相对于指定坐标系的 X、Y、Z 坐标。
- 基准轴。生成基准轴表格，其中包含基准轴相对于指定坐标系的 X、Y 坐标。

2）设置。对生成的表格进行必要的设置。其中包括：

- 小数位数。确定表格中数值的小数位数，系统将显示消息输入框，输入并确定即可。
- 参数栏。确定表格中参数列数。
- 宽度。设置表格中标注文本的大小。
- 最大（行数）。设置表格中最大的行数。
- 孔标签。设置孔、基准点和基准轴的命名方法，可以是数字，也可以是字母与数字的组合。

- 对列排序。确定表格的排序顺序，例如，按照 X、Y 和ϕ进行排序显示。

孔表设置只对其后建立的表格起作用。

3）更新设置。如果在模型中修改了孔、基准点或基准轴，或者对孔表中的内容进行了修改，则可以通过该选项更新孔表。

4）移除。删除所选择的表格。该操作与普通表格操作中的删除功能一样。

（2）确定参照坐标系。

（3）确定表格起始点。在工程图中任选一点，则表格将自动向下按照字母顺序、数字顺序生成。

建立后的表格与普通表格的修改、移动操作一样。

2. 操作实例

下面通过一个操作实例来分析具体的孔表操作过程。

（1）打开本书光盘中所带模型文件 xianggai.prt，如图 8-34 所示。该模型中 4 个角上带有 4 个阶梯孔和 4 个螺纹孔。其他（如观察孔特征等）均为拉伸切减操作生成的。在这个模型中不带基准点，我们将在后面的练习中添加。

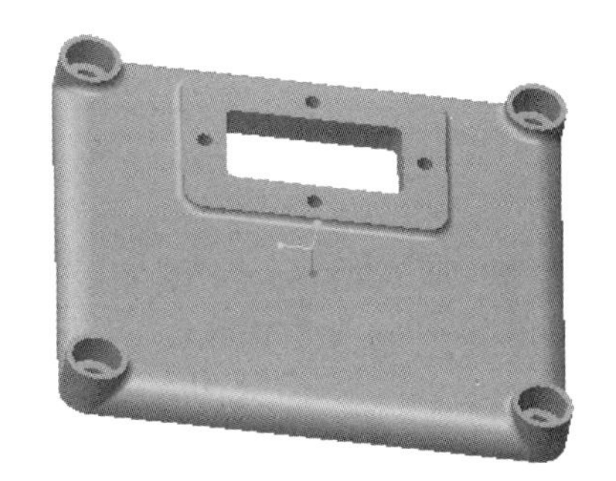

图 8-34　打开的箱盖文件

（2）新建工程图文件，如图 8-35 所示。

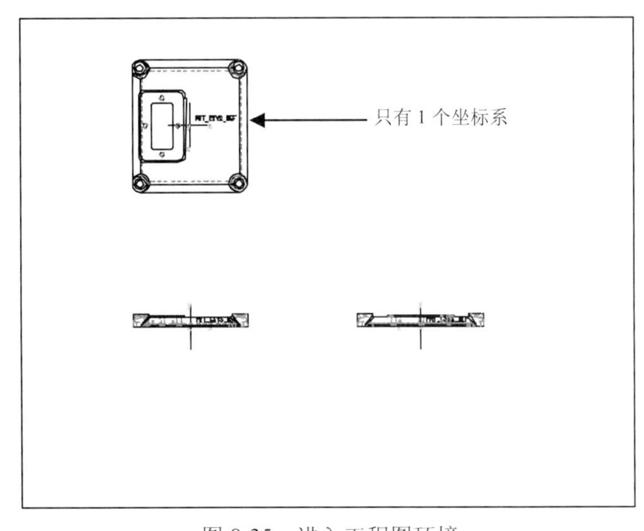

图 8-35　进入工程图环境

1）依次选择主菜单命令“文件”→“新建”，系统弹出“新建”对话框。

2）选择“绘图”类型，接受默认设置，单击“确定”按钮，系统弹出“新建绘图”对话框。

3）选择 c_drawing 模板，单击“确定”按钮，进入工程图环境。

（3）直接插入孔表，观察错误信息提示，如图 8-36 所示。

1）单击“表”功能面板中的“孔表”按钮，系统弹出“孔表”对话框。

2）选中“孔”单选按钮，单击“创建表”按钮，系统提示选择参照坐标系。

3）此时系统只有一个坐标系 PRT_CSYS_DEF，选择该坐标系，系统提示错误。因为此时模型的默认坐标系的 XY 平面不是任何孔的放置平面，必须在模型中重新添加。

（4）在模型中插入新的坐标系。

1）返回模型窗口并激活。

2）单击“基准坐标系”按钮，系统弹出“坐标系”对话框。

3）按下 Ctrl 键，选择 FRONT 平面和 RIGHT 平面，然后选择模型角部的一个孔的上表面，如图 8-36 所示。

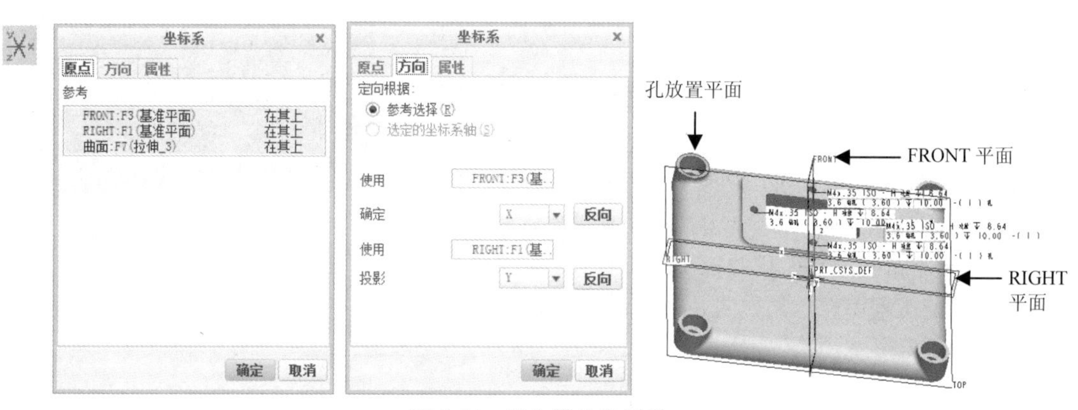

图 8-36　插入新的坐标系

4）如果对当前所选择的坐标系平面没有一个确切的概念，可以单击“方向”选项卡重新进行设置。

5）完成后确认，便插入了新的坐标系 CS0。

（5）重新插入孔表

重复步骤（3）插入孔表，确定并选择 CS0 作为参照坐标系，系统提示选择孔表左上角。在页面任意位置单击，生成孔表，结果如图 8-37 所示。

（6）返回模型窗口，插入基准点。

1）返回模型窗口并激活。

2）单击“基准点”按钮，系统弹出如图 8-38 所示的对话框。

3）选择孔放置平面作为点所在平面，然后在“偏移参考”列表框中单击，选择 FRONT 平面和 RIGHT 平面作为偏移参考面，并输入偏移距离。

4）单击“新点”，重复步骤（3），插入新点。为合适起见，最好插入 4 个以上点。

5）最后单击“确定”按钮完成。

6）返回工程图环境，结果如图 8-38 所示。

（7）设置表格。

从上面建立的表可以看出，表格中的数值都带有 3 位小数点，下面建立一个只带有两位小数点的表格，并要求其按照X值的大小顺序排列。首先必须对表格进行预设置，具体操作步骤如图8-39所示。

1）打开“孔表”对话框。

2）在“小数位数”文本框中输入2。

3）在“对列排序”下拉列表框中选择X作为排序参照，完成表格设置。

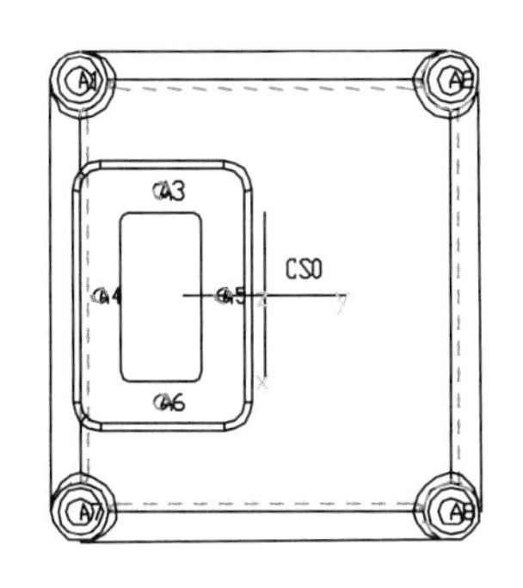

	孔图表	VIEW_TEMPLATE_2	
孔标号	X	Y	⌀
A1	-51.000	-45.000	
A2	-51.000	45.000	
A3	-25.000	-25.000	M4x35 ISO
A4	-0.000	-40.000	M4x35 ISO
A5	-0.000	-10.000	M4x35 ISO
A6	25.000	-25.000	M4x35 ISO
A7	51.000	-45.000	
A8	51.000	45.000	

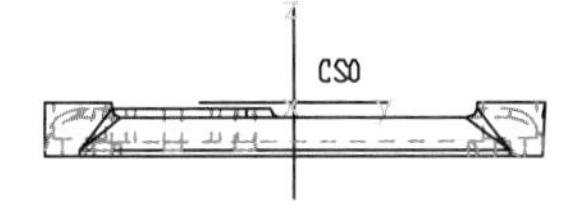

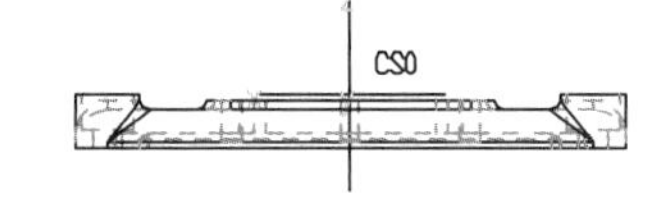

图8-37　插入孔表

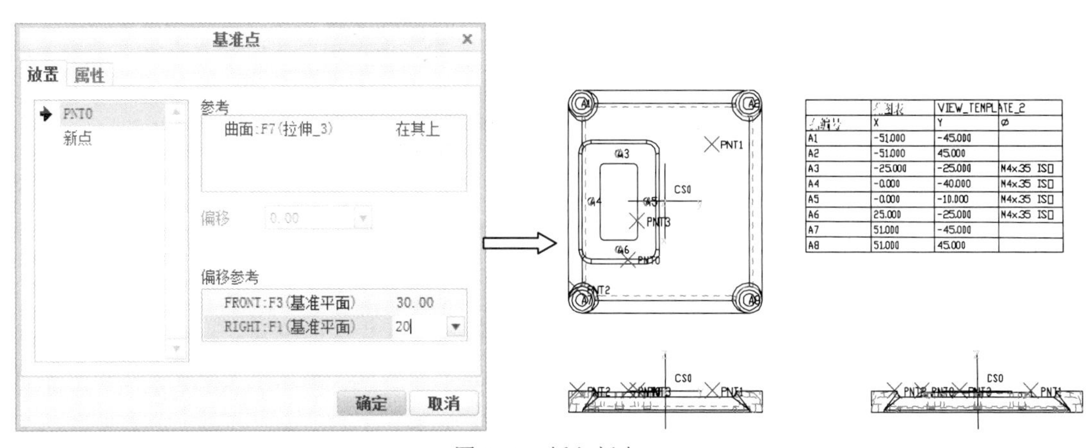

图8-38　插入新点

（8）插入基准点表。

在“包括”选项组中选中“基准点”单选按钮，创建表格，然后选择CS0作为参照坐标系，在上面建立的表格下方任意点处单击，建立新的表格，如图8-39所示。可以看出此时的表格排序顺序。

（9）插入基准轴表格。

在“孔表”菜单中选择“创建”命令，系统弹出“列表类型”选项。选择“基准轴”方式，创建表，然后选择 CS0 作为参照坐标系，在上面建立的表格下方任意点处单击，建立新的表格，如图 8-40 所示。可以看出此时的表格排序顺序仍然遵从 X 排序。

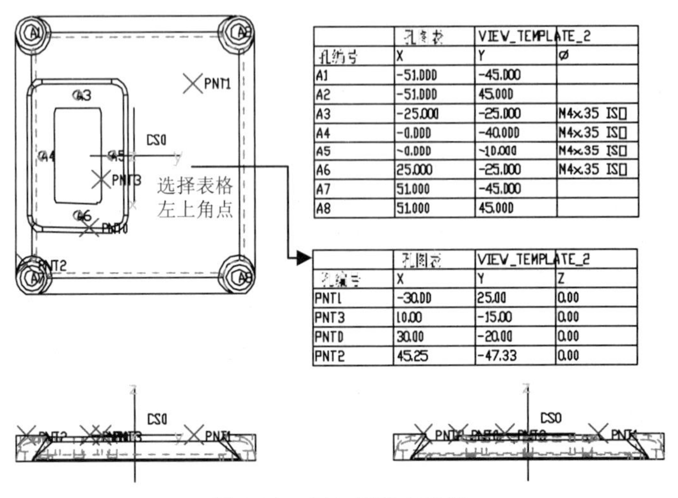

图 8-39 插入基准点表格

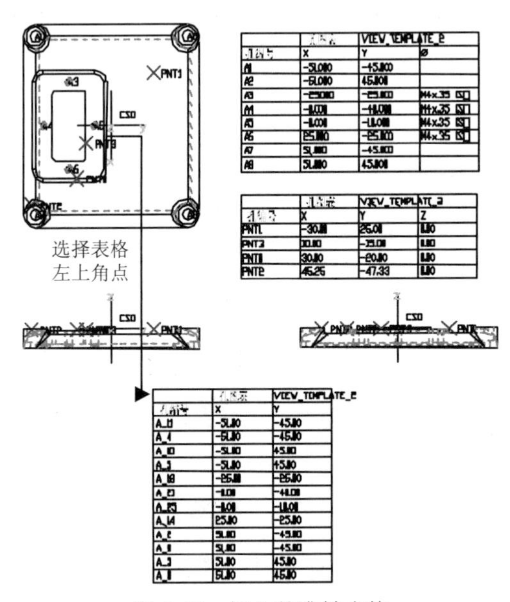

图 8-40 插入基准轴表格

8.3.2 零件族表

本节将介绍族表的应用。通过使用族表，可以复制一系列相似的零件，从而提高零件设计的效率。在工程图中也可以对这些零件以表格的形式进行统计，其操作方式同明细表制作过程基本一致，下面将直接结合实例来进行讲解。重点的理论知识是在族表的建立上。

零件族由共享常见几何特征的部件组成。例如，六角螺栓就是一个零件族，六角螺栓可以大小不同，但是它们拥有共同的特征。螺栓可以有不同的长度和直径，但是有相似的头特征以及螺纹参数，如图 8-41 所示。族表是那些相似的特征、零件或装配体的组。在企业里，可以很容易地找到具有常见几何特征的零件或装配体。如汽车工业，一家汽车制造商也许有很多种不同的凸轮轴，就可以建立族表，以控制凸轮轴生产线的建立。同样可以在装配体里找到例子，想象一家主要汽车生产商生产的交流发电机的数量，这些交流发电机有着类似的特征，但是某些部件和特征又有所不同，族表也可以用来控制交流发电机生产线的设计。

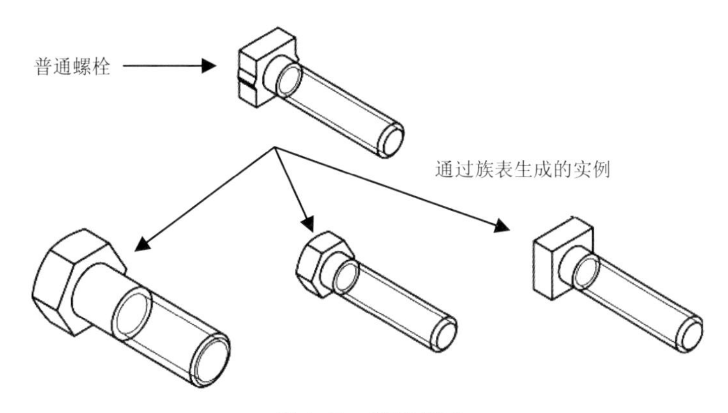

图 8-41　族表例子

族表有很多优点。在 Creo Parametric 中，存储和控制大批量部件是很难管理的，并且花费不菲。对于变化很多的零件族，族表可以在占用很少存储空间的情况下保存组件，还可以节约建模时间，如果某个设计被证明是有效的，就可以通过在族表内改变它的某个参数值形成不同的设计，这种方法还可以设计标准化。

没有专门的选项来创建一个族表，族表是在项目被添加到族表时自动创建的。可以加入到族表中的项目包括标注、特征、部件及用户参数等，其他项目包括组、阵列表及参照模型。在族表菜单中选择“添加”命令添加一个项目，然后选择添加的项目类型。某些项目（如组）用模型树选择会更好一些。

1. 族表基础

建立族表的过程比较简单，通过执行“族表”命令即可，“族表”命令位于“工具”选项板的“模型意图”功能面板中。当建立族表后，只要选取任一零件的名称，就可以打开该零件。当保存零件文件时，族表中所有零件都会存入硬盘，当再次打开父零件文件时，系统将会询问要打开族表中的哪一个零件。

单击“族表”按钮，系统将弹出“族表”窗口，如图 8-42 所示，通过其中的选项就可以进行族表操作。如果在一个没有建立过族表的文件中打开，则“族表”窗口显示相应提示。

下面对其中的选项操作分别进行介绍。

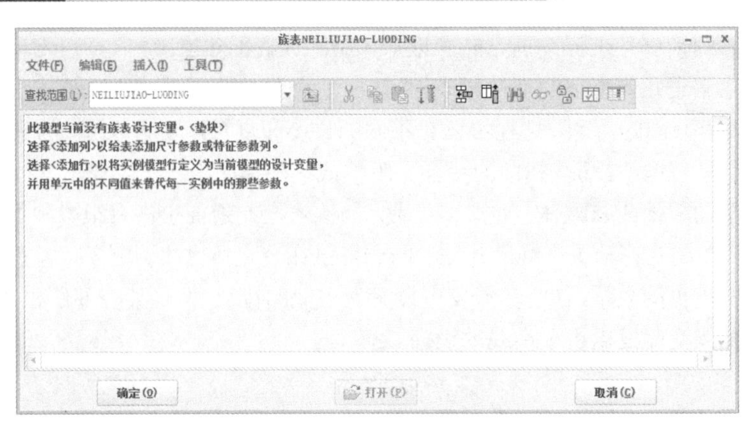

图 8-42 “族表”窗口

族表表格的编辑处理与 Excel 的基本相似。当进入到“族表”窗口中后，可以添加一些族表内容选项，如列名、特征名等。

（1）增加和删除项目。依次选择“插入”→“列”命令，系统弹出如图 8-43 所示的对话框。从图形窗口中选择所需要的对象。可增加的对象类型有：“尺寸”选项用于增加尺寸标注对象；“参数”选项用于增加参数对象；“特征”选项用于增加特征对象；“合并零件”选项用于增加合并零件对象；“参考模型”选项用于增加参照模型对象；“组”选项用于增加组特征对象；“阵列表”选项用于增加阵列特征对象；“其他”选项用于增加其他特殊对象。正是通过这些操作来设置零件之间的差异。

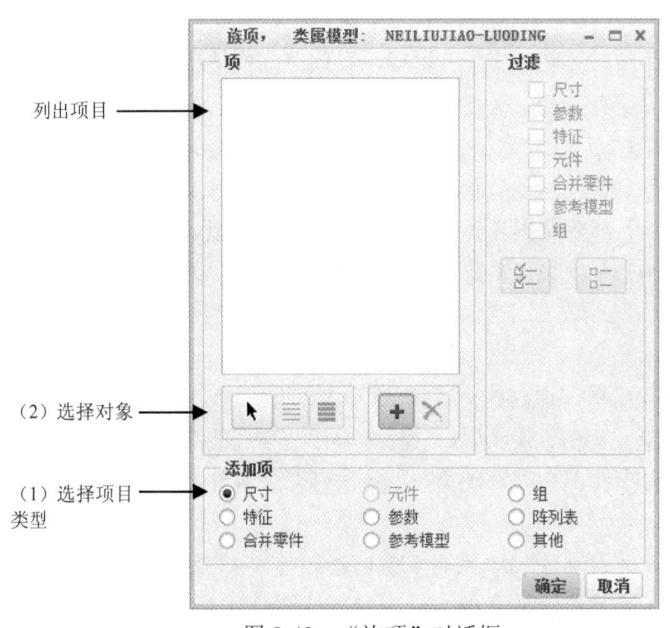

图 8-43 “族项”对话框

首先在“添加项”栏中选择项目，然后再拾取图形对象，完成后单击“确定”按钮，返回图 8-42 中，此时该窗口中将显示增加的有关对象。

如果单击≣按钮，可以选择所有的可选择对象。如果单击▤按钮，将取消对所有对象的选取。

如果选择项目后单击×按钮，可以将该项目从列表中删除。

（2）增加实例行。当回到“族表”窗口后，可以在已有行的基础上增加新行。依次选择“插入”→“实例行”菜单命令，将在选定行下面增加一个新行，其列项目完全同上面的行项目相同。在各单元格中分别输入所需要的内容即可。

如果增加了实例，则可以通过选择实例后单击“打开”按钮来观察该实例的实体模型。

（3）插入注释行。依次选择“插入”→“备注行”菜单命令，将在选定行下面增加一个新行，此时只有第一个项目可用，用户可以在其中输入注释内容。此时，在该行的首列单元格中有符号表示其为注释行。

2. 建立族表实例操作

如图 8-44 所示为齿轮油泵中的内六角螺钉零件，本节将为该零件建立零件库，用户可以从中选取多个公称长度不一的内六角螺钉零件。

首先将光盘中的 neiliujiao-luoding.prt 文件复制到当前工作目录中并打开。

（1）修改公称长度参数的名称。

1）显示公称长度的尺寸。在如图 8-44 所示处单击内六角螺钉的拉伸特征，系统将显示该特征所有的尺寸，由此可见，内六角螺钉零件的公称长度为 16.00。

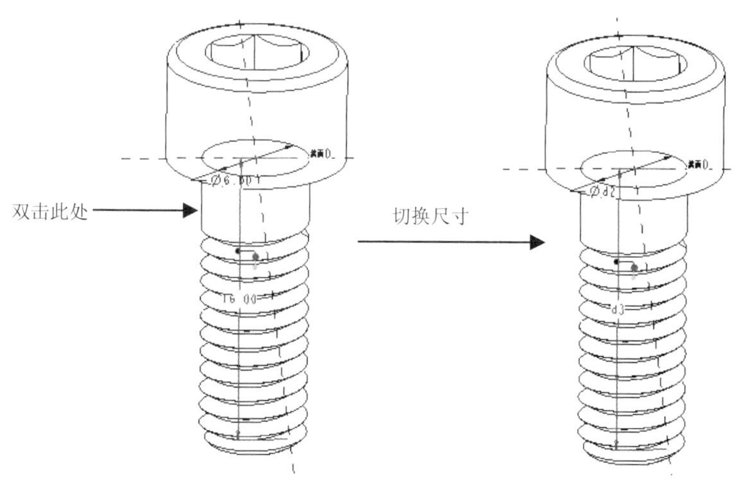

图 8-44　显示拉伸特征的尺寸并切换

2）显示公称长度的参数。单击“模型意图”功能面板中的“切换符号”按钮，将以参数形式显示内六角螺钉拉伸特征的所有尺寸，d3 是控制该螺杆长度参数。

3）修改参数的名称。右击公称长度参数并在弹出的快捷菜单中选择“属性”命令，系统弹出“尺寸属性”对话框，如图 8-45 所示。选择“属性”选项卡，并在“名称”文本框中输入“公称长度”。单击“确定”按钮，完成后主窗口的零件模型如图 8-46 所示。

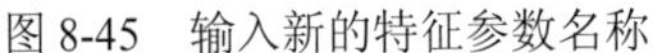

图 8-45　输入新的特征参数名称

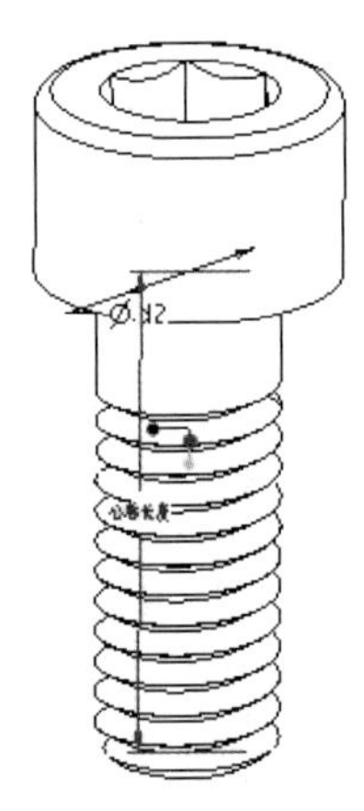

图 8-46　主窗口的零件模型

（2）添加螺纹长度参数。

1）显示参数。

- 单击“模型意图”功能面板中的“关系”按钮，然后单击螺纹特征，此时系统弹出“关系”对话框、“选取截面”菜单和“指定”菜单。
- 选中“指定”菜单中的“轮廓”复选框，并单击“选取截面”菜单中的“完成”命令，此时主窗口的零件模型如图 8-47 所示。

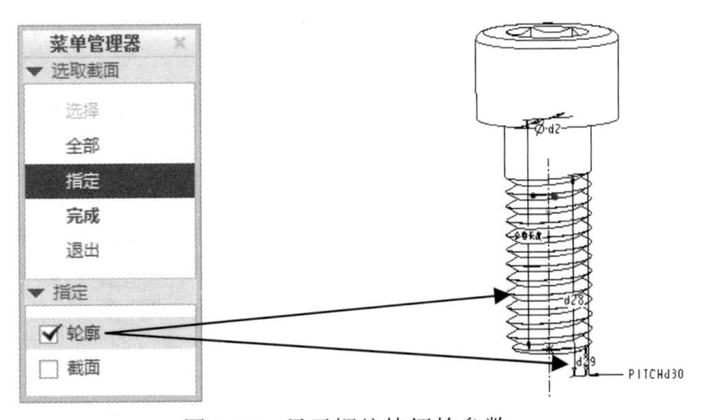

图 8-47　显示螺纹特征的参数

- 由该图可见，内六角螺钉的螺纹长度是由参数 d28 与 d29 控制的，所以必须添加关系式“d28＝螺纹长度＋d29”来控制螺纹的长度。

2）添加螺纹长度参数。在“关系”对话框中单击“局部参数”展开按钮，单击“添加新参数”按钮，并在“名称”文本框中输入螺纹长度参数名称“螺纹长度”，将其值设置为 11，如图 8-48 所示。

图 8-48　输入螺纹长度参数的名称

3）添加关系式。单击“关系”展开按钮，在信息提示区中输入关系式“d28=d29+螺纹长度”，如图 8-48 所示。

4）单击“确定”按钮，完成关系式的添加。

（3）打开“族表”对话框，单击“模型意图”功能面板中的“族表”按钮，系统自动弹出“族表 NEILIUJIAO－LUODING”对话框。

（4）添加内六角螺钉公称长度尺寸参数、螺纹长度参数及螺纹特征等项目。

单击按钮，系统弹出“族项，类属模型：NEILIUJIAO－LUODING”对话框。此时“项”栏为空白，表示目前尚未选取任何项目。

1）选取内六角螺钉公称长度尺寸参数。单击内六角螺钉拉伸特征，然后选取“公称长度”参数，此时对话框的“项”栏出现“d3，公称长度”。

2）选项螺纹长度参数。

- 选中“添加项”栏的“参数”单选按钮，表示接下来要添加参数项目，此时弹出“选取参数”对话框。

- 选中“螺纹长度”参数，并单击“插入选取的”按钮，此时对话框的“项”栏出现“螺纹长度”。

3）选取螺纹特征。选中“添加项”栏的“特征”单选按钮，表示接下来要添加特征项目。单击内六角螺钉的螺纹特征，则在对话框的“项目”栏出现“F666，[切剪]”。

完成以上操作后，“族项，类属模型：NEILIUJIAO－LUODING”对话框如图 8-49 所示。最后单击确定按钮，完成项目的添加。此时系统弹出“族表 NEILIUJIAO－LUODING”对话框，如图 8-50 所示，显示内六角螺钉原型零件的名称、用户选取的参数和各个参数值。

图 8-49 “族项”对话框

图 8-50 “族表 NEILIUJIAO－LUODING”对话框

（5）增加新的实例（子零件）。单击图 8-50 中的按钮可以添加新的实例（子零件），其默认名称为“NEW_INSTANCE”，用户可以对该实例（子零件）作相应的编辑。例如，创建 1 个名为“L_24”、公称长度为 24、螺纹长度为 10、存在螺纹特征的内六角螺钉，则可以作如图 8-51 所示的编辑。

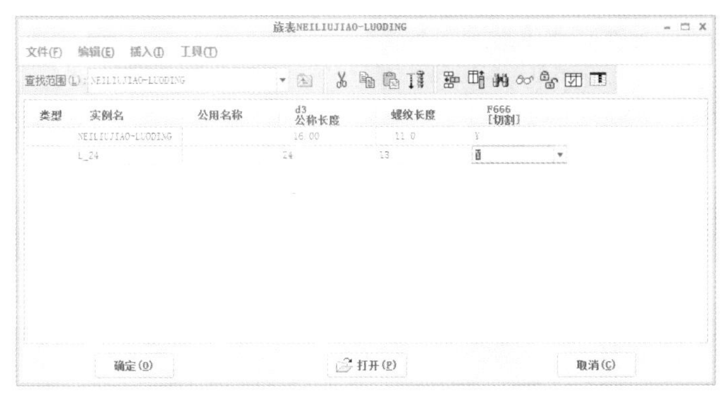

图 8-51　创建实例（子零件）L_24

在该零件库中依次添加实例（子零件）L_24、L_24_N、L_20、L_20_N，实例（子零件）的各项参数如图 8-52 所示。

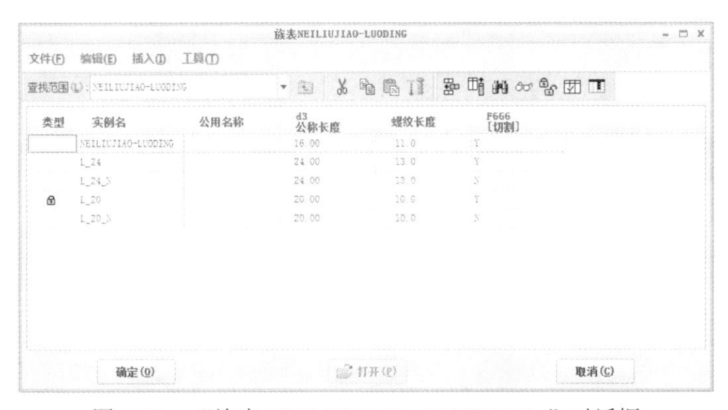

图 8-52　“族表 NEILIUJIAO－LUODING ”对话框

单击“族表 NEILIUJIAO－LUODING”对话框中的 确定(O) 按钮，完成零件库的建立。并单击系统主菜单栏的“文件”→“保存”命令，保存内六角螺钉文件为 neiliujiao－luoding.prt。

3. 建立族表表格实例操作

下面建立族表的二维表格。具体操作步骤如下：

（1）新建工程图文件，如图 8-53 所示。

1）依次选择主菜单“文件”→“新建”命令，系统弹出“新建”对话框。

2）选择“绘图”类型，单击“确定”按钮，弹出“新建绘图”对话框。

3）取消“使用默认模板”复选项，单击“确定”按钮，弹出“新建绘图”对话框。

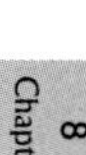

4）选中“使用模板”单选按钮，然后选择 a3_drawing，即选择 A3 图纸，单击“确定”按钮，弹出“选择实例”对话框。

5）从对话框中可以看到列出的实例名称。选择“类属模型”，单击“打开”按钮，进入工程图环境，此时窗口中将显示实例所参照的原始模型。

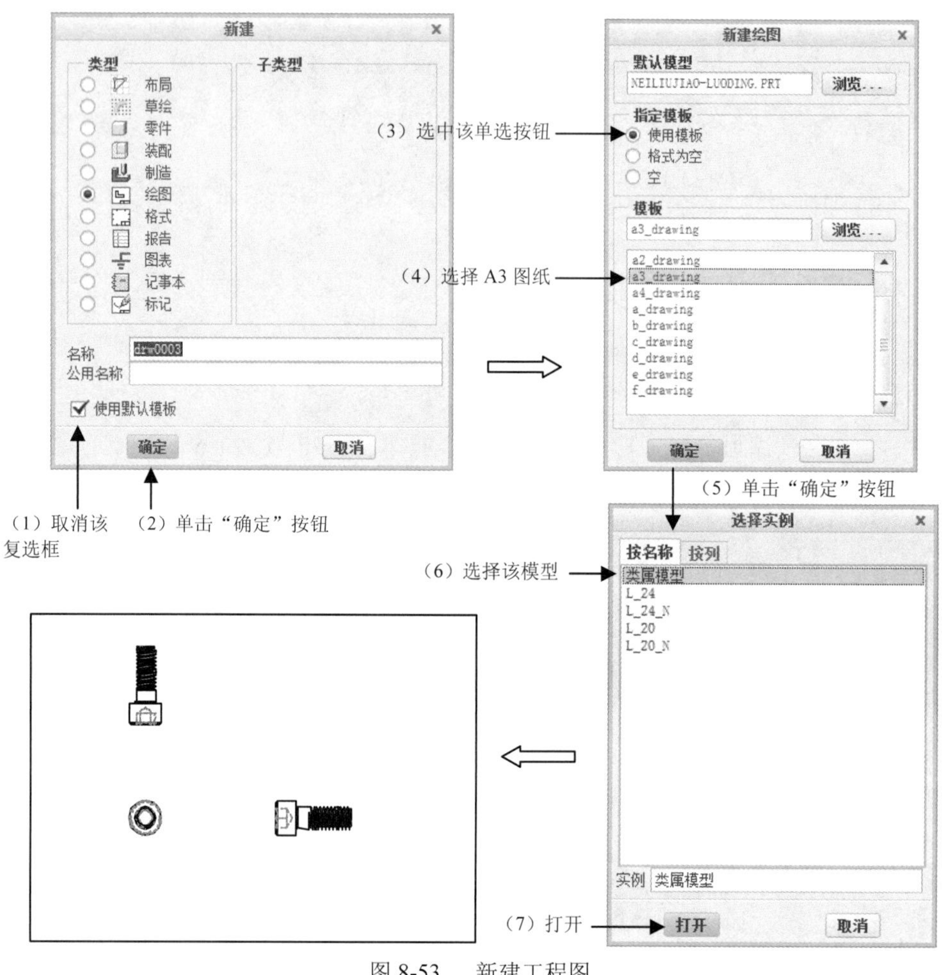

图 8-53　新建工程图

（2）建立表格，如图 8-54 所示。

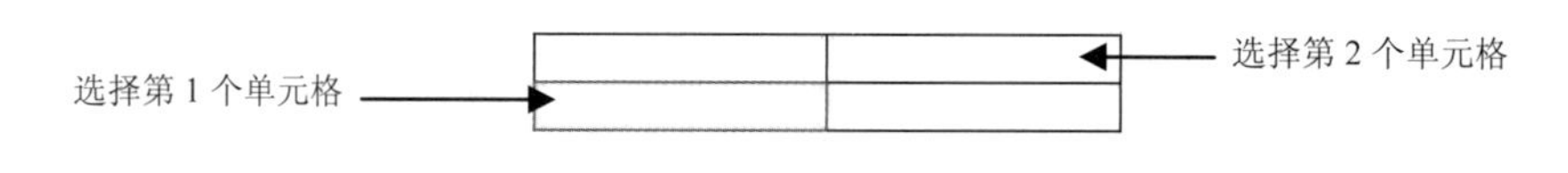

图 8-54　建立表格

1）打开“插入表”对话框。

2）选择“向右且向下”方式，插入 15 字符长、两个字符高的两行两列单元格，确定后在图形窗口中单击任意点作为需要的表格起始点。

（3）插入族表格内容，如图 8-55 所示。

1）单击“数据”功能面板中的“重复区域”按钮，系统弹出“表域”菜单管理器。

2）选择“添加”命令，系统弹出“区域类型”菜单。

图 8-55　插入族表格

3）选择“二维”命令，然后依次选择表格的两个对角单元，最后选择一个单元格作为子区域上边界。

4）在左下角单元格中双击，打开“报告符号”对话框，依次选择 fam→inst→name，然后分别在另外两个单元格中输入 fam.inst.param.value 和 fam.inst.param.name，如图 8-55 所示。

5）单击“数据”功能面板中的“更新表”按钮，结果如图 8-56 所示。

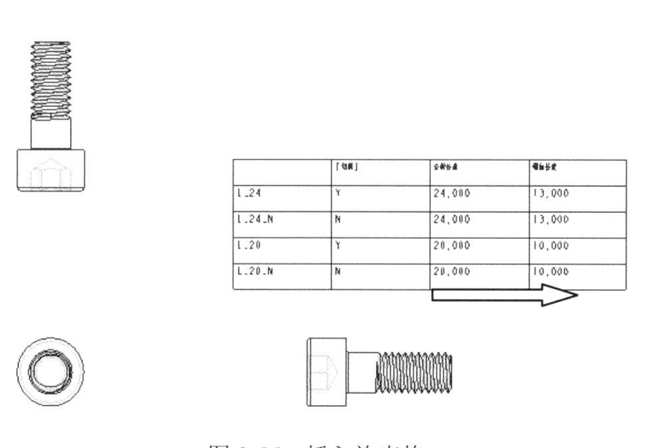

图 8-56　插入族表格

9 数据交换与出图

数据交换是不同计算机程序之间数据彼此共享、相互关联的重要手段。在 Creo Parametric 中，可以通过多种兼容格式的数据，与其他 CAD 系统或程序进行数据的输入/输出转换。

将图形打印到图纸是输出数据的常用方法。在 Creo Parametric 中，无论是零件模式、装配模式还是工程图模式，都可以进行文件的打印操作。

本章将对 Creo Parametric 工程图中涉及的数据交换与打印输出进行介绍。

9.1 绘图文件的交换数据

利用数据交换，可以在 Creo Parametric 各版本和模块之间、各种 PTC 软件应用程序之间传送数据。数据交换也允许 Creo Parametric 与其他 CAD/CAM 系统共享数据，从而实现共同设计的目的。“绘图”模块中提供的“选项”功能可以进行一些基本的设置。

依次选择“文件”菜单中的“选项”命令，系统弹出如图 9-1 所示的对话框，其中的“2D 数据交换设置”域提供了进行格式转换的一些特殊内容。实际上，在进行不同图形格式转换时，其具体内容会有所不同。

在“导出的首选可交付结果”下拉列表框中提供了 Creo Parametric 可以导出和导入的二维数据格式文件，如表 9-1 所示。并且在各“导出格式版本”下拉列表框中列出了目前可以交换的格式，如 DWG 格式可以识别的版本包括 R14、2000、2004、2007 和 2010 等。用户可以根据需要自行选择。

其他相应选项如下：

（1）有关 DWG 与 DXF 格式转换处理。

1）“DXF 和 DWG 导出映射文件位置”文本框：可以确定文件的导出目录。

2）“导出时将样条和剖面线图元转换为”下拉列表框：包括 4 种方式的处理，可以分别转换为样条和剖面线、仅转换为样条、仅转换为剖面线和不转换。

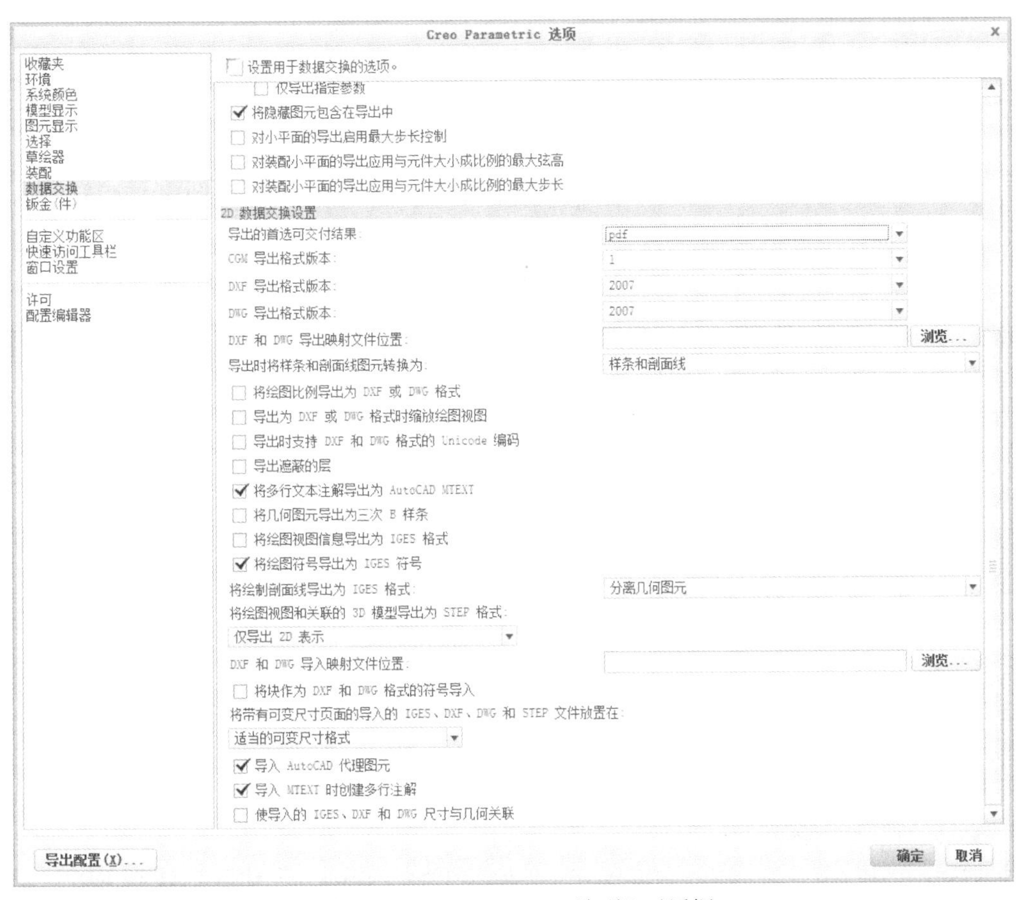

图 9-1 “Creo Parametric 选项”对话框

表 9-1 常用数据格式

格式	含义
iges	Initial Graphics Exchange Specification，标准的 IGES 格式。 以 IGES 格式输出绘图、绘图格式、布局、零件和组件数据。 用 B 样条表示输出所有曲面的零件数据，并用用户提供的程序自动开始该 IGES 文件的后处理。 将包含绘图数据的 IGES 文件输入到绘图、格式和布局中，并修改所得到的产品。 为通过 IGES 格式进行输出而将绘图中的模型边分组，以使支持 IGES 组的其他系统能将这些模型边作为一个图元集合进行查看。 将包含绘图、草绘和零件数据的 IGES 文件输入到 Creo Parametric 的所有模式中
set	输入和修改包含 SET 文件的工程图；输入 SET 零件和绘图文件（包括格式和布局）；输出 SET 零件数据（曲线和曲面数据及坐标系）和 SET 工程图数据（2D 几何、文本和尺寸）
step	以产品模型数据交换标准（STEP）格式在不同的计算机辅助设计、工程和制造系统之间交换完整的产品定义。可以输入及输出 STEP 相关绘制数据（AP214）

续表

格式	含义
tiff	标签图像文件格式（Tagged Image File Format，TIFF）是一种主要用来存储包括照片和艺术图在内的图像的文件格式。TIFF 文件可以编辑，然后重新存储而不会有压缩损失
medusa	将工程图页面与 mudusa 进行数据交换，成为相互的嵌入式数据。Medusa 可以转换为 ASC II 文件
Stheno	在 Creo Parametric 与 Stheno/Pro 之间进行二维绘图数据交换
cgm	CGM 提供基于矢量的 2D 图像文件格式，用于存储和检索图形信息。可以在“零件”、“组件”和“绘图”模式下将图形信息输出为 CGM 格式；将 CGM 文件输入到绘图、格式、布局或布线图中
dwg、dxf	可输入 DXF 文件并修改结果工程图，或创建设计模型和构建特征。DXF 文件可包含 2D 或 3D 几何。可以将 2D DWG 文件输入到 AutoCAD 等产品中及从中输出 2D DWG 文件；使用包含 3D 几何的 DXF 文件输入零件、组件、元件和特征。也能输入 DXF 文件中所包含的镶嵌化数据和嵌入的精确 ACIS 数据
pdf	直接转换成为 PDF 阅读文档，所有二维图形信息均转为图像，且参数化数据信息消失。PDF 文档可以作为图片插入到 Creo Parametric 中，而 Creo Parametric 绘图文件可以转换为 PDF 文件

3）“将绘图比例导出为 DXF 或 DWG 格式”复选项：直接将绘图中的比例文本转换为 DXF 或 DWG 文件可以识别的格式。

4）“导出为 DXF 或 DWG 格式时缩放绘图视图”复选项：在导出时需要确定比例，从而自动缩放图形。

5）“导出时支持 DXF 和 DWG 格式的 Unicode 编码”复选项：支持 DXF 和 DWG 文件可识别的国际编码格式 Unicode。

6）“导出遮蔽的层”复选项：将 Creo Parametric 中遮蔽的图层也导出到 DXF 或 DWG 文件格式中。

7）“将多行文本注解导出为 AutoCAD MTEXT”复选项：将多行文字注解导出为 AutoCAD 多行文本格式。

8）“将几何图元导出为三次 B 样条”复选项：将复杂曲线等图元对象转换为三次 B 样条曲线，从而保证其识别率。

9）“DXF 和 DWG 导入映射文件位置”文本框：可以确定文件的导入目录。

10）“将块作为 DXF 和 DWG 格式的符号导入”复选项：将 DXF 和 DWG 文件中的块作为独立的符号导入文件中。

11）“导入 AutoCAD 代理图元”复选项：将利用 AutoCAD 进行二次开发等形成的图元也导入到当前文件中。

12）“导入 MTEXT 时创建多行注解”复选项：将 DWG 和 DXF 中的多行文本导入为多行注解。

（2）有关 IGES 格式转换处理。

1）“将绘图视图信息导出为 IGES 格式”复选项：将各视图中的信息以 IGES 通用格式导出。

2）“将绘图符号导出为 IGES 符号”复选项：将各视图中图形符号以 IGES 通用格式符号导出。

3）“将绘图剖面线导出为 IGES 格式”下拉列表：可以将剖面线导出为分离几何图元、IGES 剖切区域图元。

（3）有关 STEP 格式转换。

“将绘图视图和关联的 3D 模型导出为 STEP 格式”下拉列表：可以仅导出 2D 格式、导出几何及与其关联的视图、导出几何及与其关联的视图和视图的相关注释。

（4）有关通用格式的共同处理。

1）“将带有可变尺寸页面的导入的 IGES、DXF、DWG 和 STEP 文件放置在”下拉列表：将带有可变尺寸的页面作为适当的可变尺寸页面进行处理，或者转换为标准格式。

2）“使导入的 IGES、DXF 和 DWG 尺寸与几何关联”复选项：仍然保留原对象的尺寸和几何关联关系。

总体看来，Creo Parametric 绘图与其他软件的交互主要包含两种方式：插入动态链接对象以及导入/导出其他格式文件。

9.2 文件数据交换

9.2.1 插入 OLE 对象

OLE（Object Linking and Embedding，对象连接与嵌入）技术允许用户在一个文档中加入不同格式数据，如文本、图像、声音等，以解决建立复合文档的需要。

Creo Parametric 中的二维文件，如工程图、报告、格式文件、布局或图表等，可以通过链接或嵌入的方式插入所支持的 OLE 对象。

在 Creo Parametric 中创建的新对象均为嵌入式对象。插入的对象如果没有同源文件实现链接关系，而是直接插入，则这些对象也是嵌入对象。对嵌入对象的修改可以在对象源文件程序中进行，但是与源文件没有任何关系了，即所做的任何更改不会保存到原始对象中，而源文件的修改也不能反映到当前嵌入对象中。

1. 创建新的嵌入对象

具体创建新的嵌入对象的操作步骤如图 9-2 所示。

（1）在“布局”选项卡的“插入”功能面板中选取“对象”命令，系统出现“插入对象”对话框。

（2）选取“新建”单选项，在“对象类型”列表框中选取要嵌入到工程图中的对象类型，单击“确定”按钮以关闭对话框。

（3）对象窗口以“编辑”模式出现在绘图中（这里以插入一个 Word 文档为例），创建该对象所用的应用程序的工具栏出现在工作区窗口中。

（4）根据需要编辑该对象，然后单击对象窗口外的任意处，即可退出“编辑”模式并返回工程图状态。

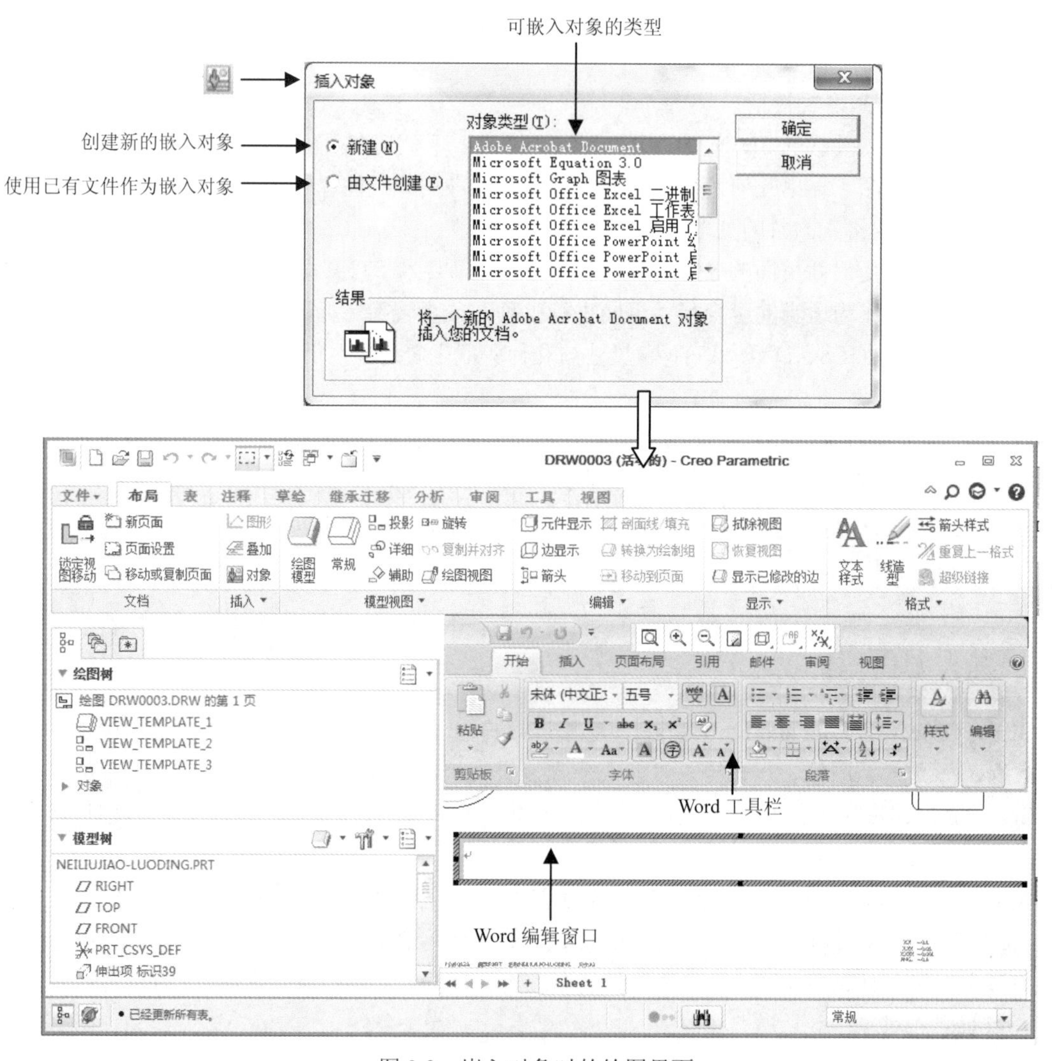

图 9-2　嵌入对象时的绘图界面

2. 使用已有文件创建嵌入对象

打开“插入对象”对话框后，如果在对话框中选取“由文件创建”单选项，此时“插入对象”对话框如图 9-3 所示，去掉勾选“链接”复选框，则可以使用已有文件的内容作为嵌入对象。关闭对话框后，对象自动以嵌入方式插入到工程图中。

提示：如果选中“链接”复选框，则对源文件的修改将直接反映到 Creo Parametric 工程图中；否则，没有关系。

每个插入对象都可以进行编辑，其快捷菜单如图 9-4 所示。

3. 移动或重新调整 OLE 对象尺寸

单击选中插入的 OLE 对象，其四周出现带有控制点的边框，通过控制点可以对 OLE 对象进行移动和重新调整大小的操作。

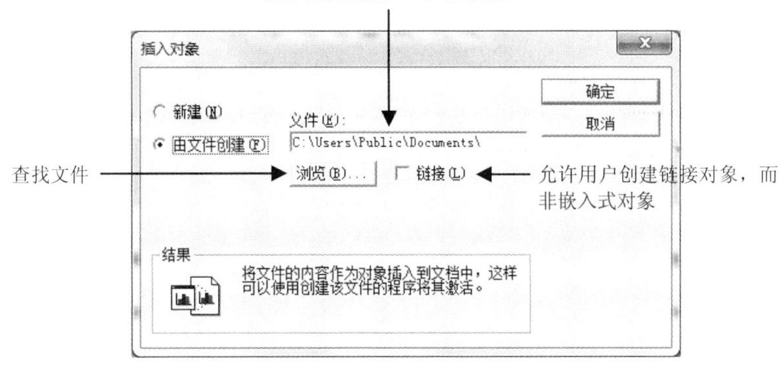

图 9-3 “插入对象”对话框

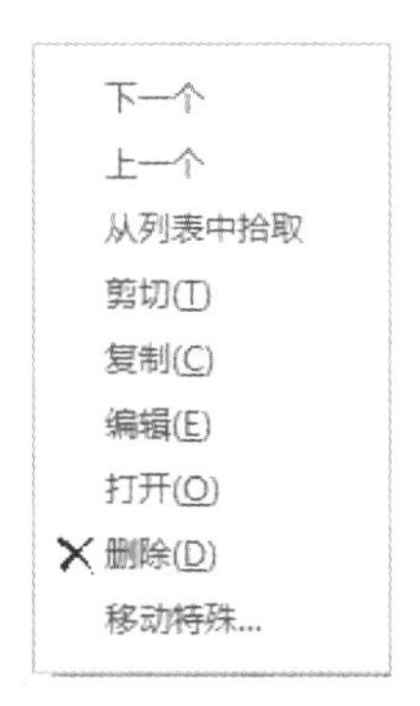

图 9-4 OLE 对象的右键快捷菜单

9.2.2 与 IGES 格式文件的数据交换

Creo Parametric 工程图模式下提供了功能非常强大的数据接口，支持很多文件格式。可以很方便地同其他绘图软件进行图形数据交换。

1. 插入共享数据

在 Creo Parametric 工程图模式下，可以根据需要，从外部导入其他多种数据格式的绘制图元。这些过程基本一致，只是不同的文件格式对应不同的选项而已。

在 Creo Parametric 工程图中导入文件的步骤如下：

（1）如图 9-5 所示，在“插入”功能面板中选取“导入绘图/数据”选项，系统打开“打开”对话框。

（2）在“类型”下拉列表框中选择要插入文件的类型，选择添加文件的目标文件夹及文件名。

（3）单击“打开”按钮，将数据添加到当前 Creo Parametric 工程图文件中。

（4）根据输入文件格式的不同，可能显示一个对话框，用于定义导入选项。如图 9-5 所示是输入 IGES 文件时打开的“导入 IGES”对话框，用于定义输入文件时相关的尺寸、字体等。

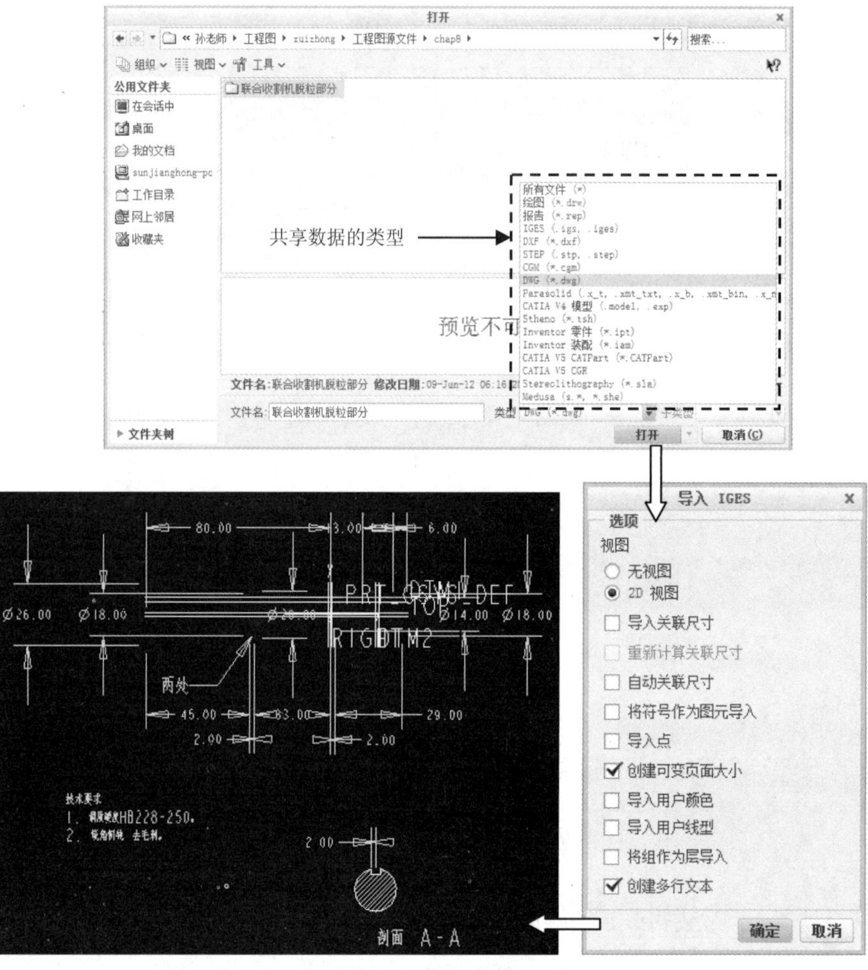

图 9-5　插入文件

可以看到，部分选项内容实际上在前面的“选项”对话框中已经介绍过。只是这里多了一个“导入点”选项而已。

（5）定义完毕后，单击“确定”按钮，按照默认坐标导入。当导入其他类型文件时，可能会造成线条缺失现象。

2. 输出

在 Creo Parametric 中创建完成工程图后，可以将其转换成另一个 CAD 系统程序使用的数据格式，并将其保存在磁盘文件中，在相应的应用程序中打开。

在 Creo Parametric 工程图中输出文件的步骤如下：

（1）在“文件”主菜单选取“另存为”、“保存副本”命令，打开“保存副本”对话框。

（2）在“类型”下拉列表框中选择输出文件的类型，在“新建名称”文本框中输入相应文件名。选择输出文件的目标文件夹。

（3）单击“确定”按钮，将数据输出到对应文件中。

也可以在“另存为”子菜单中选择“导出”命令，系统弹出如图 9-6 所示的操控板。在其中选择所需要的导出类型，部分类型可以进行属性设置。确定后单击“导出”按钮完成导出任务。

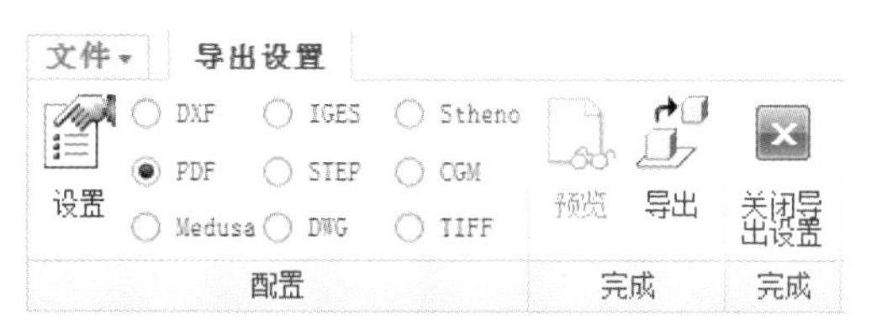

图 9-6 “导出设置”操控板

根据输出文件格式的不同，可能显示一个对话框，用于定义输出选项。如图 9-7 所示是输出 IGES 格式文件时打开的“IGES 的导出环境”对话框，用于定义输出 IGES 文件时的坐标、文件结构等，此处不再赘述。

图 9-7 输出 IGES 文件

9.2.3 工程图与 PDF 的数据交换

PDF 是一种常用的表达方式，为可移植文档格式，这是一种工业标准的可视格式。除了标准 PDF 格式，还可以针对文件保存与存档的目的将绘图导出为 PDF/A-1。所有字体都嵌入在 PDF/A-1 文件中，该文件并不会压缩。因此，PDF/A-1 文件相对来说会比标准 PDF 文件大。

Creo Parametric 工程图可以通过插入 OLE 的方式插入 PDF 文档图片，同时可以通过“导出”

的方式将其储存起来。

具体的输出过程参见 9.2.2 节。

另外，在“绘图”模式下，可以使用“文件”→“保存副本”菜单命令进行导出。系统将弹出如图 9-8 所示对话框。可将各种尺寸的多页绘图、绘图层、TrueType 字体、可搜索的实际文本等项导出到单个 PDF 文件，还可以为 PDF 导出设置安全参数和文档属性，并使用智能内容（如可搜索元数据、超级链接和书签）增强导出的文件。这些特征可使导出的模型或绘图属性的操作更方便，包括绘图文本和数值、层及其可见性、模型参数、视图、标志注解和绘图结构等。例如，区域和绘图页面导出模型绘图时，可为 PDF 文档设置如图 9-8 所示内容，确定即可。

（1）常规，如图 9-8（a）所示，包括绘图页面的范围、颜色、着色图像的分辨率、隐藏线的样式及 PDF 文档的打印设置。

（2）内容，如图 9-8（b）所示，如超级链接、层、参数、PDF 与 PDF/A-1 格式以及文档或绘图结构。

（3）安全，如图 9-8（c）所示，确保打开绘图和执行查看者操作（如打印、文档装配和编辑及复制）所有权的安全设置。

（4）说明，如图 9-8（d）所示，如 PDF 文档的标题和作者名、主题的简要说明以及 PDF 文档中的关键字列表。

但是在输出过程中，PDF 将对所有图线采用统一粗细处理，这就造成如剖面线同轮廓实线一样粗细，不符合国家标准。另外，对于绿色或黄色的线，在电子文档中看着还比较清楚，但是用黑白打印机打印出来就几乎看不到，此时也需要在打印前将所有线型调成黑白色。我们可以使用 table.pnt 文件控制工程图打印时的线宽和颜色。

table.pnt 文件中预定义了 8 支笔，分别对应不同类型的线。

- pen 1　设置可见几何、剖面切线和箭头、基准面线型等线型。
- pen 2　设置尺寸线、导引线、中心线、剖面线、文本及注释等线型。
- pen 3　设置隐藏线、阴影文本等线型。
- pen 4　设置样条曲线网格线型。
- pen 5　设置钣金件颜色图元线型。
- pen 6　设置草绘截面图元线型。
- pen 7　设置灰色草绘尺寸，切换了的截面等线型。
- pen 8　设置样条曲面网格线型。

线型设置的方式为：

pen # pattern 值 单位; thickness 值 单位; color 值; <或颜色名称>

说明：

- pen #为笔号。
- pattern 出图图线种类定义（按给定单位的定义值绘制）。这些值将依照下列顺序进行创建：第一个线段长度、第一个间距长度、第二个线段长度、第二个间距长度等，如 pen 3

pattern.1.05.025.05。

（a）

（b）

（c）

（d）

图 9-8 输出 IGES 文件

- thickness 定义出图线宽，以给定单位表示。单位可以为 cm 或 in。
- color 定义出图的颜色。以 0～1 的比例范围使用红、绿、蓝比例来定义颜色。

颜色名称对应于系统为特定图元类型分配的默认 Creo Parametric 颜色（要访问默认系统颜色，单击“文件”→“选项”→“系统颜色”菜单命令，然后在“系统颜色”选项卡的“颜色配置”列表中选择“默认”方式）。

例如，下面这个设置方式将所有的出图线定义为黑色：

pen 1 color 0.0 0.0 0.0; thickness 0.03 cm

pen 2 color 0.0 0.0 0.0; thickness 0.013 cm

pen 3 color 0.0 0.0 0.0; thickness 0.01 cm

pen 4 color 0.0 0.0 0.0; thickness 0.01 cm

pen 5 color 0.0 0.0 0.0; thickness 0.01 cm

pen 6 color 0.0 0.0 0.0; thickness 0.01 cm

pen 7 color 0.0 0.0 0.0; thickness 0.01 cm

pen 8 color 0.0 0.0 0.0; thickness 0.01 cm

在更改绘图仪笔的属性时，要考虑以下内容：

（1）所有单位必须设置为英寸（in）或厘米（cm）。使用毫米（mm）会导致语法错误。

（2）可以在 table.pnt 文件中为同一支笔分配多种颜色。使用空格或逗号将多种颜色的名称分隔开。

（3）使用分号将属性分隔开。

（4）每个笔可包括任意或所有属性。

（5）没有包括在文件 table.pnt 中的属性像在正常出图中一样未更改。

table.pnt 文件定义好后，如图 9-9 所示，在 config.pro 配置中加入 pen_table_file 参数，并在“值”中输入 table.pnt 文件存放的绝对路径，重新启动 Creo Parametric 生效。

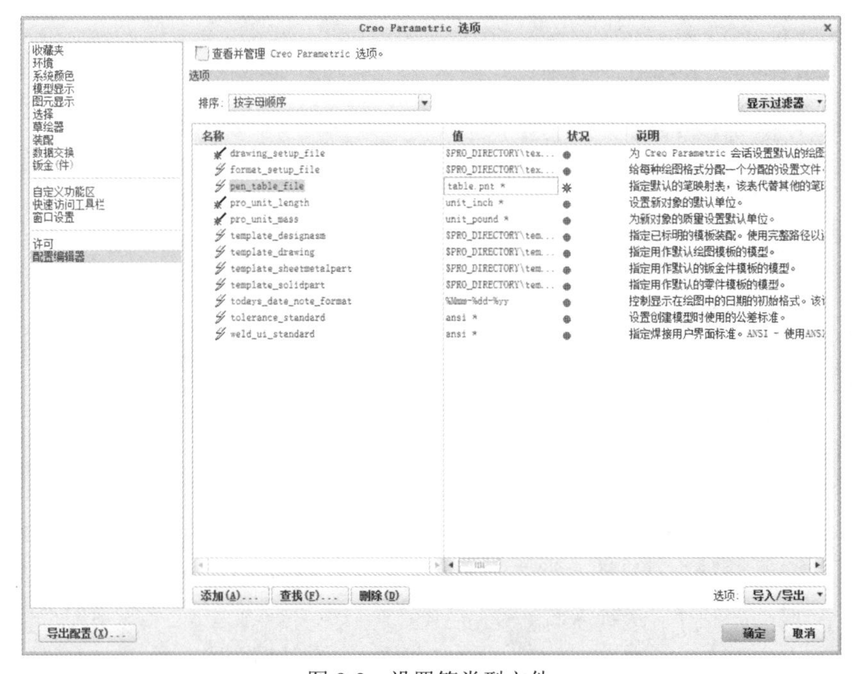

图 9-9 设置笔类型文件

工程图打印时需注意以下事项：

（1）隐藏线在屏幕上显示为灰色，但打印后在纸上为虚线。

（2）Creo Parametric 在打印系统图线种类时，将它们缩放为页面大小。不缩放用户定义的图线种类（它们不按定义打印）。

（3）可使用配置文件选项 use_software_linefonts，以确保绘图仪完全按 Creo Parametric 中出现的形式打印用户定义线型。

（4）用 HPGL2 驱动程序打印 OLE 对象的屏幕捕捉，打印机必须支持 HP RTL 扩展名。

另外，在打印时也可以选择特定的线型文件。如图 9-10 所示，笔表中输入线型文件的路径，可以对 A0～A4 各种尺寸的图纸使用不同的线型配置文件。

图 9-10 “打印机配置”对话框

注意：输出 PDF 时只能使用 config.pro 配置中定义的线宽配置文件。当然也可以选择不使用线宽配置，但是不能使用多种配置文件。

9.3 Creo Parametric 工程图与 AutoCAD 的关系

AutoCAD 软件是常用的工程图绘制软件。Creo Parametric 工程图可以通过 2000 版或更早版本的 DXF 或 DWG 格式文件与 AutoCAD 软件进行数据交换。

在这里最重要的一点就是：当 Creo Parametric 工程图输出为 AutoCAD 格式文件时，其参数化和关联性都将消失，成为固定数据模式。

9.3.1 输出为 AutoCAD 格式文件

仍然采用上一节输出文件方式，只是需要选择文件类型为 DWG 和 DXF 格式。输出 DWG 格式文件的选项集中在如图 9-11 所示的“DWG 的导出环境”对话框中。DXF 格式设置读者自行练习，术语基本一致。

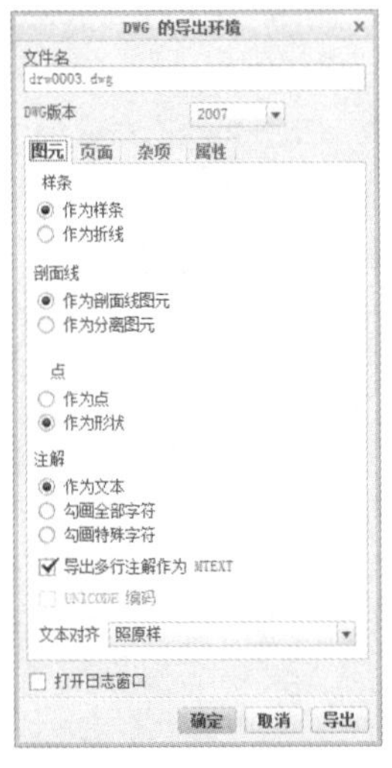
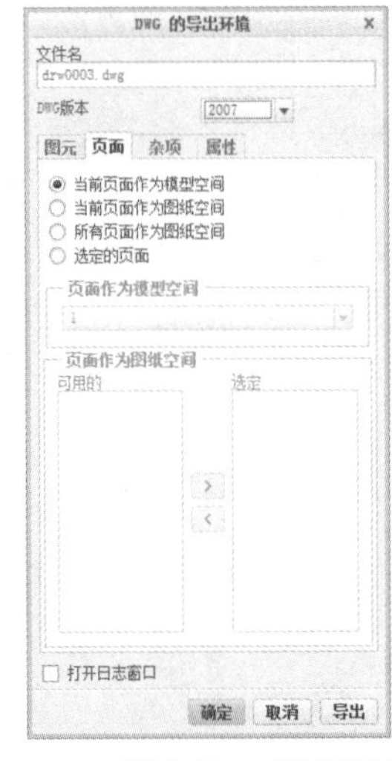

图 9-11 “DWG 的导出环境”对话框

在“图元”选项卡中，各选项功能解释如下：

（1）DXF/DWG 版本：可输出 AutoCAD 版本有 14、2000、2004、2007 和 2010 等。

（2）样条：样条保持原样或者以折线方式输出。

（3）剖面线：剖面线保持块或以分离图元输出。

（4）点：此选项只对使用 2D 草绘工具所创建的点有效。输出时，可以选择让点保持原样或打散成独立图元。

（5）注解：将文字输出成文字块或几何图元。如果要输出中文，一定要选中“作为分离图元”单选项。

“页面”选项卡用来确定 AutoCAD 文件中模型空间和图纸空间的处理方式。

“杂项”选项卡主要用来设置图元以层或者块方式输出，以及是否在 DXF 文件中创建注释行。另外，用户需要决定是否保留尺寸线上的断点。

“属性”选项卡用来确定输出线条、图层、颜色和文字的基础处理。

9.3.2 打开 AutoCAD 格式文件

在 Creo Parametric 中，可以采用上一节的打开方式，直接打开 DWG 格式文件。系统弹出如图 9-12 所示的“导入 DWG”对话框。

在“选项”选项卡中，用户可以决定以下几项内容：

（1）决定导入类型：包括 Model Space（模型空间）和 Layout（布局空间）。如果希望打印出图，可以选择后者。一般选择前者进行编辑。

图 9-12　打开 DWG 文件

（2）决定尺寸的处理方式：DXF 文件中的尺寸既可以作为尺寸，也可以作为符号和独立的图元。

（3）决定其他设置。包括是否将块作为符号导入、是否导入点、是否创建可变页面大小以及创建多行文本等。

在“属性”选项卡中，可以选择输入图素的类型属性。

9.3.3　Creo Parametric 工程图转换中的图层处理

工程制图的国家标准规定各种图线分为粗、细两种，粗线的宽度 b 应按图的大小和复杂程度，AutoCAD 是采用图层来解决的，但在默认情况下由 Creo Parametric 中视图生成的线型是不能修改的。这就造成了在 Creo Parametric 输出 DWG 和 DXF 文件时遇到的最大障碍——线型和图层问题。解决的唯一办法就是将 Creo Parametric 中的图层和 AutoCAD 中的图层设置统一起来。

具体的设置方式可以分为三种：默认方式（即不做图层设置）、设置配置文件方式以及自定义 Dxf_export.pro 文件方式。

1. 默认方式

如果采取默认值的方式，当输出成 DWG/DXF 文件时，只会有下列几种图层：

Default_1：图元为中心线时归入此层。

Default_2：图元为隐藏线时归入此层。

Default_3：图元为虚线时归入此层。

0 层：凡是不属于上面三种线型皆归入此层。

Hatching_*：剖视图的剖面线归入此层。

Table_*：当工程图中有表格时归入此层。

对大多数的 Creo Parametric 用户而言，这样的设置已经足够。然而，相比于 AutoCAD 而言，这样的设置远远不够。尤其按照国标规定，AutoCAD 中的图层如表 9-2 所示。因此，一般都是要进行自定义设置的。

表 9-2　图层与线型对应关系（GB/T 14665－1998）

图层	线型描述	颜色
01	粗实线、剖切面的粗剖切线	白
02	细实线、细波浪线、细折断线	红、绿、蓝
03	粗虚线	黄
04	细虚线	黄
05	细点划线、剖切面的剖切线	蓝绿、浅蓝
06	粗点划线	棕
07	细双点划线	粉红/橘红
08	尺寸线、投影连线、尺寸终端与符号细实线	白
09	参考圆，包括引出线和终端（如箭头）	白
10	剖面线	白
11	文本（细实线）	白
12	尺寸值和公差	白
13	文本（粗实线）	白
14，15，16	用户选用	

2. 设置配置文件方式

在 Config.pro 文件中，将 intf_out_layer 值设置为 part_layer 后，输出到 Dwg/Dxf 文件时，系统将图元详细分类，自动产生不同的图层并自动命名，命名语法为：

(Part_name)_默认图层名称

Creo Parametric 中的各种默认图层名称如下：

(part_name)_Dxf_Axis　　所有轴线

(part_name)_Dxf_Continuous_Line　　连续线

(part_name)_Dxf_Hidden_Line　　隐藏线

(part_name)_Dxf_Dimension　　尺寸标注

(part_name)_Dxf_Text　　文本批注

(part_name)_Dxf_Hatching　　剖面线

(part_name)_Dxf_Table　　表格

(part_name)_Dxf_Ballon　　球标符号

(part_name)_Dxf_Format 图框

由 Creo Parametric 视图生成的线型，不管其图元是所有轴线、连续线、隐藏线、尺寸标注、文本批注、剖面线、表格、球标符号还是图框，线型都默认为连续线，线宽也都默认为是一样的。因此，可以在 AutoCAD 环境下将所有图形设置为图层，然后再打开图层特性管理器，将各图层的线型和线宽根据国标和自己的需要进行修改即可。

注意： Creo Parametric 将粗糙度标注放在了连续实线图层，而国标中粗糙度标注应归为标注尺寸图层。因此需将所有的粗糙度标注选出来并炸开，再选择所有被打散的粗糙度标注，将其归为标注尺寸图层即可。此时线型和线宽基本修改完毕。

3. 自定义 Dxf_export.pro 文件方式

相比于前两种方式而言，可以自定义图层名称、线条颜色、线型等，不再受 Creo Parametric 默认图层的限制。用户可以自定义 Dxf_export.pro 文件，首先要将其 intf_out_layer 选项设置为 Part_layer。

采用文本编辑器即可编辑该文件。

具体的语法有三种：

（1）自定义图层名称：map_layer (默认图层名称) (自定义名称)。

（2）自定义线条颜色：map_color (Creo Parametric 系统颜色) (AutoCAD 系统颜色)。

例如，map_color HIGHTLIGHT_COLOR 4 语句会将原来 HIGHTLIGHT_COLOR 红色更改为 AutoCAD 中的青色。

（3）自定义线型：map_line_style (Creo Parametric 线型名称) (AutoCAD 系统线型名称)。

Creo Parametric 中系统颜色名称如下：

Creo Parametric 颜色名称	Creo Parametric 默认颜色	AutoCAD 系统颜色对应名称
LETTER_COLOR	黄色	2
HIGHLIGHT_COLOR	红色	1
GEOMETRY_COLOR	白色	7
DIMMED_MENU_COLOR	浅灰	9
EDGE_HIGHLIGHT_COLOR	蓝色	140
HIDDEN_COLOR	黑灰色	8
VOLUME_COLOR	洋红	6
SECTION_COLOR	青色	4
SHEETMETAL_COLOR	绿色	3
CURVE_COLOR	褐色	40
BACKGROUND_COLOR	深蓝色	5

Creo Parametric 系统中线型名称包括隐藏线（Hidden）、实线（Geometry）、导引线（Leader）、虚线（Phantom）及中心线（Centerline）等。

AutoCAD 系统线型关系如表 9-3 所示。

表 9-3　基本线型及应用（GB/T 4457.4—2002）

图线名称	图线形式	线宽	一般应用
粗实线（Bold Solidline）		*d*	可见轮廓线 可见棱边线 图框线
细实线（Solidline）		*d*/2	尺寸线及尺寸界线 剖面线 重合断面的轮廓线 螺纹的牙底线及齿轮的齿根线 指引线及基准线 分界线及范围线 弯折线 辅助线 不连续同一表面的连线 成规律分布的相同要素连线
波浪线		*d*/4	断裂处的边界线；视图与剖视的分界线①
双折线		*d*/4	断裂处的边界线；视图与剖视的分界线①
虚线（Dashed）		*d*/4	不可见轮廓线 不可见棱边线
细点划线（long-Dash double-dot）		*d*/4	轴线 剖切线 对称中心线 孔系分布的中心线 节圆及节线（分度圆及分度线）
粗点划线	（线长及间距同细点划线）	*d*	有特殊要求的线或表面的表示线
双点划线（细）（Divide）		*d*/4	相邻辅助零件的轮廓线 极限位置的轮廓线 坯料的轮廓线或毛坯图中制成品的轮廓线 假想投影轮廓线 实训或工艺用结构的轮廓线 中断线 轨迹线

① 在一张图样上一般采用一种线型，即采用波浪线或双折线。

dxf_export.pro 文件一定要与所处理的工程图和模型在同一目录下，而不是仅放在启动目录，当输出成 DXF 和 DWG 文件时，系统会根据 dxf_export.pro 文件来显示。

编辑好 dxf_export.pro 文件后，需要在 config.pro 里设置参数 dxf_export_mapping_file 为

\...\Dxf_export.pro，这个是绝对路径。

另外，在进行格式转换的过程中，常遇到以下问题：

1）Creo Parametric 工程图转 CAD 时，尺寸缩小了 25.4 倍。这是因为当前选用的是英制，工程图比例也是 1:1，必须改成 mmns 公制。即在“选项”对话框中设置 units_length 为 mm 即可。

2）把 CAD 的 DXF 文档导入 Creo Parametric 时，CAD 上标注的尺寸数字显示不了。需要在 AutoCAD 里将所有的文字字体改为 Creo Parametric 可以识别的字体，然后再重新导入即可；或者是在 AutoCAD 里面将字全部炸开成线就可以了。

9.4 打印出图

工程图完成后，可以使用在屏幕上显示图形、在打印机上直接打印图形、打印着色图像等多种方式进行打印。打印时，根据绘图仪或打印机的设置，可以进行彩色或黑白打印。

在打印时需要注意以下问题：

（1）隐藏线在屏幕上显示为灰色，在图纸上输出时为虚线。

（2）输出不同线型时，如果是系统提供的线型，将按照图纸页面的大小缩放打印，但是用户定义的线型不能缩放打印。

（3）着色打印时，不能使用 MS Printer Manager 生成的打印机。

打印前，需进行必要的设置以获得符合工程要求的打印图纸，设置包括工程图本身的设置和打印机的设置两部分，下面分别介绍。

9.4.1 页面设置

在工程图打印前，可以根据需要，对工程图的格式、大小、方向等重新进行设置。如图 9-13 所示，在“布局”选项卡“文档”功能面板中选取“页面设置”命令，系统出现“页面设置”对话框，在其中进行页面设置并确定即可。

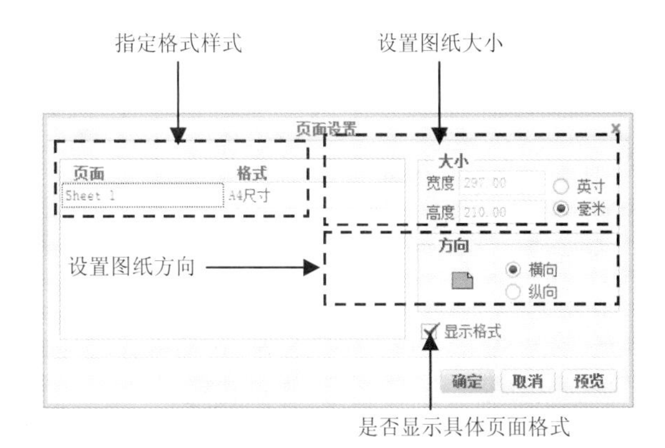

图 9-13　进行页面设置

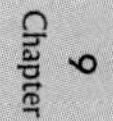

9.4.2 打印机配置

下面结合打印步骤，介绍打印工程图时需要进行的相应配置，如图 9-14 所示。

图 9-14 “打印机配置”对话框及功能注释

（1）在“文件”主菜单中选取“打印”命令，打开“打印”对话框“目标”选项卡。

（2）在对话框中进行下列操作：

1）单击“命令和设置”按钮，出现“类型”下拉菜单，在其中可以增加一台新的打印机或选择打印的方式。Creo Parametric 默认使用操作系统安装的打印机进行打印。

2）在“打印机配置”对话框中，还有“页面”、“打印机”和“模型”3 个选项卡，在其中进行配置打印机的操作。

- “页面”选项卡用于指定有关输出页面的信息，可以定义和设置图纸的幅面大小、偏距值、图纸标签和图纸单位等，详见图 9-15 中的说明。
- “打印机”选项卡用于指定打印机其他可设置的打印选项，如设置笔速、指定是否安装切纸刀、选取绘图仪初始化类型、选取纸张类型等，详见图 9-16 中的说明。

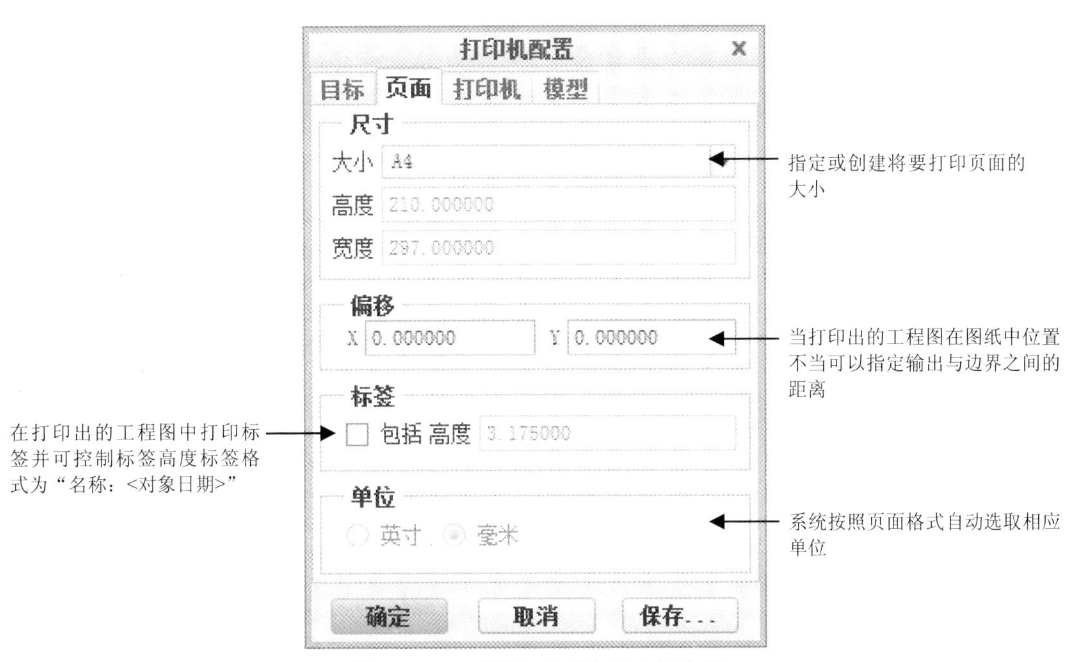

图 9-15　“页面”选项卡及功能注释

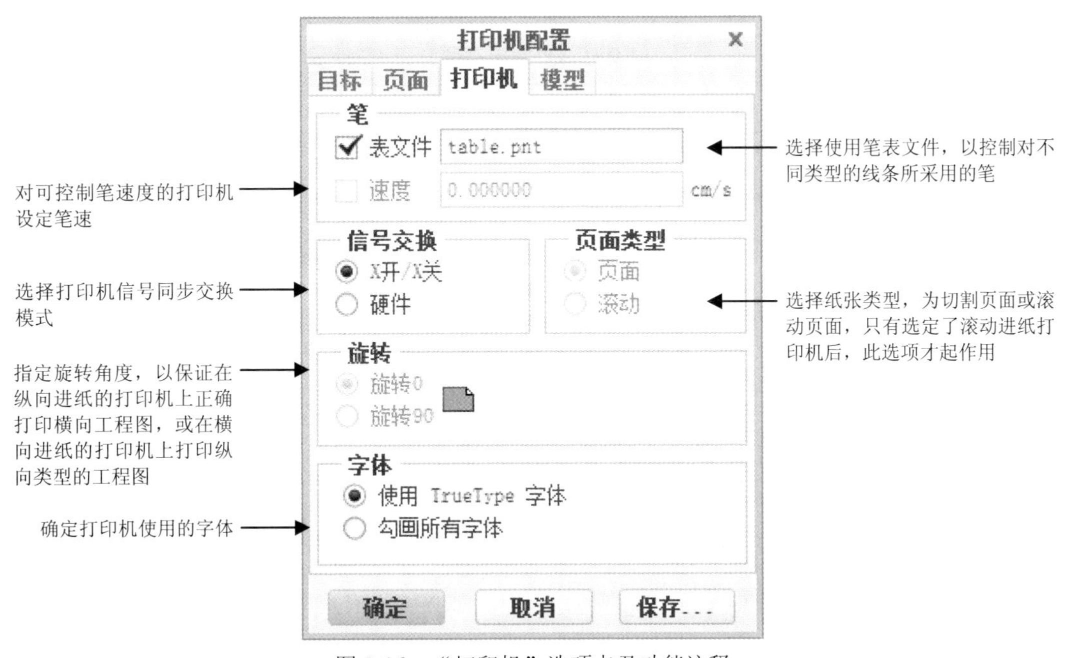

图 9-16　“打印机”选项卡及功能注释

- “模型”选项卡用于调整要打印模型的格式和比例等，详见图 9-17 中的说明。

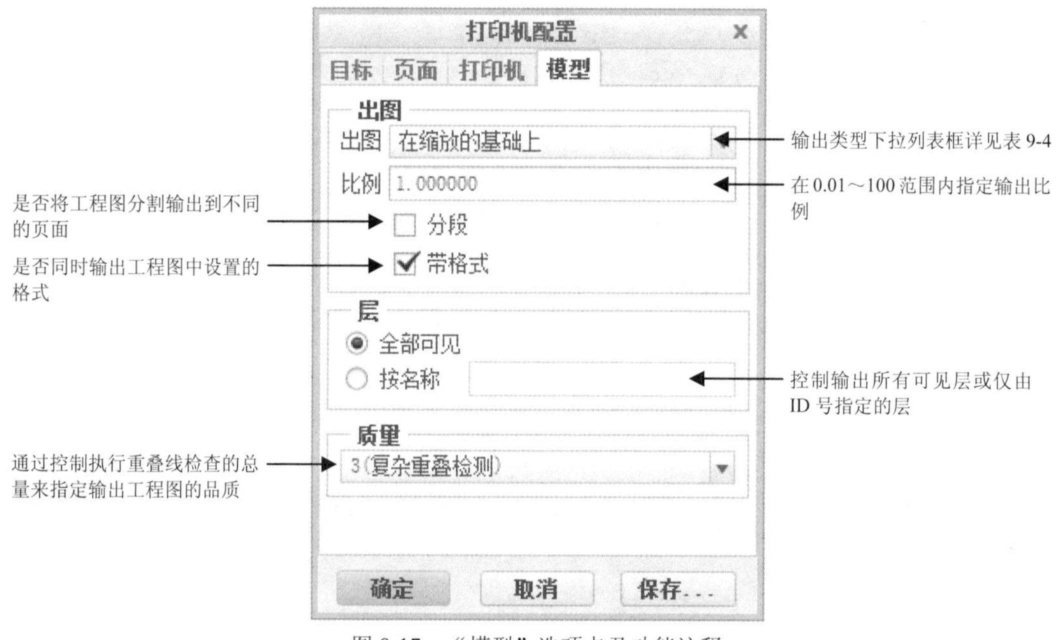

图 9-17 “模型”选项卡及功能注释

输出类型及功能如表 9-4 所示。

表 9-4 输出类型

输出类型	功能
全部出图	页面内容全部输出到图纸
修剪的	定义要输出区域的图框，将选定范围内的页面内容输出到图纸。以相对于左下角的正常位置在图纸上打印
在缩放的基础上	根据图纸的大小和图形窗口中的缩放位置，创建按比例、修剪过的输出。以相对于左下角的正常位置在图纸上打印
出图区域	通过修剪框中的内部区域平移到纸张的左下角，并缩放修剪后的区域以匹配用户指定的比例来创建一个输出
纸张轮廓	在指定大小的图纸上创建特定大小的输出图。例如，如果有大尺寸的绘图（如 A0），要出图 A4 大小的此绘图，可使用该选项

3）设定打印目的地。打印目的地是指将工程图文件打印输出到文件还是到打印机，也可以同时输出到文件和打印机。

当选中“至文件”复选框时，可以保存输出文件；如果并没有选中此复选框，则在系统发出绘图命令后将删除输出文件。

当输出到文件时，可以创建单个文件或为绘图的每一个页面部分创建一个文件，并且还可以将它附加到一个已有的输出文件中。

4）确定打印份数。选中“到打印机”复选框时，在“份数”下的微调框中调整或输入 1～99 之间的正数，以指定要打印输出的份数。

5）设置绘图仪命令。“绘图仪”命令用于指定将文件发送到打印机的系统命令，这些命令可以从系统管理员或工作站的操作系统手册获得可以直接使用默认命令。用户可以在此文本框中输入命令，或是使用配置文件选项 plotter_command 来指定命令。

6）单击“确定”按钮，即可完成打印机配置。

（3）系统启动如图 9-18 所示的 Windows 系统“打印”对话框，单击 确定 按钮即可打印。

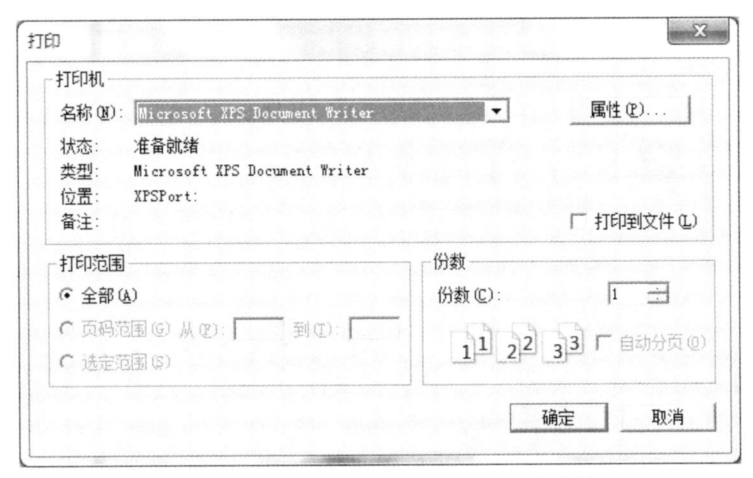

图 9-18　Windows 系统的“打印”对话框

附录

常用 Creo Parametric 工程图系统变量

用户在 Creo Parametric 工程图模块中，可使用工程图系统变量来定制自己的绘图环境和绘图方式。例如，可预先确定尺寸文本高度、文本方向、几何公差标准、线型、绘图视角和箭头长度等。不同国家、不同研究单位都有自己的工程图设计标准，遵循和制定相应的工程图设计规范，对保证产品的设计质量和产品数据管理具有重大意义，因此在进行工程绘图设计以前定制适合本部门设计标准和设计规范的系统变量尤其重要。

在 Creo Parametric 工程图模块中，可以采用的标准文件包括 iso.dtl（ISO，国际标准组织）、jis.dtl（JIS，日本标准协会）、din.dtl（DIN，德国标准协会）、cns_cn.dtl（GB，国标）和 cns_tw.dtl（台湾标准）。这些文件都位于 Creo Parametric 安装目录下的 text 子目录中。

常用 Creo Parametric 工程图系统变量如附表 1 所示。

附表 1　常见工程图系统变量

名称	类别	说明	值	默认值
add_lower_level_comps_to_layer	层	设置此选项为“是”将取消选中“当前偏好层”选项，此选项允许将低级元件添加到顶级层中	yes, no	no
acrobat_reader	打印和出图	设置 Adobe Acrobat Reader 的命令路径。该值将用于在输出 PDF 文档后启动 Reader	—	—
accuracy_lower_bound	环境	输入一个精确值来覆盖默认下限。相对精度的最小值是 1E-06	—	0.0001
af_copy_references_flag	用户界面	在注释特征定义对话框中切换复制参照列的显示	no, yes	no

续表

名称	类别	说明	值	默认值
allow_confirm_window	用户界面	退出 Creo Parametric 时显示一个确认窗口。这就允许使用鼠标来确认/取消退出 Creo Parametric	yes, no	yes
allow_move_attach_in_dtl_move	绘图	是—绘图模式中的“移动”和“移动连接”命令一起动作。否—绘图模式中的“移动”和“移动连接”命令不一起动作	yes, no	yes
allow_move_view_with_move	绘图	允许通过拖动在页面上动态移动绘图视图	yes, no	no
allow_ply_cross_section	杂项	是—允许 Pro/COMPOSITE 创建复合摺的横截面	yes, no	yes
allow_refs_to_geom_reps_in_drw s	绘图	是—允许创建绘图参照几何表示(包括尺寸、注释和导引)。如果参照几何的改变导致绘图中不更新几何表示，则这些参照可能会变为无效	yes, no	no
allow_rfs_default_gtols_always	尺寸和公差	是—即使 ANSI 标准不允许，也可以创建 RFS/默认的几何公差	no, yes	no
allow_workpiece_silhouette		确定工件是否可用于创建侧面影像加工窗口。否—仅允许使用参照零件；是—允许使用工件和参照零件；自动—仅允许使用工件	yes, no, auto	no
ang_dim_in_screen	尺寸和公差	是—如果是在默认的平移/缩放设置（视图>平移/缩放>重置）下显示，系统就检测屏幕上的角度尺寸是否可见。如果不可见，系统就将该尺寸移动到一个可见位置	yes, no	no
ang_units	环境	将角度尺寸的显示设置为小数度(ang_deg)、度和小数分（ang_min）或度、分和小数秒（ang_sec）	ang_deg, ang_min, ang_sec	ang_deg
angular_tol	尺寸和公差	设置默认角度公差尺寸的另一种格式。该值设置小数位数，公差是实际公差值。对于整数尺寸，该值为零，公差是一个整数	—	0
angular_tol_0.0	尺寸和公差	为角度尺寸设置默认公差。每个选项为特定的小数位置设置一个公差。该值是最后一位小数的位数	—	5
angular_tol_0.00	尺寸和公差	为角度尺寸设置默认公差。每个选项为特定的小数位置设置一个公差。该值是最后一位小数的位数	—	50
angular_tol_0.000	尺寸和公差	为角度尺寸设置默认公差。每个选项为特定的小数位置设置一个公差。该值是最后一位小数的位数	—	500

续表

名称	类别	说明	值	默认值
angular_tol_0.0000	尺寸和公差	为角度尺寸设置默认公差。每个选项为特定的小数位置设置一个公差。该值是最后一位小数的位数	—	5000
angular_tol_0.00000	尺寸和公差	为角度尺寸设置默认公差。每个选项为特定的小数位置设置一个公差。该值是最后一位小数的位数	—	50000
angular_tol_0.000000	尺寸和公差	为角度尺寸设置默认公差。每个选项为特定的小数位置设置一个公差。该值是最后一位小数的位数	—	500000
auto_associate_dimensions	数据交换	是—图设置选项 associative_dimensioning 也设置为“是”。系统试图将输入的 IGES 尺寸（还未关联的）和相应的输入几何相关联	no, yes	no
auto_constr_offset_tolerance	绘图	设置创建偏距尺寸的自动约束公差。如果距离小于此公差与元件尺寸的乘积，偏距将设置为重合。默认值为 0.5	—	0.5
auto_regen_views	绘图	是—当从一个窗口改变至另一个窗口时，自动重画绘图显示。否—只会有在通过“重画”或“视图>更新”时才会更新绘图视图	yes, no	yes
auto_show_3d_detail_items		如果设置为“Yes”，创建新视图时，将显示与视图平行的注释元素	yes, no	yes
autobuildz_enabled	绘图	加载 AutobuildZ 应用程序	yes, no	no
auxapp_popup_menu_info	用户界面	在跟踪文件中启用弹出式菜单信息的显示	yes, no	no
bell	环境	是—打开每次提示后都要响的键盘铃。否—关闭键盘铃。要覆盖该设置，使用“工具”菜单中的“环境”对话框	yes, no	no
blank_layer	层	开始 Creo Parametric 进程时，遮蔽指定的层。其值为层标识	—	0
blended_transparency	模型显示	是—将出现透明颜色，并在着色模型时使用 alpha 混合（如果支持的话）	no, yes	yes
bom_format	绘图	设置 BOM 格式文件，使其用于定制的 BOM。指定名称和路径	—	—
browser_favorite	文件存储和检索	指定文件浏览器中可见的目录，以便于快速定位。使用全路径以避免出现问题	—	—
button_name_in_help	用户界面	是—在该按钮相关联的帮助文本中，以英文形式显示所有选定的菜单选项的名称和菜单	yes, no	no

续表

名称	类别	说明	值	默认值
cadam_line_weights	数据交换	在 Creo Parametric 内定义图元线宽，以使用符合标准的正确线宽出图绘图。这些线宽的默认值是：2（轻）、3（中等）、5（重）	—	0
cadds_import_layer	数据交换	允许输入 CADDS5 层	yes, no	yes
capped_clip	模型显示	是—着色和修剪时，将模型显示为一个实体。否—着色和修剪时，将模型显示为曲面	no, yes	yes
catia_out_to_existing_model	数据交换	添加—如果所选的 CATIA 模型已存在，就将新数据添加到现有的 CATIA 文件中。覆盖—如果所选的 CATIA 模型已存在，新输出的文件就覆盖现有文件	append, overwrite	append
cdt_transfer_details	数据交换	否—将与输入的CADAM绘图相关联的详图（复制品）放置到当前的 Creo Parametric 绘图页面上。是—每个与输入的 CADAM 绘图相关联的详图（复制品）都转换成一个单独的附加页面	yes, no	yes
cgm_inc_pad_byte_in_length	数据交换	是—启用一个要由 Micrographic CGM 转换器处理的图元文件	yes, no	no
cgm_use_enum_in_real_spec	数据交换	是—允许图元文件在高级技术中心的 ForReview 中查看	yes, no	no
cgm_use_reversed_ieee_floats	数据交换	是—允许图元文件在高级技术中心的 ForReview 中查看	yes, no	yes
chamfer_45deg_dim_text	绘图	控制倒角尺寸文本的显示，而不影响导引。这只影响新创建尺寸的文本。默认为 ASME/ANSI	asme/ansi, iso/din, jis	asme/ansi
collect_dims_in_active_layer		此配置选项在活动层上收集尺寸	yes, no	no
comp_snap_angle_tolerance		指定自由拖动元件时用于捕捉的角度公差。默认值为 30°	—	30
comp_snap_dist_tolerance		指定自由拖动元件时用于捕捉的距离公差。默认值为 0.1（相对于装配元件的尺寸）	—	0.1
compress_output_files	文件存储和检索	可以压缩对象文件将其保存。压缩文件的读写速度较慢，大小只有原文件的 1/3～1/2，而且跨系统完全兼容。是—用压缩格式保存对象文件。否—不压缩对象文件	yes, no	no
copy_dxf_dim_pict	数据交换	是—分别输入 AutoCAD 尺寸的每个元件。否—将 AutoCAD 尺寸作为 Creo Parametric 中的尺寸输入。AS_SYMBOL—将 AutoCAD 尺寸作为 Creo Parametric 中的符号输入	yes, no, as_symbol	no

续表

名称	类别	说明	值	默认值
copy_geom_update_pre_2000i_de p	组件	是—当检索到 Creo Parametric 时，依据修改情况标记版本 2000i 以前的模型中独立的复制几何特征。立即保存该模型可更新模型的复制几何从属信息	no, yes	—
create_drawing_dims_only	绘图	是—将在绘图中创建的所有新尺寸（不管绘图设置文件选项如何）作为关联的绘制尺寸保存到绘图内部。否—将绘图模式中创建的所有尺寸保存到零件中	yes, no	no
create_fraction_dim	尺寸和公差	是—创建的所有尺寸将显示为分数	yes, no	no
create_numbered_layers	层	是—创建名为 1～32 的默认层	yes, no	no
cri_grafting_enable	数据交换	激活“文件”菜单中的“复制特征”。这将使用户可以将创建于 CRI 中的特征复制到活动模型中	yes, no	no
dazix_default_placement_unit	数据交换	指定 Dazix 文件中输入数据所使用的单位	micron, mm, thou	—
dazix_export_mounthole	数据交换	是—将 Dazix 文件的 MOUNTHOLE 部分作为安装孔来处理。否—将 MOUNTHOLE 部分作为切割来处理	yes, no	no
dazix_z_translation	数据交换	是—通过 z 平移传递.edn 文件中的对象	yes, no	yes
def_layer	层	为不同类型的项目指定默认的层名。第一个值字符串是层类型。第二个值字符串是层名	layer_all_detail_items, layer_annotation_element, layer_assem_member, layer_assy_cut_feat, layer_axis, layer_axis_ent, layer_chamfer_feat, layer_comp_design_model, layer_comp_fixture, layer_comp_workpiece, layer_copy_geom_feat, layer_corn_chamf_feat, layer_cosm_round_feat, layer_cosm_sketch, layer_csys, layer_csys_ent, layer_curve, layer_curve_ent, layer_cut_feat, layer_datum, layer_datum_plane, layer_datum_point, layer_detail_item, layer_dgm_conn_comp, layer dgmhighway, layer_dgm_rail, layer_dgm_wire, layer_dim, layer_draft_constr, layer_draft_dim,	—

续表

名称	类别	说明	值	默认值
def_layer	层	为不同类型的项目指定默认的层名。第一个值字符串是层类型。第二个值字符串是层名	layer_draft_dtm, layer_draft_entity, layer_draft_feat, layer_draft_geom, layer_draft_grp, layer_draft_hidden, layer_draft_others, layer_draft_refdim, layer_driven_dim, layer_dwg_table, layer_ext_copy_geom_feat, layer_feature, layer_geom_feat, layer_gtol, layer_hole_feat, layer_intchg_funct, layer_intchg_simp, layer_nogeom_feat, layer_note, layer_parameter_dim, layer_part_refdim, layer_point, layer_protrusion_feat, layer_quilt, layer_refdim, layer_ribbon_feat, layer_rib_feat, layer_round_feat, layer_set_datum_tag, layer_sfin, layer_shell_feat, layer_skeleton_model, layer_slot_feat, layer_snap_line, layer_solid_geom, layer_surface, layer_symbol, layer_thread_feat, layer_trim_line_feat, layer_weld_feat	
default_ang_dec_places	绘图	指定绘图中显示的角度尺寸的小数位数	—	1
default_dec_places	尺寸和公差	设置在所有模型模式中显示非角度尺寸的默认小数位数（0~14）。它不影响使用“小数位数”修改的尺寸显示。在草绘器中，sketcher_dec_places 控制小数位数	—	2
default_dim_num_digits_changes	尺寸和公差	设置尺寸中显示的默认小数位数为最后输入的值。否—系统默认值为配置文件选项 default_dec_places 指定的值	yes, no	yes
default_draw_scale	绘图	为使用“无比例”命令增加的视图设置默认的绘图比例。该值必须大于 0。否—系统不设置默认的绘图比例	—	-1
default_ext_ref_scope		为外部参照模型设置默认范围。All—任何模型。None—只有当前模型和子模型。Skeletons—模型组件中的任何元件以及分支上的更高骨架。Subassembly—只有模型组件中的元件和子元件	all, none, subassemblies, skeleton_model	all

续表

名称	类别	说明	值	默认值
default_font	用户界面	设置文本字体，不包括菜单条、菜单及其子项、弹出式菜单和帮助。以任意顺序（italic bold，24，times 或 24，times，italic bold 效果相同）增加逗号分隔的变量。所有省略的变量都使用标准设置	—	—
default_font_kerning_in_drawing	绘图	决定在创建 2D 注释时，字体字符间距处理的初始设置。Yes—启用字体字符间距处理供新 2D 注释使用	yes, no	no
default_layer_model	层	模型名称，用于驱动进程中相同类型的所有模型内新项目的基于规则的层放置	—	—
tbl_driven_tol_val_edit	尺寸和公差	Tbl_driven_tol_val_edit Y/N*-“Yes”允许用户直接编辑尺寸公差值，这些尺寸的公差值由公差表驱动。编辑尺寸公差值将使尺寸变为非表格驱动的尺寸。“No”禁止您直接编辑表格驱动公差的公差值	yes, no	no
template_designasm	文件存储和检索	指定已标明的模板组件。使用完整路径以避免出现问题	—	inlbs_asm_design.asm
template_drawing	文件存储和检索	指定用作默认绘图模板的模型	—	c_drawing.drw
template_ecadasm	文件存储和检索	指定用作默认 ECAD 组件模板的模型	—	—
template_ecadpart	文件存储和检索	指定用作默认 ECAD 零件模板的模型	—	—
template_mfgcast	文件存储和检索	指定用作默认的制造铸件模板的模型	—	inlbs_mfg_cast.mfg
template_mfgcmm	文件存储和检索	指定用作默认的制造 cmm 模板的模型	—	inlbs_mfg_cmm.mfg
template_mfgemo	文件存储和检索	指定用作默认的制造 expert machinist 模板的模型	—	inlbs_mfg_emo.mfg
[illegible]mold	文件存储和检索	指定用作默认的制造模具模板的模型	—	inlbs_mfg_mold.mfg
[illegible]	文件存储和检索	指定用作默认制造组件模板的模型	—	inlbs_mfg_nc.mfg

续表

名称	类别	说明	值	默认值
template_mold_layout	文件存储和检索	指定用作默认模板的模具布局组件	—	inlbs_mold_lay.asm
template_sheetmetalpart	文件存储和检索	指定用作默认的钣金件零件模板的模型	—	inlbs_part_sheetmetal. prt
template_solidpart	文件存储和检索	指定用作默认的零件模板的模型	—	inlbs_part_solid.prt
terminal_command	用户界面	指定到终端仿真器命令的完整路径（启动外壳窗口的命令）。在系统中使用该命令。输入完整路径名和终端命令	—	—
thermo_position_hint	用户界面	允许在温度计型刻度出现时，放置它们，这样它们就不会覆盖 Creo Parametric 窗口（如果空间允许，如已经缩放了窗口）	no_window_overlap, window_overlap	window_overlap
tiff_compression	数据交换	以不压缩的方式完成 TIFF 输出	none, g4, packbits, deflate	none
tiff_type	数据交换	确定输出到有关颜色设置变量的 tiff 项目类型	rgb, palette, grayscale, mono	rgb
todays_date_note_format	绘图	控制显示在绘图中的日期的初始格式。该设置的格式是包括三部分的字符串：年、月、日。可以按任何顺序输入	—	%dd-%mmm-%yy
tol_display	尺寸和公差	显示有公差的尺寸或无公差的尺寸	yes, no	no
tol_mode	尺寸和公差	Nominal—显示的尺寸没有公差。Limits—显示上下偏差。Plusminus—显示尺寸为名义尺寸加减公差。Plusminussym—显示尺寸为名义尺寸并带有单一正公差和单一负公差	nominal, limits, plusminus, plusminussym	limits
tolerance_class	尺寸和公差	设置 ISO 标准模型的默认公差等级。当检索一般尺寸或破断边尺寸的公差时，系统同时应用公差等级和尺寸值	fine, medium, coarse, very_coarse	—

续表

名称	类别	说明	值	默认值
tolerance_standard	尺寸和公差	设置创建模型时使用的公差标准	ansi、iso	ansi
tolerance_table_dir	尺寸和公差	为 ISO 标准模型的用户定义公差表设置默认目录。载入时，所有的孔表和轴表都覆盖现有的表	—	—
toolkit_registry_file	应用程序编程界面	告知 Pro/E 工具包注册表文件使用的完整路径。该选项替换 R17 的选项 prodevdat	—	—
triangulate_filled_areas	绘图	将填充区域分割为三角形（可能会影响内存使用情况和出图文件）	yes, no	no
use_8_plotter_pens	打印和出图	指定是否支持 8 种绘图仪笔。原始默认是 4 种笔	no, yes	no
use_cadam_plot_data	数据交换	确定当输入 CADAM 绘图时，是否考虑出图轴系统元素中的信息	yes, no	no
use_export_2d_dialog	数据交换	是—输出 Pro/E 绘图时打开输出选项对话框。否—在不打开选项对话框的情况下输出文件	yes, no	yes
use_iges_font_1003	数据交换	用于禁止对 IGES 字体 1003 的使用	yes, no	yes
use_iges_kanji_font_2001	数据交换	指定输出时是否将 Creo Parametric 中的 Kanji 注释转换成 IGES Kanji 注释（字体代码）。是—将 Kanji 注释转换为 IGES Kanji 注释。否—使用字体 1 转换	yes, no	no
use_major_units	尺寸和公差	确定是否用英尺—英寸或米—毫米显示分数尺寸。是—使用主单位。例如，当单位是英寸并将 25.125 转换为一个分数时，该尺寸就变为 2' 1-1/8"	yes, no	no
use_nom_dim_val_in_expr	尺寸和公差	是—在表达式中使用尺寸的公称值。否—使用当前值	yes, no	no
use_software_linefonts	打印和出图	是—出图时 Creo Parametric 使用准确线型，图形结果点对应点，短线对应短线，空格对应空格。否—出图线型支持 Creo Parametric 中所用的、最接近的线型	yes, no	no
use_temp_dir_for_inst	文件存储和检索	明确地使 Creo Parametric 使用 Temp 目录，以便于再生模型实例	no, yes	no
es_header_file	数据交换	Filename—将指定的文本文件插入到 IGES 文件的开始部分。输出期间将替换有效的参数注释符号。例如，当输出一个绘图时，该绘图名称将替换文本文件中的&dwg_name	—	—
hes	打印和出图	否—可变出图的大小可以按毫米输入	yes, no	yes

续表

名称	类别	说明	值	默认值
variant_drawing_item_sizes	绘图	否—被移动/复制到不同的页面或定位到已改变页面的绘图项目在纸张上保持相同大小和相对定向。是—某些项目缩放/重定位后与纸张上相同，而其他项目缩放/重定位后与屏幕上相同	yes, no	no
vda_header	数据交换	文本文件的全文件名包含 VDA 标题信息。如果想对所有的 VDA 文件使用同一个标题，就指定完整路径名	—	—
verify_on_save_by_default	文件存储和检索	是—当未校验的族表实例要被保存在 PDM 工作空间中时，默认情况下在冲突对话框中将选取“立即校验”动作。否—默认情况下将不选取“立即校验”动作。用户可在冲突对话框中明令指定“立即校验”动作	yes, no	no
versatec_cutter_installed	打印和出图	是—表明在 Versatec 绘图仪上安装了切纸刀	no, yes	—
vrml_anchor_url	数据交换	在输入到 VRML 过程中，允许在指定的 VRML 元件上放置一个锚。关键词任选	—	—
vrml_background_color	数据交换	是—将一模型输出给具有 Creo Parametric 背景颜色的 VRML	yes, no	no
vrml_explode_lines	数据交换	是—将模型输出到带有组件分解行或组件处理数据的 VRML	yes, no	yes
vrml_export_resolution	数据交换	指定以 VRML 格式输出的模型中详图（LODs）的级数	high, medium, low	medium
vrml_export_version	数据交换	允许用户选择 VRML 2.0 或 1.0 输出格式	2.0, 1.0	2
vrml_file_duplicate_material	数据交换	是—使模型元件保留真彩色。否—在某些查看器中，元件的颜色可能会不一致	yes, no	no
vrml_multiple_views	数据交换	All—将顶层和底层组件元件视图输出为 VRML 格式。None—元件视图不输出为 VRML 格式。Top—只将顶层对象的视图输出为 VRML 格式	none, all, top	all
vrml_parameters	数据交换	控制用户参数的输出。Designated—只输出指定的参数。All—输出所有参数。None—不输出参数	designated, all, none	designated
vrml_simprep_export	数据交换	是—指定将顶层组件简化表示并直接在内存中输出到 Pro/FLYTHROUGH 软件包文件	yes, no	no

续表

名称	类别	说明	值	默认值
warn_if_iso_tol_missing		Yes—将用户返回到尺寸属性对话框以选取不同的表格。No—依据现有的功能应用公差	yes, no	no
web_browser_history_days	系统	输入存储历史记录的天数	—	20
windows_scale	用户界面	使用给定系数缩放 Creo Parametric 窗口。通常，0.85 就足以使动态菜单显示在 Creo Parametric 窗口的右侧	—	1
www_add_aux_frame	数据交换	为每一处理步骤或组件出版创建附加框架。是—为组件处理过程（在每个 step00 目录中）中的每一步创建辅助文件 aux.html，以后要由.html 文件替换该文件。否—不创建辅助文件	no, yes	no
www_export_geometry_as	数据交换	通过其中一个值，指定输出格式	vrml, cgm, jpg, cgm_vrml, jpg_vrml, cgm_jpg, all	jpg_vrml
www_multiple_views	数据交换	All—将元件中的所有视图写入 VRML 文件中。Top—只将驻留在组件或处理组件中的已命名的视图写入顶级 VRML 文件。None—不将命名视图写入 VRML 文件	none, all, top	top
www_tree_location	数据交换	指定模型树在浏览器窗口中的位置。Out—在一个单独的窗口中打开模型树。In—将模型树包括在网页中，并从控制面板中删除“树”复选框	out, in	out